Wetterkatastrophen und Klimawandel
Sind wir noch zu retten?

Der aktuelle Stand des Wissens – alle wesentlichen
Aspekte des Klimawandels von den Ursachen bis zu
den Auswirkungen.

Wir danken Dr. Gerhard Berz mit dieser Publikation
für 30 Jahre erfolgreiche GeoRisikoForschung für die
Münchener Rückversicherungs-Gesellschaft.

Inhalt

Der Stand der Wissenschaft

Münchener Rück, Wetterkatastrophen und Klimawandel

Liebe Leserin, lieber Leser,

Sie halten ein Buch in Händen, das Sie über den Stand des Wissens zu den Ursachen, den zugrunde liegenden Prozessen und den Folgen der Veränderungen unseres Klimas informiert. Ebenso dargestellt sind die speziellen Aspekte der Auswirkungen auf die Versicherungswirtschaft. Auf diese Weise wollen wir unseren geschätzten Kunden die Relevanz des Klimawandels auch für ihr Geschäft verdeutlichen. Den Herausgebern ist es gelungen, führende Wissenschaftlerinnen und Wissenschaftler der Klimaforschung für Beiträge zu gewinnen. Das Buch ist sicher einzigartig, was die Vielfalt der Themen betrifft.

Der Fachbereich GeoRisikoForschung der Münchener Rück setzt damit die vor 30 Jahren begründete Tradition fort, Informationen zu Naturgefahren und zur Problematik des anthropogenen Klimawandels bereitzustellen sowie mit wissenschaftlich begründeten Argumenten zu Klimaschutzmaßnahmen zu mahnen. Als Basis dafür sehen wir auch das in unserem Leitbild festgeschriebene Grundverständnis, unser Handeln am Ziel der Nachhaltigkeit zu orientieren – und das besonders in Verantwortung für zukünftige Generationen.

Mit diesem Buch möchten wir Herrn Dr. Gerhard Berz in den Ruhestand verabschieden. Er hat vor über 30 Jahren den Fachbereich GeoRisikoForschung begründet und ihm zu weltweitem Ruf verholfen. Die Arbeiten des Fachbereichs finden gleichermaßen bei Kommissionen der Vereinten Nationen wie auch bei anderen internationalen und nationalen Einrichtungen Beachtung; sie werden zudem häufig in Fachpublikationen und Medienberichten zitiert. Die GeoRisiko-Forschung ist dadurch zu einem wichtigen „Aushängeschild" der Münchener Rück geworden.

Ich danke Herrn Dr. Berz für seine herausragenden Leistungen für die Münchener Rück und wünsche unserem „Master of Disaster" eine erfüllte Zeit in den kommenden Jahren. Sein Nachfolger, Herr Prof. Höppe, wird die Erfolgsgeschichte von GEO fortschreiben; hierbei begleiten ihn alle guten Wünsche. Der Fachbereich GEO wird weiterhin geprägt sein von vielfältigen Aufgaben in der Wissenschaft, geschäftsunterstützenden Tätigkeiten und einer auf Fachwissen beruhenden Kompetenz als Partner – auch außerhalb der Versicherungswirtschaft – in Fragen von Risikomanagement, Umweltschutz und Nachhaltigkeit.

Dem vorliegenden Buch wünsche ich die verdiente große und interessierte Leserschaft und Ihnen viel Spaß und Gewinn beim Lesen.

Dr. Nikolaus von Bomhard
Vorsitzender des Vorstands der Münchener Rückversicherungs-Gesellschaft

Die Veränderung des globalen Klimas ist eine Realität. Über Jahrtausende hinweg schwankte die Kohlendioxidkonzentration in der Atmosphäre zwischen 200 und 280 ppm. Jetzt liegt sie bereits bei knapp 400 ppm und der Trend steigt weiter deutlich an, sogar mit erhöhten Zuwachsraten.

Die Konsequenzen des Klimawandels zeigen sich schon jetzt sehr offensichtlich. Extreme Wettersituationen sind immer öfter eine drastische Gefahr für Millionen von Menschen und verursachen bisher nicht gekannte Ausmaße von Schäden an Gebäuden und Infrastrukturen. Wirtschaftlicher Aufbau über viele Jahre hin, in manchen Ländern hart erarbeitet, wurde von Naturkatastrophen zunichte gemacht, wie jüngst wieder sichtbar – etwa auf der karibischen Insel Grenada, aber auch in Florida, in Japan oder in vielen Teilen Asiens. Gleiches ereignet sich auch in Afrika.

Dabei gilt, dass die erschreckende Todesbilanz gerade in den ärmsten Entwicklungsländern besonders hoch ist.

Ein entscheidender Verdienst der Versicherungswirtschaft ist, dass sie in der privaten Wirtschaft Vorreiter war und noch ist für die Ermittlung sachlich fundierter Informationen und einer klaren fachlichen Interpretation.

Die Zusammenarbeit der Versicherungswirtschaft insbesondere mit der UNEP hat immer wieder dazu beigetragen, dass diese Informationen Bewusstsein geschaffen und verändert haben. Sie hat auch dazu geführt, dass aufgrund der Sensibilität vieler Menschen der Druck auf politische Entscheidungsträger immer stärker wurde. Viele wichtige Entscheidungen – von der Unterzeichnung des Kioto-Protokolls und seinem In-Kraft-Treten durch Russlands Ratifizierung bis hin zur Steigerung der Energieeffizienz und der Konzentration auf weniger kohlenstoffhaltige Energieträger – sind hervorragende Beispiele dafür.

Vorausschauende, engagierte Prioritätsentscheidungen in Unternehmen hängen immer wieder ab von visionären Persönlichkeiten. Solchen Menschen also, die über den Tellerrand blicken, ohne über die Konzentration auf Visionen die Notwendigkeit gezielten Handelns zu vergessen. Diese langfristigen Orientierungen sind der Versicherungswirtschaft hoch vertraut. In dem Bereich der Klimafolgen für die Menschen, ihr Eigentum und die Natur war und ist Dr. Gerhard Berz zweifellos dieser visionäre Pionier.

Dr. Berz hat in der Münchener Rück dieses Feld immer intensiver und erfolgreicher „beackert". Nicht immer wurden diese Arbeiten und vor allem die dadurch provozierten Diskussionen über auf den ersten Blick auch schmerzhaftes politisches Handeln von Wohlwollen begleitet.

Für Dr. Berz waren diese Hindernisse kein Grund für taktische Manöver oder gar faule Kompromisse. Sie waren Ansporn zu einer noch konzentrierteren, noch breiteren Datenbasis, zu noch anspruchsvolleren Forderungen an Gesellschaft und Politik.

Die UNEP verdankt Dr. Berz außerordentlich viele dieser Anstöße, dieser Hilfen, dieser breiten Absicherung durch Fakten.

Ohne Zweifel trägt diese Arbeit bereits gegenwärtig mehr und mehr Früchte, auch und gerade für das Unternehmen Münchener Rück selbst. Wir müssen dazu kommen, die Klimarelevanz und die Klimarisiken unternehmerischer Entscheidungen frühzeitig zu erkennen und sie in die Risikobewertung der Versicherungswirtschaft einzubinden.

Es muss erreicht werden, dass solche Fakten in die Aktienkurse eingepreist werden, dass die Ratingagenturen diese Risiken genauso bewerten wie rein ökonomisch bedingte Risiken und Chancen.

Das mag dem einen oder anderen noch revolutionär oder visionär erscheinen. Dr. Gerhard Berz hat uns allen jedoch immer wieder gezeigt, dass gerade ein derartiges Verhalten die Bedeutung einer Persönlichkeit weit mehr ausmacht als das kluge Mitschwimmen im Mainstream der Political Correctness, der Verniedlichungen und der Verdächtigungen.

Prof. Dr. Klaus Töpfer
Exekutivdirektor
Umweltprogramm der Vereinten Nationen

„In den letzten vier Jahrzehnten haben die von Naturkatastrophen verursachten Schäden dramatisch zugenommen." Diese nüchterne Aussage von Dr. Gerhard Berz, die sich auf die Daten der Versicherungswirtschaft stützt, bündelt die Bedeutung der Katastrophenvorsorge wie mit dem Brennglas. Mit dieser Klarheit und einer auf Fakten basierten Eindringlichkeit, in der die Sorge um die betroffenen Menschen sichtbar wird, hat er als Mitglied im Vorstand des Deutschen Komitees für Katastrophenvorsorge immer wieder dokumentiert, dass Vorsorge keinen Aufschub duldet.

Seit der Dekade der Vereinten Nationen zur Verminderung des Katastrophenrisikos 1989–1999 vertritt Dr. Berz im Deutschen IDNDR-Komitee und dessen Nachfolgeorganisation DKKV die Erkenntnisse der Versicherungswirtschaft, mit denen die Vulnerabilität von Gesellschaften durch Naturkatastrophen vermindert werden kann. Das gemeinsame Ziel ist es, den Vorsorgegedanken in der Öffentlichkeit, der Verwaltung und der Politik zu verankern, um Vorsorgekonzepte rasch umzusetzen und so die negativen Auswirkungen von Naturkatastrophen zu reduzieren.

Der interdisziplinäre Ansatz – die Vernetzung der Akteure und Institutionen wie Wissenschaft, Wirtschaft, Hilfsorganisationen, Medien, Verwaltung und Politik – spielt dabei als originäre Aufgabe des DKKV eine entscheidende Rolle. In gleichem Maße wichtig ist: Konzeptionen z. B. zur Frühwarnung zu entwickeln, um die Reaktionszeit zu verlängern; Schadenereignisse wie das Elbehochwasser 2002 oder die Orkane über Europa 1999 interdisziplinär auszuwerten und die Ergebnisse in Informationen für die betroffene Bevölkerung, politische Entscheidungen und Verwaltungshandeln umzusetzen.

Naturkatastrophen bedrohen besonders eine nachhaltige Entwicklung auf unserem Planeten mit seiner wachsenden Bevölkerung. Sie gefährden das vom Generalsekretär der Vereinten Nationen Kofi Annan erklärte „Millennium Development Goal": die Halbierung der weltweiten Armut bis 2015. Dieses Buch macht klar, dass nur Gemeinsamkeit im Handeln die Katastrophenvorsorge in die richtige Richtung bewegt.

Dr. Irmgard Schwaetzer
Bundesministerin a. D.
Vorsitzende des Deutschen Komitees
für Katastrophenvorsorge

Seit langem weisen Klimaexperten darauf hin, dass die Menschen heute größeren Wetterextremen ausgesetzt sind als je zuvor. Schlimmer noch: Es ist zu erwarten, dass Häufigkeit und Intensität solcher Extremereignisse künftig weiter zunehmen. Naturkatastrophen entwickeln sich somit für die Menschen zu einer immer größeren Gefahr.

Nach neueren Schätzungen sind 80 % der Katastrophenfolgen auf Wettergefahren wie Hochwasser, Wirbelstürme, Erdrutsche und Dürren zurückzuführen. Um sich vor den Gefahren zu schützen und die Schäden zu minimieren, müssen die Menschen lernen, mit den derzeitigen und künftigen klimatischen Bedingungen, wie sie z. B. mit El Niño einhergehen, besser umzugehen.

Im Bemühen um die längerfristigen Ziele einer nachhaltigen Entwicklung gehen Katastrophenvorsorge und Anpassung an den Klimawandel Hand in Hand. Beides erfordert die Zusammenarbeit zahlreicher unterschiedlicher Fachrichtungen und Sektoren. Dabei sind internationale und regionale Einrichtungen, Regierungen, Wissenschaftler, Journalisten, kommunale Entscheidungsträger und die Öffentlichkeit gleichermaßen gefordert. Alle Beteiligten können wichtige Informationen, Erfahrungen und Ressourcen beitragen und stehen gemeinsam in der Pflicht, das Risiko und die Katastrophenanfälligkeit zu senken.

Mit ihrer „Internationalen Strategie zur Katastrophenvorsorge" (International Strategy for Disaster Reduction – ISDR) bemühen sich die Vereinten Nationen, die Ursachen von Katastrophen an der Wurzel anzugehen. Die Strategie unterstreicht die Bedeutung der Katastrophenvorsorge als wichtiges Instrument, um die Anpassung an den Klimawandel zu unterstützen. Unter dem Dach der ISDR versammeln sich Vertreter unterschiedlichster Gruppen, um die Programme zur Reduzierung des Katastrophenrisikos, zum Management von Klimagefahren und zur Anpassung an den Klimawandel synergiebringend zu koordinieren.

Die Münchener Rück ist für das ISDR-Sekretariat ein wichtiger Partner. Sie beteiligt sich aktiv an der „Inter-Agency Task Force for Disaster Reduction" und leistet einen wertvollen Beitrag für die „Weltkonferenz zur Katastrophenvorsorge" in Kobe im Januar 2005. Gerhard Berz leitet die Beteiligung der Münchener Rück an der ISDR. Er hat entscheidend zur Wissensentwicklung in diesem Bereich beigetragen. Die einschlägigen Daten, die er lieferte, halfen dabei, überzeugende Empfehlungen auszusprechen.

Die Veröffentlichung „Wetterkatastrophen und Klimawandel" ist ein Beleg dafür, dass der Versicherungssektor sich anhaltend und intensiv mit dem Thema befasst. Sie schärft das Problembewusstsein und liefert konkrete Anregungen und Beispiele, wie Maßnahmen zur Reduzierung des Katastrophenrisikos in Anpassungsstrategien integriert werden können.

Sálvano Briceño
Leiter des UN-Sekretariats ISDR

Wetter- und Klimagefahren sowie hydrologische Risiken – insbesondere Dürre, Hochwasser und tropische Wirbelstürme – verursachten in den letzten zehn Jahren über 80 % aller Naturkatastrophen und forderten 90 % der Todesopfer. Die Häufigkeit solcher Naturgefahren scheint zuzunehmen. Die zwischen 1992 und 2001 entstandenen Schäden belaufen sich auf schätzungsweise 446 Milliarden US$. Weltweit waren über zwei Milliarden Menschen von Naturkatastrophen betroffen, mehr als 622 000 Menschen kamen dabei ums Leben. Nur dank Vorsorgemaßnahmen konnten weit höhere Verluste verhindert werden. Kernelemente hierbei sind die Beurteilung der Katastrophenanfälligkeit, die Vorbereitung auf den Katastrophenfall sowie insbesondere der Einsatz von Frühwarnsystemen.

Beim weltweiten Katastrophenmanagement spielen die WMO sowie die nationalen meteorologischen und hydrologischen Dienste eine zentrale Rolle. Dank eines globalen Systems, das mit modernster Technik kontinuierlich die Gefahren überwacht, ist es möglich, immer genauere Voraussagen zu treffen und rechtzeitig Warnungen auszugeben. Das neue Programm der WMO zur Vorbeugung und Eindämmung von Naturkatastrophen wird die weltweiten Bemühungen weiter voranbringen.

In den letzten Jahrzehnten ist die Erdtemperatur kontinuierlich angestiegen. Die WMO und der Klimabeirat der Vereinten Nationen (IPCC) betrachten es als „wahrscheinlich bis sehr wahrscheinlich", dass Naturgefahren wie Dürre und Hochwasser in vielen Teilen der Erde zunehmen werden. Eine wirkungsvollere Anpassung an diese Gefahren ist nötig. Frühwarnsysteme tragen entscheidend dazu bei, die Anpassungsfähigkeit an Wetterextreme zu verbessern, die unter anderem auf Phänomene wie El Niño und den Klimawandel zurückzuführen sind. Die Zusammenarbeit zwischen Wissenschaftlern, politischen Entscheidungsträgern, dem privaten Sektor und Nichtregierungsorganisationen, die sich mit Katastrophenvorsorge befassen, ist dabei von grundlegender Bedeutung.

Wir gratulieren der Münchener Rück zu ihrer Veröffentlichung „Wetterkatastrophen und Klimawandel – Sind wir noch zu retten?". Das Buch behandelt eine Thematik, die für die Katastrophenvorbeugung und nachhaltige Entwicklung immens wichtig ist, und trägt zweifellos dazu bei, die Entscheidungsträger und die Öffentlichkeit zu sensibilisieren. Wir fordern alle Verantwortlichen auf, eine „Kultur der Prävention" zu fördern und umzusetzen und nicht nur in die Katastrophenhilfe zu investieren, sondern verstärkt auf Risikomanagement und Vorbeugung zu setzen.

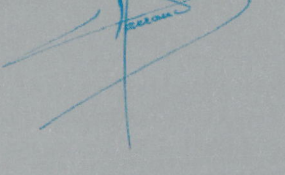

Dr. Michel Jarraud
Generalsekretär der Weltorganisation für Meteorologie (WMO)

In jüngster Zeit wurde Florida innerhalb von knapp zwei Monaten von vier Wirbelstürmen heimgesucht. Ich musste an eine Aussage in einer schon länger zurückliegenden Arbeit von Dr. Gerhard Berz denken: „ … zwar hat sich der Trend noch nicht endgültig bestätigt, doch scheinen im nordatlantischen Raum die Wirbelstürme an Häufigkeit und Heftigkeit zuzunehmen." Diese vorsichtig formulierte Prognose hat sich auf spektakuläre Weise bewahrheitet. Auf Menschen, die solche Voraussagen machen, sollte man hören.

Selbst wenn man die Veröffentlichungen von Dr. Berz nur oberflächlich liest, versteht man, dass ihn die Auswirkungen, welche die Erderwärmung auf den Versicherungssektor und die gesamte Menschheit hat, mit echter Sorge erfüllen. Auch wenn er bei der Interpretation der vorhandenen Daten strikt die gebotene Zurückhaltung wahrt, zeigt er sich äußerst pragmatisch, was die Folgen eines zu spaten Handelns betrifft: Die Menschheit lässt sich ganz klar auf ein Glücksspiel ein, wenn sie die Gefahr des menschengemachten Klimawandels auf die leichte Schulter nimmt. Leider ist die Aufmerksamkeitsspanne beim Menschen kurz und sein Zeithorizont begrenzt, sodass viele dieses Risiko offenbar in Kauf nehmen, ohne sich dessen wirklich bewusst zu sein.

Die Weltbank nimmt die Gefahr der Erderwärmung ernst. Gleiches gilt zunehmend auch für die Versicherungsbranche. Die Länder, die zu den Kunden der Weltbank zählen, sind besonders davon betroffen, wenn meteorologische Gefahren an Ausmaß und Häufigkeit zunehmen. So machen heute Maßnahmen zur Risikominderung einen beträchtlichen Teil unserer Aufgaben aus. Um dem Problem in angemessener Weise zu begegnen, ist jedoch ein koordiniertes Handeln aller Beteiligten erforderlich. Das gilt für die Staats- und Kommunalregierungen wie auch für die Wissenschaft, den Finanzsektor und die internationale Gebergemeinschaft.

Dieses Buch kommt genau richtig, um all diejenigen aufzurütteln, die global und national etwas bewegen können. Es bietet einen Überblick über den aktuellen Wissensstand zum Thema Erderwärmung, stellt überzeugend dar, dass Handlungsbedarf besteht, und macht deutlich, vor welchen schwierigen Herausforderungen wir in dieser kritischen Entscheidungsphase stehen.

Rodney R. Lester
Versicherungsexperte und Leiter des Geschäftsbereichs
Contractual Savings and Insurance Practice im Finanzsektor der Weltbank

Die GeoRisikoForschung bei der Münchener Rück
und die Klimaänderung

Zu behaupten, die GeoRisikoForschung habe bei der Münchener Rück erst
begonnen, als im Juni 1974 der erste Geowissenschaftler für diese Aufgabe eingestellt wurde, wäre sicher unzutreffend. Schon viele Jahre und Jahrzehnte
zuvor haben sich Kaufleute, Mathematiker und Ingenieure des Hauses damit
beschäftigt, die Naturrisiken weltweit einzuschätzen. Dafür zogen sie den
aktuellen Wissensstand der einschlägigen Forschungsgebiete zurate. Immerhin
hatte bereits 1906 das Erdbeben von San Francisco der Münchener Rück den
unerhörten Schaden von 12 Millionen Goldmark gebracht. Gemessen am
Prämienvolumen ist er bis heute der größte Naturkatastrophenschaden der
Firmengeschichte geblieben. Der Firmengründer Carl Thieme nutzte diese
kritische Situation, um viel Vertrauen für seine Münchener Rück zu erwerben,
und verhalf ihr damit international zum Durchbruch.

Nach einer langen Phase relativer Ruhe, in denen die beiden Weltkriege andere
Katastrophen in den Schatten stellten, meldeten sich in den 1950er- und 1960er-
Jahren die Naturkatastrophen mit einer Reihe von Paukenschlägen zurück:
Holland-Flut 1953, Erdbeben in Agadir 1960, Hamburger Sturmflut 1962 und
Hurrikan Betsy 1965. Gleichzeitig entwickelte sich im Zuge der beginnenden
Globalisierung der internationale Rückversicherungsmarkt rasant, die ver-
sicherten Schäden bei Naturkatastrophen nahmen drastisch zu. Einen regel-
rechten Schock lösten die unerwartet hohen Schäden aus, die durch das Erd-
beben von Managua, Nicaragua,1972, und den Zyklon Tracy in Darwin,
Australien, 1974, bei vielen Erst- und Rückversicherern entstanden.

Nicht so bei der Münchener Rück: Sie hatte die Zeichen der Zeit längst erkannt
und bereits begonnen, ihre Kunden mit einer Reihe von Sonderveröffentlichun-
gen wie „Hochwasser – Überschwemmung", „Erdbeben" und „Sturmschäden
in Europa" eindringlich vor dieser Entwicklung zu warnen. Die positive Resonanz auf diese Aufklärungskampagne bestärkte den Vorstand der Münchener
Rück 1973 in seinem Entschluss, den ersten Geowissenschaftler mit zwei Mitarbeitern im „Gemeinsamen Büro für Elementargefahren" auf diese Themen
anzusetzen. Kaum hatte die kleine Gruppe im Juni 1974 ihre Tätigkeit aufgenommen, da wurde sie auch schon mit einer wahren Katastrophenflut konfrontiert: Hurrikan Fifi in Honduras, Hagel in Bayern, Capella-Orkan, Erdbeben in
Guatemala und Italien, die alle in zahlreichen Veröffentlichungen und Schaden-
analysen verarbeitet wurden.

Die Nachfrage nach geowissenschaftlichen Beratungen nahm intern und extern
so stark zu, dass bereits im Frühjahr 1977 der zweite Geowissenschaftler eingestellt wurde. Kurz danach veröffentlichte die Münchener Rück zum ersten Mal
ihre „Weltkarte der Naturgefahren", die inzwischen ein Markenzeichen ist. Sie
stieß in aller Welt auf große Resonanz – war es doch gelungen, die wichtigsten
Gefährdungskriterien übersichtlich und nach einem selbst entwickelten Zonie-
rungssystem weltweit darzustellen. Die Münchener-Rück-Weltkarte wurde in
ihrer 2. und 3. Auflage kontinuierlich weiterentwickelt. Sie baut auf einem geographischen Informationssystem auf, das es erlaubte, die Weltkarte zu einem
interaktiven Werkzeug umzugestalten (CD-ROM „Welt der Naturgefahren") und
mit einer Vielzahl von Informationen anzureichern. Mit einer Gesamtauflage
von bisher mehr als 50 000 Exemplaren ist sie das erfolgreichste Produkt der
geowissenschaftlichen Servicepalette, zu der auch der attraktive „Globus der
Naturgefahren", der Millenniumsrückblick auf die Naturkatastrophen des letzten Jahrtausends und eine Vielzahl weiterer Veröffentlichungen zählen.

Das alles war natürlich nicht mehr mit der kleinen Stammgruppe zu schaffen, deren wissenschaftliche Besetzung aus einem Meteorologen und einem Geologen bestand. So kamen ab Ende der 1980er-Jahre nach und nach weitere Geophysiker, Geographen, Hydrologen, Meteorologen, Geologen, Umweltwissenschaftler und technische Mitarbeiter hinzu. Die Zahl der Mitarbeiter(innen) erhöhte sich auf heute 25. Der Ausbau wurde auch notwendig, weil Zahl und Schwere der Naturkatastrophen fast explosionsartig zunahmen – und damit stieg der Beratungsbedarf in der Versicherungswirtschaft. Neue Themen wie die globalen Umweltveränderungen stellten eine zusätzliche Herausforderung dar.

Verändert die Menschheit Umwelt und Klima? Wie stark sind die Veränderungen durch Menschenhand? Welche Auswirkungen kann und wird das auf die Versicherungswirtschaft haben? Mit diesen Fragen beschäftigt sich die Münchener Rück bereits seit den frühen 1970er-Jahren. In dieser Zeit ließ nämlich eine Serie schwerer Orkane, die in immer kürzeren Abständen West- und Mitteleuropa trafen, eines vermuten und befürchten: Das sei kein Zufall, sondern ein Indiz für ein verändertes Klima. In den 1980er-Jahren wurden die Anzeichen für die Erwärmung stärker und die Klimamodelle lieferten plausible physikalisch-chemische Begründungen für die beobachteten Trends. Als Erste ihrer Branche konnten damals die Geowissenschaftler der Münchener Rück auf die auffällige Zunahme der Schadenbelastungen aus großen Naturkatastrophen verweisen, die zum großen Teil von extremen Wetterereignissen ausgelöst wurden. Wenngleich sich bei der Ursachenanalyse die sozioökonomischen Veränderungen als vorerst ausschlaggebende Faktoren herausstellten, zeigte sich: Der Einfluss der überwiegend vom Menschen verursachten Klimaänderung darf keinesfalls vernachlässigt werden. Vor allem mit Blick auf die Zukunft muss die globale Erwärmung als ein kritischer Faktor für die Gefährdung von Mensch, Wirtschaft und Natur durch Naturkatastrophen angesehen werden.

Die Münchener Rück macht sich daher seit langem für nachhaltigen Umwelt- und Klimaschutz stark, der von ihr selbst und ihren Partnern in der Versicherungs- und Finanzwirtschaft aktiv gefördert wird. Zusammen mit dem Umweltprogramm der Vereinten Nationen (UNEP) leistet sie mit einer Selbstverpflichtungserklärung ihren Beitrag dazu, die Umweltbelastungen zu verringern, indem sie u. a. ihre eigenen Umweltbelastungen senkt und zahlreiche Klimaschutzprojekte fördert. Vor allem aber: Sie berücksichtigt Nachhaltigkeitsaspekte sowohl in ihrem Rückversicherungsgeschäft als auch bei ihren Vermögensanlagen und erweist sich hier als Motor in der Finanzbranche.

Trotz aller Befürchtungen wegen der weiteren Entwicklungen erscheint die Münchener Rück dank ihres globalen Weitblicks und ihres Expertenwissens, z. B. in ihrem Bereich GeoRisikoForschung, gut gerüstet, um die Herausforderungen der Zukunft zu bestehen. Allerdings wird die Zukunft auch davon abhängen, dass Mensch und Natur „Vernunft" walten lassen und nicht außer Kontrolle geraten.

Dr. Gerhard Berz
Leiter GeoRisikoForschung
der Münchener Rückversicherungs-Gesellschaft

Um zu einem vollen Verständnis des Klimasystems zu kommen, analysiert man seine Vergangenheit. Das antarktische Eis bildet ein weit in die Erdgeschichte zurückreichendes Klimaarchiv.

Klimawandel – Der Stand der Wissenschaft

Natürlicher Klimawandel ist untrennbar mit der Entwicklungsgeschichte der Welt verbunden. In den vergangenen 100 Jahren hat der Mensch das Klimasystem erstmals massiv beeinflusst – ein Experiment mit unbekanntem Ausgang.

Das Klima der Erde und seine Änderungen

Klima ist eine zentrale natürliche Ressource und die Basis allen Lebens. Doch die Menschen gehen mit diesem kostbaren Gut rücksichtslos und leichtfertig um. Die Folge: Das Klima wird mehr und mehr zu einem Risiko.

Hartmut Graßl

Viele Länder betreiben in der Antarktis ganzjährig wissenschaftliche Forschungsstationen. Kontinuierliche meteorologische Messungen gehören zu ihrem Standardprogramm; diese bieten wichtige Informationen über das gegenwärtige Klima.

Klimafaktoren

Die Größe des Planeten Erde und sein mittlerer Abstand zur Sonne sind die fundamentalen Klimafaktoren. Die Erde ist groß genug, um eine Atmosphäre halten zu können, und warm genug, um Wasser in allen drei Phasen zu besitzen. Somit konnte Leben entstehen, das zu einer außergewöhnlichen Zusammensetzung der Atmosphäre geführt hat, in der Spurenstoffe das Klima stärker bestimmen als die Hauptbestandteile.

Nehmen wir die Größe der Erde und ihren mittleren Abstand zur Sonne als gegeben und fixiert, so bleiben folgende wesentliche Faktoren, die das Klima eines Ortes auf der Erde beeinflussen:

– Helligkeit der Sonne
– Variation der Erdumlaufbahn um die Sonne
– Zusammensetzung der Atmosphäre
– Lage der Kontinente
– Wechselwirkung zwischen Ozean, Atmosphäre und Landoberflächen einschließlich Vegetation und Inlandeis
– Vulkanismus
– Einschlag von Himmelskörpern
– Aktivitäten der Menschheit

Alle diese Einflussfaktoren haben typische Zeitskalen, die insgesamt von Milliarden Jahren (z. B. für eine vollständig veränderte Lage der Kontinente) bis zu Minuten (z. B. für den Lebenszyklus eines Schönwetterkumulus) reichen. Deshalb kann das Klima nicht stabil sein und hat sich stets geändert. Und es wird sich weiterhin ändern. Die zentrale Frage dabei ist: Wie rasch? Denn unsere Reaktion darauf war – je nach Änderungsrate – Anpassung oder Flucht. Bei zu hohen Änderungsraten gingen ganze Populationen unter; mäßige Klimaänderungen, z. B. mehr Niederschlag bei leicht ansteigenden Temperaturen, können die Lebensbedingungen auch erleichtern.

Was ist Klima?

Die Weltorganisation für Meteorologie (WMO) nennt Klima die Synthese des Wetters und empfiehlt eine Mittelung der Wetterdaten über mindestens 30 Jahre. Das Klima eines Ortes ist also beschrieben, wenn neben den Mittelwerten aller Wettervariablen auch die Wahrscheinlichkeit einer Abweichung vom Mittelwert sowie die sehr seltenen Ereignisse und Wetterextreme für einige Jahrzehnte bekannt sind.

Da die Atmosphäre Wetteranomalien, die in bestimmten Regionen aufgetreten sind, in einer ganzen Erdhälfte in wenigen Wochen kommunizieren kann, stellen sich öfter bestimmte weiträumige Anomaliemuster der atmosphärischen Zirkulation ein. Das bekannteste ist der warme östliche tropische Pazifik (El Niño), der in Indonesien und Nordostbrasilien zu Dürre, in Kalifornien, Peru und Teilen Mittel- und Südamerikas aber oft zu Überschwemmungen führt und selbst bis nach Europa wirkt. Die Meteorologen nennen solche Zusammenhänge Telekonnektionen.

Der Hauptteil dieser und anderer Abweichungen vom Mittelwert ist die Folge der Wechselwirkung zwischen Atmosphäre und Ozean. Sie schafft es, einen Julitag in Hamburg mit maximal 12 °C so kühl zu gestalten wie einen der mildesten Januartage. Im Folgenden soll gezeigt werden, welche Einflusspfade der Mensch bisher – meist unbewusst – hatte, um nicht nur das regionale, sondern auch das globale Klima zu beeinflussen.

Einfluss der Menschheit

In der Physik ist es üblich, zuerst die Größenordnung eines potenziellen Einflussfaktors abzuschätzen. Tun wir das für die drei prinzipiellen klimaändernden Aktivitäten des Menschen, nämlich Abwärme, Landnutzungsänderungen und veränderte Zusammensetzung der Atmosphäre, so müssen die mittleren globalen Strahlungsflussdichteänderungen mit den natürlichen Änderungen verglichen werden, und zwar – was oft vergessen wird – bei gleichen Zeitskalen. Tabelle 1 vergleicht diese pro Zeit und Flächeneinheit geänderte Energie in Watt pro Quadratmeter (Wm^{-2}) für verschiedene Zeitabschnitte. Bei einem Blick darauf wird sofort Folgendes klar:

– Abwärme ist kein globales Problem, jedoch ein lokales, z. B. in Metropolregionen.
– Ein Vulkanausbruch ändert das Klima nur für einige Jahre.
– Der Antrieb zu Klimaänderungen durch Landnutzungsänderungen ist klein gegenüber dem Einfluss des anthropogenen Treibhauseffekts.
– Die Änderung der Sonneneinstrahlung war nur ein Klimafaktor von mehreren, aber keineswegs dominant im 20. Jahrhundert.
– Die Folgen veränderter Lufttrübung sind bisher nur sehr unsicher abgeschätzt, aber Maßnahmen zeigen rasch sichtbare Wirkungen.
– Der Faktor, der die Klimaänderungen seit Beginn der Industrialisierung am stärksten beeinflusst hat, ist die Zunahme der Treibhausgaskonzentrationen (CO_2 trägt hier etwas mehr als die Hälfte bei).

Um die Werte in Tabelle 1 richtig einordnen zu können, muss man sie in Relation zu natürlich vorkommenden Strahlungsflussdichten betrachten. Die Strahlungsflussdichteänderungen (häufig Strahlungsantriebe genannt) sind eigentlich eine „Fiktion", denn sie werden unter der Annahme berechnet, dass sich nur der betrachtete Faktor ändert, alle anderen atmosphärischen und Oberflächenparameter aber fixiert bleiben.

Die Antriebe werden durch Klimaänderungen immer wenigstens teilweise abgebaut. Dennoch sind sie ein vernünftiges Maß für das Potenzial für Änderungen.

Die Erde absorbiert wegen ihrer Helligkeit (Wolken, Schnee, Aerosole und Moleküle streuen zurück) vom Angebot der Sonne in Höhe von 343 Wm^{-2} nur knapp 70 %, nämlich 237 Wm^{-2}. Der Antrieb durch den erhöhten Treibhauseffekt ist also schon etwas höher als derjenige, der entsteht, wenn die Strahlungsflussdichte der Sonne um 1 % zunimmt. Er wird wegen der langen Verweilzeit der Treibhausgase CO_2, CH_4 und N_2O und der hohen Wahrscheinlichkeit, dass diese Gase weiter zunehmen, mindestens 200 Jahre weiterwirken. Dabei wird noch Jahrzehnte nach der Stabilisierung der Treibhausgaskonzentration die Erwärmung weiter zunehmen.

Tab. 1 Änderungen der Strahlungsantriebe

Anstoß zu Änderungen	Strahlungsantrieb	Zeitskala und/oder Trend
Abwärme aller anthropogenen Aktivitäten	0,025 Wm^{-2} (an der Oberfläche)	weiter anwachsend
Landnutzungsänderungen	−0,3 ± 0,2 Wm^{-2}	seit 1850 anwachsend
Erhöhter Treibhauseffekt durch langlebige Gase	+2,5 Wm^{-2}	seit 1850 kontinuierlich anwachsend
Explosiver Vulkanausbruch	−2 Wm^{-2}	wirkt nur ca. 1 Jahr, fällt danach rasch ab
Änderung der mittleren Abstrahlung der Sonne	+0,3 ± 0,1 Wm^{-2}	seit 1850, Anstieg weitgehend konzentriert auf 1900–1940, seit 1978 stabil
Quasi-11-jährige Sonnenperiode	0,2 Wm^{-2} (Amplitude)	quasiperiodisch, Tendenz unsicher
Photochemischer Smog	+0,3 ± 0,2 Wm^{-2}	wächst regional weiter an, kurzlebig, d. h., Maßnahmen wirken rasch
Rußemission	+0,2 ± 0,1 Wm^{-2}	regional anwachsend, kurzlebig
Erhöhte Lufttrübung durch Aerosolteilchen, meist Sulfate	−0,4 Wm^{-2} recht ungenau bekannt	regional noch anwachsend, kurzlebig
Indirekter Aerosoleffekt auf Wolken	wahrscheinlich negativer Wert	regional nachgewiesen, unsicher, kurzlebig

Quelle: In Anlehnung an IPCC 2001

Global gemittelte Änderungen der Strahlungsflussdichte (Strahlungsantrieb) an der Tropopause oder an der Oberfläche für verschiedene natürliche und anthropogene Einflussfaktoren. Zusätzlich sind die typischen Zeitskalen und/oder der Trend angegeben.

Gibt es in der Erdgeschichte Analogien zum zukünftigen Klima?

Wenn das Klimasystem mehrere Zustände bei gleichen Randbedingungen (z. B. Bahn der Erde um die Sonne) annehmen kann, also transitiv ist, dann kann es für den jetzigen Klimazustand keine direkte Analogie in der Klimageschichte geben, weil auch der Weg zu den heutigen Randbedingungen Bedeutung hätte. Nehmen wir trotz zum Teil gegenteiliger Befunde für große Variationen der Randbedingungen an, dass das Klima für bestimmte relativ enge Parameterbereiche intransitiv ist, dass also die Reaktion auf Änderungen der jetzigen Randbedingungen (ohne sehr große Inlandeisgebiete auf der nördlichen Erdhälfte) determiniert ist, dann muss man fragen: Gab es jemals die gleichen Randbedingungen wie heute? Die Antwort ist ein klares Nein, weil – sicherlich seit 750 000 Jahren – kein Zustand vorlag, in dem der CO_2-Gehalt der Atmosphäre über 370 Millionstel Volumenanteile (ppmv) betrug und gleichzeitig zwei große Inlandeisgebiete existierten. Wie hilft dann das Rekonstruieren der Klimageschichte beim Blick in die Zukunft? Es dient hauptsächlich als Lieferant von Daten zur Validierung möglichst komplexer Klimamodelle und erhöht das Prozessverständnis. Sind die Daten aus der Klimageschichte für diese Aufgabe ausreichend genau und die Klimamodelle umfassend genug? Zurzeit reicht es bei beidem nur für erste Schritte: Erstens sind die Paläoklimadaten von vor einigen Jahrtausenden nicht genau genug für komplexe Modellvalidierungen, weil die Übertragungsfunktionen – z. B. von einem Isotopengehalt des Eisbohrkernabschnitts zur Temperatur bei der Niederschlagsbildung – variabel und damit noch unsicher sind, aber fixiert vorgegeben werden. Zweitens sind die Paläoklimadaten zeitlich nicht genau genug zuzuordnen, wenn z. B. das Abzählen von Jahren in den Ablagerungen nicht mehr gelingt. Drittens können räumlich hoch auflösende gekoppelte Atmosphäre/Ozean/Land-Modelle ($\Delta x \cong 100$ km) mit heutigen Rechenanlagen noch nicht über Jahrtausende integriert werden. Man behilft sich daher mit Modellen mittlerer Komplexität und der Aufklärung bestimmter Prozesse wie dem Übergang der Sahara von einer Trockensavanne in eine hyperaride Wüste vor ca. 5500 Jahren (Claussen et al. 1999). Die Modelle mittlerer Komplexität müssen allerdings in ihren Teilkomponenten mit höher auflösenden Modellen verglichen werden.

Der Härtetest auch für die höher auflösenden komplexen Modelle, nämlich das Nachvollziehen eines so genannten abrupten oder hemisphärischen regionalen Klimawandels, steht also noch bevor. Er würde für die extremen Szenarien des anthropogenen Einflusses mit einer Vervielfachung des CO_2-Gehaltes über das 21. Jahrhundert hinaus verstärkte Glaubwürdigkeit schaffen.

Um nicht missverstanden zu werden: Die besten gegenwärtigen Modelle wurden drei Tests unterzogen, d. h., sie haben das heutige Klima und seine Variabilität für größere Skalen nachgebildet; sie konnten die Klimaänderungen des 20. Jahrhunderts bei Vorgabe natürlicher und anthropogener Randbedingungen nachvollziehen und sie sind an der Wiedergabe der „Kleinen Eiszeit" vom ca. 14. bis 19. Jahrhundert nicht gescheitert (Cubasch et al. 2000), die Folge einer reduzierten Helligkeit der Sonne war und für welche die Temperatur der nördlichen Erdhälfte rekonstruiert werden konnte (Mann et al. 2000).

Für Szenarienrechnungen für das 21. Jahrhundert, für das es keine Analogien gibt, sind diese Modelle die besten vorhandenen Werkzeuge. Sofern sie nicht für extreme Szenarien weit weg vom jetzigen Klimazustand missbraucht werden, sind sie – auf der Basis von Naturgesetzen rechnend – in Grenzen glaubwürdig.

Abb. 1 Rekonstruktion der mittleren Nordhemisphäre-Temperatur

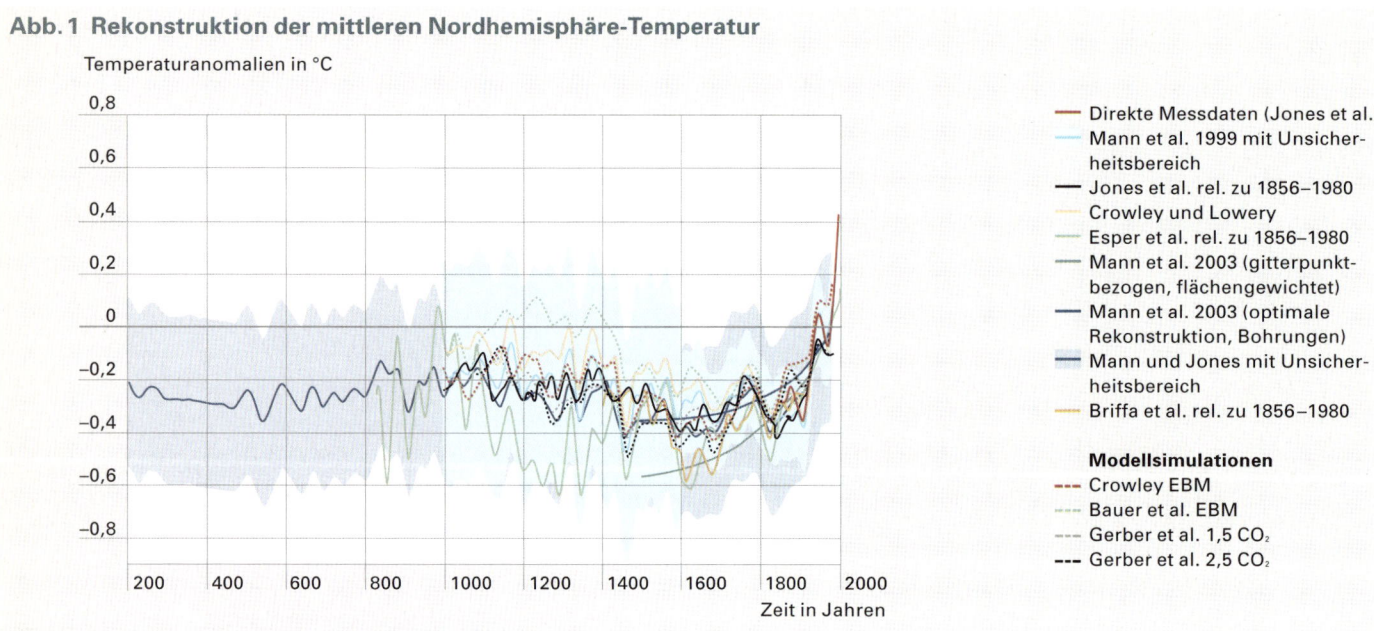

Quelle: Mann et al. (2003, EOS Forum, Vol. 84. No. 27)

Paläoklimatologische Rekonstruktionen der Anomalien (relative Variationen) der nordhemisphärisch gemittelten bodennahen Lufttemperatur nach verschiedenen Autoren, wobei die „Grauzone" den Unsicherheitsbereich angibt. Die direkten (neoklimatologischen) Messungen, rote Kurve, enden hier 1998. Die gestrichelten Kurven repräsentieren verschiedene Modellrechnungen.

Verstehen wir die wesentlichen Klimaänderungen der jüngeren Erdgeschichte?

Es hat lange gedauert, bis die Menschheit die astronomischen Gründe für den Tages- und Jahresgang von Wetter und Klima verstand. Erst im 20. Jahrhundert gelang es darüber hinaus, die Variationen der Bahn der Erde um die Sonne auf die Wirkung der Schwerkraft der Nachbarplaneten (vor allem Venus, Jupiter und Saturn) zurückzuführen. Obwohl diese Bahnänderungen die Energie der Sonne, die insgesamt auf die Erde einstrahlt, um weniger als ein Promille ändern, ist seit der bahnbrechenden Arbeit von Imbrie et al. (1976) der Zusammenhang zwischen der Milankowitsch-Theorie und den Eiszeit-Warmzeit-Schwankungen der letzten Millionen Jahre hergestellt. Milankowitsch hatte als Erster den Anlass für die Erdbahnschwankungen erkannt (Milankowitsch, 1942). Imbrie konnte dann die von Berger (1973) erstmals mithilfe eines Computers genau für wenige Millionen Jahre zurück- und auch vorausberechnete Bahn der Erde um die Sonne verwenden. Die quasiperiodischen Schwankungen der Form der Bahnellipse (ca. 100 000-jährige Hauptperiode), der Neigung der Rotationsachse der Erde zur Bahnebene um die Sonne von 21,8 bis 24,5° und zurück in ca. 40 000 Jahren und die veränderliche Lage der Bahnellipse im Raum, die den sonnennächsten Punkt der Erdbahn (zurzeit meist der 4. Januar) einmal in 23 000 Jahren durch das Kalenderjahr

„treibt", können alle in den Resten der Lebewesen in den Tiefseesedimenten wiedergefunden werden. Obwohl die detaillierten Mechanismen der von Erdbahnänderungen hervorgerufenen Änderungen des Klimas keineswegs geklärt sind, ist damit gesichert, dass die breitenabhängige Umverteilung von Sonnenenergie innerhalb eines Jahres ausreicht, um das globale Klima wesentlich zu ändern.

Seit 750 000 Jahren haben acht vergleichsweise kurze Zwischeneiszeiten und längere, sich über Zehntausende von Jahren in Intervallen intensivierende Eiszeiten jeweils zu einem höheren oder niedrigerem CO_2-Gehalt von ca. 280 bzw. 200 ppmv geführt. Die Amplitude der mittleren oberflächennahen Lufttemperatur betrug dabei etwa 5 °C, wobei der Hauptanstoß für Erwärmung und Abkühlung die großen, durch Aufbau oder Abbau von Eisgebieten heller oder dunkler werdenden Flächen waren. Die Reaktion der Treibhausgase hat die Temperaturänderungen allerdings verstärkt und vor allem aus einem hemisphärischen ein globales Ereignis gemacht. Diese Temperaturamplitude von 5 °C erscheint nicht hoch, sie hat aber doch die Tundra z. B. am Ende eines Gletschers (dem heutigen Gardasee) durch mediterrane Vegetation ersetzt und den mittleren Meeresspiegel um rund 120 m angehoben oder abgesenkt. Diese „dramatischen" Vorgänge sind allerdings in rund

Abb. 2 Enge Korrelation zwischen dem Treibhausgas Kohlendioxid und der Temperatur seit Hunderttausenden von Jahren

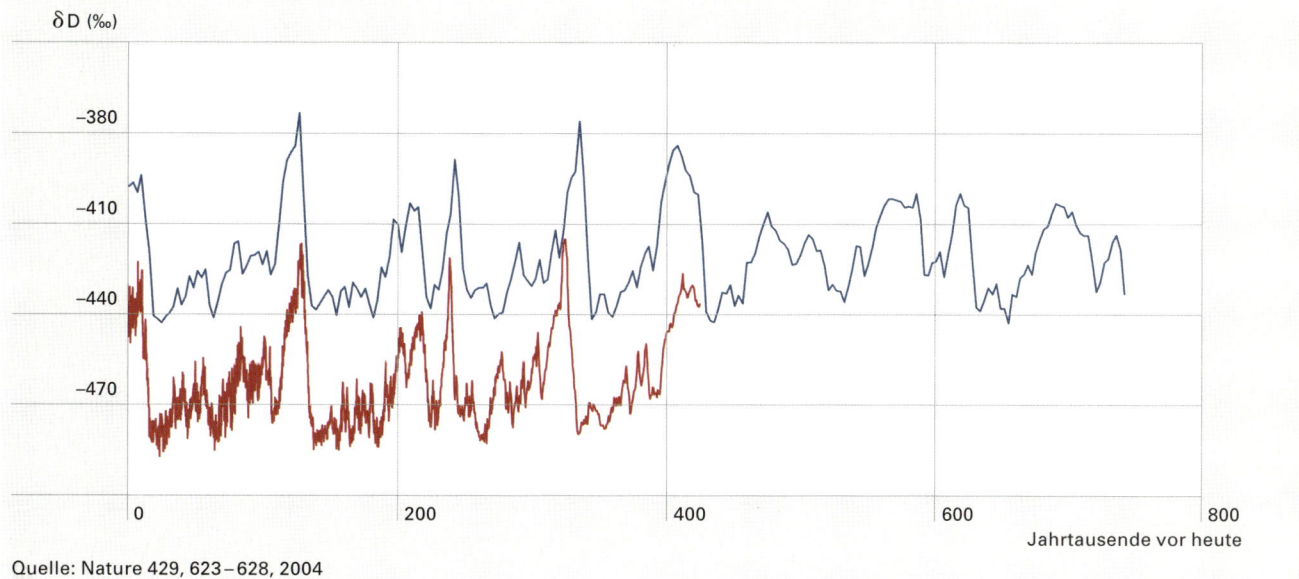

δD (‰)

Quelle: Nature 429, 623–628, 2004

Schwankungen des Deuteriumgehalts (δD), ein Maß für Temperaturänderungen bei der Niederschlagsbildung, aus zwei antarktischen Eisbohrkernen, Vostok (rot) und Dome (blau), seit Hunderttausenden von Jahren.

100 000 Jahren für einen Eiszeitzyklus abgelaufen, während wir jetzt über Temperaturänderungen im 21. Jahrhundert von nur etwas geringerer Größe reden, d. h. von einer um Faktoren über 100 erhöhten mittleren Klimaänderungsrate. Sicherlich gab es in der Klimageschichte auch abrupte globale Klimaänderungen durch den Einschlag größerer Himmelskörper und abrupte regionale Änderungen, z. B. durch den Stopp der thermohalinen Zirkulation im Atlantik (im Volksmund: Ausbleiben des Golfstroms). Ein Klimaexperiment, wie es die Menschheit momentan mit ungewissem Ausgang durchführt, gab es jedoch noch nicht.

Die große Bedeutung von Klima als natürlicher Ressource

Wer nach den drei wichtigsten Parametern für unser Leben oder nach den wichtigsten Klimaparametern fragt, bekommt fast die gleiche Antwort:

– die Energie der Sonne
– das Wasser vom Himmel
– die Nahrungsmittelproduktion durch die Pflanzen bzw. die Vegetation

Klima ist somit eine zentrale natürliche Ressource und viele sehen sie als gegeben an. Wir sind dabei, sie so rasch zu ändern, dass sie eher zum Feind wird, als dass wir sie als Basis des Lebens verstehen.

Literatur

Berger, A. (2004).

Claussen, M. (2004).

Cubasch, U.

Imbrie (1976).

IPCC (Intergovernmental Panel on Climate Change), 2001: The Science of Climate Third Assessment Report of WG I of IPCC; Houghton et al. (Ed.); Cambridge University Press, Cambridge, UK.

Mann (2004).

Milankowitsch, M. (1942).

Der Autor

Hartmut Graßl (64) ist Professor für Allgemeine Meteorologie an der Universität Hamburg und Direktor am Max-Planck-Institut für Meteorologie, wo er die Abteilung Klimaprozesse leitet. Seine gegenwärtigen Hauptforschungsgebiete sind der Aerosoleinfluss auf das Klima und globale Klimatologien des Niederschlags aus Satellitendaten. Er hat außerdem den Vorsitz im Wissenschaftlichen Beirat der Bundesregierung „Globale Umweltveränderungen".

Historische Aufzeichnungen als Indizien in der Diskussion des Klimawandels

Die Öffentlichkeit nimmt von Naturkräften nur Notiz, wenn diese die tägliche Routine stören. Von der Wissenschaft wird dann erwartet, dass sie Extremereignisse in einen größeren Zusammenhang einordnet und interpretiert. Historische Aufzeichnungen spielen hier eine besonders wichtige Rolle.

Christian Pfister

Älteste englische Wetterhütte in der Antarktis (Port Lockeroy).

Das vergangene Klima hat überall auf der Erde Spuren hinterlassen, die von vielen wissenschaftlichen Disziplinen erforscht werden: Die Historische Klimatologie wertet vorwiegend Daten aus anthropogenen Archiven aus. Sie enthalten zwei Arten von Informationen:
- direkte Daten, die qualitative Beschreibungen der Witterung umfassen, sowie vom späten 17. Jahrhundert an frühe Instrumentenmessungen
- indirekte Daten, auch Proxydaten genannt, also quantifizierbare Beschreibungen von biologischen oder physikalischen Erscheinungen, die als Klimazeiger gelten

In Westeuropa sind Klimabeobachtungen aus historischen Dokumenten seit der Karolingerzeit (um 800) bekannt. Aufgrund des Umfangs, der Lückenlosigkeit und der zeitlichen Auflösung dieses Materials lassen sich die 1200 Jahre bis zur Gegenwart in fünf Perioden einteilen:
1. Vor 1300: vorwiegend Beschreibungen von Anomalien und Naturkatastrophen; je extremer ein Ereignis war, desto häufiger und ausführlicher wurde es beschrieben.
2. 1300–1500: nahezu durchgehende Beschreibung der Witterung im Sommer und im Winter, teilweise im Frühjahr, selten im Herbst
3. 1500–1800: fast vollständige Beschreibung der monatlichen Witterung, teilweise des täglichen Wetters
4. 1680–1860: Instrumentenmessungen auf individueller Basis, erste kurzlebige Messnetze
5. Seit 1860: Instrumentenmessungen im Rahmen nationaler und internationaler Messnetze

Die älteren Darstellungsformen wurden von den neueren überlagert, aber nicht verdrängt. Im Folgenden werden einige Datentypen kurz vorgestellt.

Aufzeichnungen des täglichen Wetters sind vom ausgehenden 15. Jahrhundert an durch den Aufstieg der Astronomie zum führenden Zweig der Wissenschaft und durch die Erfindung des Buchdrucks gefördert worden. Astronomische Kalender stellten für ein bis zwei Jahrzehnte im Voraus täglich die Kalenderdaten und die vorausberechneten Positionen der Planeten dar. Für jeden Monat war eine Doppelseite vorgesehen, wobei auf der rechten Seite für jeden Tag eine Leerzeile freigelassen war. In diese Leerzeilen wurden persönliche Notizen eingetragen, darunter auch stichwortartige Wetterbeobachtungen. Aus dem 16. Jahrhundert sind in Mitteleuropa 33 Wettertagebücher dieser Art bekannt. Vom 17. Jahrhundert an wurden die Witterungsbeschreibungen ausführlicher (s. S. 29). Witterungstagebücher lassen sich auswerten, indem Erscheinungen wie Regen, Schnee und Frost ausgezählt, gemittelt und mit entsprechenden Durchschnittswerten von nahe gelegenen Messstationen verglichen werden. Vor wenigen Jahren wurde im Rahmen des EU-Projekts CLIWOC mit der systematischen Auswertung von Schiffstagebüchern begonnen, die meist methodische Beobachtungen der Windrichtung und der Witterung enthalten. Davon existieren Tausende. Die CLIWOC-Datenbank deckt den Raum des Nordatlantiks für die Periode 1750 bis 1850 weitgehend ab.

Den meisten Verfassern von chronikalischen Quellen und Witterungstagebüchern war bewusst, dass ihre Beschreibungen subjektiv gefärbt waren. Um die intersubjektive und intertemporale Vergleichbarkeit ihrer Aussagen zu verbessern, flochten sie Beobachtungen von natürlichen Erscheinungen in ihre Beschreibungen ein, die als Klimazeiger bekannt waren.

Im Sommerhalbjahr waren dies Angaben zur Menge und zum Zuckergehalt des Weinmosts und Beobachtungen zur Blüte- und Erntezeit von (Kultur)pflanzen. So beschreibt Placidus Brunschwiler, der Abt des Klosters Fischingen (Kanton Thurgau), den Sommer 1639 wie folgt: „Von disem obgesetzten Monat [Mai] ist biss den 17. tag Augusti selten ein rechter warmer tag gesein sondern merteils regen und kalte wind, also dass hew [Heu] und korn [...] bei uns erst den 17. tag Augsten eingebracht worden, dass sonsten gemeinlich [gewöhnlich] umb S. Jacobs Tag [25. Juli] die Ernd gesin ist." Eine Verspätung der Getreideernte um dreieinhalb Wochen ist innerhalb der Instrumentenperiode nur für das „Jahr ohne Sommer" (1816) nachgewiesen worden > Beitrag Smolka, S. 50, was für 1639 auf eine Temperaturanomalie in derselben Größenordnung verweist.

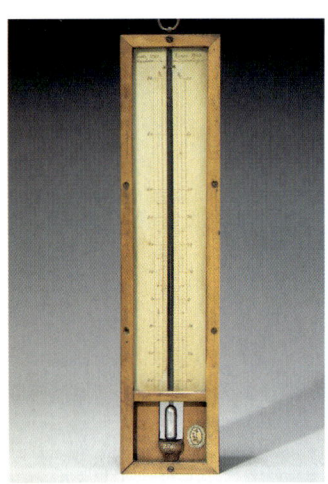

Quecksilberthermometer nach Réaumur, 1780: Die ältesten instrumentellen Messreihen setzen in der zweiten Hälfte des 17. Jahrhunderts ein. Ab der zweiten Hälfte des 18. Jahrhunderts verbreiteten sich meteorologische Messinstrumente rasch. Dieses 1780 in Mannheim konstruierte Thermometer ist nach dem französischen Physiker René-Antoine Réaumur skaliert: Wasser gefriert bei Null Grad und siedet bei 80 Grad. Die heutige Celsius-Skala gilt in Deutschland seit 1924.

Als Klimazeiger im Winterhalbjahr dienten die Häufigkeit der Schneefälle, die Dauer der Schneebedeckung, Zeitpunkt und Dauer der Eisbedeckung von Gewässern, das Auftreten von Frost und – in warmen Wintern – die Aktivität von Tieren und Pflanzen. Jährlich wiederkehrende Ereignisse im Winterhalbjahr wurden seltener systematisch aufgezeichnet: In den Büchern der estnischen Stadt Tallinn ist seit dem späten 15. Jahrhundert festgehalten, an welchem Tag nach dem Auftauen der Eisdecke im Frühjahr das erste Schiff den Hafen anlief. Gerhard Koslowski und Rüdiger Glaser haben anhand einer Vielzahl von Dokumenten ermittelt, in welchem Umfang der westliche Teil der Ostsee seit 1501 zugefroren war. Um die Höhe von Überschwemmungen intersubjektiv zu dokumentieren, wurden an Brücken und Gebäuden Hochwassermarken angebracht.

Galileo Galilei konstruierte 1597 das erste bekannte Instrument, um die Lufttemperatur zu bestimmen, und begann mit instrumentellen Messungen. Unter den Pionieren der instrumentellen Messungen ist der Pariser Arzt Louis Morin hervorzuheben: Von 1665 bis 1713 las Morin unter anderem dreimal täglich Thermometer und Barometer ab und zeichnete als erster Mensch die Herkunftsrichtung der Wolken systematisch auf. Im 18. Jahrhundert verbreiteten sich meteorologische Instrumente rascher. Um die Messtätigkeit auf einen gemeinsamen Nenner zu bringen, gründete der pfälzische Kurfürst Karl Theodor 1780 die Societas Meteorologica Palatina. Diese internationale wissenschaftliche Gesellschaft stattete ihre Mitglieder mit einheitlichen Instrumenten aus, erließ Richtlinien zur Durchführung der Messungen und publizierte die Ergebnisse. Das Messnetz der Gesellschaft reichte von Grönland bis Rom und von La Rochelle bis Moskau. Es wurde durch die Armeen der französischen Revolution zerstört.

In großen Datenbanken wie Euro-Climhist, HISKLID und CLIWOC sind bereits hunderttausende von deskriptiven und frühinstrumentellen Daten gespeichert. Millionen von weiteren Dokumenten warten in den Archiven auf ihre Entdeckung. Bei der Auswertung von Dokumentendaten wird zunächst die räumliche Stimmigkeit aller direkten und indirekten Daten, die für einen Zeitabschnitt vorliegen, anhand meteorologischer Kriterien überprüft. Aus den jahreszeitlichen oder monatlichen Datenfeldern werden dann in Kenntnis der Aussagemöglichkeit der einzelnen Datentypen numerische Indizes der Temperatur und des Niederschlags abgeleitet. Die Indizes weisen sieben Stufen aus, die von –3 (extrem trocken oder extrem kalt) über Null („normal") bis +3 (extrem nass oder extrem warm) reichen. Die Interpretation muss sich einem stets wechselnden Datenumfeld anpassen und dabei quellenspezifische, ökologische und individuelle Gesichtspunkte berücksichtigen. Sie lässt sich mathematisch nicht formalisieren. Dagegen können die Ergebnisse statistisch überprüft werden.

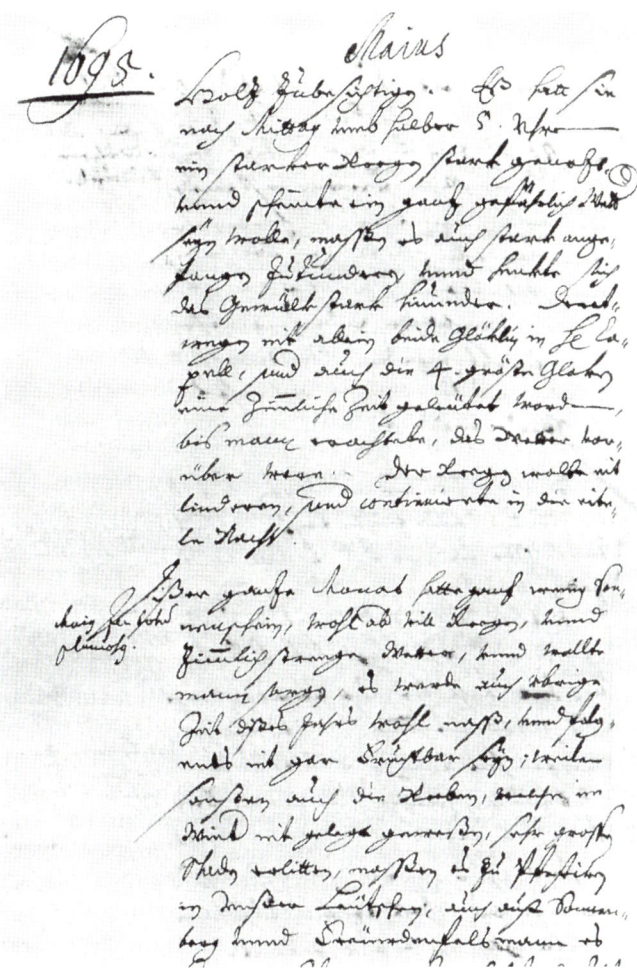

Witterungsbeschreibung von Pater Josef Dietrich (1645–1704) im Kloster Einsiedeln (Schweiz). Dietrich führte das Tagebuch des Klosters von 1672 bis 1695. Er unterschied bereits zwischen vier Wolkenarten und differenzierte Niederschläge nach Dauer und Intensität. Der Durchgang einer Kaltfront am 29./30. Mai 1695 wird wie folgt geschildert: „Fanden wir einen sehr nassen Morgen, dannen die ganze Nacht unaufhörlich geregnet und continuierete noch am Morgen. In höhenen [höheren Lagen] hett es etwas weniges Schnee angehenkt [fiel etwas Schnee]. Nach Mittag hett das Regen Wetter wider eingehalten und liess sich eines besseren ansehen, in dem gegen 3 Uhren sogar die Sonnen in etwas hervor geschinen."

Um die Größenordnung von schweren Überschwemmungen für die Nachwelt zu dokumentieren, pflegte man den maximalen Stand durch Hochwassermarken an Gebäuden anzugeben.

An diesem Haus in Wertheim im Mündungsgebiet der Tauber in den Rhein sind 24 Hochwasser dokumentiert. Zehntausende von Hochwassermarken sind im 20. Jahrhundert zerstört worden.

Abb. 1a Temperaturen im Rekordwinter 1709 in Europa

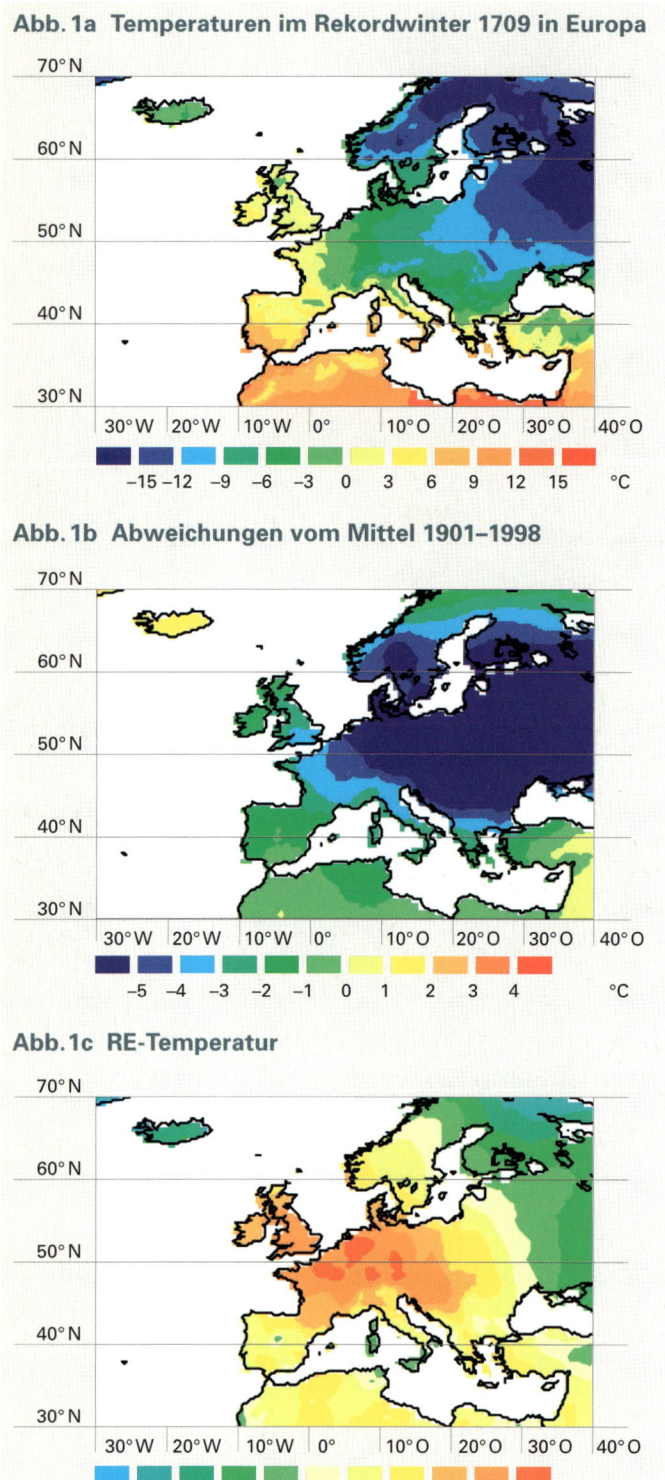

Abb. 1b Abweichungen vom Mittel 1901–1998

Abb. 1c RE-Temperatur

Quelle: Luterbacher et al., 2004

Für den Rekordwinter 1709 wurden mit statistischen Methoden jahreszeitliche und monatliche Temperaturen, gestützt auf vereinzelte frühe Instrumentenmessungen und Temperaturindizes, für 5 000 Gitternetzpunkte in Europa geschätzt. Im östlichen Mitteleuropa war dieser extremste Winter der letzten 500 Jahre bis zu 6 °C zu kalt. Frankreich wurde in der Nacht vom 5. auf den 6. Januar 1709 von einer mit 40 Stundenkilometer nach Süden vorrückenden Kaltluftwalze mit einer Temperatur von etwa –20 °C überrollt. Am Morgen des 6. Januars erreichte die Kaltluft das Mittelmeer und richtete dort an frostempfindlichen Kulturen unendlichen Schaden an.

Die RE-Werte (RE = reduction of error) geben ein statistisches Qualitätsmaß der Rekonstruktionen an. Je höher der RE-Wert ist, desto größer ist das Vertrauen in die Qualität der Rekonstruktion.

Abb. 2 Fluktuationen der Wintermonate im Schweizer Mittelland (1496–1995)

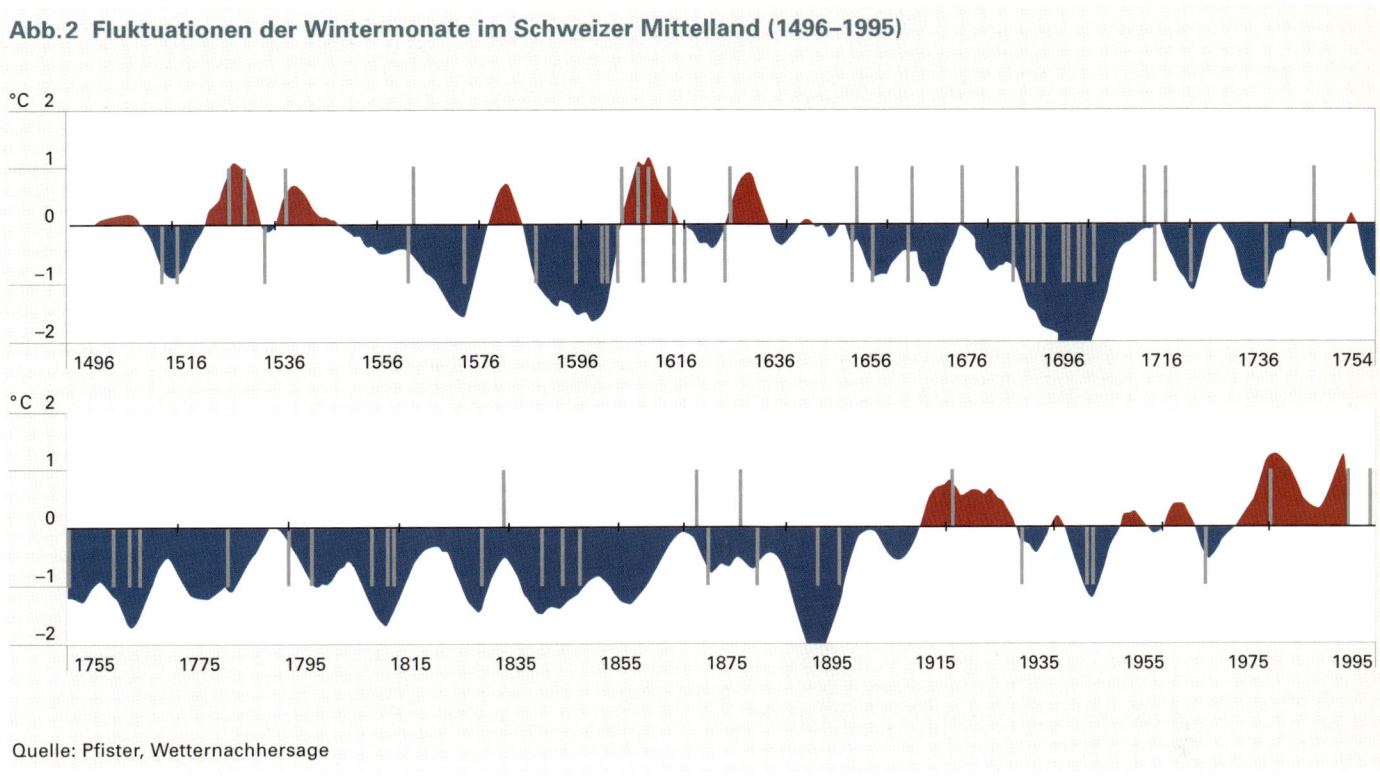

Quelle: Pfister, Wetternachhersage

Bis 1755 wurden die Daten anhand von Temperaturindizes geschätzt. Anschließend beruhen sie auf Messungen: Die Winter der „Kleinen Eiszeit" (bis 1895) waren langfristig um 0,5 °C kälter als jene im 20. Jahrhundert, zwischen 1675 und 1700 gar um 2 °C.

Wie können Indexreihen weiter ausgewertet werden? Durch einen statistischen Vergleich von Indexreihen und Messreihen lassen sich Regressionsgleichungen herleiten und zur Schätzung von Temperatur und Niederschlag heranziehen (Abb. 1). Mit den Indizes als Ausgangsmaterial lassen sich ferner die klimatische Belastung klimasensibler Wirtschaftszweige wie der vorindustriellen Landwirtschaft oder auch die Auswirkungen von Klimaschwankungen auf Ökosysteme in der Vergangenheit modellieren. Schließlich haben Untersuchungen gezeigt, dass wenige, räumlich gut verteilte Messreihen von Temperatur, Niederschlag und Luftdruck ausreichen, um das Feld des Luftdrucks auf Meeresniveau sowie die räumlichen Muster der Temperatur und des Niederschlags für ganz Europa abzuschätzen.

Die Gruppe um Jürg Luterbacher und Heinz Wanner (Universität Bern) hat aufgrund dieser Überlegungen mithilfe statistischer Modelle die räumlichen Veränderungen von Luftdruck, Temperatur und Niederschlag für mehr als 5 000 Gitternetzpunkte gesamteuropäisch rekonstruiert. Bis 1658 sind jahreszeitliche, anschließend auch monatliche Rekonstruktionen erstellt worden (Abb. 2). Auf dieser räumlich umfassenden Basis wird derzeit die Bedeutung klimatischer Einflüsse für die Getreidepreise, die Konjunktur und den Ausbruch von Epidemien in den letzten Jahrhunderten erstmals systematisch untersucht.

Im Folgenden werden einige Ergebnisse der Historischen Klimaforschung vorgestellt, die in der jüngsten Diskussion um den anthropogenen Klimawandel bedeutsam wurden. Die herausragende klimatische Anomalie der letzten Jahre war unbestritten der Sommer 2003. Gesamteuropäisch war er der wärmste in den letzten 500 Jahren. Im südlichen Mitteleuropa hat er sämtliche Temperaturrekorde seit Beginn der Instrumentenmessungen (1755) bei weitem in den Schatten gestellt. Als Analogfall dazu bietet sich in den letzten 700 Jahren allenfalls der Sommer 1540 an: Getreide und Wein wurden damals im selben Zeitraum reif wie 2003, was auf ähnliche Temperaturverhältnisse hindeutet. Doch war die Trockenheit 1540 weit gravierender. Von Mitte März bis Ende September lagen große Teile (Mittel)europas fast durchgehend unter Hochdruckeinfluss. In diesen sechs Monaten fiel nur an einigen wenigen Tagen etwas Regen. Zahlreiche Quellen versiegten und die kleineren Flüsse zwischen dem Rhein und den Karpaten trockneten vollständig aus. Der Rhein konnten an manchen Stellen zu Fuß durchwatet werden. Viele Menschen mussten ihr Wasser nachts über weite Strecken in Weinfässern auf dem Rücken von Tragtieren heranschaffen. Wälder gingen in Flammen auf.

Die Brände waren so zahlreich, dass sich über weite Teile des Kontinents ein Rauchschleier legte. Lässt sich mit Verweis auf diesen gravierenderen Analogfall 1540 die Bedeutung des Sommers 2003 als Indiz für den Treibhauseffekt entkräften?

Eine Antwort darauf liefert die Darstellung unten: Sie zeigt im Zeitraum 1501 bis 2000 für jedes Jahrzehnt die Anzahl der extrem warmen und der extrem kalten Monate (Anomalien). Die Messreihen (seit 1755) wurden auf Indexdaten umgerechnet. Aus der Farbskala lässt sich der Niederschlagscharakter der entsprechenden thermisch extremen Monate (sehr nass, „durchschnittlich", sehr trocken) herauslesen. Drei Erscheinungen stechen ins Auge:

1. Extrem kalte und trockene Monate (mit dominanten Winden aus Nord bis Ost) sind zwischen 1570 und 1890 häufiger aufgetreten als seither. Solche Anomalien gelten als Indiz für die „Kleine Eiszeit", die in Mitteleuropa um 1300 begann und im späten 19. Jahrhundert zu Ende ging.

2. In den Jahren 1901 bis 1990 wurden im Durchschnitt fünf kalte und vier warme Anomalien gemessen. In den 1990er-Jahren sind kalte Extreme vollkommen weggefallen, die Zahl der viel zu warmen Monate hat sich dagegen im Vergleich zu den Mittelwerten der Periode 1901–1990 verfünffacht. Der Maximalwert von 22 warmen Anomalien (1991–2000) liegt um mehr als das Doppelte über jenem der Periode 1501–1990.

3. Der Analogfall von 1540 ist einem anderen klimageschichtlichen Umfeld zuzuordnen als der Extremsommer von 2003. Zwei Jahre nach dem Mittelmeersommer 1540 folgte ein kalter und nasser Sommer, in dem sich die arg gebeutelten Gletscher erholen konnten. Dem Sommer 1947, der gelegentlich auch als Analogfall zu 2003 erwähnt wird, ging ein kalter Winter voran, in dem in Deutschland der Rhein zufror.

Die Szenarien des Treibhauseffekts rechnen damit, dass sich mit höheren Mittelwerten das Spektrum der Extreme verschiebt. Die kalten Extremfälle bleiben weg. Was früher als normal galt, ist „kalt", was als „warm" galt, wird normal. Und jenseits der bisher gemessenen Wärmerekorde sollen wir diesen Überlegungen zufolge mit buchstäblich „un-erhörten" Extremen konfrontiert werden. Die Entwicklung in den letzten 15 Jahren entspricht in Mitteleuropa weitgehend diesem Szenario. Die sehr kalten Extreme, die seit Jahrhunderten ein fester Bestandteil unseres Klimas waren, sind seit 1988 vollständig ausgeblieben. Dafür traten die warmen Extreme in den 1990er-Jahren fünfmal häufiger auf als im gesamten „warmen" zwanzigsten Jahrhundert. Und mit dem Sommer 2003 haben wir einen ersten Vorgeschmack dessen bekommen, was in Zukunft auf uns zukommen könnte.

Aufgabe der (Geschichts)wissenschaft ist es, Ereignisse und Tendenzen in der Gegenwart in einen größeren Zusammenhang einzuordnen. Dies gilt nicht nur für politische Ereignisse, sondern im Zeitalter des „global warming" zunehmend auch für Klimaanomalien und Naturkatastrophen. Die Historische Klimatologie kann in diesem Bereich Argumente zur Diskussion beisteuern.

Abb. 3 Summe der extrem warmen und extrem kalten Monate (Anomalien) pro Jahrzehnt 1501–2000, klassifiziert nach Niederschlagsverhältnissen

Die „Kleine Eiszeit" tritt durch die Häufung von kalten Anomalien, das Treibhausklima der Gegenwart durch die seit 1500 einzigartige Zahl von 22 extrem warmen Monaten in den 1990er-Jahren hervor.

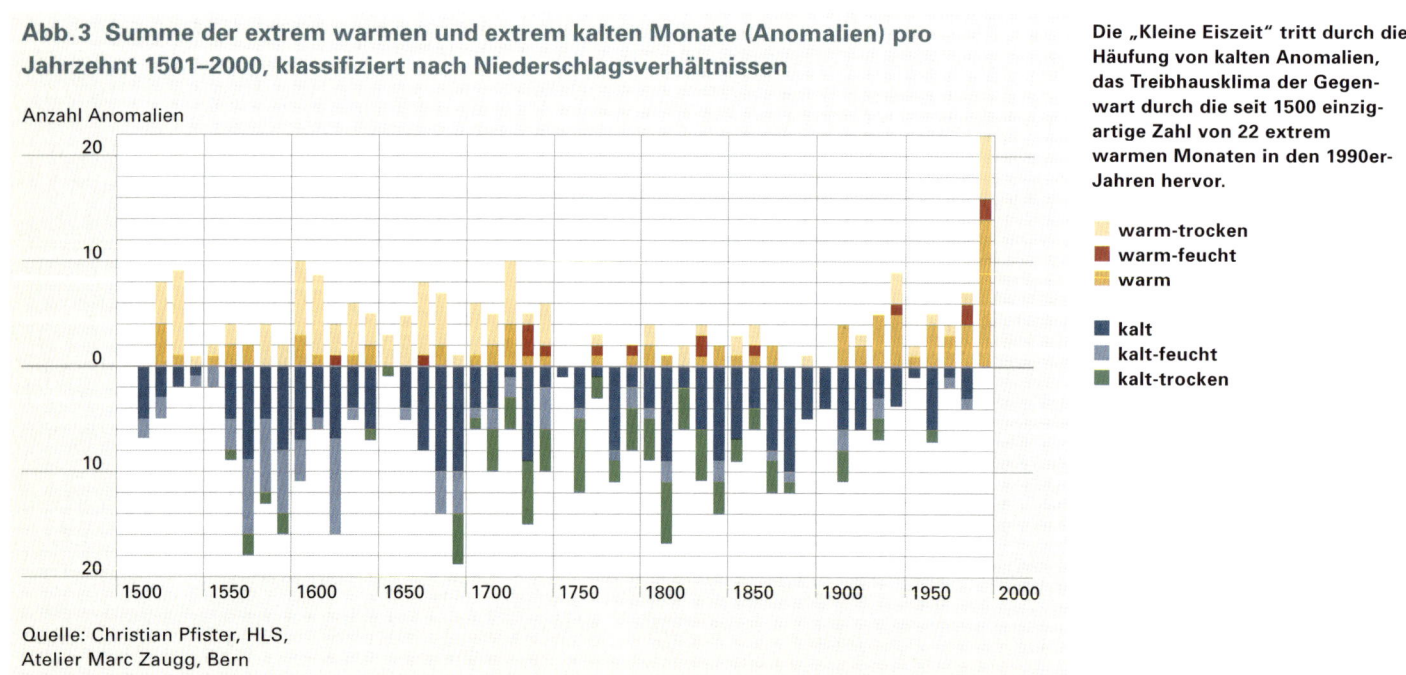

Anzahl Anomalien

■ warm-trocken
■ warm-feucht
■ warm

■ kalt
■ kalt-feucht
■ kalt-trocken

Quelle: Christian Pfister, HLS,
Atelier Marc Zaugg, Bern

Literatur

Brázdil, Rudolf, Christian Pfister, Heinz Wanner, Hans von Storch, Jürg Luterbacher (2004): Historical Climatology – The State of the Art, Climatic Change (im Druck).

CLIWOC Datenbank, http://www.knmi.nl/cliwoc/ (19. Aug. 2004).

Dietrich, Urs (2004): Using Java and XML in interdisciplinary research: A new data-gathering tool for historians as used with EuroClimHist, Historical Methods, (im Druck).

García, Rolando R., Ricardo García-Herrera (2003): Sailing ship records as proxies of climate variability over the world's oceans. Global Change Newsletter, Issue 53, March 2003.

Glaser, Rüdiger (2001): Klimageschichte Mitteleuropas. 1000 Jahre Wetter, Klima, Katastrophen. Darmstadt.

Luterbacher, Jürg, Eleni Xoplaki, Daniel Dietrich, Ralph Rickli., Jucundus Jacobeit, Christoph Beck, Dimitrios Gyalistras, Christoph Schmutz, Heinz Wanner (2002): Reconstruction of sea level pressure fields over the eastern North Atlantic and Europe back to 1500. Climate Dynamics 18, S. 545–561.

Luterbacher, Jürg, Daniel Dietrich, Eleni Xoplaki, Martin Grosjean, Heinz Wanner (2004): European seasonal and annual temperature variability, trends and extremes since 1500. Science 303, S. 1499–1503.

Pfister, Christian (1999): Wetternachhersage. 500 Jahre Klimavariationen und Natur-katastrophen (1496–1995). Bern.

Pfister, Christian (2001): Klima-wandel in der Geschichte Europas. Zur Entwicklung und zum Poten-zial der historischen Klimatologie. Österreichische Zeitschrift für Geschichtswissenschaften 12, S. 7–43.

Pfister, Christian (Hg.) (2002): Am Tag danach. Zur Bewältigung von Naturkatastrophen in der Schweiz 1500–2000. Bern.

Pfister, Christian (2004): Weeping in the Snow. The Second Period of Little Ice Age-Type Impacts, 1570 to 1630. In: Wolfgang Behrin-ger, Hartmut Lehmann, Christian Pfister (Hgg.): Kulturelle Konse-quenzen der Kleinen Eiszeit – Cultural Consequences of the Little Ice Age. Göttingen (im Druck).

Der Autor

Christian Pfister (geb. 1944) stu-dierte Geschichte und Geographie an der Uni Bern. Nach der Promo-tion (1974) folgten Studienauf-enthalte an den Universitäten Rochester, NY, und Norwich, Großbritannien (1976/77). 1990–96 Beitrag des Schweizer National-fonds für Forschungen zur Umwelt-geschichte. Seit 1997 ist er ordent-licher Professor für Wirtschafts-, Sozial- und Umweltgeschichte am Historischen Institut der Uni Bern. Pfister hat über 200 Arbeiten zur Bevölkerungs-, Klima-, Agrar- und Umweltgeschichte, zum Kultur-landschaftswandel und zur Ge-schichte von Naturkatastrophen publiziert. Er wurde 2000 mit dem Eduard-Brückner-Preis „für heraus-ragende interdisziplinäre Leistun-gen in der Klimaforschung" aus-gezeichnet.

Klimaänderungen im Industriezeitalter – Beobachtungen, Ursachen und Signale

Das Klima ändert sich, seit die Erde existiert. Dem Industriezeitalter kommt eine besondere Bedeutung zu: Zum einen erlauben umfangreiche Daten, ein exaktes Bild der Klimavariabilität zu zeichnen. Zum anderen tritt der Mensch immer intensiver als zusätzlicher Klimafaktor auf. Empirisch-statistische Methoden – in Ergänzung zu üblichen Modellrechnungen – entlarven ihn als Täter.

Christian-Dietrich Schönwiese

Ein Arbeiter überprüft Eisbohrkerne, die bei minus 33 °C aufbewahrt werden.

Informationsquellen

Unser Planet Erde ist 4,6 Milliarden Jahre alt. Immerhin knapp 4 Milliarden Jahre reichen die Informationen über das Klima zurück (Frakes 1979, Oschmann 2004). Wir überblicken somit fast die gesamte Erdgeschichte auch klimatisch. Allerdings sind die frühesten Indizien nur sehr grob. Erst mit den Ozeansediment- und insbesondere den Eisbohrungen, die uns die Zeit seit einigen Jahrmillionen bzw. Jahrhunderttausenden erschließen, wurden die indirekten Rekonstruktionen der Paläoklimatologie konkreter. Für die letzten Jahrtausende, vor allem die letzten 500 bis 1000 Jahre, lassen sie sich durch historische Quellen ergänzen (Glaser 2001, Pfister 1999; > Beitrag Pfister, S. 24), bevor dann – parallel zur Entwicklung der Experimentalphysik – das Zeitalter beginnt, aus dem direkt und mithilfe relativ moderner Instrumente gewonnene Messdaten vorliegen (Neoklimatologie; von Rudloff 1967, Schönwiese 1995, 2003). Von einigen frühen, aber eher primitiv durchgeführten Niederschlagsmessungen abgesehen, beginnt die längste derartige Messreihe im Jahr 1659 (Mittelengland, Monatsdaten der bodennahen Lufttemperatur; Manley 1974). Eine einigermaßen globale Abdeckung, zumindest für die bodennahe Lufttemperatur und den Luftdruck, ist aber erst seit ungefähr 1850/60 gegeben (IPCC 2001).

Obwohl diese Neo-Klimainformationen sicherlich verlässlicher und genauer sind als indirekte Rekonstruktionen, gibt es doch auch dabei Probleme. Das betrifft die Messgenauigkeit (z. B. ist sie beim Niederschlag deutlich schlechter als bei der Temperatur), die räumliche Repräsentanz (wovon die erforderliche Dichte des jeweiligen Messnetzes abhängt und die ebenfalls beim Niederschlag erheblich problematischer ist als bei der Temperatur), die zeitliche Repräsentanz (bei großer zeitlicher Variabilität der Messgröße, z. B. starkem Wind, problematisch) und besonders die Homogenität. Darunter versteht man die Anforderung, dass die Messdaten nicht signifikant von Messgerätewechseln und Stationsverlegungen belastet sind, weil dadurch Variationen vorgetäuscht werden können, die nicht klimatisch bedingt sind (Mitchell et al. 1966, Rapp und Schönwiese 1997).

Beobachtungsindizien

Einerseits führt die Analyse der Klimadaten, gleich um welche Informationsquelle es sich handelt, zu der Erkenntnis, dass das Klima stets variabel in Zeit und Raum ist (Lozán et al. 1998, Schönwiese 1995, 2003, Oschmann 2004 u. v. a.). Andererseits wechseln sich Zeiten starker Variabilität (> Beitrag Rahmstorf, S. 70) mit relativ stabilen Phasen ab. Eine solche relativ stabile Phase ist – nach dem von abrupten Änderungen überlagerten Übergang von der letzten Kaltzeit (Würmeiszeit) zur derzeitigen Warmzeit (Holozän) – in den letzten Jahrtausenden eingetreten. Das hat sich auf die kulturelle Entwicklung der Menschheit sicherlich positiv ausgewirkt, obwohl auch die Auswirkungen der in dieser Zeit aufgetretenen Fluktuationen nicht unterschätzt werden dürfen.

Doch dann hat im Industriezeitalter, und zwar ungefähr ab 1900, eine so drastische Erwärmung stattgefunden, dass die letzten beiden Jahrzehnte global wie hemisphärisch gemittelt wahrscheinlich die wärmsten der letzten mindestens rund 2000 Jahre gewesen sind; mit einem bisherigen Rekordwert im Jahr 1998 (Abb. 1 und > Beitrag Graßl, S. 22, Abb. 1, wo diese Entwicklung ab dem Jahr 200 bzw. 1856 für die nordhemisphärisch bzw. global gemittelte bodennahe Lufttemperatur ersichtlich ist). Zugleich kennzeichnet diese beiden letzten Jahrzehnte ein besonders rascher Temperaturanstieg (0,15 °C pro Dekade, d. h. rund doppelt so rasch wie im letzten Jahrhundert). Der bodennahe Erwärmungstrend ist übrigens von einem noch wesentlich stärkeren Abkühlungstrend der Stratosphäre begleitet (1960–2002, Schicht 16–24 km Höhe, im globalen Mittel um 1,9 °C, also 0,45 °C pro Dekade; Angell 1999).

Abb. 1 Global gemittelte bodennahe Lufttemperatur – Jahresanomalien 1856–2003, relativ zu 1961–1990

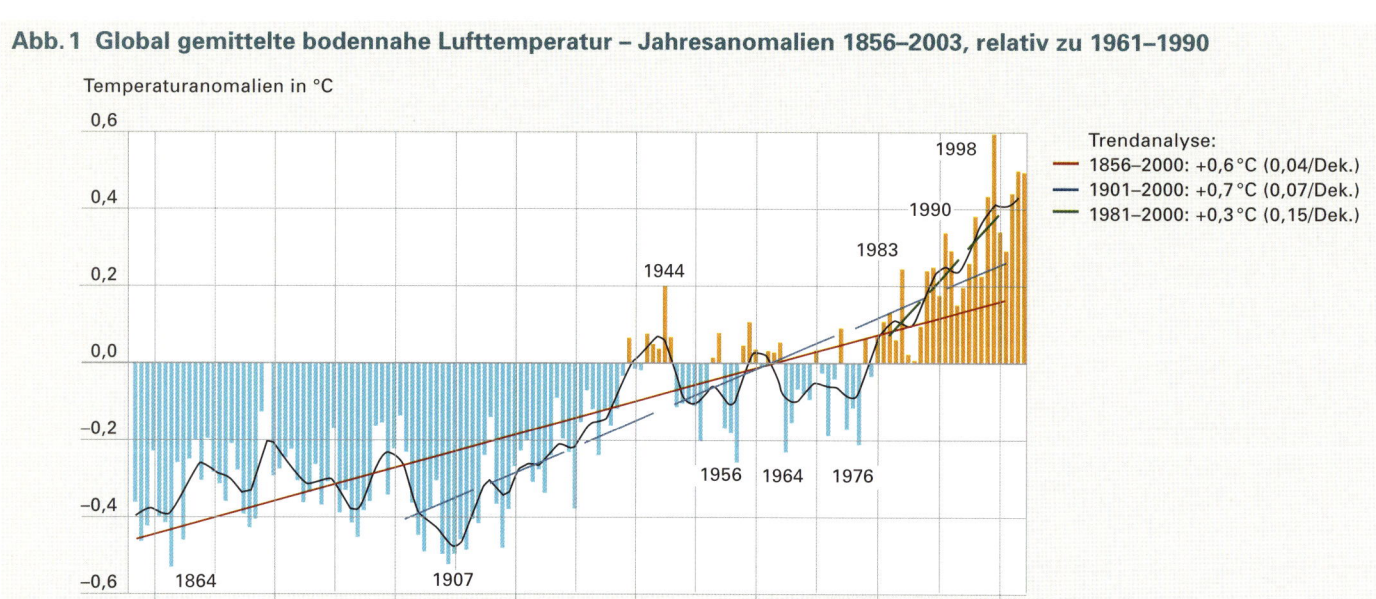

Quelle: Jones et al. 1999

Abb. 2 Beobachtete Temperaturtrends 1891–1990 (Jahreswerte)

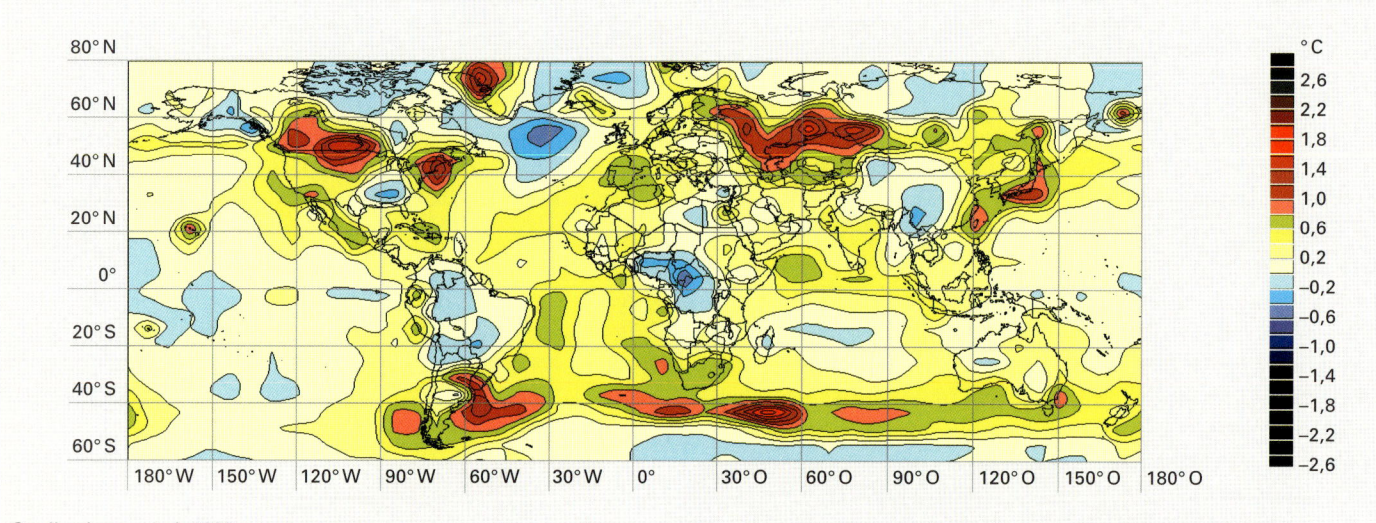

Quelle: Jones et al. 1999

Jährliche Anomalien 1856–2003 (Referenzintervall 1961–1990) der global gemittelten bodennahen Lufttemperatur von Land- und Ozeangebieten. Die schwarze Kurve stellt die 10-jährige Glättung dar, die Geraden (blau, rot und grün sind die linearen Trends für die angegebenen Zeitintervalle; die Unsicherheit der Jahresdaten liegt hier nur noch bei ca. ± 0,1 °C).

Lineare Trends 1891–1990 der jährlichen bodennahen Lufttemperatur in °C, Globalanalyse auf der Grundlage eines 5° x 5°-Gitterpunktdatensatzes.

Allerdings sind solche Klimatrends stets von kürzerfristigen Variationen überlagert. So zeigt ein genauerer Blick auf Abbildung 1, dass die bodennahe Erwärmung im Wesentlichen auf die Zeit 1907–1944 und ab ca. 1980 konzentriert war. Als deutliche Abweichungen vom Trend seien exemplarisch erwähnt: 1998 mit einer klar positiven Jahresanomalie, was mit einem El-Niño-Ereignis zusammenhängt; 1992, das Jahr nach dem Vulkanausbruch des Pinatubo, mit einer negativen Anomalie. Im Zusammenhang mit der Ursachendiskussion ist darauf zurückzukommen.

Das Bild der Klimaänderungen wird nun noch komplizierter, weil es außer diesen zeitlichen auch ausgeprägte räumliche Strukturen gibt. Wie das Beispiel in Abbildung 2 zeigt, war die Erwärmung des letzten Jahrhunderts regional sehr unterschiedlich und dabei auch von regional begrenzten Abkühlungen begleitet. Außerdem variieren solche Trendbilder von Jahreszeit zu Jahreszeit. Und beim Niederschlag sind diese zeitlich-regional-jahreszeitlichen Änderungsstrukturen noch viel komplizierter. Da der Niederschlag jedoch einer empirisch-statistischen Ursachendiskussion weitaus weniger zugänglich ist als die Temperatur, beschränken sich auch die folgenden Betrachtungen auf die Temperatur.

Im Zusammenhang mit Abbildung 2 sei noch darauf hingewiesen, dass auch Deutschland am Erwärmungstrend des Industriezeitalters teilgenommen hat, und zwar sogar etwas stärker als im globalen Mittel (Trend 1901–2000: 0,9 °C). Dazu hat in den letzten Jahrzehnten vor allem der Winter beigetragen (Näheres siehe Rapp 2000, Schönwiese 2002; zu Niederschlagtrends in Deutschland siehe auch Schönwiese und Trömel 2004). Eindrucksvolle Indikatoren der systematischen Erwärmung einiger Gebirgsregionen, beispielsweise der Alpen, sind die Gletscher (> Beitrag Escher-Vetter, S. 114).

Ein in Hinblick auf die Auswirkungen besonders wichtiges Problem, das dennoch hier nur kurz erwähnt werden kann, sind Extremereignisse. Weltweit gibt es deutliche Indizien dafür, dass die volkswirtschaftlichen und versicherten Schäden durch Überschwemmungen, Stürme usw. in den letzten Jahrzehnten enorm zugenommen haben (Berz 2000). Für die Temperatur ist der in Deutschland und einigen angrenzenden Ländern im Jahr 2003 aufgetretene extreme Hitzesommer hervorzuheben. Es konnte gezeigt werden, dass die Wahrscheinlichkeit dafür in den letzten Jahrzehnten stark zugenommen hat (Schönwiese et al. 2004) und in Zukunft noch weiter zunehmen könnte (Schär et al. 2004; zu extremen Niederschlagsereignissen in Deutschland siehe auch Schönwiese et al. 2003, Schönwiese und Trömel 2004). Doch besteht gerade zu diesem Problemkreis noch erheblicher Forschungsbedarf.

Ursachen

Noch vielfältiger und komplizierter als die beobachteten Klimaänderungen sind ihre Ursachen. Dabei sind prinzipiell folgende zu unterscheiden (IPCC 2001, Schönwiese 2003):
- interne Wechselwirkungen im Klimasystem, insbesondere zwischen Atmosphäre und Ozean, aber auch innerhalb der Atmosphäre und mit weiteren Komponenten dieses Systems (Eisgebiete, Landoberfläche, Vegetation)
- externe Einflüsse, die man am besten als Nicht-Wechselwirkungen definiert. Sie können terrestrisch oder extraterrestrisch sein und werden stets durch interne Wechselwirkungen modifiziert.

Zu den internen Wechselwirkungen gehört beispielsweise das bereits erwähnte El-Niño-Phänomen (EN), eine Atmosphäre-Ozean-Wechselwirkung, die sich in episodischen Erwärmungen der tropischen Ozeane, speziell des tropischen Ostpazifiks, äußert (> Beitrag Latif, S. 42). Grundsätzlich sind hier auch alle Effekte der atmosphärischen Zirkulation einzuordnen, die regional mithilfe bestimmter Indizes charakterisiert werden. Dazu gehört z. B. der Index der Südlichen Oszillation (SO), der eng mit EN korreliert ist (insgesamt ENSO-Mechanismus), und der Index der für Europa wichtigen Nordatlantik-Oszillation (NAO), der den Luftdruckunterschied zwischen dem Azorenhoch und dem Islandtief beschreibt (und somit die Intensität der Zonalströmung in der ostatlantisch-europäischen Region).

Bei Beschränkung auf zeitliche Größenordnungen der interannuären bis säkularen Zeitskala (also mehrjährig bis ungefähr 100-jährig), sind dies die wichtigsten natürlichen externen Einflüsse:
- explosiver Vulkanismus (> Beitrag Smolka, S. 50), der für jeweils einige wenige Jahre zu stratosphärischen Erwärmungen und gleichzeitigen bodennahen Abkühlungen führt
- Sonnenaktivität, ersichtlich durch das Ausmaß der sog. Sonnenflecken, jedoch überkompensiert durch Sonnenfackeln und andere solare Phänomene, die zu einer etwas stärkeren Sonneneinstrahlung in Phasen der „aktiven" Sonne führen (mit einer Reihe von Quasizyklen: rund 11-, 22-, 76-jährig usw.)
- Klimafaktor Mensch

Klimafaktor Mensch

Der Klimafaktor Mensch verdient eine besondere Betrachtung, da er im Lauf des Industriezeitalters mit zunehmender Intensität und globaler Ausprägung in Konkurrenz zu den natürlichen Klimasteuerungsmechanismen getreten ist. Zwar gibt es menschliche Einflüsse schon seit Jahrtausenden, nämlich durch die Umwandlung von Natur- in Kulturlandschaften, dabei insbesondere Waldrodungen; auch das Stadtklima (z. B. Fezer 1995) ist ein klarer und gut untersuchter anthropogener Effekt. Mit der rasant gestiegenen Emission klimawirksamer Spurengase (Treibhausgase) ist aber eine neue Dimension dieses Einflusses erreicht worden.

Die Wirkung dieser Treibhausgase dürfte weithin bekannt sein, sodass hier eine kurze Auflistung der wesentlichen Tatsachen genügen mag (Details siehe z. B. Cubasch und Kasang 2000, IPCC 2001, Schönwiese 2003).
- Treibhausgase wie H_2O (Wasserdampf), CO_2 (Kohlendioxid), CH_4 (Methan) usw. haben die Eigenschaft, die von der Erdoberfläche ausgehende Strahlung stärker zu absorbieren als die Sonneneinstrahlung. Nehmen die atmosphärischen Konzentrationen solcher Gase zu, wird daher die untere Atmosphäre wärmer, die Stratosphäre kälter.
- Der Mensch emittiert derzeit pro Jahr rund 30 Gt CO_2 in die Atmosphäre, wovon ca. 75 % auf die Nutzung fossiler Energieträger zurückgehen (Kohle, Erdöl und Erdgas, einschließlich aller Sekundäreffekte wie Verkehr), ca. 20 % auf Waldrodungen und ca. 5 % auf Brennholznutzung (Entwicklungsländer).
- Diese Emission ist im Lauf des Industriezeitalters enorm angestiegen, was mit der Zunahme der Weltprimärenergienutzung zusammenhängt: seit 1900 in etwa um den Faktor 12–14 auf derzeit rund 15 Gt SKE.
- Obwohl es im Rahmen des globalen Kohlenstoffkreislaufs Puffermechanismen gibt, da der Ozean jährlich etwa die Hälfte des zusätzlichen anthropogenen CO_2-Ausstoßes aufnimmt, kommt es zu einer Anreicherung der Atmosphäre mit CO_2, und zwar von vorindustriell (Holozän) ca. 280 ppm auf derzeit über 370 ppm (vgl. Abb. 3).

Nähere Details können Tabelle 1 entnommen werden. Dabei ist u. a. wichtig, zu beachten, dass der natürliche Treibhauseffekt zum größten Teil auf H_2O zurückgeht, der zusätzliche anthropogene, um den es hier geht, jedoch hauptsächlich auf CO_2.

Tab. 1 Charakteristika der Treibhausgase

Spurengas, Symbol	Anthropogene Emissionen	Atmosphärische Konzentrationen	Beitrag Treibhauseffekt natürlich	Beitrag Treibhauseffekt anthropogen
Kohlendioxid, CO_2	30 Gt/Jahr	370 (280) ppm[+]	26 %	61 %
Methan, CH_4	400 Mt/Jahr	1,7 (0,7) ppm	2 %	15 %
FCKW*	0,4 Mt/Jahr	F12: 0,5 (0) ppb	–	11 %
Distickstoffoxid, N_2O	15 Mt/Jahr	0,31 (0,28) ppm	4 %	4 %
Ozon (bodennah), O_3	0,5 Gt/Jahr	25 ppb**	< 8 %***	< 9 %***
Wasserdampf, H_2O	rel. gering	2,6 (2,6) %**	60 %	(indirekt)

*) Fluorchlorkohlenwasserstoffe   **) bodennaher Mittelwert   ***) mit weiteren Gasen

Gt = Milliarden Tonnen   Mt = Millionen Tonnen   ppm = 10^{-6} Volumenanteile   ppb = 10^{-9} Volumenanteile

+) Mauna-Loa-Jahresmittelwert 2002: 373,1 ppm

Quellen: IPCC 2001; Lozán et al. 1998; natürlicher Treibhauseffekt nach Kiehl und Trenberth, 1997

Übersicht über die wichtigsten Charakteristika der Treibhausgase mit Emissionen und Konzentrationen (Bezugsjahr jeweils 2000, vorindustrielle Konzentrationen in Klammern) sowie Abschätzung der Beiträge zum natürlichen bzw. anthropogenen Treibhauseffekt.

Aufschlüsselung der anthropogenen Emissionen

CO_2	75 % fossile Energie, 20 % Waldrodungen, 5 % Holznutzung (Entwicklungsländer)
CH_4	27 % fossile Energie, 23 % Viehhaltung, 17 % Reisanbau, 16 % Abfälle (Müll, Abwasser), 11 % Biomasse-Verbrennung, 6 % Tierexkremente
FCKW	Treibgas in Spraydosen, Kältetechnik, Dämm-Material, Reinigung
N_2O	23–48 % Bodenbearbeitung (einschl. Düngung), 15–38 % chemische Industrie, 17–23 % fossile Energie, 15–19 % Biomasseverbrennung
O_3	indirekt über Vorläufersubstanzen wie Stickoxide (NO_x, u. a. Verkehrsbereich)

Tab. 2 Global und troposphärische Strahlungsantriebe

Klimafaktor	Strahlungs- antrieb	Global- signal	Deutschland- signal	Signalstruktur
Treibhausgase	(+) 2,2–2,7 W/m²	0,9–1,3 °C	ca. 1,5 °C	progressiver Trend
Sulfatpartikel	(–) 0,2–0,8 W/m²	0,2–0,4 °C	ca. 0,6 °C	variabler Trend
Vulkanismus*	(–) max. ~3 W/m²	0,1–0,2 °C	ca. 0,2 °C	episodisch, 1–3 Jahre
Sonnenaktivität	(+) 0,1–0,5 W/m²	0,1–0,2 °C	ca. 0,6 °C	fluktuativ (+ Trend?)
El Niño (ENSO)	–	0,2–0,3 °C	insignifikant	episodisch, Monate
Nordatlantik- Oszillation (NAO)	–	insignifikant	ca. 1,1 °C	quasifluktuativ
Multiple Korrelation	–	0,91 (83 %)	0,62 (39 %)	–

* Pinatubo-Ausbruch
1991: 2,4 W/m², 1992: 3,2 W/m²,
1993: 0,9 W/m² (McCormick et al. 1995)

Quelle: nach Walter und Schönwiese, 1999, 2002

Globale und troposphärisch (untere Atmosphäre bis rund 10 km Höhe) gemittelte Strahlungsantriebe (+ Erwärmung, – Abkühlung) durch die angegebenen Klimafaktoren, vorindustriell (ca. 1750) bis heute (nach IPCC 2001) sowie entsprechende Temperatureffekte (Signale) nach statistischen Modellabschätzungen (neuronale Netze), bodennahe globale (1856–1998) bzw. deutsche (1865–1997) Mitteltemperatur.

Strahlungsantriebe und Klimasignale

Unter Klimasignalen versteht man den Anteil der Klima-variationen, der sich bestimmten einzelnen Ursachen zu-ordnen lässt. Die Summe der Signale, sozusagen die ver-standene Klimavariabilität, addiert zur unverstandenen Klimavariabilität, ergibt die Klimaänderungen insgesamt. Die unverstandene Klimavariabilität setzt sich wiederum aus dem sog. Zufallsrauschen und möglicherweise struk-turierter, aber ebenfalls nicht explizit verstandener Klima-variabilität zusammen.

Klimasignale werden primär mithilfe von Klimamodellen simuliert und mit dem Klimarauschen verglichen, um die Signifikanz der Signale abzuschätzen (> Beitrag Cubasch, S. 62). Aus Modellperspektive wird das Klimarauschen dabei meist als die Summe aus der unverstandenen und verstandenen Klimavariabilität aufgefasst, abzüglich des Signals, das jeweils simuliert wird. So lässt sich beispiels-weise das anthropogene Klimasignal (insbesondere das anthropogene Treibhaussignal) vor dem Hintergrund der natürlichen einschließlich der unverstandenen Klimavaria-bilität beurteilen. Bei empirisch-statistischen Methoden wird dagegen meist die unverstandene Klimavariabilität als Rauschen definiert.

Da empirisch-statistische Methoden im Grunde Ähnlich-keitsbetrachtungen sind, die nur Hypothesen aufstellen, aber allein nichts beweisen können, ist es wichtig, sich auch dabei zunächst an den physikalischen Grundlagen zu orientieren. Dafür sind die sog. Strahlungsantriebe (IPCC 2001) geeignet, d. h. die Veränderung der Bilanz aus solarer Einstrahlung und terrestrischer Abstrahlung in der unteren Atmosphäre, die sich als Effekt externer Einflüsse ergibt. Interne Einflüsse sind auf diesem Weg nicht fassbar. Dazu bringt Tabelle 2 eine Übersicht, wobei die dabei benutzten Maßzahlen global gemittelt für die Troposphäre (untere atmosphärische Schicht bis im geographischen Mittel ca. 10 km Höhe), genauer die Änderung des Strahlungsflusses an der Tropopause (Obergrenze der Troposphäre) und ohne Rückkopplungen (z. B. durch Bewölkungseffekte) gelten.

Diese Vergleiche zeigen, dass im hier betrachteten „Scale" (zeitlich-räumliche Größenordnung) dem anthropogenen Treibhauseffekt und dem Vulkanismus das größte Gewicht zukommt. Der zeitliche Verlauf der Störung, die sog. Signal-struktur, ist jedoch ganz unterschiedlich: Während es sich beim anthropogenen Treibhauseffekt um einen progressi-ven Trend über das gesamte Industriezeitalter hinweg handelt, wirken sich explosive Vulkanausbrüche immer nur für wenige Jahre aus. Die Sonnenaktivität spielt dabei nur eine geringe Rolle (was allerdings nur für das hier betrachtete Industriezeitalter, nicht z. B. für die Jahrtau-sende davor gilt).

Auf dieser Grundlage kann nun versucht werden, auf em-pirisch-statistischem Weg Zusammenhänge zwischen den Klimafaktoren (vgl. Tab. 2) und Klimaeffekten, hier der Temperatur, abzuschätzen. Das geschieht durch multiple lineare Korrelations- und Regressionsanalysen (Grieser et al. 2000, Staeger et al. 2002) oder aber mithilfe nichtlinea-rer Methoden wie neuronalen Netzen, bei denen in einer Art Training optimal angepasste Beziehungen zwischen Einfluss- und Wirkungsgrößen ermittelt werden (Brause 1995, Walter 2001; dabei wird hier nur auf die sog. Back-Propagation-Architektur zurückgegriffen).

In Abbildung 4 ist das Ergebnis einer solchen Analyse für die global gemittelte bodennahe Lufttemperatur (vgl. dazu auch Abb. 1) in Zeitreihenform dargestellt. Es zeigt sich, dass das neuronale Netz etwas mehr als 80 % der beob-achteten Temperaturvarianz reproduzieren kann, wenn die in Tabelle 2 aufgelisteten (externen und internen) Klima-faktoren, ebenfalls in Zeitreihenform, in das statistische Modell eingehen. Danach hat der Mensch über die Wir-kung des anthropogenen Treibhauseffektes die Global-temperatur bereits um rund 1 °C erhöht, abzüglich des kühlenden Sulfataerosoleffektes um etwa 0,7 °C: Das stimmt gut mit dem beobachteten Trend überein. Die natür-lichen Faktoren haben demnach nur Fluktuationen bzw. relativ kurzfristige Abweichungen vom relativ langfristigen Trend erzeugt (geschätzte Signalstärken siehe wiederum Tab. 2).

Zu ganz ähnlichen Ergebnissen kommt man auch mit den weitaus aufwendigeren physikalisch orientierten Klima-modellrechnungen (Zirkulationsmodelle; IPCC 2001; > Beitrag Cubasch, S. 62), die darüber hinaus die räum-lichen Strukturen der Klimaänderungen dreidimensional simulieren können und dies für alle Klimaelemente. Soweit Vergleiche von physikalischen und statistischen Modellen möglich sind, kann man darin aber eine gegenseitige Veri-fikation für das anthropogene Treibhaussignal sehen.

Konsequenzen

Die Konsequenz daraus kann – neben weiterer intensiver Forschung – nur lauten: baldiger und effektiver Klima-schutz, wobei in den Diskussionen dazu die Reduzierung der anthropogenen CO_2-Emissionen mit Recht im Vorder-grund steht. Der Wissenschaftliche Beirat der Bundesre-gierung Globale Umweltveränderungen (WBGU 2003) hält nur noch eine weitere globale Erwärmung um 1,4 °C (somit im Industriezeitalter insgesamt ca. 2 °C) für tolerier-bar und fordert folglich, dass bis 2050 die CO_2-Emission global um 45–60 % gegenüber 1990 reduziert wird. Somit kann das sog. Kiotoprotokoll (1997) zum UN-Rahmenüber-einkommen über Klimaänderungen (Klimakonvention 1992, seit 1994 völkerrechtlich verbindlich), das die Indus-triestaaten verpflichtet, bis 2008–2012 eine Gruppe von Treibhausgasen um 5,2 % gegenüber 1990 zu vermindern, nur als Einstieg angesehen werden.

Abb. 3 Rekonstruktion der atmosphärischen CO$_2$-Konzentration für die letzten rund 1 100 Jahre

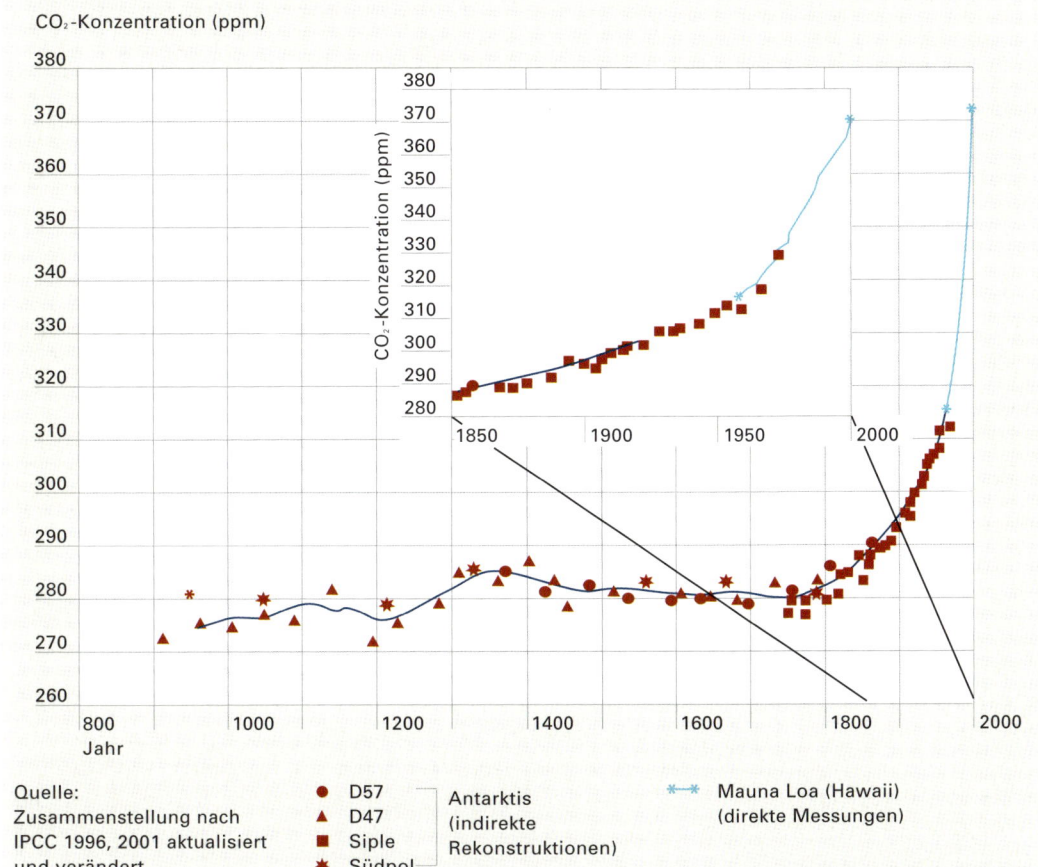

Quelle:
Zusammenstellung nach
IPCC 1996, 2001 aktualisiert
und verändert

● D57
▲ D47   Antarktis
■ Siple   (indirekte
✳ Südpol Rekonstruktionen)

✳—✳ Mauna Loa (Hawaii)
(direkte Messungen)

Rekonstruktion der atmosphärischen CO$_2$-Konzentration für die letzten 1 100 Jahre. Ermittelt nach Eisbohrungen in 4 Messstationen der Antarktis (durchgezogene Kurve) und nach direkten jährlichen Messdaten aus Mauna Loa, Hawaii, 1958–2000 (mit * gekennzeichnete Kurve).

Abb. 4 Globaltemperatur: Beobachtung, Simulation und Signale, Neuronales Netz (BPN)

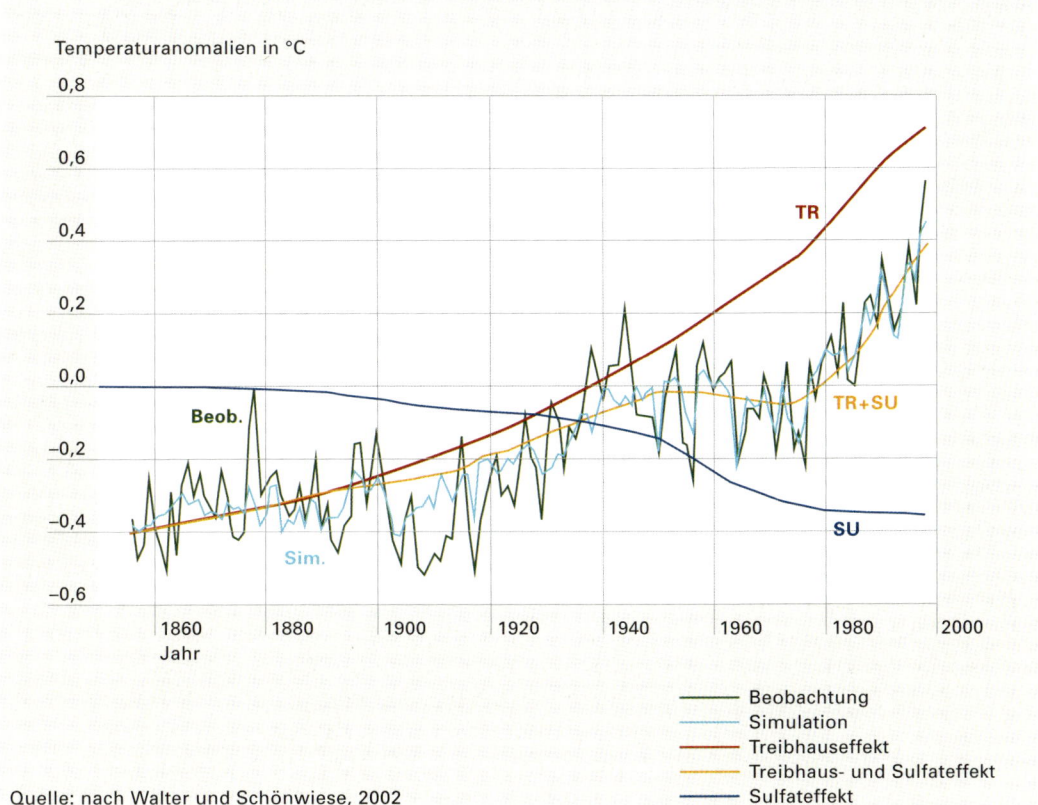

Quelle: nach Walter und Schönwiese, 2002

Beobachtung
Simulation
Treibhauseffekt
Treibhaus- und Sulfateffekt
Sulfateffekt

Vergleich der beobachteten Jahresanomalien der global gemittelten bodennahen Lufttemperatur 1856–1998 (entsprechend Abb. 2) als grüne Kurve; Simulation durch ein neuronales Netz (hellblaue Kurve), das gemäß Tabelle 2 den anthropogenen Treibhaus(TR)- sowie Sulfateffekt (SU) und weiterhin die natürlichen Faktoren Vulkanismus, Sonnenaktivität und El Niño enthält, und zugehörige TR-, SU- und (TR+SU)-Signalzeitreihen, welche die Entwicklung des anthropogenen Anteils dieser Klimaänderungen angeben.

Die Beobachtungsstation Mauna
Loa auf Hawaii, die durch ihre
Messungen des ansteigenden
Kohlendioxidgehalts der Atmo-
sphäre bekannt wurde.

Literatur

Angell, J. K. (1999): Comparison of surface and tropospheric temperature trends estimated from 1 63-station radiosonde network. Geophys. Res. Letters, 26, 2761–2764; update: http://cdiac.esd.ornl.gov/ftp/trends/temp/angell/glob.dat.

Berz, G. (2000): Naturkatastrophen und Klimaänderung. Deutscher Wetterdienst, Klimastatusbericht 1999, S. 118–120; siehe auch jährliche Publikationsreihe „Topics" der Münchener Rückversicherungs-Gesellschaft.

Brause, R. (1995): Neuronale Netze. Teubner, Stuttgart.

Cubasch, U., D. Kasang (2000): Anthropogener Klimawandel. Klett-Perthes, Gotha-Stuttgart.

Fezer, F. (1995): Das Klima der Städte. Klett-Perthes, Gotha.

Frakes, L.A. (1979): Climates Throughout Geologic Time. Elsevier, Amsterdam.

Glaser, R. (2001): Klimageschichte Mitteleuropas. 1 000 Jahre Wetter, Klima, Katastrophen. Primus + Wiss. Buchges., Darmstadt.

Grieser, J., T. Staeger, C.-D. Schönwiese (2000): Statistische Analyse zur Früherkennung globaler und regionaler Klimaänderungen aufgrund des anthropogenen Treibhauseffektes. Bericht Nr. 103, Inst. Meteorol. Geophys. Univ. Frankfurt/M.

IPCC (Intergovernmental Panel on Climate Change, Houghton, J.T. et al., eds.) (2001): Climate Change 2001. University Press, Cambridge.

Jones, P. D., M. New, D. E. Parker, S. Martin, I. G. Rigor (1999): Surface air temperature and its changes over the past 150 years. Rev. Geophys., S. 37, 173–199; update: http://www.cru.uea.ac.uk/ftpdata/tavegl2v.dat.

Kiehl, J. T., K. E. Trenberth (1997): Earth's annual global mean energy budget. Bull. Am. Meteorol. Soc., 78, S. 197–208.

Lozán, J. L., H. Graßl, P. Hupfer (Hrsg.) (1998): Warnsignal Klima. Wissenschaftliche Fakten. Wissenschaftliche Auswertungen + GEO, Hamburg; engl. überarb. Ausgabe 2001.

Manley, G. (1974): Central England temperatures: monthly means 1659–1973. Quart. J. Roy. Meteorol. Soc., 100, S. 389–405.

McCormick, P. M., L.W. Thomason, C. E. Trepte (1995): Atmospheric effects of Mt Pinatubo eruption. Nature, 373, S. 399-404.

Mitchell, J. M., B. Dzerdzeevskii, H. Flohn, W. L. Hofmeyr, H. H. Lamb, K. N. Rao, C. C. Wallén (1966): Climatic Change. WMO Tech. Note No. 79, Geneva.

Oschmann, W. (2004): Vier Milliarden Jahre Klimageschichte im Überblick. Deut. Wetterdienst, Klimastatusbericht 2003, S. 7–24.

Pfister, C. (1999): Wetternachhersage. 500 Jahre Klimavariationen und Naturkatastrophen. Haupt, Bern.

Rapp, J. (2000): Konzeption, Problematik und Ergebnisse klimatologischer Trendanalysen für Europa und Deutschland. Bericht Nr. 212, Deut. Wetterdienst, Offenbach.

Rudloff, H. von (1967): Die Schwankungen und Pendelungen des Klimas in Europa seit dem Beginn der regelmäßigen Instrumenten-Beobachtungen (1670). Vieweg, Braunschweig.

Schär, C. et al. (2004): The role of increasing temperature variability in European summer heatwaves. Nature, 427, S. 332–336.

Schönwiese, C.-D. (1995): Klimaänderungen. Daten, Analysen, Prognosen. Springer, Berlin.

Schönwiese, C.-D. (2002): Beobachtete Klimatrends im Industriezeitalter. Ein Überblick global/Europa/Deutschland. Bericht Nr. 106, Inst. Meteorol. Geophys. Univ. Frankfurt/M.

Schönwiese, C.-D. (2003): Klimatologie. 2. Aufl., Ulmer (UTB), Stuttgart.

Schönwiese, C.-D., J. Grieser, S. Trömel (2003): Secular change of extreme precipitation months in Europe. Theor. Appl. Climatol., 75, S. 245–250.

Schönwiese, C.-D., J. Rapp (1997): Climate Trend Atlas of Europe – Based on Observations 1891–1990. Kluwer, Dordrecht.

Staeger, T., J. Grieser, C.-D. Schönwiese (2003): Statistical separation of observed global and European climate data into natural and anthropogenic signals. Clim. Res., 24, S. 3–13.

Schönwiese, C.-D., T. Staeger, S. Trömel (2004): The hot summer 2004 in Germany. Some preliminary results of a statistical time series analysis. Meteorol. Z., N.F., 13, S. 323–327; s. auch Deut. Wetterdienst, 2004, Klimastatusbericht 2003, S. 123-132.

Schönwiese, C.-D., S. Trömel (2004): Langzeitänderungen des Niederschlages in Deutschland. In Lozán, J. L. et al. (Hrsg.): Warnsignal Klima: Genug Wasser für alle? Wiss. Auswertungen + GEO, Hamburg, S. 310–315.

Walter, A. (2001): Zur Anwendung neuronaler Netze in der Klimatologie. Bericht Nr. 218, Deut. Wetterdienst, Offenbach.

Walter, A., C.-D. Schönwiese (1999): Ursachen der Lufttemperaturvariationen in Deutschland 1865–1997. Deut. Wetterdienst, Klimastatusbericht 1998, S. 23–29.

Walter, A., C.-D. Schönwiese (2002): Attribution and detection of anthropogenic climate change using a backpropagation neural network. Meteorol. Z., 11, S. 335–343.

WBGU (Wissenschaftlicher Beirat der Bundesregierung Globale Umweltveränderungen) (2003): Über Kioto hinausdenken: Klimaschutzstrategien für das 21. Jahrhundert (Sondergutachten und Presseerklärung, 25.11.2003). http://www.wbgu.de/wbgu_sn2003_presse.html).

Der Autor

Prof. Dr. Christian-Dietrich Schönwiese ist seit 1981 Professor für Meteorologische Umweltforschung/Klimatologie an der Universität Frankfurt a. M., Institut für Meteorologie und Geophysik (derzeit Direktor der Meteorologie-Arbeitsgruppen, ab 2005 Institut für Atmosphäre und Umwelt). Er engagiert sich in diversen Gesellschaften und Arbeitskreisen, u. a. der Physik und Geographie, und ist Autor beim IPCC. Seine Arbeitsschwerpunkte: statistische Analyse der jüngeren Klimageschichte, Erkennung anthropogener Einflüsse. Zudem hat er mehrere Bücher sowie über 200 Fachpublikationen verfasst.

Klimaänderung und El Niño

Das El-Niño-Phänomen ist die stärkste kurzfristige natürliche Klimaschwankung auf Zeitskalen von einigen Monaten bis zu mehreren Jahren. Obwohl El Niño seinen Ursprung in den Tropen hat, wirkt er sich auf das globale Klima aus. Es besteht die Gefahr, dass die El-Niño-Statistik vom anthropogenen Klimawandel beeinflusst wird.

Mojib Latif

Drei Schamanen am Ufer des Flusses Rimac bei Lima, Peru. Mit ihrer Zeremonie bitten sie die Geister um Hilfe für eine Beendigung des Klimaphänomens El Niño.

Einleitung

Normalerweise herrscht im tropischen Pazifik ein markantes Temperaturgefälle längs des Äquators: Der Ostpazifik ist mit etwa 20 °C relativ kalt, im Westpazifik misst man recht hohe Temperaturen bis zu 30 °C. Diese Differenz spiegelt sich in den Klimadaten beiderseits des äquatorialen Pazifiks wider. Im Westen steigt die Luft über dem sehr warmen Wasser auf, was starke Wolkenbildung und ergiebige Niederschläge auslöst, denen die tropischen Regenwälder Indonesiens ihre Existenz verdanken. Auf der anderen Seite, über dem kalten östlichen Pazifik, sinken großräumig Luftmassen ab und schaffen trockene Bedingungen – Voraussetzung für die küstennahen Wüsten des westlichen Südamerikas.

Der äquatoriale Pazifik ist aber auch eine der Regionen des Weltozeans, die durch eine relativ starke Variabilität der Meeresoberflächentemperatur gekennzeichnet sind. Dabei werden anomal warme Bedingungen im äquatorialen Ostpazifik als El Niño und anomal kalte Phasen als La Niña bezeichnet. Sowohl El Niño als auch die „kalte Schwester" La Niña beeinflussen das Klima weit über den tropischen Pazifik hinaus. Fernwirkungen sind bis ins äquatoriale und südliche Afrika sowie über dem östlichen Südamerika und Nordamerika nachweisbar. In Europa sind die Auswirkungen hingegen nur schwach ausgeprägt. Eventuelle Veränderungen in der Statistik der Variabilität der Meeresoberflächentemperatur des äquatorialen Pazifiks infolge des anthropogenen (durch den Menschen verursachten) Treibhauseffekts wären daher von globaler Reichweite.

El Niño

Als El Niño bezeichnet man eine großskalige Erwärmung des oberen Ozeans im gesamten tropischen Pazifik, die im Mittel etwa alle vier Jahre auftritt. Das Wort „El Niño" stammt aus dem Spanischen (El Niño: das Christkind) und wurde von den peruanischen Küstenfischern bereits im vorletzten Jahrhundert geprägt. Diese beobachteten, dass alljährlich zur Weihnachtszeit die Meeresoberflächentemperatur anstieg, was das Ende der Fischfangsaison markierte, und die Fischer belegten zunächst dieses jahreszeitliche Signal mit dem Wort El Niño. In einigen Jahren allerdings war die Erwärmung besonders stark und die Fische kehrten auch nicht wie sonst üblich am Ende des Frühjahrs wieder. Diese besonders starken Erwärmungen halten typischerweise etwa ein Jahr lang an. Sie sind mit Veränderungen der tropischen Niederschlagsmuster verbunden, etwa Dürren in Südostasien und sintflutartigen Niederschlägen über dem westlichen Südamerika. Heute werden nur noch diese außergewöhnlichen Erwärmungen als El Niño bezeichnet, die in unregelmäßigen Abständen von einigen Jahren (im Mittel etwa alle 4 Jahre) wiederkehren.

Abbildung 1 (Mitte) zeigt die Meeresoberflächentemperatur im tropischen Pazifik, wie sie im Dezember 1997 während des letzten sehr starken El Niño beobachtet wurde. Der großskalige Charakter der Erwärmung ist deutlich sichtbar: Sie erstreckt sich etwa über ein Viertel des Erdumfangs in Äquatornähe. Das für El Niño typische Erwärmungsmuster besitzt die stärksten Temperaturerhöhungen im äquatorialen Ostpazifik, mit Anomalien von über 5 °C vor der Küste Südamerikas, sodass der Temperaturgegensatz längs des Äquators praktisch verschwindet. Mit El Niño gehen auch Veränderungen in der Meeresoberflächentemperatur in anderen Regionen einher, beispielsweise eine Erwärmung des tropischen Indischen Ozeans oder eine Abkühlung des Nordpazifiks. Sie werden durch eine veränderte atmosphärische Zirkulation in diesen Gebieten als Folge der El-Niño-Erwärmung im tropischen Pazifik hervorgerufen.

La Niña

Unter La-Niña-Bedingungen (der Begriff La Niña wurde in Analogie zum Begriff El Niño gewählt) verschärft sich der Temperaturkontrast längs des äquatorialen Pazifik (Abb. 1, unten) und es bildet sich eine weit nach Westen reichende Kaltwasserzunge aus. Sie ist gekennzeichnet durch relativ niedrige Temperaturen im äquatorialen Ost- und Zentralpazifik. Das bedeutet erhöhte Niederschläge über dem westlichen Pazifik und Teilen Südostasiens, für das westliche Südamerika hingegen ungewöhnlich trockene Verhältnisse. Ein La-Niña-Ereignis ist in erster Näherung als ein El-Niño-Ereignis mit umgekehrtem Vorzeichen zu verstehen. Beide Phänomene sind Teil einer Oszillation, wobei El Niño die Warmphase und La Niña die Kaltphase der Oszillation beschreiben.

Durch Veränderungen der Meeresoberflächentemperatur verschieben sich auch die großen Niederschlagsgebiete. Häufig kommt es während eines El-Niño-Ereignisses zu Dürren in SO-Asien wie in der vietnamesischen Hochlandprovinz Dac Lac.

Abb. 1 Die Meeresoberflächentemperatur des tropischen Pazifiks

1996 normale Bedingungen

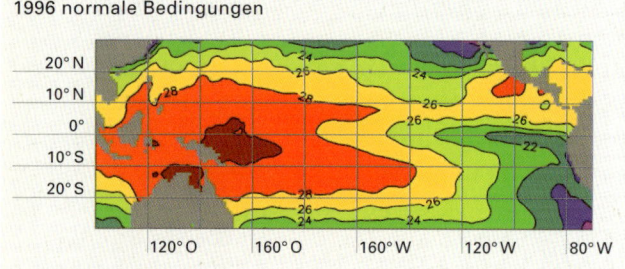

1997 El-Niño-Bedingungen

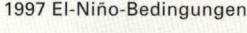

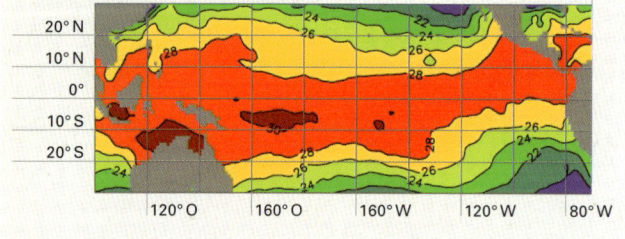

1998 La-Niña-Bedingungen

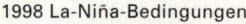

°C

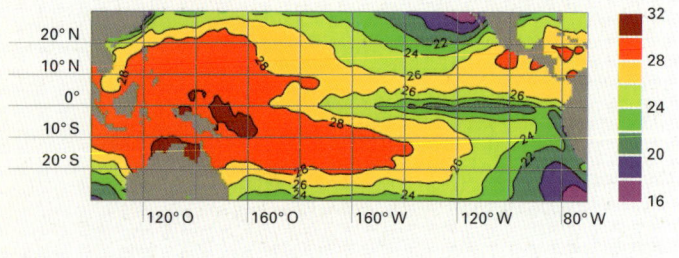

Quelle: Leibniz-Institut für Meereswissenschaften

Die Meeresoberflächentemperatur des tropischen Pazifiks im Dezember: 1996 unter normalen Bedingungen, 1997 unter El-Niño-Bedingungen und 1998 unter La-Niña-Bedingungen.

El-Niño/Southern-Oscillation-(ENSO-)Phänomen/ Wellenmechanismus

Die „Southern Oscillation" (Südliche Oszillation) stellt eine Art Druckschaukel zwischen dem südostasiatischen Tiefdruckgebiet und dem südostpazifischen Hochdruckgebiet dar und bestimmt die Stärke der Passatwinde längs des Äquators im Pazifik. Man weiß inzwischen, dass und wie sich die Oberflächentemperatur des äquatorialen Pazifiks mit der Stärke der Passatwinde ändert. Unter dem Einfluss der Passatwinde quillt vor der Küste Südamerikas und längs des Äquators im östlichen Pazifik kaltes Wasser aus der Tiefe an die Meeresoberfläche, wodurch sich die relativ niedrigen Meeresoberflächentemperaturen in dieser Region erklären (Abb. 1). Umgekehrt treibt der Ost-West-Gegensatz der Meeresoberflächentemperatur im äquatorialen Pazifik auch eine zusätzliche Komponente der Passatwinde an, die man als „Walker-Zirkulation" bezeichnet.

Eine anfängliche Erwärmung des Ostpazifiks und, damit verbunden, ein verminderter Ost-West-Gegensatz der Temperatur dämpfen die Südliche Oszillation: Der Luftdruck über dem westlichen Pazifik steigt, während er über dem östlichen Pazifik sinkt – was die Walker-Zirkulation und damit die Passatwinde und schließlich den Auftrieb kalten Wassers im östlichen Pazifik abschwächt. Dadurch erhöht sich die Oberflächentemperatur in dieser Meeresregion noch weiter. Schließlich gipfelt diese Art von instabiler Wechselwirkung zwischen Ozean und Atmosphäre in einem El-Niño-Ereignis mit ungewöhnlich hohen Temperaturen im Ostpazifik, einem stark reduzierten Temperaturgegensatz längs des Äquators (Abb. 1, Mitte) und einem „Einschlafen der Passatwinde" entlang des Äquators. Analog dazu entwickelt sich ein La-Niña-Ereignis, wobei jedoch die Prozesse mit umgekehrtem Vorzeichen ablaufen. La-Niña-Phänomene sind demnach durch einen verstärkten Temperaturgegensatz und anomal starke Passatwinde entlang des Äquators gekennzeichnet. Im Zusammenhang mit den Veränderungen der Meeresoberflächentemperatur verschieben sich auch die großen Niederschlagsgebiete, was u. a. die Dürre in Südostasien und die sintflutartigen Niederschläge über dem westlichen Südamerika während eines El-Niño-Ereignisses erklärt.

Nun begründet diese „positive Rückkopplung" zwischen Ozean und Atmosphäre, d. h. zwischen Temperaturgradient und Walker-Zirkulation, zwar das Wachstum und damit die Verstärkung einer anfänglichen Störung, nicht aber die oszillatorische Natur der Schwankungen der Meeresoberflächentemperatur im äquatorialen Pazifik. Der Grund für die Phasenumkehr, also beispielsweise für das Umschwingen von einem El-Niño- in einen La-Niña-Zustand, liegt in der Wanderung langer ozeanischer Wellen längs des Äquators. Flauen die Passatwinde während

Abb. 2 Temperaturanomalien im äquatorialen Pazifik (Dez. 1996–Sept. 1998)

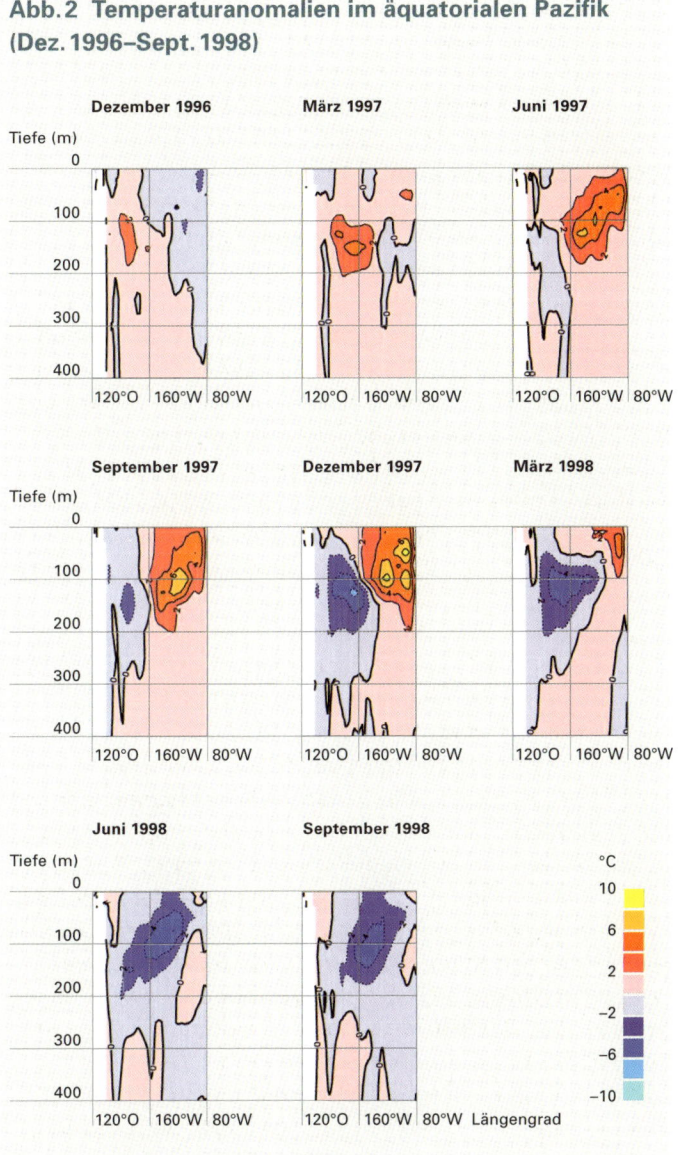

Quelle: Leibniz-Institut für Meereswissenschaften

Die zeitliche Entwicklung der Temperaturen in den oberen 400 m des äquatorialen Pazifiks zwischen Dezember 1996 und September 1998. Diese Periode ist durch die Entwicklung eines starken El Niño und einer starken La Niña gekennzeichnet. Die Temperaturanomalien sind in Abständen von 3 Monaten gezeigt. Man erkennt deutlich zunächst die ostwärtige Wanderung einer warmen Anomalie, gefolgt von der Wanderung einer kalten Anomalie. Es sind diese Anomalien, auf denen das Vorhersagepotenzial von ENSO basiert.

eines El-Niño-Ereignisses ab, hat das zunächst direkte Folgen für den Ostpazifik: Der Auftrieb kalten Wassers wird (durch „Kelvin-Wellen") gedämpft und dadurch die weitere Erwärmung gefördert. Hinzu kommt aber noch ein indirekter und zeitlich verzögerter Effekt: Durch die abgeschwächten Passatwinde entstehen im Westpazifik „Rossby-Wellen", die mit verstärktem Auftrieb von kaltem Wasser an die Oberfläche einhergehen und ihre maximale Amplitude einige Grad jenseits des Äquators besitzen. Die Rossby-Wellen wandern zunächst nach Westen und werden am Westrand des Pazifiks in Kelvin-Wellen reflektiert, die das Signal entlang des Äquators nach Osten tragen. Die äquatorialen Wellen sind mit vertikalen Bewegungen der Thermokline (Sprungschicht: die Grenzfläche zwischen warmem Oberflächenwasser und kaltem Tiefenwasser) verbunden, die wiederum auf die Meeresoberflächentemperatur wirken. Die äquatorialen Wellen beeinflussen aber die Meeresoberflächentemperatur nur im Ostpazifik, wo die Thermokline dicht unterhalb der Oberfläche liegt. Im Ostpazifik angekommen kühlen die Kelvin-Wellen die Wassermassen ab und leiten den Umschwung zu einem La-Niña-Ereignis ein. Die Periode von etwa 4 Jahren, mit der die Meeresoberflächentemperatur oszilliert, ist daher maßgeblich durch die Beckenbreite des Pazifiks gegeben, welche die Laufzeit der äquatorialen Wellen bestimmt. Hieraus erklärt sich auch die im Vergleich recht kleine Oszillationsperiode von etwa 2 Jahren des nur etwa halb so großen äquatorialen Atlantiks.

Die Wanderung solcher ozeanischer Wellen lässt sich anhand von Temperaturmessungen der oberen 400-Meter-Schicht des äquatorialen Pazifiks verfolgen (Abb. 2). Derartige Messungen werden mit einem Netz von fest verankerten Bojen, dem sog. TOGA-TAO-Array, inzwischen routinemäßig gewonnen. So konnte man bereits im Dezember 1996, ein halbes Jahr vor dem Einsetzen des letzten großen El Niño, in etwa 100 bis 200 m Tiefe im äquatorialen Westpazifik eine warme Anomalie ausmachen, die langsam ostwärts wanderte. Diese Anomalie kann man mit einem Kelvin-Wellen-Paket identifizieren. Interessant ist auch, dass diese Wellen ihre stärkste Ausprägung in der Tiefe haben; man spricht daher auch von „internen" Wellen. Das Wellenpaket erreichte im April 1997 den Ostpazifik; vier Monate später hatte sich dort die Meeresoberfläche infolge der Wechselwirkung mit der Atmosphäre bereits stark erwärmt und El Niño war in vollem Gang. Die dadurch abflauenden Passatwinde verursachten ihrerseits Störungen im Westpazifik, verbunden mit ungewöhnlich niedrigen Temperaturen in der Tiefe. Diese kalte Temperaturanomalie, die man mit einem Rossby-Wellen-Paket identifizieren kann, bewegte sich nach der Reflektion am Westrand als Kelvin-Wellen-Paket nach Osten und löste hier im Jahr 1998 eine La-Niña-Phase aus. Wegen der engen Verbindung zwischen dem El Niño und der Southern Oscillation spricht man heute im Allgemeinen vom El-Niño/Southern-Oscillation-(ENSO-)Phänomen. Diese Bezeichnung deutet an, dass ENSO als eine Eigenschwingung des gekoppelten Systems Ozean – Atmosphäre zu verstehen ist.

Ökologische, volkswirtschaftliche, gesundheitliche Auswirkungen

Die regionalen und globalen Klimaschwankungen, die vom El-Niño/Southern-Oscillation-Phänomen hervorgerufen werden, wirken sich auf Ökosysteme und auch auf die Wirtschaft vieler Staaten aus. So hängen etwa der Fischfang vor der Küste Perus, die Maisernte in Simbabwe oder das Auftreten bestimmter Krankheiten von ENSO ab. Deshalb ist es nicht nur vom rein wissenschaftlichen, sondern auch vom wirtschaftlichen Standpunkt aus wichtig, Einblick in die Physik des Systems Ozean-Atmosphäre im äquatorialen Pazifik zu gewinnen und davon ausgehend zu längerfristigen Vorhersagen zu kommen. Der Kokosölpreis beispielsweise zeigt eine erstaunliche Korrelation mit dem Auftreten von El Niño: Etwa ein Jahr nach El-Niño-Ereignissen schnellt der Kokosölpreis in die Höhe. Die Ursache für die Schwankungen des Kokosölpreises liegt in der extremen Dürre in Südostasien, wo Kokos vor allem angebaut wird. Die von El Niño bedingten Missernten in Südostasien führen zu einer Verknappung von Kokosöl, wodurch sein Weltmarktpreis ansteigt. Es existieren zahlreiche andere gesellschaftlich relevante Auswirkungen des El Niño. So ist z.B. die Häufigkeit von Malaria in Kolumbien ebenfalls damit verknüpft: Eine Häufung von Malariafällen geht deutlich mit El-Niño-Ereignissen einher. Das anomal warme Klima in Kolumbien während El-Niño-Episoden begünstigt die Vermehrung der entsprechenden Mückenarten, welche die Malaria übertragen, wodurch es zu mehr Malariainfektionen kommt (> Beitrag Höppe, S. 156).

Vorhersagbarkeit des El Niño

Wie bereits beschrieben, kann man die mit El Niño und La Niña einhergehenden Schwankungen der Oberflächentemperatur des tropischen Pazifiks als einen quasiperiodischen Zyklus verstehen, der im Prinzip vorhersagbar ist. Allerdings – bedingt durch die chaotische Natur des Klimasystems – verläuft dieser Zyklus nicht streng periodisch und kann deshalb nicht perfekt prognostiziert werden. Für einen Zeitraum von einigen Monaten bis zu einem Jahr jedoch lassen sich die Oberflächentemperaturen im äquatorialen Pazifik recht zuverlässig vorhersagen und damit die mit ENSO verbundenen weltweiten klimatischen, ökologischen und ökonomischen Folgen.

Die Vorhersagen basieren auf statistischen und physikalischen Modellen. Letztere bezeichnet man als gekoppelte Ozean-Atmosphäre-Modelle. Da die Kurzfristklimavorher-

sage wie auch die Wettervorhersage im mathematischen Sinne ein Anfangswertproblem ist, muss der Zustand des Systems zu Beginn der Vorhersage bekannt sein. Mithilfe des TOGA-TAO-Arrays stehen wertvolle Informationen aus verschiedenen Tiefen des äquatorialen Pazifiks zur Verfügung. Diese werden in die gekoppelten Modelle „assimiliert", um einen möglichst dynamisch balancierten Anfangszustand für die Vorhersage zu erhalten.

Prognosen jahreszeitlicher Anomalien der Temperatur und der Niederschläge lassen sich grundsätzlich nur mit einer bestimmten Wahrscheinlichkeit erstellen, wobei diese Wahrscheinlichkeit jeweils aus einem Ensemble von Vorhersagen abgeleitet wird. Dabei werden heute nicht nur die Anfangsbedingungen variiert, um ein Ensemble zu erstellen, sondern auch verschiedene Klimamodelle parallel eingesetzt. Dies geschieht, um auch den Einfluss von Modellfehlern zu erfassen. Interessanterweise zeigt sich, dass derartige Multi-Modell-Vorhersagen denen überlegen sind, die mit nur einem Modell durchgeführt werden.

Prognosen des Kurzfristklimas unterscheiden sich von Wettervorhersagen grundsätzlich dadurch, dass sie sich nicht auf detaillierte Wetterphänomene wie einzelne Hoch- oder Tiefdruckgebiete beziehen. Im Gegensatz hierzu umfassen Klimaprognosen die Vorhersage der statistischen Momente, etwa die Mittelwerte der Temperatur oder des Niederschlags über eine Jahreszeit hinweg. Dennoch erweitern Kurzfristklimavorhersagen die Wettervorhersage wesentlich, weil die langperiodischen ozeanischen Schwankungen die „interne Vorhersagbarkeit" der Atmosphäre, die bei etwa zwei Wochen liegt, deutlich erhöhen. Seit einigen Jahren werden an mehreren Instituten routinemäßig El-Niño-Vorhersagen durchgeführt. Dabei haben sich die Prognosen als sehr erfolgreich herausgestellt, sodass die durch El Niño bedingten Schadensummen deutlich gesenkt werden konnten.

Hat El Niño einen Einfluss auf das Klima in Europa?

Während der Einfluss von El Niño auf zahlreiche Regionen der Erde, insbesondere in tropischen Breiten, nachgewiesen ist (z.B. verstärkter Niederschlag in Teilen Südamerikas, Dürre in Südostasien), gibt es noch Unsicherheiten bei der Bestimmung der Fernwirkung des El Niño auf Europa. Aus einer Studie von atmosphärischen Großwetterlagen ergibt sich, dass im Winter (Dezember, Januar, Februar) ein El-Niño-Ereignis mit einer verstärkten Anzahl von Tagen mit zyklonalem Strömungsmuster über Mitteleuropa einhergeht, d.h. vermehrt Tiefdrucksysteme mit ihren typischen Wettererscheinungen das meteorologische Bild prägen. Dies äußert sich in kälteren Wintertemperaturen über Nordeuropa sowie verstärktem Winterniederschlag in einem Band von den Britischen Inseln bis zum Schwarzen Meer. Damit konsistent sind Ergebnisse einer Studie, die zeigt, dass insbesondere im Februar eines El-Niño-Jahres auf den Britischen Inseln signifikant mehr Niederschlag fällt als im langzeitlichen Mittel. Aller-

**Während El-Niño-Ereignissen
kommt es im westlichen Südamerika zu sintflutartigen Niederschlägen, die große Schäden anrichten können, wie hier Anfang
Februar 1998 in Lima, Peru.**

dings muss dies nicht uneingeschränkt für alle El-Niño-
Ereignisse gelten, wie der Winter 1997/98 gezeigt hat.

Hingegen kommt es laut dieser Studien bei La-Niña-Ereig-
nissen im Westen und Südwesten Europas zu geringerem
Niederschlag, da sie eine gegenüber dem Wintermittel-
wert reduzierte Anzahl von zyklonalen Strömungstypen
aufweisen. Anomalien im Druckfeld, die durch El Niño (La
Niña) hervorgerufen werden, beeinflussen ferner die Position des über Europa liegenden Endes der nordatlantischen Zyklonenzugbahn (jetstream), sodass die nordatlantischen Tiefs im Falle eines El-Niño(La-Niña)-Ereignisses
einer nach Süden (Norden) verschobenen Route folgen.
Modellsimulationen unterstützen diese Sichtweise.

Die mittleren Breiten sind durch eine hohe interne Variabilität gekennzeichnet, die sich aus der chaotischen Natur
der Atmosphäre ableitet. Der Einfluss von El Niño auf
Europa lässt sich daher nur anhand sehr langer Beobachtungsreihen nachweisen. Da solche Zeitreihen nur an einigen wenigen Stationen vorliegen, wird der Zusammen-

hang zwischen Tropen und mittleren Breiten zunehmend
auch mit Klimamodellrechungen untersucht. Mehrere Studien zeigen zwar, dass El-Niño-Ereignisse das Strömungs-
feld im atlantisch-europäischen Raum verändern können,
diese aber verglichen mit den Änderungen im nordpazifi-
schen Sektor wesentlich schwächer sind. Insbesondere
reagiert die Modellatmosphäre über Europa nicht immer
mit dem gleichen Antwortmuster auf El-Niño-Ereignisse.
Unklar ist gegenwärtig zudem, welchen relativen Einfluss
extratropische gegenüber tropischen Meeresoberflächen-
temperaturanomalien auf die atmosphärische Zirkulation
in mittleren Breiten nehmen und inwieweit so möglicherweise der Einfluss von El Niño überdeckt wird. Darüber
hinaus kann es auch einen indirekten El-Niño-Effekt derart
geben, dass El Niño zunächst über eine „atmosphärische
Brücke" Anomalien der Meeresoberflächentemperatur
beispielsweise im Nordatlantik erzeugt, die dann ihrerseits die atmosphärische Zirkulation über Europa beeinflussen.

Abb. 3 Temperaturanomalien der Meeresoberflächentemperatur im äquatorialen Ostpazifik

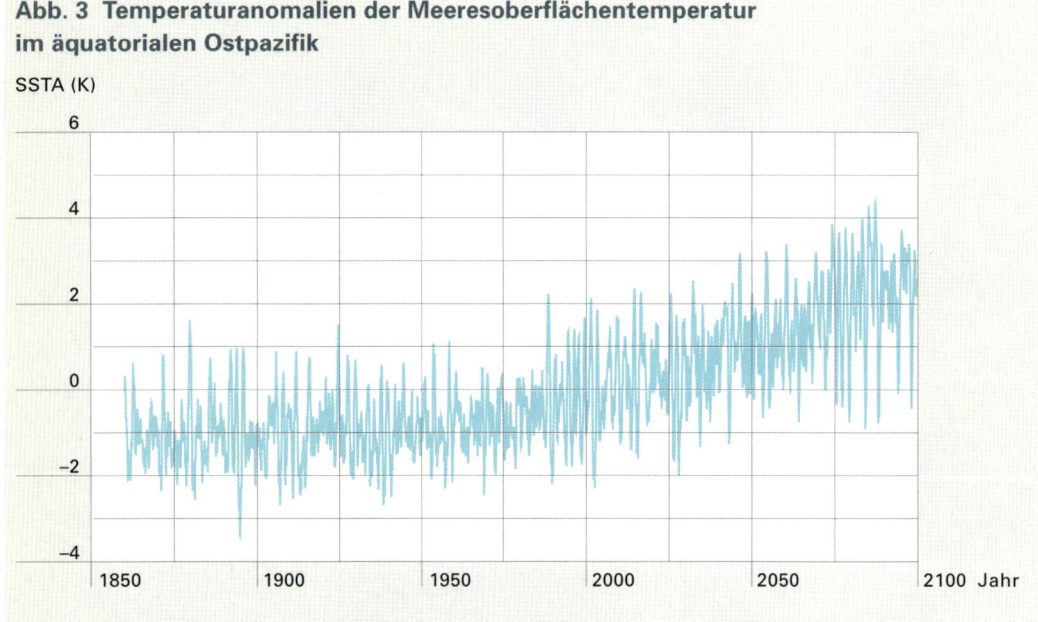

SSTA (K)

Quelle: Leibniz-Institut für Meereswissenschaften

Die Entwicklung der anomalen Meeresoberflächentemperatur im äquatorialen Ostpazifik in einer Simulation des gekoppelten Ozean-Atmosphäre-Modells des Max-Planck-Instituts für Meteorologie unter Annahme eines „business as usual"(BAU)-Szenariums.

Beeinflussung des El Niño durch den anthropogenen Treibhauseffekt

Beobachtungen der Meeresoberflächentemperatur im tropischen Pazifik für die letzten 140 Jahre zeigen eine Verstärkung der interannualen (von Jahr zu Jahr) Variabilität. So wurde beispielsweise das „Jahrhundert-El-Niño-Ereignis" der Jahre 1982/1983 noch vom El Niño der Jahre 1997/1998 übertroffen. Ferner ist eine Häufung von El-Niño-artigen Situationen in den Neunzigerjahren des letzten Jahrhunderts zu verzeichnen gewesen. Daher drängt sich die Frage auf, inwieweit der anthropogene Treibhauseffekt ENSO beeinflussen kann. Um dies näher zu untersuchen, haben Mitarbeiter des Max-Planck-Instituts für Meteorologie in Hamburg eine Treibhaussimulation mit einem globalen gekoppelten Ozean-Atmosphäre-Modell analysiert, das ENSO realistisch simuliert. Dabei wurde das Modell im Jahr 1860 initialisiert und mit beobachteten Treibhausgaskonzentrationen angetrieben. Zukünftige Konzentrationen wurden bis zum Jahr 2100 nach einem BAU(business as usual)-Szenario des IPCC (Intergovernmental Panel on Climate Change) vorgeschrieben.

Die Veränderungen der Meeresoberflächentemperatur des tropischen Pazifiks infolge des anthropogenen Treibhauseffekts sind denen sehr ähnlich, die während El-Niño-Ereignissen beobachtet werden: Der Ostpazifik erwärmt sich mit etwa 3°C bis zum Jahr 2100 (Abb. 3) sehr viel stärker als der Westpazifik, dessen Temperatur sich nur um etwa 1°C erhöht. Dies bedeutet, dass El-Niño-ähnliche Situationen, also Situationen, bei denen sich der Temperaturgegensatz zwischen West- und Ostpazifik deutlich abschwächt, künftig sehr viel häufiger auftreten werden, falls der weltweite Ausstoß von Treibhausgasen, vor allem von CO_2, nicht drastisch gesenkt wird.

Dem langfristigen Erwärmungstrend im Ostpazifik überlagert ist eine zunehmende interannuale Variabilität, wobei sich vor allem die kalten Ereignisse (Las Niñas) gegen Ende der Simulation verstärken, was deutlich an Abbildung 3 zu erkennen ist. Vorläufige Ergebnisse deuten an, dass Veränderungen in der Ozeanzirkulation die Veränderungen in der Statistik der interannualen Variabilität hervorrufen. Dabei spielt besonders die schärfer werdende Thermokline eine wichtige Rolle. Diese entsteht, weil sich infolge des anthropogenen Treibhauseffekts einerseits die Oberfläche stark erwärmt, sich aber andererseits die Wassermassen in etwa 200 m Tiefe aufgrund einer verstärkten meridionalen (Nord-Süd)-Zirkulation abkühlen. Dadurch nimmt der vertikale Temperaturgradient zu. Die durch die äquatorialen Wellen erzeugten vertikalen Auslenkungen der Thermokline haben daher einen stärkeren Effekt auf die Meeresoberflächentemperatur, sodass die Variabilität der Meeresoberflächentemperatur in der Treibhaussimulation zunimmt. Allerdings ist die Stärke von El-Niño-Ereignissen wegen bestimmter negativer atmosphärischer Rückkopplungen (vor allem der Wolkenbildung) begrenzt, sodass sich durch die schärfere Thermokline speziell die La-Niña-Phänomene verstärken. Die Änderung der klimatischen Verhältnisse im äquatorialen Pazifik als Folge des anthropogenen Treibhauseffekts ist demnach in der Simulation mit dem Max-Planck-Modell charakterisiert durch signifikante Änderungen in den ersten drei statistischen Momenten (Mittelwert, Varianz, Schiefe) der Meeresoberflächentemperatur des äquatorialen Ostpazifiks.

Mit den Veränderungen der Variabilität im tropischen Pazifik gehen auch andere Veränderungen einher, beispielsweise eine verstärkte Variabilität des indischen Sommermonsuns. Es sollte aber betont werden, dass andere Modelle zu durchaus anderen Ergebnissen kommen, also noch kein Konsens besteht in Bezug auf den Einfluss des

Der Autor

Mojib Latif ist Professor für Meteorologie und leitet den Forschungsbereich „Ozeanzirkulation und Klimadynamik" am Leibniz-Institut für Meereswissenschaften in Kiel. Er hat einhundert wissenschaftliche Arbeiten publiziert, wurde im Jahr 2000 mit der Sverdrup Gold Medal der American Meteorological Society ausgezeichnet und erhielt im gleichen Jahr den Max-Planck-Preis für Öffentliche Wissenschaft. Jüngst sind von ihm zwei Bücher über die Klimaproblematik erschienen.

Menschen auf El Niño. So simuliert zum Beispiel das gekoppelte Modell des Lamont-Doherty Earth Observatory (USA) einen sich verstärkenden Ost-West-Gegensatz der Oberflächentemperatur längs des Äquators, d. h. eine La-Niña-artige Änderung infolge des anthropogenen Treibhauseffekts. Während im Max-Planck-Modell der „cloud-albedo feedback" dafür sorgt, dass sich der Ostpazifik stärker erwärmt als der Westpazifik, ist im Lamont-Modell die negative Rückkopplung durch das Aufquellen kalten Wassers an die Meeresoberfläche dafür verantwortlich, dass sich der Ostpazifik im Vergleich zum Westpazifik abkühlt. Die meisten Modelle simulieren jedoch eine El-Niño-artige Veränderung im tropischen Pazifik, wobei jedoch die Veränderungen in der Variabilität der Meeresoberflächentemperatur des Ostpazifik recht uneinheitlich simuliert werden.

Der Treibhauseffekt, El Niño und die thermohaline Zirkulation

Wie wichtig Veränderungen in der Statistik des El-Niño-Phänomens als Folge des anthropogenen Treibhauseffekts sein können, auch weit über die Grenzen des pazifischen Raums hinaus, hat die Studie des Max-Planck-Instituts außerdem gezeigt. Der Atlantik besitzt neben einer windgetriebenen Ozeanzirkulation auch eine dichtegetriebene „thermohaline Zirkulation": Dies ist eine vertikale Umwälzbewegung, mit der warmes Wasser an der Oberfläche nach Norden und kaltes Tiefenwasser nach Süden transportiert wird. Mit ihr verbunden ist ein nordwärtiger Wärmetransport von etwa 1 PW (10^{15} Watt), wodurch sich u. a. das recht milde winterliche Klima Nordeuropas erklärt. Der Antrieb der thermohalinen Zirkulation ist das Absinken sehr dichter Wassermassen in den hohen Breiten der Nordhalbkugel. Die Dichte des Meerwassers hängt von der Temperatur und dem Salzgehalt ab, sodass viele verschiedene Prozesse in der Atmosphäre, im Ozean und in der Eissphäre Einfluss auf die thermohaline Zirkulation nehmen können.

Die El-Niño-artigen Veränderungen der Meeresoberflächentemperatur im äquatorialen Pazifik führen über die Atmosphäre zu einem verstärkten Export von Frischwasser vom Atlantik zum Pazifik. Dadurch erhöht sich allmählich, im Lauf einiger Jahrzehnte, der Salzgehalt des tropischen Atlantiks. Diese Salzgehaltanomalie wird mit der mittleren Ozeanzirkulation nach Norden transportiert, wodurch schließlich die Oberflächendichte in den hohen Breiten der Nordhemisphäre erhöht wird. Dies führt zu einer Stabilisierung der thermohalinen Zirkulation und wirkt somit den lokalen destabilisierenden Prozessen (erhöhter Niederschlag, Eisschmelze) entgegen, welche die Oberflächendichte reduzieren. Daher ist im Max-Planck-Modell keine nennenswerte Abschwächung der thermohalinen Zirkulation selbst bei recht hohen Treibhausgas-Konzentrationen zu finden. Dieser Prozess der tropischen Stabilisierung der thermohalinen Zirkulation wird auch in anderen Modellen gefunden, sodass er als Prozess erster Ordnung zu betrachten ist. In den meisten Modellen jedoch dominieren die Prozesse, welche die thermohaline Zirkulation destabilisieren; dadurch schwächt sich in diesen Modellen die thermohaline Zirkulation aufgrund der globalen Erwärmung ab.

Insgesamt lässt sich also festhalten, dass eine Veränderung der Statistik des El-Niño-Phänomens infolge des anthropogenen Treibhauseffekts nicht nur regionale, sondern auch globale klimatische Auswirkungen nach sich zöge.

Klimaänderung und Vulkanismus

Gewaltige Vulkaneruptionen können massiv
in das Weltklima eingreifen und es über
Jahre beeinflussen. Der Ausbruch des Tambora in Indonesien hat dies eindrucksvoll
bewiesen: Das Jahr 1816 ist als Jahr ohne
Sommer in die Geschichte eingegangen.

Anselm Smolka

William Turner:
Composition of Tivoli.

Geschichte

Die Gemälde des englischen Malers William Turner aus der ersten Hälfte des 19. Jahrhunderts werden weltweit bewundert. Weniger bekannt ist ihr Zusammenhang mit einem Naturereignis, nämlich der größten Vulkaneruption der Historie: Die farbenprächtigen Sonnenuntergänge, die Turner auf die Leinwand bannte, haben ihren Ursprung im Ausbruch des Tambora auf der Insel Sumbawa in Indonesien am 11. April 1815. Bei diesem gewaltigen Naturereignis wurden die obersten 1200 m des Vulkans in die Luft gesprengt. Insgesamt wurden innerhalb weniger Tage 50 km³ Lockermaterial und Aschepartikel in die Atmosphäre geblasen. Die Folgen nahmen globales Ausmaß an, wobei die Sonnenuntergänge nur die – ästhetisch ansprechende – Kehrseite darstellten: Das Jahr 1816 ist als „Jahr ohne Sommer" in die Geschichte eingegangen. In Europa und den östlichen USA wurden die bei weitem niedrigsten Durchschnittstemperaturen der vorausgegangenen 200 Jahre beobachtet. Exzessiver Niederschlag in Europa und ungewöhnliche Trockenheit in Neuengland, welche die niedrigen Temperaturen begleiteten, führten zu erheblichen Ernteausfällen und Hungersnöten. In Indien wurde der Monsunzyklus nachhaltig gestört, was sich negativ auf die Landwirtschaft und die Ernährungslage auswirkte.

Der erste Wissenschaftler, der 1783 Wettererscheinungen mit einem Vulkanausbruch in Verbindung brachte, war Benjamin Franklin, der spätere amerikanische Präsident. Es war der Ausbruch der Laki-Spalte auf Island, der den damals kältesten Winter der nördlichen Hemisphäre seit mehreren Jahrzehnten verursachte und in Mitteleuropa im Jahr darauf zu verheerenden Überschwemmungen führte. Ähnliche Zusammenhänge wurden seither für zahlreiche Vulkanausbrüche genannt und 1970 in der bahnbrechenden Untersuchung von H. H. Lamb einer zusammenfassenden Deutung unterzogen. Dass derartige Beobachtungen keineswegs subjektiv sind, wissen wir spätestens seit dem Ausbruch des Pinatubo auf den Philippinen 1991. Er senkte die gemessene globale Mitteltemperatur um 0,5 °C und unterbrach damit den langfristigen Trend zu einer globalen Erwärmung infolge des anthropogenen Treibhauseffekts für zwei Jahre. Nach Lambs Erkenntnis war es der Ascheneintrag in die Atmosphäre, der das Sonnenlicht abschirmte und damit die Abkühlung bewirkte.

Die Ausbrüche des Mount St. Helens im Kaskadengebirge der USA 1980 und des Chichón in Mexiko 1982 sowie messtechnische Fortschritte führten zu einem neuen Verständnis für die klimatischen Auswirkungen des Vulkanismus. Systematische Analysen der in der Atmosphäre zirkulierenden Aerosole durch Flugzeuge und Satelliten zeigten, dass Aschepartikel innerhalb weniger Tage ausgewaschen werden. Die Hauptmasse der länger verweilenden Schwebeteilchen (Aerosole) bestand aus Tröpfchen schwefliger Säure, gebildet durch die Reaktion des in großen Mengen ausgestoßenen Schwefeldioxids mit dem Wasserdampf der Atmosphäre. In Abbildung 1 ist dies veranschaulicht.

Abb. 1 Gasausstoß nach Vulkanausbruch

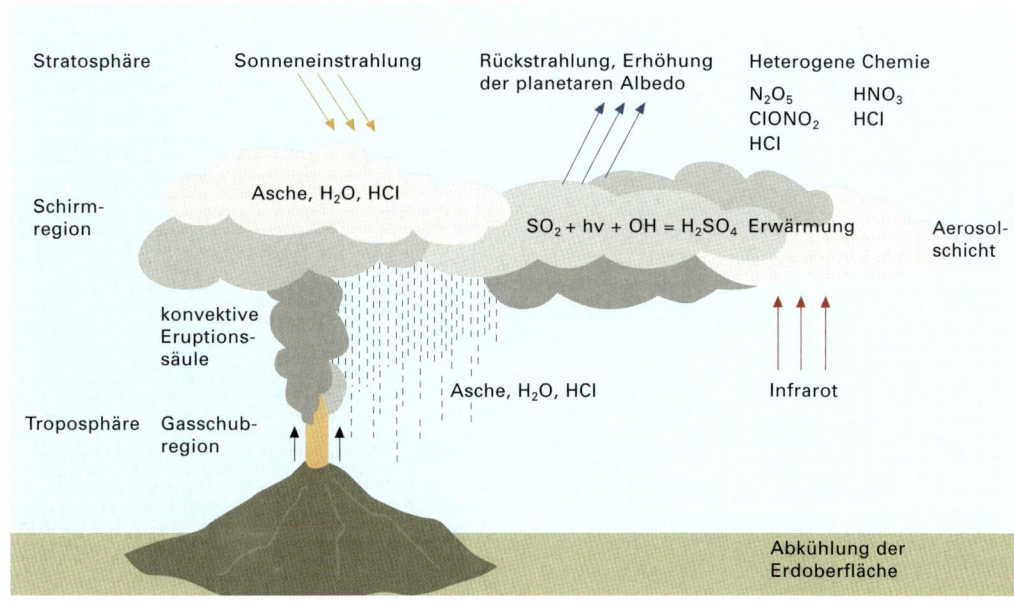

Gasausstoß nach gewaltigem Vulkanausbruch und Aerosolbildung in der Stratosphäre.

Quelle: nach H.-U. Schmincke, 2000

Aschenausbruch des Ätna 2001.

Ursachen und Mechanismus

Entscheidend für den Einfluss von Vulkaneruptionen auf
das Klima sind zwei ganz unterschiedliche Faktoren:

– Der Chemismus des Ursprungsmagmas: So genannte
saure Magmen, reich an Silikaten, enthalten mehr
leichtflüchtige Gase als basaltische Magmen wie
Schwefeldioxid, Schwefelwasserstoff, Kohlendioxid,
Stickoxide und Wasserdampf. Dieser Chemismus hängt
ab von der plattentektonischen Situation: Saure Magmen
werden über den Abtauchzonen ozeanischer Platten gebildet, z. B. über dem Zirkumpazifischen Feuerring mit
den Anden und der nordamerikanischen Kordillere im
Osten und den Inselbögen Japans, der Philippinen und
Indonesiens im Westen. Durch den hohen Fluidgehalt
sind solche Magmen hoch explosiv und ihre Ausbruchssäulen reichen viel höher in die Atmosphäre als bei Ba-
saltvulkanen wie dem Ätna oder dem Kilauea. Eine Ausnahme bilden die sehr seltenen großen basaltischen
Deckenergüsse. Andere Gase als die der Schwefelfrak-
tion spielen im Allgemeinen eine deutlich geringere
Rolle für das Klima.

– Die geographische Lage bzw. der Aufbau der Atmosphäre: Ihre unterste Schicht, die Troposphäre, reicht in
höheren Breiten nur in 7 bis 10 km Höhe, während sie
nahe dem Äquator 15 bis 18 km erreicht. Deshalb ist es
in höheren Breiten viel wahrscheinlicher, dass die Ausbruchssäulen von Eruptionen die Grenzzone (Tropopause) durchstoßen und in die darüber liegende Schicht,
die Stratosphäre, eindringen. Dies ist entscheidend,
denn die Stratosphäre ist im Gegensatz zur Troposphäre
weitgehend trocken. Deswegen können sich Aerosol-
wolken dort viel länger halten – über mehrere Jahre.
In der feuchten Troposphäre werden sie schnell ausgewaschen.

Die durch photochemische Reaktion entstandenen Aerosol-
teilchen bilden bis zu mehrere Kilometer dicke Schleier,
die mit der stratosphärischen Zirkulation driften und die
Erde mehrfach umrunden können. Abbildung 2 zeigt dies
am Beispiel des Chichón 1982. Ihr Einfluss auf den Tempe-
raturhaushalt der Atmosphäre ist komplex. Zunächst absorbieren die Aerosolschleier Sonnenstrahlung, was
logischerweise die Wärmestrahlung reduziert, die auf die
Erdoberfläche fällt. Zusätzlich wird aber auch die zurück-
geworfene Erdstrahlung absorbiert und dadurch die untere Stratosphäre aufgeheizt. Dies zieht wiederum starke
Änderungen der atmosphärischen Zirkulation nach sich,
mit entsprechenden Folgen für das Temperaturbild. Je
nach den Zirkulationsveränderungen variieren die spezifischen regionalen Effekte erheblich. So waren nach
dem Ausbruch des Pinatubo die Wintertemperaturen in
Europa, Sibirien und Nordamerika höher als normal,
in Alaska, Grönland, dem Mittleren Osten und China

dagegen deutlich niedriger. Das global gemittelte Temperatursignal zeigte dennoch eine klare Abkühlung. Eine weitere Folge ist der vorübergehend reduzierte Ozongehalt der Stratosphäre.

Wie erwähnt ist die klimatische Auswirkung normaler basaltischer Ausbrüche viel geringer. Ausbruchsvolumen und -geschwindigkeit sind zu klein, um Ausbruchssäulen zu erzeugen, welche die Stratosphäre erreichen. Anders ist die Lage bei Ereignissen wie dem Ausbruch der Laki-Spalte auf Island: Durch Konvektionsströme heißer Luft über flächenhaften, sehr heißen Lavaergüssen kann hier Schwefeldixod bis in die Stratosphäre transportiert werden. In viel größerem Ausmaß muss dies bei der Bildung der großen Flutbasalte in Sibirien, im Paraná-Becken in Südamerika, in der Karroo-Wüste in Südafrika, in der indischen Dekkan-Provinz und auf dem Columbia-Plateau in Nordamerika der Fall gewesen sein. Sie bedecken bis zu mehrere hunderttausend Quadratkilometer; derartige Ereignisse treten aber im Durchschnitt auch nur einmal in Zehnermillionen von Jahren auf. Beim Dekkan-Ereignis wurden möglicherweise auch große Mengen Kohlendioxid freigesetzt, die dann eine globale Erwärmung und Labilität der Atmosphäre bewirkt hätten.

Abb. 2 Migration stratosphärischer Schwefeldioxidwolken

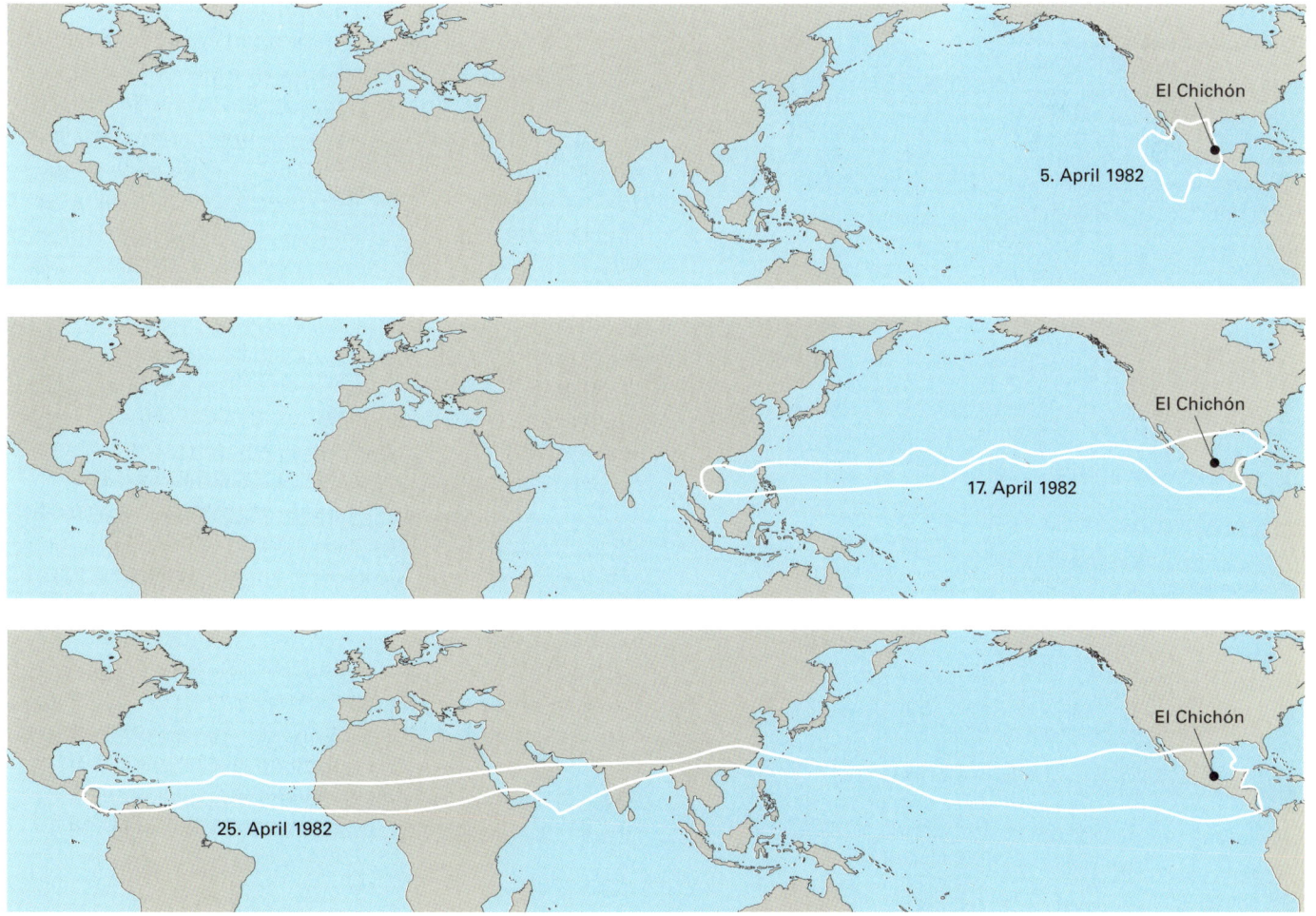

Quelle: nach H.-U. Schmincke, 2000

Eine Eruptionswolke über der
US-amerikanischen Clark Air Base.
Am 9. Juni 1991 ist der Vulkan
Pinatubo auf der Nordinsel Luzon/
Philippinen nach 600 Jahren wie-
der ausgebrochen. Eine 30 km
hohe Wolke aus Gas, Rauch und
Asche verdunkelte die Umgebung.

Klimaänderung durch Vulkanausbrüche?

Die Auswirkungen selbst eines gigantischen Ausbruchs
wie des Tambora auf das Weltklima blieben auf wenige
Jahre beschränkt. Die Temperaturschwankung, die Ausbrüche solcher Größenordnung bewirkten, übersteigt
kaum 1°C. Als Klimaänderung kann man dieses vorübergehende Phänomen also kaum bezeichnen. Die geologische Vergangenheit kennt aber ungleich größere Ausbrüche. Auch die frühe Menschheit war Zeuge solcher
Ereignisse. Am dramatischsten war wohl der Ausbruch
des Toba-Vulkans auf Sumatra rund 73 500 Jahre vor
unserer Zeit. Die Schätzungen für das Ausbruchsvolumen
reichen von 2 000 bis 6 000 km³ – gegenüber 18 km³ bei
der berühmten Krakatau-Eruption 1883, 50 km³ beim Tambora 1815 und nur 6 km³ beim Pinatubo 1991. Der durch
den Toba-Ausbruch entstandene Einbruchskrater – die so
genannte Caldera – hat eine Ausdehnung von 100 x 30 km
und wird heute von einem See ausgefüllt. Das dabei ge-
förderte Volumen hätte ausgereicht, um ganz Indien mit
einer ein Meter hohen Ascheschicht zu bedecken. Mit Eisbohrkernen kann man die Menge der ausgestoßenen
Gase und auch ihre Verweildauer in der Atmosphäre
rekonstruieren. Demnach wurden so viele Schwefelgase
ausgestoßen, dass sich bis zu 5 Milliarden t schweflige

Aerosole gebildet haben. Zum Vergleich: Beim Tambora-Ausbruch waren es „nur" ca. 150 Millionen t. Mindestens 90 % der Sonnenstrahlung wurden dadurch abgeschirmt, der Rückgang der globalen Mitteltemperatur wird auf 5 bis 6 °C – in tropischen Breiten bis zu 15 °C – geschätzt und hat mindestens sechs Jahre angehalten. Ein solcher Temperaturrückgang entspricht Eiszeitbedingungen und wirkte sich mit Sicherheit gravierend auf die damalige Menschheit aus, da er Photosynthese und Nahrungsangebot reduzierte – diese Auswirkungen waren wohl spürbar weit über die unmittelbaren physischen Effekte des Ausbruchs auf Sumatra und umliegende Gebiete hinaus. Evolutionsforscher haben mit DNS-Analysen herausgefunden, dass die Menschheit um diese Zeit eine kritische Phase durchlief, an deren Ende nur mehr einige tausend Menschen existiert haben sollen. Dass diese Evolutionskrise mit der Toba-Eruption zusammenhängt, ist naheliegend, wenngleich derzeit nicht streng beweisbar.

Drei ähnlich massive Eruptionen haben sich in den letzten 2 Millionen Jahren im Yellowstone-Gebiet in den USA im Abstand von 550 000 bis 800 000 Jahren ereignet. Die heutige Caldera hat einen Durchmesser von 80 km und der Yellowstone-Nationalpark legt Zeugnis ab von der andauernden Aktivität des Gebiets. Doch selbst diese gewaltigen Ereignisse sind noch nicht das Maß dessen, was vulkanische Kräfte zu bewirken vermögen. Die bei weitem größten Auswurfmassen werden bei den – zwar weniger eruptiven, dafür aber riesigen – Deckenergüssen freigesetzt, welche die so genannten Flutbasalte bilden. Zur Größenordnung: Ihre Eruptionsrate entspricht typischerweise der des gesamten aktuellen Mittelozeanischen Rückensystems mit seinen 70 000 km Länge. Die Volumina betragen mehrere hunderttausend Kubikmeter, die über einen Zeitraum von bis zu einigen Millionen Jahren, aber konzentriert in viel kürzeren Phasen von Wochen bis Jahren gefördert werden. Eine dieser Flutbasaltprovinzen ist Dekkan-Trapp in Indien mit einer Fläche von über 500 000 km². Er bildete sich vor 65 Millionen Jahren, d. h. an der Wende von der Kreidezeit zum Tertiär, und wird deshalb auch mit dem großen Massensterben (Dinosauriersterben) in Zusammenhang gebracht, das diese Wende markiert.

Hier favorisiert die derzeitige Beweislage allerdings eher die konkurrierende Hypothese eines Meteoritenfalls. Ganz generell sind bei Abstürzen großer Meteoriten oder Kometen ähnliche klimatische Auswirkungen zu erwarten wie bei sehr großen Vulkanausbrüchen. Der Durchmesser des Meteoriten, der den Chixculub-Krater an der Küste von Yucatán aufgerissen hat, wird auf ungefähr 10 km veranschlagt. Entsprechend groß ist die Menge der Trümmer und Staubpartikel, die der Aufprall hoch in die Atmosphäre schleuderte. Im Falle des Kreide-Tertiär-Grenzereignisses ist nicht ganz auszuschließen, dass beide Wirkungsmechanismen, Meteoritenimpakt und Vulkanismus, zum Tragen gekommen sind.

Zusammenfassend ist es nicht von der Hand zu weisen, dass große Vulkanausbrüche oder -ausbruchsperioden das Klimageschehen beeinflusst haben und dies auch weiterhin tun werden. Die Auswirkungen einer erneuten Yellowstone-Eruption wären ohne Zweifel globaler Natur – statistisch gesehen ist die Zeit dafür reif, wenngleich es keinerlei akute Anzeichen dafür gibt, dass ein Ausbruch bevorsteht. Umgekehrt existieren auch Hypothesen, die einen Einfluss des Klimas auf den Vulkanismus formulieren: Danach würde entweder die Belastung der Lithosphäre durch mächtige Eismassen in Eiszeiten oder die Entlastung infolge ihres Abschmelzens in Warmzeiten den Erdmantel destabilisieren und dadurch den Vulkanismus verstärken.

Literatur

Schmincke, H.-U. (2000): Vulkanismus, Darmstadt.

Der Autor

Nach dem Studium der Geologie und anschließender Promotion an der LMU München arbeitete Dr. Anselm Smolka zunächst ein Jahr als wissenschaftlicher Mitarbeiter bei der Zentralstelle für Geo-Photogrammetrie und Fernerkundung der DFG in München. 1977 trat er als Experte für Naturgefahren in die Abteilung GeoRisikoForschung der Münchener Rück ein. Vom Jahr 2000 an leitete er dort das Fachgebiet Erdbeben- und Vulkanrisiken; seit April 2004 ist er Abteilungsleiter des Bereichs geophysikalische und hydrologische Risiken.

Klimawandeldetektion durch Satellitenfernerkundung

Spektakuläre Fernerkundungsbilder sind heute eine der wichtigsten Informationsquellen für genaue Wettervorhersagen. Auch für das Umwelt- und Katastrophenmonitoring bieten Satellitendaten die Basis, Phänomene, die direkt oder indirekt durch das Wetter beeinflusst werden, zu identifizieren und zu beobachten.

Andreas Siebert

Die enorme Anzahl an Flügen über den Ärmelkanal kann durch die zahlreichen Kondensstreifen eindrucksvoll belegt werden. Aufnahme vom 9. Dezember 2003.

Vom Pixel zur Information

Vor ziemlich genau 45 Jahren wurde der erste Satellit mit meteorologischen Messinstrumenten an Bord in den Orbit gebracht (Explorer 7, 1959). Das Grundprinzip der Beobachtung des Strahlungsfeldes der Erde ist bis heute dasselbe. Erdbeobachtungssatelliten messen die Strahlung, die von der Erde und Atmosphäre reflektiert und/oder emittiert wird, entlang ihrer Überflugsspur. Dabei werden keine photographischen Aufnahmen gemacht, sondern mit abtastenden (scannenden) Verfahren Rasterbilder erzeugt, wie sie aus der digitalen Photographie bekannt sind. Diese Bilder setzen sich aus vielen einzelnen Bildelementen (Pixel) oder Messpunkten der (passiven) Sensoren zusammen. Die große Stärke abtastender Sensoren: Bestimmte Spektralkanäle aus dem elektromagnetischen Spektrum der Strahlung können genutzt werden, um Zusammensetzung, Konzentration und Aufbau der wetter- und klimarelevanten Größen in der Atmosphäre abzuleiten. Das gilt von ultravioletter Strahlung bis hin zu Mikrowellen.

Wodurch unterscheiden sich die über 400 Satelliten, die seit Beginn der Satellitenklimatologie ins All geschossen wurden? Zunächst kann zwischen geostationären und polar umlaufenden Satelliten unterschieden werden. Meteosat, der bekannteste europäische geostationäre Satellit, befindet sich auf einer äquatorialen Kreisbahn in 36 000 km Höhe. Durch die gewählten Bahnparameter stehen diese Systeme scheinbar stationär über der Erde. Dabei können sehr große Gebiete mit hoher zeitlicher Auflösung (Bildaufzeichnung alle 30 Minuten) und mittlerer räumlicher Auflösung (Pixelgröße 5 km x 5 km) erkundet werden. Neben Meteosat sind die amerikanischen GOES-West und GOES-East, der indische INSAT und der japanische GMS heute die wichtigsten geostationären Wettersatelliten.

Eine deutlich bessere räumliche Auflösung erreichen die polar umlaufenden Satelliten, da sie in nur etwa 850 km Höhe die Erde umkreisen. Dabei wird vorzugsweise eine sonnensynchrone Umlaufbahn gewählt, damit ein Ort auf der Erde jeweils zur selben lokalen Ortszeit aufgenommen werden kann. Hervorzuheben sind insbesondere die Systeme des amerikanischen Wetterdienstes NOAA (National Oceanic and Atmospheric Administration) und der Marine (DMSP, Defense Meteorological Satellite Programme). Aus dem europäischen Weltraumprogramm sind es die Umweltsatelliten ERS-1 und ERS-2 sowie ENVISAT, der seit dem 1. März 2002 als Späher im All arbeitet.

Abb. 1 Geostationäre meteorologische Satelliten

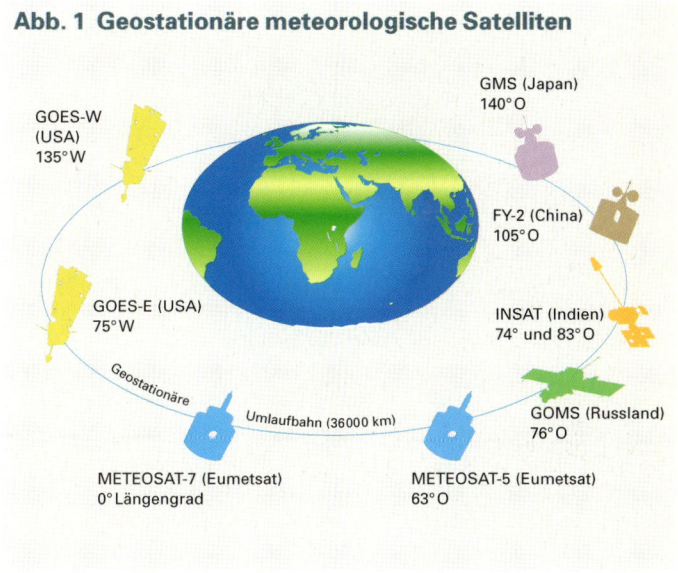

Die Abbildung zeigt die bedeutendsten geostationären Wettersatelliten, die 2002 operativ waren.

In diesem Bild sind mehrere Satelliteninformationen integriert.
Neben dreidimensionalen Wolken-
messungen ist auch die El-Niño-
Anomalie im Pazifik (rot) aus den
Jahren 1997/98 deutlich zu erkennen. Die roten Punkte auf den
Landflächen zeigen große Waldbrände.

Welche Klimaparameter lassen sich aus den Satelliten-bildern ableiten?

Eine der wichtigsten Größen im Klimasystem ist die Be-
wölkung, die bei der Bilanzierung der Energie der Erde
eine große Rolle spielt. Bereits seit 1983 wird aus den
Daten meteorologischer Satelliten eine globale Wolken-
klimatologie erarbeitet. Analysiert werden z. B. Monats-
mittelwerte des Wolkenbedeckungsgrades, die optische
Wolkendichte, die Temperatur und das Reflektionsver-
mögen (Albedo). Besonders interessant sind die Arbeiten
darüber, wie Kondensstreifen hinter Flugzeugen den
anthropogenen Treibhauseffekt beeinflussen.

Die Parameter Luft, Temperatur, Luftfeuchtigkeit und Wind
zu bestimmen gehört mit zu den schwierigsten Aufgaben.
Hier leisten zehntausende von täglich erfassten Strah-
lungsmessungen und Windvektoren im engen Zusammenspiel mit den bewährten bodengestützten Überwachungs-
systemen wichtige Dienste. Um das Wettersystem auch
künftig kontinuierlich und flächendeckend beobachten zu
können, setzt man große Erwartungen in den neuen europäischen EUMETSAT-Satelliten der 2. Generation (MSG –
Meteosat Second Generation). Für die Langzeitbeobach-
tung der Temperatur geben die Mikrowellensensoren der
NOAA-Satelliten nach Kalibrierung und Korrektur der
Daten einen globalen Überblick.

Das wichtigste Treibhausgas, der Wasserdampf, und seine Verteilung in der Atmosphäre lassen sich bislang nur ungenau erfassen. Dies liegt zum einen an der hohen räumlichen Variabilität von Wasserdampf, zum anderen an der bisher ungenügenden spektralen Auflösung der Sensoren. Jedoch ist es möglich, die unterschiedlichen Sensorinformationen zu verknüpfen und so wichtige Komponenten für die Modellierung der Wechselwirkungen zwischen Atmosphäre und Ozean abzuleiten.

Hoch spezialisierte Instrumente können in wolkenlosen Gebieten ebenso Spurengase identifizieren und messen. Faszinierend ist, dass sich daraus auch Höhenprofile der Dichte und Konzentration bilden lassen. Diese Erforschung der Zusammensetzung der Erdatmosphäre hat ihren Ursprung im Jahr 1985, als die Diskussionen über das Ozonloch in der Antarktis begonnen hat.

Grenzen der Satellitenklimatologie

Das wichtigste Kriterium für verlässliche Aussagen in der Klimatologie sind sehr lange Zeitreihen der beobachteten Parameter. Die Fernerkundung bietet erst seit wenigen Jahrzehnten kontinuierliche Datenreihen vergleichbarer Systeme. Zu den technischen Schwierigkeiten gehören die Kalibrierung der Sensoren und die Berücksichtigung veränderter Bahncharakteristika im „Leben" eines Satelliten. Dies hat in der Vergangenheit häufig zu Fehlinterpretationen geführt.

Das alles erklärt sicherlich auch, dass 2001 erstmals im Bericht des IPCC (Intergovernmental Panel on Climate Change) Satellitenbeobachtungsreihen für die Beweisführung des beginnenden Klimawandels herangezogen werden.

Satelliteninformationen allein bilden das komplexe Wetter- und Klimageschehen unvollständig ab. Nur im Verbund mit den konventionellen Messnetzen der Meteorologie kann das volle Potenzial der Technik ausgeschöpft werden.

Monitoring von Umweltveränderungen und wetterbedingten Katastrophen

Eine Reihe weiterer Erderkundungssatelliten unterstützt die Beobachtung von Veränderungsprozessen auf der Erde, die direkt oder indirekt mit klimatischen Auswirkungen zusammenhängen. Die „Klassiker" sind der amerikanische Landsat und die französische SPOT-Satellitenfamilie, deren Aufnahmen in die 70er-Jahre zurückreichen. Systeme neuerer Bauart wie IKONOS oder der indische IRS zeichnen sich durch deutlich höhere Auflösungen im Meterbereich aus. Dies erlaubt es nun auch, regionale oder lokale Phänomene und Prozesse zeitnah und kostengünstig zu erfassen. Aus meteorologischer Sicht sind die Beobachtungen des Komplexes Wasser, Schnee und Eis besonders relevant. Diese Informationen können beispielsweise verwendet werden, um die Veränderung von schnee- und eisbedeckten Arealen, den Rückgang von Wasserflächen (z. B. Aralsee) oder die Wassertemperaturen der Ozeane zu verfolgen. Auch um vulkanische Aktivitäten und die klimarelevante Ausbreitung von Rauch- und Aschewolken zu beobachten, können Satellitenbilder eingesetzt werden.

Ebenfalls unerlässlich sind Satellitenbilder für die Kartierung und Dokumentation von Vegetationsveränderungen und der biologischen Produktivität der Ozeane (Biomassenermittlung). So lässt sich z. B. die Desertifikation (Wüstenbildung) ganz hervorragend abbilden. Weitere Beispiele: die Ausdehnung großflächiger Waldbrände und ihre Rauchschwaden wie in Indonesien infolge der Trockenheit nach dem El-Niño-Ereignis 1997/98 oder im Westen der USA (2003).

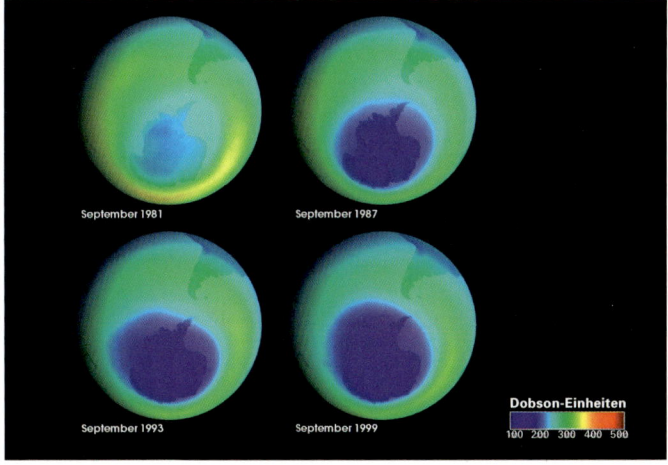

Diese NASA-Satellitenfotos dokumentieren die Entwicklung des Ozonlochs über der Antarktis von September 1981 bis September 1999. Je dunkler das Blau, desto dünner die Ozonschicht. Das Ozonloch hat über der Antarktis ein Rekordausmaß erreicht. Anfang September 2000 war es mehr als 28 Millionen Quadratkilometer und damit dreimal so groß wie die USA.

September 1981 · September 1987 · September 1993 · September 1999

Dobson-Einheiten
100 200 300 400 500

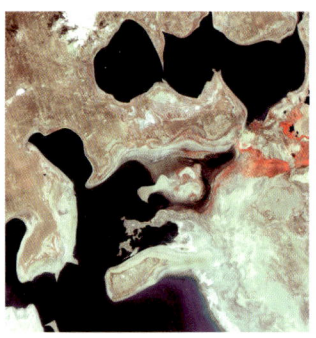

Am Beispiel des Aralsees lässt sich eindrucksvoll das Problem der Desertifikation in semiariden Räumen zeigen. Die beiden Ausschnitte dokumentieren den Verlandungsprozess zwischen 1973 (links) und 2000 (rechts).

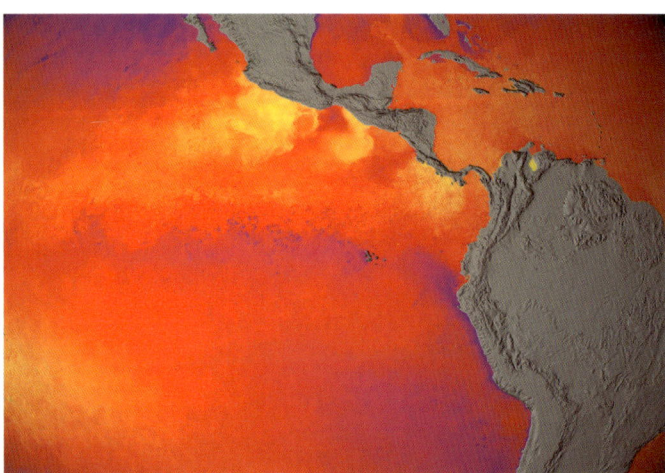

Die Beobachtung der Oberflächentemperaturen der Meere ist einer der wichtigen Parameter im komplexen Austausch zwischen Ozean und Atmosphäre. Die Aufnahme vom Januar 2001 zeigt normale Temperaturverhältnisse im Pazifik. Gut zu erkennen ist das kalte Auftriebswasser vor der peruanischen Küste (violett eingefärbt).

Im Zentrum der Aufnahme sieht man Sizilien. Der Ätna an der Ostküste ist durch eine Aschefahne nach einem gewaltigen Ausbruch im Herbst 2002 zu erkennen. Vulkanische Aschen können das Klima über längere Zeit beeinflussen.

Schwere, lang anhaltende Regenfälle in Zentraleuropa waren die Ursache für katastrophale Überschwemmungen im Einzugsgebiet der Elbe im August 2002. Überschwemmungsflächen nach Flutereignissen können mithilfe von hoch aufgelösten Satellitenbildern genau eingegrenzt und kartiert werden.

Sensoren, die auch im Bereich des thermalen Infrarots aufnehmen, eignen sich, um die Temperaturen der Oberflächenstrahlung in städtischen Gebieten zu kartieren. So ist nicht nur der Tages- und Jahresgang der Temperatur, sondern auch der Einfluss baulicher Aktivitäten (z. B. Flächenversiegelung) auf das Klima der städtischen Wärmeinseln erkennbar.

Für die vielfältigen Aufgaben des Katastrophen- und Risikomanagements liefert ein Satellit insbesondere nach dramatischen Überschwemmungsereignissen – wie dem Elbe-Hochwasser im August 2002 – wertvolle Daten. Da große Gebiete gleichzeitig abgedeckt werden, kann der grobe Schaden auf der Grundlage der (automatisch) kartierbaren Überschwemmungsflächen rasch geschätzt werden (Abb. Elbeflut). Einschränkend wirkt die zeitliche Korrelation zwischen den Wasserhöchstständen und dem nächstmöglichen Überflugstermin der Satelliten. Systeme, die im Bereich des sichtbaren Lichts aufnehmen, sind zudem stark wolkenabhängig. Hier sind Radardaten eine wetterunabhängige Alternative.

Typischerweise werden Aufnahmen von beeindruckenden Tiefdruckwirbeln verwendet, die durch ihre zeitliche Entwicklung und Form in die Vorhersagen einfließen. Nach Sturm- oder Unwetterereignissen lassen sich auch Schädigungen an der Vegetation ermitteln, was für forst- und landwirtschaftliche Themen relevant ist.

Wohin führt die weitere Entwicklung?

Aus technischer Sicht werden künftig deutlich mehr aktive Sensoren, die mit Radar- und so genannten Lidar-Verfahren arbeiten, zum Einsatz kommen. Empfindlichere Sensoren werden eine höhere spektrale und räumliche Auflösung zulassen. So können viele Messungen verbessert und neue

Datenreihen angelegt werden. Wichtig ist es, bestehende Verfahren kontinuierlich fortzusetzen, damit die Zeitreihen nicht abreißen. Wissenschaftliche Netzwerke müssen die wertvollen Informationen möglichst vielen Nutzern rasch und kostenneutral bereitstellen. Die Schnittstellen zwischen der Wissenschaft und den Anforderungen der Wirtschaft müssen intensiv weiterentwickelt werden. Neue Produktkonzepte wie das geplante Satellitensystem von RapidEye, das speziell auf die Bedürfnisse landwirtschaftlicher Anwender zugeschnitten ist (u. a. hohe Überflugsraten), sind vielversprechende Ansätze. Hier ist auch die Versicherungswirtschaft eingebunden.

Ein weiterer Schwerpunkt liegt im Erfassen der dritten Dimension. Die Aufnahme der topographischen (Höhen)information über Land- und Wasserflächen (Wellenhöhen) ist ein wichtiger Beitrag zur Modellierung. Um ein möglichst ganzheitliches Bild zu erhalten, müssen die aus den Satellitenbildern abgeleiteten Informationen mit anderen Quellen verknüpft werden. Ein ideales Instrument sind die Geographischen Informationssysteme (GIS), die sehr komplexe, mehrdimensionale räumliche Analysen ermöglichen.

Zwar gibt es noch viel Forschungs- und Verbesserungspotenzial, doch eine umfassende Klimabewertung ohne die gleichzeitige Einbeziehung der Satelliteninformationen ist heute nicht mehr vorstellbar.

Literatur

Ulrich Schumann (2002): Klimadiagnosen aus dem All: Satellitenklimatologie. In: Klima, das Experiment mit dem Planeten Erde, München.

Der Autor

Nach dem Studium der Geographie an der LMU München war Andreas Siebert als Experte für Geoinformationssysteme 6 Jahre bei der GAF (Gesellschaft für Angewandte Fernerkundung) für die Integration von Geo- und Satellitendaten verantwortlich.
1995 wurde er Mitarbeiter der Abteilung GeoRisikoForschung in der Münchener Rück und entwickelte den Bereich Geoinformatik mit dem Ziel, Naturgefahren- und Versicherungswissen noch enger zu verzahnen.
Als Leiter des Bereiches Geoinformatik und Kommunikation liegen seine Schwerpunkte heute im Risikomanagement und in einer transparenten Risikokommunikation.

Klimamodellierung und Fingerprints

Das Klimasystem ist äußerst komplex. Es lässt sich nicht durch einfache Wechselwirkungsbeziehungen und Rückkopplungsschleifen beschreiben. Man braucht geeignete Werkzeuge, um Abläufe im Klimasystem möglichst akkurat abzubilden. Dazu wurden in den letzten drei Jahrzehnten komplexe Klimamodelle entwickelt.

Ulrich Cubasch

Der schnellste Computer der Welt steht in Yokohama. Der „Earth Simulator" umfasst 640 Rechenknoten und erreicht eine Rechengeschwindigkeit von bis zu 40 Teraflops.

Klimamodelle

In einem Klimamodell werden die wichtigen Aspekte des Klimasystems mithilfe physikalisch-mathematischer Gleichungen, die dann ein Computer löst, beschrieben. Welche Aspekte wichtig sind, entscheidet dabei die Fragestellung. Um den anthropogenen Klimawandel zu analysieren, betrachtet man Zeiträume von Dekaden bis zu einigen Jahrhunderten. Eine Hauptrolle spielen hier die Atmosphäre und der Ozean. Für paläoklimatologische Fragestellungen wie die Entstehung von Eiszeiten ist auch die Inlandeisbildung ein wichtiger Faktor. Bei Studien auf Jahres- bis dekadischen Zeitskalen (z. B. Studien von El Niño) vernachlässigt man häufig den tiefen Ozean und die Gebiete mit Meereis.

Um die Gleichungen zu lösen, werden die Erdatmosphäre sowie der Ozean in Gitterzellen zerlegt. Diese Gitterzellen haben heutzutage eine Kantenlänge von typischerweise 250 bis 500 km in der Horizontalen und 9 bis 40 Schichten in der Vertikalen. Abbildung 1 zeigt die Darstellung Europas in verschiedenen Modellauflösungen. Bei der derzeit am häufigsten benutzten Auflösung von T42 werden topographische Details wie die Britischen Inseln, Italien oder das Ostseegebiet nur grob aufgelöst. Simulationen mit der höchsten Auflösung T106 sind so rechenzeitintensiv, dass sie bisher nur für einzelne Testrechnungen verwendet wurden.

Vorgänge, die innerhalb einer Gitterzelle ablaufen, wie die Wolkenbildung, werden parametrisiert, d. h. aus den an den Rändern der Gitterzelle bekannten Werten abgeleitet. Die komplexen Klimamodelle sind häufig Weiterentwicklungen von Wettervorhersagemodellen, was den Vorteil hat, dass sie routinemäßig erprobt sind. Sie benötigen sehr große Rechnerkapazitäten und werden deshalb durch vereinfachte Modelle ergänzt, in denen auch die dynamischen Vorgänge parametrisiert werden.

Die Darstellung Europas bei verschiedenen Auflösungen. Die derzeit am häufigsten verwendete Gitterdarstellung liegt ungefähr bei T42.

Abb. 1a Klimamodell T21

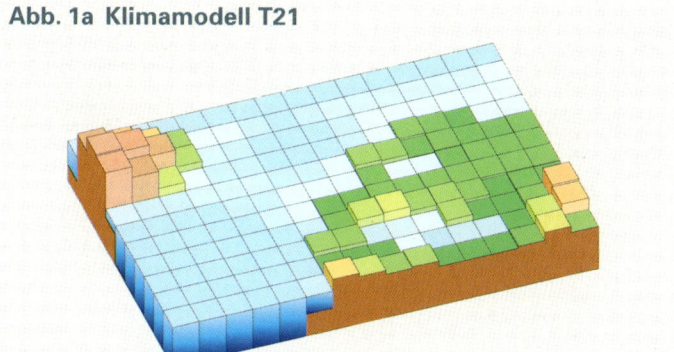

Modellauflösung: Gitterabstand ca. 500 km

Abb. 1b Klimamodell T42

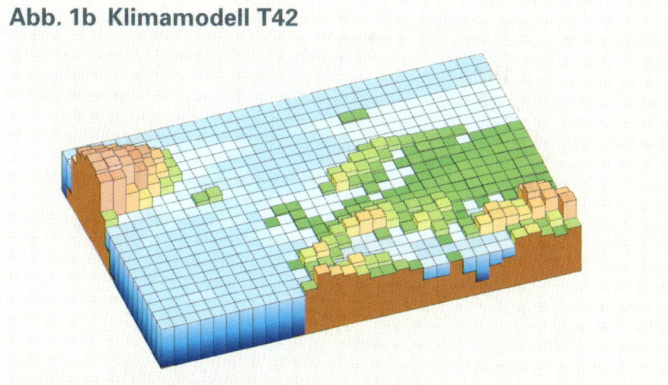

Modellauflösung: Gitterabstand ca. 250 km

Abb. 1c Klimamodell T63

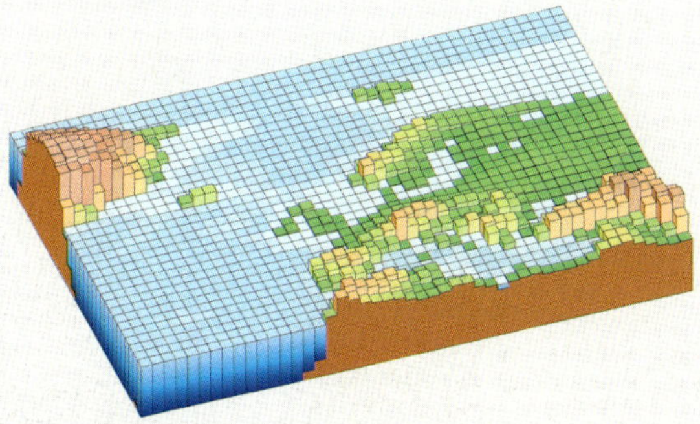

Modellauflösung: Gitterabstand ca. 180 km

Quelle: MPI für Meteorologie, Hamburg

Abb. 1d Klimamodell T106

Modellauflösung: Gitterabstand ca. 110 km

Überprüfung von Klimamodellen

Eine sinnvolle Arbeit mit Klimamodellen setzt voraus, dass diese in der Lage sind, das heutige Klima mit hinreichender Genauigkeit zu berechnen. Da es Klimamodellierer in Bezug auf ihr eigenes Modell, in das sie Jahre an Arbeit gesteckt haben, häufig an Objektivität mangeln ließen, gibt es heutzutage internationale Modellvergleiche (z. B. AMIP – Atmospheric Model Intercomparison Project). In diesen Vergleichen werden die Daten von verschiedenen Rechnungen, die weltweit unter kontrollierten Bedingungen ausgeführt werden, gesammelt und von unabhängigen Forschergruppen ausgewertet. Das Ergebnis eines derartigen Modellvergleichs sieht man in Abbildung 2, in der die Simulation der bodennahen Lufttemperatur von verschiedenen Modelliergruppen mit der Beobachtung verglichen wird. Diese Darstellung zeigt die von verschiedenen Modellen berechnete bodennahe Lufttemperatur, einmal als Horizontalverteilung einschließlich der Abweichung von der Beobachtung und einmal als Mittelwert über die Breitenkreise. Abweichungen ergeben sich insbesondere in den Polarregionen und über Land, was darauf hindeutet, dass es noch Defizite bei der Modellierung der Bodenprozesse gibt.

Anwendung der Modelle

Ist man sich einmal sicher, dass das Modell das heutige Klima simulieren kann, dann beginnt man, es für verschiedene Zwecke einzusetzen. Ein Anwendungsgebiet sind Klimaänderungsrechnungen für die Vergangenheit und Zukunft; eine weitere Anwendung besteht darin, die beobachtete Klimaänderung zu interpretieren und ihre Ursachen zu analysieren.

Projektionen des zukünftigen Klimas

Zukunftsszenarien

Die Klimamodellentwicklung wurde in den letzten 15 Jahren vor allem von der Frage vorangetrieben, wie sich das Klima in der Zukunft unter dem Einfluss der Emissionen anthropogener Treibhausgase entwickeln wird. Diese Treibhausgase werden überwiegend bei der Verbrennung fossiler Brennstoffe freigesetzt, d. h. bei der Energiegewinnung. Somit erhält man einen direkten Einfluss der Energiepolitik auf das Klima. Um diesen Einfluss abzuschätzen, wurden für das IPCC (Intergovernmental Panel on Climate Change, arbeitet im Auftrag der UN – Näheres unter www.ipcc.ch) SRES-Emissionsszenarien (SRES – Second Report on Emission Scenarios) entwickelt. Bei diesen Szenarien werden folgende Fragen berücksichtigt:

Abb. 2 Temperatursimulationen

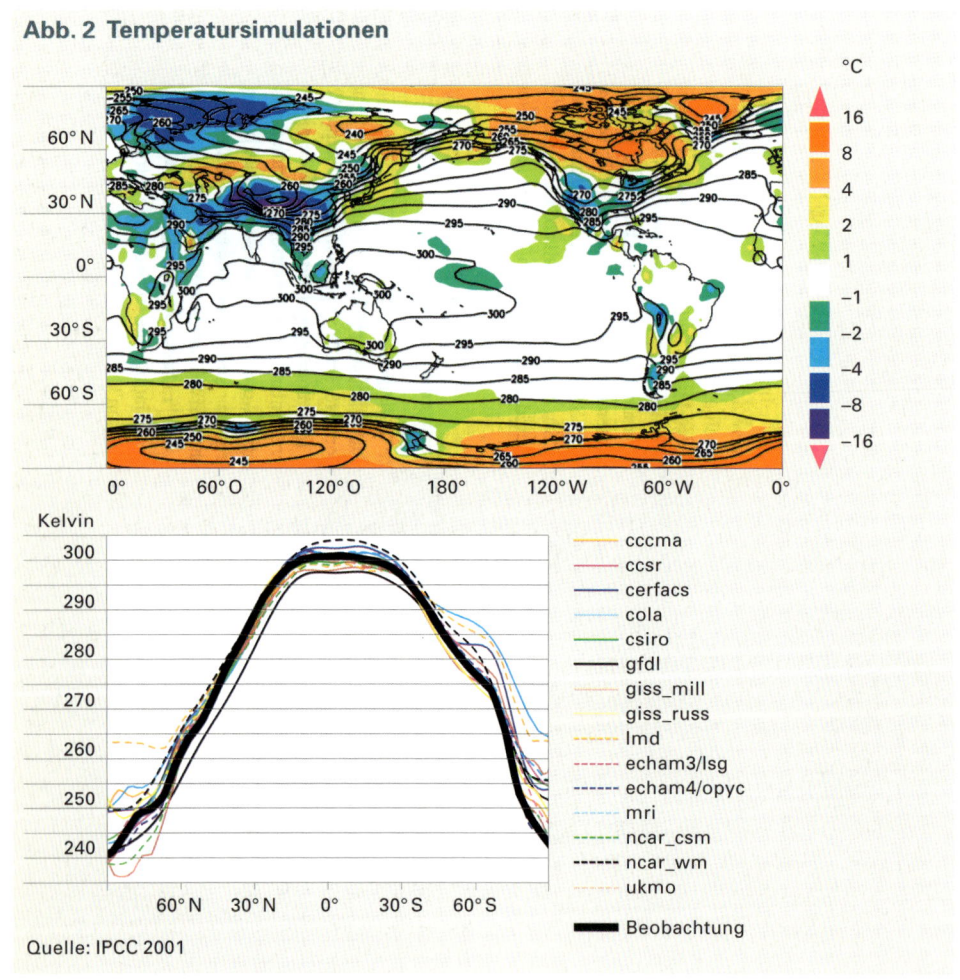

Quelle: IPCC 2001

Die von verschiedenen Klimamodellen simulierte bodennahe
Lufttemperatur im Nordwinter
(Dezember–Februar).
Oben: die horizontale Verteilung
und die Abweichung von der
Beobachtung, Mittelwert umran-
det, Mittelwert minus Beobachtung schattiert.
Unten: zonal gemittelt, Beobachtung, dicke Linie.

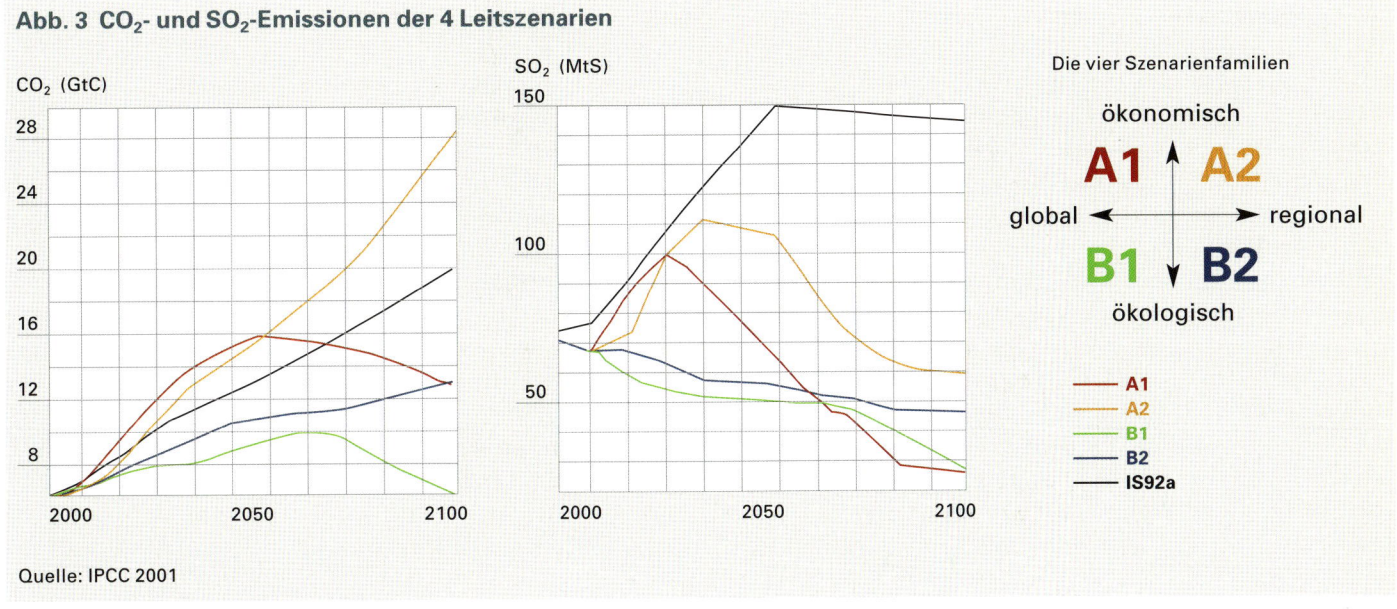

Abb. 3 CO₂- und SO₂-Emissionen der 4 Leitszenarien

Quelle: IPCC 2001

Die vier Leitszenarien im Überblick zusammen mit dem älteren Business-as-usual-Szenario. Links sind die globalen Kohlendioxid-, rechts die Schwefeldioxidemissionen jeweils bis zum Jahr 2100 dargestellt.

– Wie verändert sich die Weltbevölkerung in den nächsten 100 Jahren?
– Welchen Lebensstandard wird sie erreichen?
– Wie hoch wird der Energieverbrauch sein?
– Welche Energieträger werden dafür eingesetzt?

Man hat sich in internationalen Gremien auf mehr als 35 SRES-Szenarien geeinigt, denen verschiedene „story lines" zugrunde liegen. Diese Szenarien werden in 4 Familien (Abb. 3) unterteilt und durch 6 Standardszenarien dargestellt:

A1 Die A1-Szenarienfamilie beschreibt eine Welt mit sehr schnellem Wirtschaftswachstum und einer Weltbevölkerung, die in der Mitte des nächsten Jahrhunderts ihr Maximum erreichen und danach abnehmen wird, sowie die schnelle Einführung neuer und effizienterer Technologien. Regionale Unterschiede in Lebensstandard und Einkommen werden ausgeglichen. Diese Familie kann in drei Gruppen unterteilt werden, welche die technologischen Möglichkeiten der Energiegewinnung berücksichtigen: A1FI (fossil intensive) legt das Schwergewicht auf fossile Brennstoffe (Kohle, Öl, Erdgas), bei der Gruppe A1T geht man von nichtfossilen Energieträgern aus und A1B beruht auf einer Mischung verschiedener Energieträger.

A2 Die A2-Szenarienfamilie beschreibt eine sehr heterogene Welt. Man geht von einer gewissen regionalen Autarkie und dem Erhalt lokaler Unterschiede aus. Die Weltbevölkerung nimmt kontinuierlich zu. Die ökonomische Entwicklung, der Lebensstandard und die Einkommen sind regional sehr unterschiedlich, der technologische Wandel schreitet nur langsam voran.

B1 Die B1-Szenarienfamilie setzt wie A1 eine Weltbevölkerung voraus, die nur bis Mitte des nächsten Jahrhunderts anwächst. Die ökonomische Entwicklung geht aber mehr in Richtung einer Dienstleistungs- und Informationsgesellschaft mit weniger Materialverbrauch und der Einführung sauberer und effizienterer Technologien. Das Gewicht liegt auf globalen, nachhaltigen Lösungen der ökonomischen, ökologischen und sozialen Probleme.

B2 Die B2-Szenarienfamilie unterstellt eine Welt, in der lokale, nachhaltige Lösungen für ökonomische, ökologische und soziale Probleme gefunden werden. Die Bevölkerung steigt kontinuierlich, aber langsamer als in A2. Es gibt eine weniger schnelle ökonomische Entwicklung und eine vielfältigere technologische Entwicklung als in den anderen Szenarien. Der Schwerpunkt liegt auf Umweltschutz und sozialer Gerechtigkeit, jedoch eher auf lokaler und regionaler Ebene.

IS92a „Wir machen so weiter wie bisher"-Szenario (1992)

Klimaprojektionen

Diese Emissionsszenarien werden als Antrieb für die Klimamodelle genutzt, d. h., man schreibt die zukünftige Entwicklung der Treibhausgase gemäß diesen Szenarien vor. Fasst man die Ergebnisse für alle Szenarien und alle international gebräuchlichen Klimamodelle zusammen, so erkennt man, dass für den Zeitraum 1990 bis 2100 die global gemittelte bodennahe Lufttemperatur um 1,4 bis 5,8 Grad ansteigt (Abb. 5). Die zu erwartende Erwärmung ist größer als die, die man im 20. Jahrhundert beobachtet hat, und ist sehr wahrscheinlich die höchste der letzten 10 000 Jahre. Der globale Wasserdampfgehalt in der Atmosphäre wird zunehmen, in der zweiten Hälfte des 21. Jahrhunderts auch der Niederschlag in den mittleren und hohen Breiten der Nordhemisphäre. Dort wird sich auch die Variabilität erhöhen.

Die Schnee- und Eisbedeckung wird auf der Nordhalbkugel weiter abnehmen, Gletscher und Eiskappen werden sich weiter zurückziehen. Die südpolare Eiskappe wird wegen des dort höheren Niederschlages leicht an Masse gewinnen, während Grönland an Masse verlieren wird, weil die vermehrten Niederschläge nicht ausreichen, die höhere Abschmelzrate zu kompensieren.

Der Meeresspiegel wird in den nächsten hundert Jahren um 0,09 bis 0,88 m ansteigen. Das ist in erster Linie auf die Wärmeausdehnung des Wassers und das Abschmelzen der Gletscher zurückzuführen.

Simulation des historischen Klimas

Eine weitere, häufig gestellte Frage lautet: Wie groß waren die Klimaschwankungen in der Vergangenheit und wie lassen sie sich mit denen in der Zukunft vergleichen?

Man kennt aus dem Geschichtsunterricht Berichte von einer „Mittelalterlichen Warmzeit", in welcher der Weinanbau in Südengland möglich war, und von einer „Kleinen Eiszeit", während der die Themse zugefroren war. Zwar gibt es keine direkten Temperaturmessungen, doch eine Vielfalt von Aufzeichnungen (Ernteerträge, Deichreparaturkosten, Segelzeiten von Schiffen) sowie Proxydaten (z. B. Baumringe oder Sedimentbohrkerne), aus denen man das historische Klima rekonstruieren kann. Neuerdings setzt man auch Klimamodelle ein, um die Klimaentwicklung der Vergangenheit zu berechnen.

In Klimasimulationen der letzten 500 bis 1 000 Jahre wurden die Sonnenaktivität, der Vulkanismus (beide aus Proxydaten hergeleitet) sowie die Treibhausgase (die bis zu Beginn der Industrialisierung überwiegend natürlichen Ursprungs sind) als Antrieb vorgeschrieben. In diesen numerischen Experimenten kann man die globale Klimaentwicklung (Abb. 5) und die europäische Temperaturverteilung (Abb. 4), wie sie zum Ende der Kleinen Eiszeit herrschte, simulieren.

Aus diesen Klimaberechnungen geht hervor, dass besonders während des „Späten Maunder-Minimums" (1675–1715) das Klima global kälter war als heute. Diese Kältephase ist für Europa durch historische Aufzeichnungen dokumentiert. Ein Vergleich des aus Überlieferungen rekonstruierten Klimas mit der Modellsimulation zeigt für Mitteleuropa eine gute Übereinstimmung (Abb. 4), während man in Nordeuropa deutliche Unterschiede sieht; sie könnten aber auch auf die schlechte Datenlage in diesen Gebieten zurückzuführen sein.

Die Temperaturabweichung während des „Späten Maunder-Minimums" (1675–1715); links die Modellsimulation, rechts die Rekonstruktion aus historischen Überlieferungen. Die Schraffierung gibt die Signifikanz wieder.

Abb. 4 Temperaturabweichungen

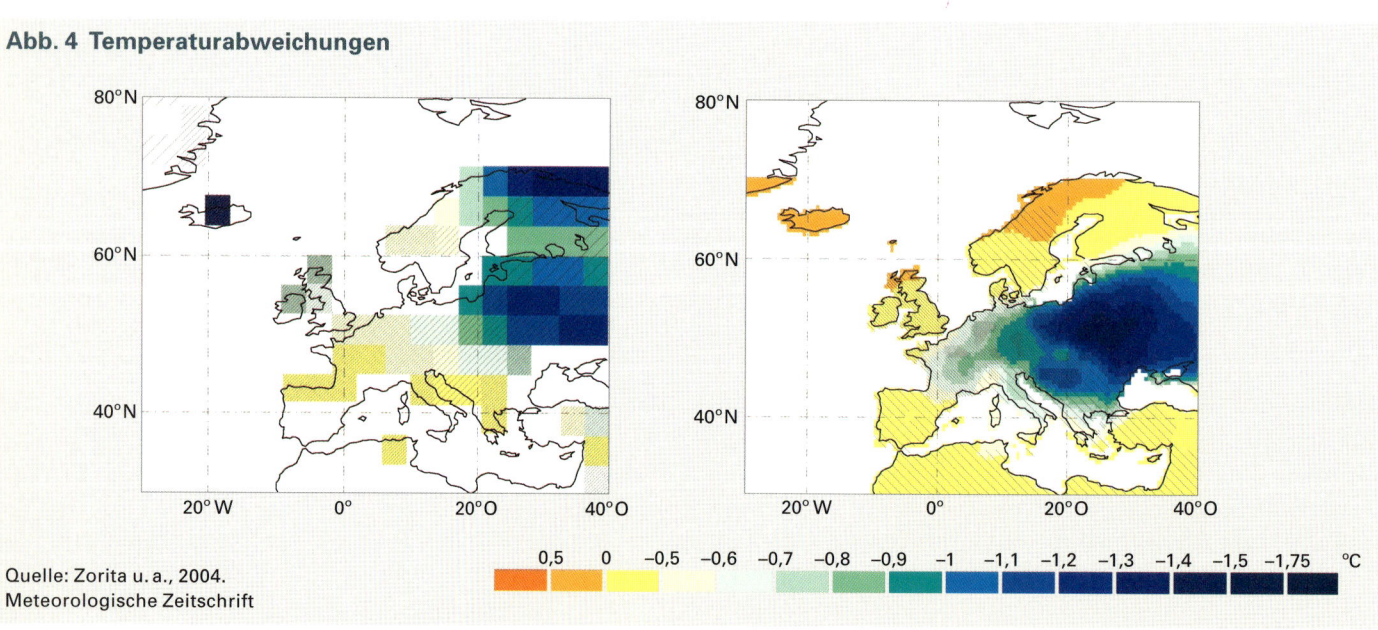

Quelle: Zorita u. a., 2004.
Meteorologische Zeitschrift

Abb. 5 Veränderung der globalen Lufttemperatur

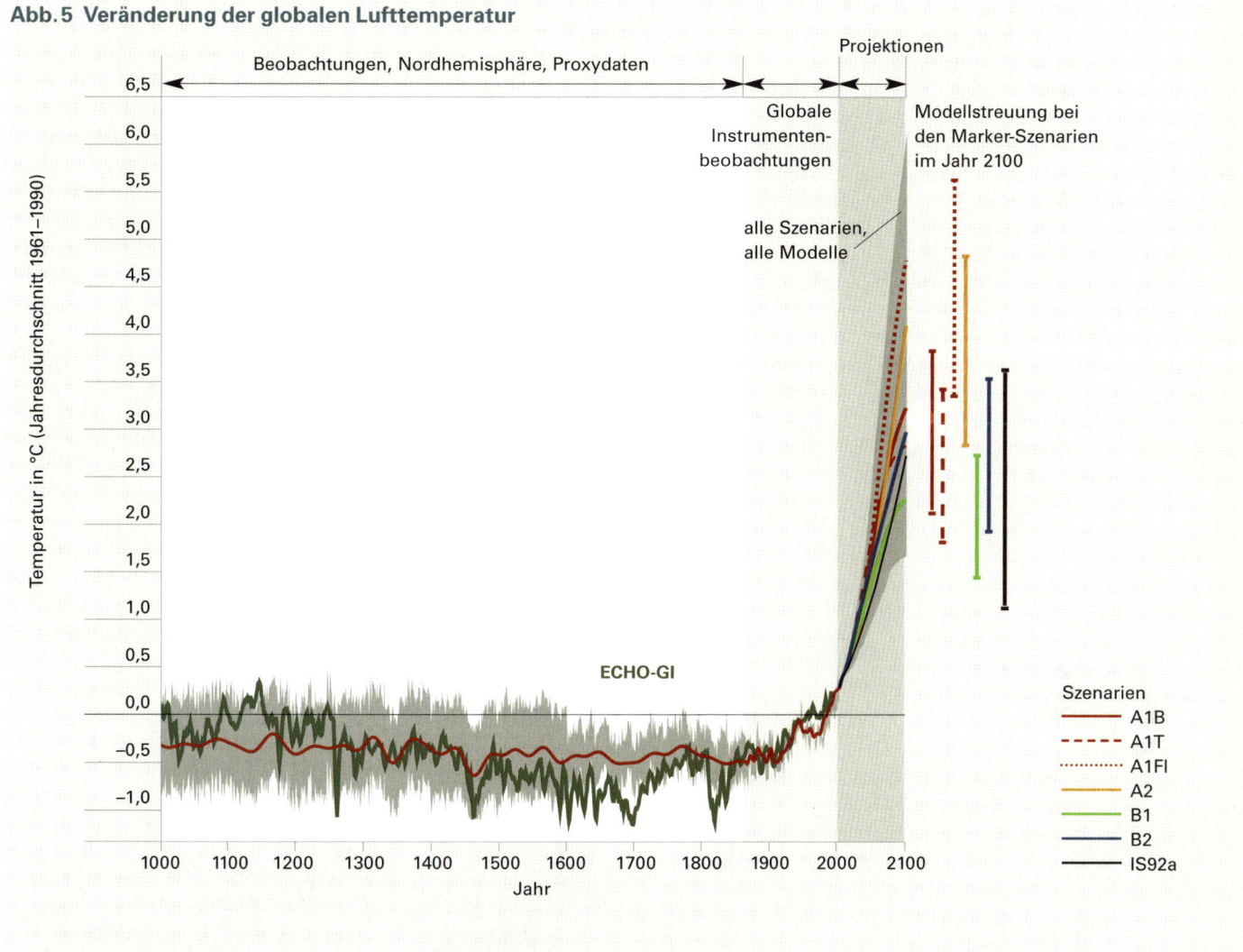

Quelle: IPCC, 2001 mit Ergänzungen von E. Zorita, GKSS, Geesthacht

Die Änderung der global gemittelten boden-nahen Lufttemperatur in Bezug auf das Jahr 1990. Vom Jahr 1000 bis zum Jahr 1860 wurde nur für die Nordhemisphäre gemittelt, da für die Südhemisphäre keine Daten vorliegen. In diesem Zeitraum wurden die Werte aus Baum-ringen, Korallen, Eisbohrkernen und histori-schen Überlieferungen hergeleitet. Die rote Linie zeigt das 50-Jahres-Mittel, das graue Band das 95 %-Vertrauensintervall der Jahres-daten. Von 1860 bis 2000 sieht man die mit Instrumenten gemessenen Werte, die rote Linie zeigt das 10-Jahres-Mittel. Vom Jahr 1990 bis zum Jahr 2100 wird die Temperatur-

hochrechnung für die sechs Standard-SRES-Szenarien sowie das IS92a-Szenario des vor-letzten IPCC-Berichts gezeigt, die mit einem Modell mittlerer Klimasensitivität berechnet wurden. Das graue Band mit der Bezeichnung „alle Szenarien – alle Modelle" zeigt die Ergebnisbandbreite, wenn man alle 35 SRES-Szenarien in Betracht zieht und alle unter-schiedlichen Modelle. Dunkelgrün eingezeich-net: Das Ergebnis einer Simulation mit einem Klimamodell, das die Veränderlichkeit der Sonne, den Vulkanismus sowie die Zunahme der Treibhausgase mitberücksichtigt.

Abb. 6 Klimaänderungsmuster

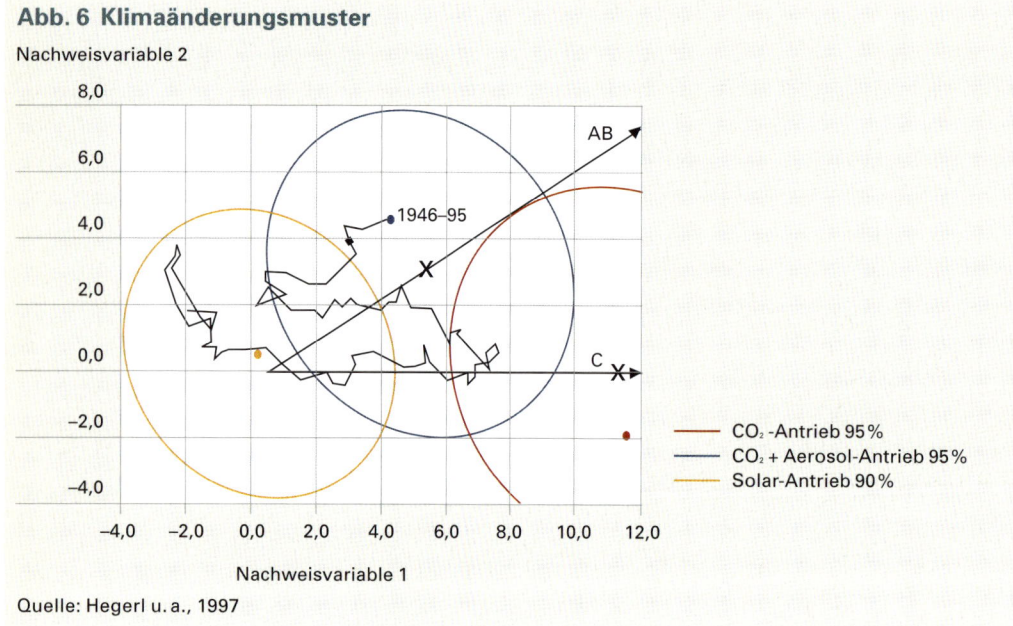

Nachweisvariable 2

Nachweisvariable 1

— CO₂-Antrieb 95%
— CO₂ + Aerosol-Antrieb 95%
— Solar-Antrieb 90%

Quelle: Hegerl u. a., 1997

Die Klimaänderungsmuster, dargestellt als Ellipsen in einem Phasenraum. Die beobachtete Klimaänderung (schwarze Linie) wird anfangs durch den solaren Strahlungsantrieb dominiert, läuft dann aber in die Ellipsen, die der Strahlungsantrieb durch die Treibhausgase sowie durch die Treibhausgase und Aerosole erzeugt.

Fingerprintanalyse

Weitere wichtige Fragen, mit der sich die Klimaforschung beschäftigt, lauten:

– Wann wird die vom Menschen verursachte Klimaveränderung sichtbar?
– Ist sie vielleicht sogar schon heute sichtbar?
– Wie stark ist der menschliche Einfluss im Vergleich zu anderen Einflussfaktoren wie Schwankungen der Sonneneinstrahlung oder Vulkanaerosole?

Um diese Frage zu beantworten, setzt man ebenfalls Modelle ein, wobei man die verschiedenen Einflussfaktoren an- und abstellt (was man in der Natur nicht machen kann) und dann analysiert, welcher Einflussfaktor welche Reaktion hervorruft.

Erste einfache Analysen zeigten, dass es bei einzelnen Variablen, z. B. bei der bodennahen Lufttemperatur, erst in den kommenden Jahrzehnten möglich sein wird, einen Einfluss des Menschen auf das Klima nachzuweisen. Mithilfe anspruchsvoller statistischer Methoden gelingt es jedoch schon jetzt, diesen Einfluss nachzuweisen. In Anlehnung an die Kriminalistik werden diese Methoden Fingerprintanalyse genannt. Hierbei wertet man Kombinationen von Variablen, ihre räumliche Verteilung, ihr Rauschverhalten und ihre zeitliche Änderung aus.

Klimamodelle werden dabei eingesetzt, um zu berechnen, welches Klimaänderungsmuster durch die verschiedenen Klimafaktoren (Änderung der Treibhausgaskonzentration, Aerosolbelastung der Atmosphäre, Variabilität der Sonneneinstrahlung und Vulkanismus) erzeugt wird.

Abbildung 6 zeigt das Klimaänderungsmuster, das durch Treibhausgase und Solarvariabilität hervorgerufen wird. Dieses Muster kann man nutzen, um einen Phasenraum aufzuspannen. Man überprüft, wo das beobachtete Klimaänderungsmuster in diesem Phasenraum liegt. Es zeigt sich, dass sich die Werte zu Beginn der Industrialisierung in dem Bereich bewegen, der durch das Sonnenaktivitätsmuster definiert wird, dann aber in die Richtung des Musters gehen, das durch Treibhausgase und Aerosole erzeugt wird.

Die Fingerabdruckmethode macht deutlich, dass schon 1995 ein erheblicher anthropogener Einfluss auf das Klima zu erkennen war, was das IPCC zu dem Schluss führte: „The balance of evidence suggests a discernible human influence on global climate."

Abb. 7 Das Erdsystem-Modell

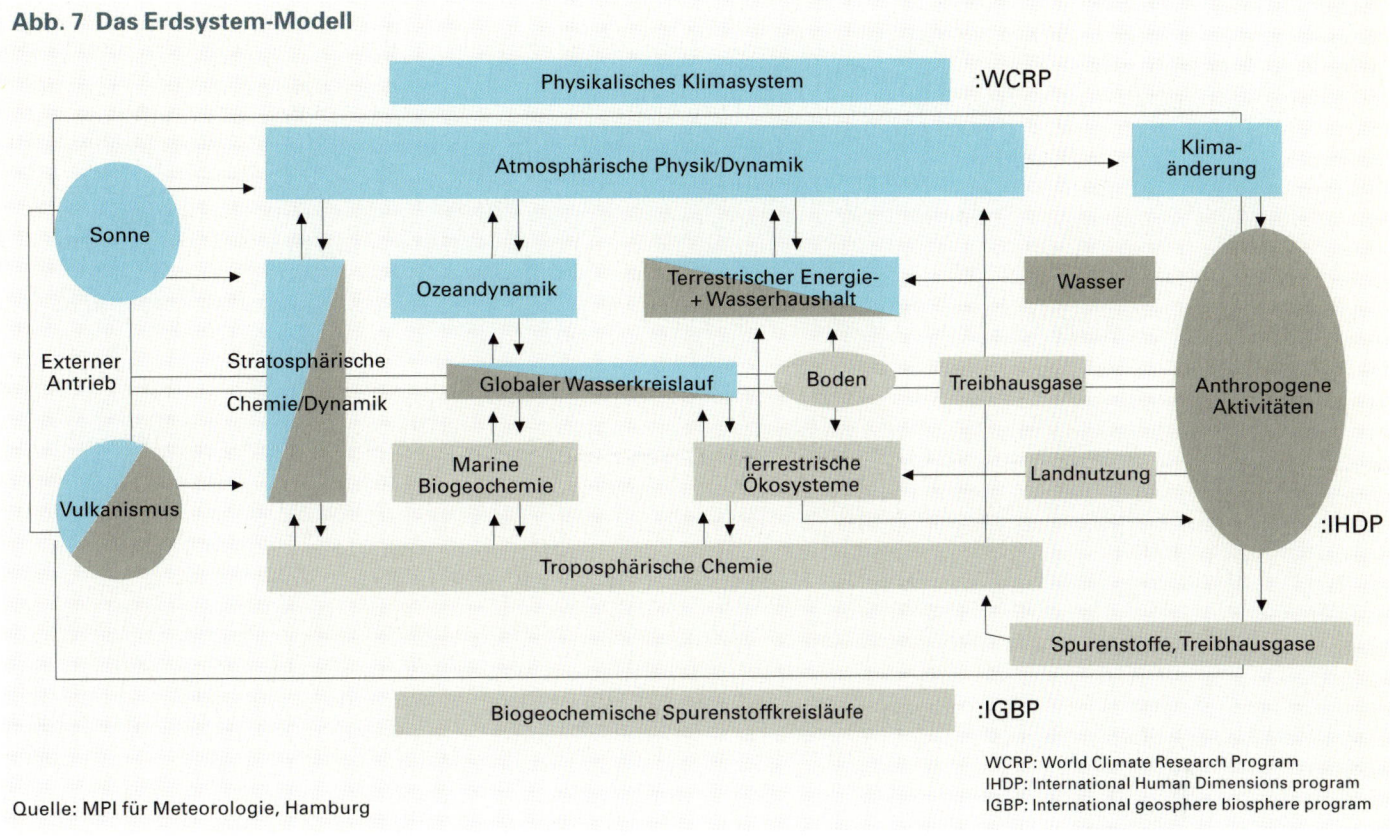

Quelle: MPI für Meteorologie, Hamburg

WCRP: World Climate Research Program
IHDP: International Human Dimensions program
IGBP: International geosphere biosphere program

Schematische Darstellung eines Erdsystemmodells und seiner Komponenten.

Die Zukunft der Klimamodellierung

Wie eingangs erwähnt, ist die horizontale Auflösung noch sehr grob und bei weitem nicht ausgereizt. Da die Rechenzeit mit der dritten Potenz der Auflösung ansteigt, ist die verfügbare Rechnerkapazität derzeit ein limitierender Faktor.

Viele Prozesse, die bekanntermaßen klimarelevant sind, werden momentan nicht berücksichtigt, da die Rechnerkapazität nicht ausreicht (und häufig auch nicht genug Ressourcen für das Personal bereitstehen). Die Klimamodelle der Zukunft werden um Teilmodelle für die Chemie, die Biologie, die Spurenstoffkreisläufe sowie die Stratosphäre erweitert werden, sodass man zu einem Erdsystemmodell kommt (Abb. 7).

Um ideale Modellexperimente durchzuführen und damit die Aussagen besser abzusichern, müsste man zusätzlich eine Vielzahl von Rechnungen mit den komplexen Erdsystemmodellen wiederholen (Monte-Carlo-Methode). Das ist sehr rechenzeitintensiv. Insgesamt sind für die Klima- und Erdsystemforschung massive Rechnerkapazitäten notwendig. In Japan wurde mittlerweile eine Rechneranlage gebaut, mit der man derartige Simulationen rechnen kann (Earth Simulator: www.es.jamstec.go.jp). Man geht dort davon aus, dass sich diese massive Investition rechnet, da es bei der Klimafrage um Energiepolitik und damit um Milliarden von Euro geht.

Literatur

Hegerl, G. C., K. Hasselmann, U. Cubasch, J. F. B. Mitchell, E. Roeckner, R. Voss and J. Waszkewitz (1997): Multi-fingerprint detection and attribution analysis of greenhouse gas, greenhouse gas-plus-aerosol and solar forced climate change. In: Climate Dynamics, 13, S. 613–634.

IPCC (2001): Climate Change 2001: The Scientific Basis. Contribution of Working Group I to the Third Assessment Report of the Intergovernmental Panel on Climate Change. Hrsg. von Houghton, J. T., u. a. Cambridge, UK.

Zorita, E., H. von Storch, F. Gonzalez-Rouco, U. Cubasch, J. Luterbacher, S. Legutke, I. Fischer-Bruns and U. Schlese (2004): Climate evolution in the last five centuries simulated by an atmosphere-ocean model: global temperatures, the North Atlantic Oscillation and the Late Maunder Minimum. In: Meteorologische Zeitschrift, im Druck.

Der Autor

Prof. Ulrich Cubasch hat an den Universitäten Frankfurt/Main und Kiel Meteorologie studiert. Nach dem Studium ging er an das Europäische Zentrum für mittelfristige Wettervorhersage in Reading (England), wo er an der Entwicklung des Vorhersagemodells beteiligt war. Als Mitarbeiter des Max-Planck-Instituts für Meteorologie und des Deutschen Klimarechenzentrums beschäftigte er sich mit der Entwicklung von Klimamodellen und dem Einsatz dieser Modelle für Klimaprognosen. Im Jahr 2002 ist er auf den Lehrstuhl für Klimaforschung an der Freien Universität Berlin berufen worden. Er ist international durch seine Arbeiten für das IPCC (Intergovernmental Panel on Climate Change) bekannt.

Abrupte Klimawechsel

Viele Aspekte des Klimasystems sind noch nicht ausreichend verstanden und Gegenstand aktueller Forschung und wissenschaftlicher Diskussion. Ein Beispiel: Die Mechanismen der abrupten Klimawechsel, die in der Erdgeschichte wiederholt aufgetreten sind und deren Ursachen kontrovers diskutiert werden.

Stefan Rahmstorf

Aus Eisbohrkernen kann die Klimageschichte der vergangenen hunderttausend Jahre rekonstruiert werden. Das Bild zeigt Dr. Sigfús Johnsen, der 50 000 Jahre altes Eis aus 3 400 m Tiefe im Labor analysiert.

Die Eisbohrungen in Grönland, vor allem die 1992 und 1993 abgeschlossenen europäischen und amerikanischen Bohrungen auf dem Gipfel des Eisschildes (GRIP und GISP2), haben der Klimaforschung einen Einblick in die Klimageschichte der vergangenen hunderttausend Jahre von bis dahin ungekannter Qualität geliefert. Sie gelten zu Recht als eine der wissenschaftlichen Glanzleistungen des 20. Jahrhunderts und haben unsere Vorstellung der Klimadynamik grundlegend verändert.

Das Grönlandeis besteht aus vielen Tausenden von Schneeschichten, die sich Jahr für Jahr anhäufen und langsam den darunter liegenden älteren Schnee zu Eis zusammenpressen. Durch ausgefeilte Analyseverfahren lässt sich in den Bohrkernen die Klimageschichte fast wie ein Buch lesen, jede Schneeschicht eine Seite.

Die in diesem eisigen Buch aufgezeichnete Geschichte (Abb. 1) schockierte viele Klimaforscher. Bislang waren sie davon ausgegangen, dass das Klima sich in langsamen Zyklen ändert – etwa den 23 000, 41 000 und 100 000 Jahre dauernden Milankovich-Zyklen, die durch kleine Unregelmäßigkeiten der Erdbahn um die Sonne entstehen und bereits aus Bohrungen in Tiefseesedimenten bekannt waren. Doch die neuen Daten aus Grönland boten eine zuvor unerreichte zeitliche Auflösung – einzelne Jahre ließen sich, ähnlich wie bei Baumringen, erkennen und abzählen – und sie zeigten erstmals klar und eindeutig abrupte und dramatische Klimasprünge. Die Temperaturen in Grönland hatten sich wiederholt innerhalb weniger Jahre um 8–10 Grad erhöht und waren dann erst nach Jahrhunderten zum normalen kalten Eiszeitniveau zurückgekehrt. Diese Klimawechsel werden nach ihren Entdeckern Willi Dansgaard aus Kopenhagen und Hans Oescher aus Bern „Dansgaard-Oeschger-Ereignisse" (kurz DO-Event) genannt. Mehr als zwanzig solcher Klimawechsel zählte man während der hunderttausend Jahre dauernden letzten Eiszeit; ihre Ursachen zu entschlüsseln gilt seither als eine der Kernfragen der Klimaforschung.

Zunächst mussten alle Zweifel ausgeräumt werden, dass die Zacken in der Klimakurve reale Klimaereignisse sind und nicht etwa Datenschrott, verursacht zum Beispiel durch Verwerfungen im langsam fließenden Eis. Die Über-

einstimmung zwischen den 30 km voneinander entfernt gebohrten Kernen der beiden Teams deutete bereits auf reale Klimaereignisse hin. Der letzte Beweis kam dann vom Meeresgrund. Amerikanischen Forschern gelang es, Sedimentbohrkerne aus dem Atlantik in ähnlich guter Auflösung wie die Eiskerne zu gewinnen. Die Schlammschichten aus der Tiefsee, zum Teil Tausende Kilometer von Grönland entfernt in subtropischen Breiten erbohrt und mit gänzlich anderen Methoden analysiert, verzeichneten Zacken für Zacken dieselben Klimaereignisse wie das Grönlandeis. Die dramatischen Dansgaard-Oeschger-Ereignisse waren also reale und auch sehr weiträumige Klimawechsel, die nicht nur lokal in Grönland auftraten. Inzwischen gibt es Daten von mehr als 170 Orten weltweit, in denen diese Ereignisse erkennbar sind. Hinweise fanden sich sogar in Neuseeland und der Antarktis. Die Ursache blieb jedoch zunächst rätselhaft.

Doch eines zeigten die Tiefseedaten deutlich: Mit jedem Klimawechsel in Grönland mussten auch deutliche Änderungen der Meeresströme einhergegangen sein. Michael Sarnthein, Meeresgeologe aus Kiel, erkannte in den Daten aus dem Meeresschlamm drei unterschiedliche Strömungszustände: In dem einen reichte der warme Nordatlantikstrom (der verlängerte Arm des Golfstroms) bis vor die Küsten Skandinaviens, ganz so wie im heutigen Klima. Im zweiten hörte die Strömung dagegen schon südlich von Island auf, im dritten war sie offenbar ganz ausgefallen (vgl. Abb. 2).

Um solche Klimawechsel zu verstehen, beschäftigen sich mehrere Arbeitsgruppen weltweit mit Computersimulationen des Klimasystems. Dabei versucht man, die wesentlichen Aspekte des Klimas – Meeresströmungen und Winde, Luft- und Wassertemperaturen, Wolken und Eis usw. – für die gesamte Erde aus den Grundgleichungen der Thermodynamik und Hydrodynamik und aus empirischen Beziehungen zu berechnen. Dies wird nie exakt gelingen, aber zum Trost der Klimaforscher ist die Berechnung des Klimas wenigstens erheblich leichter als die Arbeit der Kollegen von der Wettervorhersage: Während Wetter von Chaos oder zumindest stochastischen Prozessen dominiert wird und daher nur sehr begrenzt vorhersagbar ist, trifft das auf die mittleren Klimaeigenschaften

Abb. 1 Die Klimageschichte der letzten großen Eiszeit – Rekonstruktionen aus Eisbohrungen in Grönland

$\delta^{18}O$ (‰)

Quelle: Rahmstorf, 2003

Jahrtausende vor heute

Das Bild zeigt die Rekonstruktion der Temperatur der letzten 50 000 Jahre auf der Basis von Messungen des Sauerstoffisotops 18 im Eis (gemessen in $\delta^{18}O$ [‰]). Die stabile Warmphase der letzten 10 000 Jahre ist das Holozän, die instabile Kaltphase davor ist die zweite Hälfte der letzten großen Eiszeit. Dansgaard-Oeschger-Ereignisse (siehe Erläuterung im Text) sind rot markiert und nummeriert. Die vertikalen Linien haben einen Abstand von 1470 Jahren; die meisten DO-Ereignisse fallen in die Nähe einer solchen Linie.

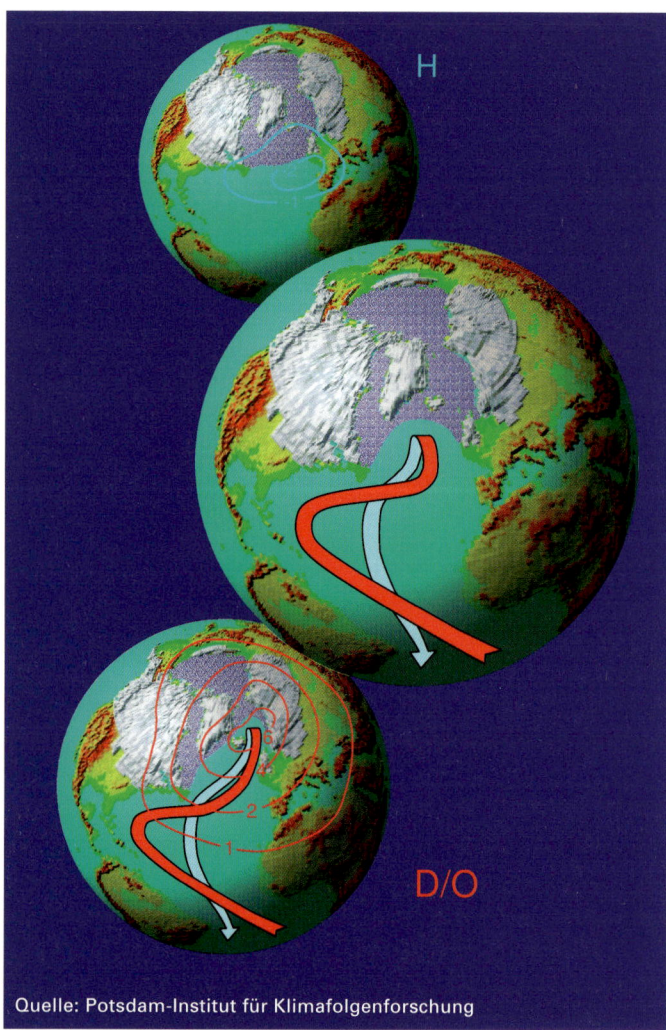

Quelle: Potsdam-Institut für Klimafolgenforschung

Abb. 2 Schematische Darstellung der drei möglichen Strömungszustände des Atlantiks während der letzten Eiszeit. Der mittlere Zustand ist der vorherrschende stabile, kalte Eiszeitzustand, bei dem warmes Atlantikwasser nur bis in mittlere Breiten strömt. Darunter sieht man die Situation während eines warmen Dansgaard-Oeschger-Ereignisses (D/O), in dem warmes Atlantikwasser bis ins Nordmeer vordringt. Die roten Konturlinien stellen die in Modellrechnungen gefundene Erwärmung während eines solchen Ereignisses in Grad Celsius dar. Die oberste Erdkugel zeigt die Situation bei einem völligen Abriss der Strömung im Atlantik, wie sie nach Heinrich-Ereignissen (H) auftrat.

zum Glück nicht zu. (Mathematisch gesehen ist Wettervorhersage ein Anfangswertproblem; bei leicht verschiedenen Anfangsbedingungen wird sich das Wetter nach einigen Tagen völlig unterschiedlich entwickeln. Klimaberechnungen sind dagegen ein Randwertproblem; die Energiebilanz der Erde bestimmt die mittleren Klimabedingungen.) So sind trotz ihrer Grenzen und Schwächen die Computermodelle des Klimas heute schon sehr nützliche Werkzeuge, um bestimmte Situationen durchzuspielen – zum Beispiel, wie sich große Eismassen auf den Kontinenten oder ein geänderter Kohlendioxidgehalt der Luft auf die großräumige Temperaturverteilung und andere Klimaparameter auswirken. Man kann so mit dem Computerklima Experimente durchführen, die mit dem wirklichen Planeten nicht möglich wären – beispielsweise um herauszufinden, wie stabil oder störanfällig das Klima einer bestimmten Epoche ist.

Vor sechs Jahren konnte unsere Arbeitsgruppe erstmals eine gelungene Simulation des Klimas auf dem Höhepunkt der letzten großen Eiszeit (vor rund 20000 Jahren) vorstellen, einschließlich der ozeanischen Zirkulation. Andere internationale Arbeitsgruppen mit anders konstruierten Modellen folgten nur wenig später. Das Ergebnis einer solchen Simulation mit allen verfügbaren Klimadaten zu vergleichen ist ein wichtiger Test für die Qualität eines Klimamodells.

Damals zeigte sich, dass Änderungen der Atlantikströmungen in unserem Modell eine verstärkende Rolle bei der Abkühlung der Nordhalbkugel spielten. Seither haben wir das Verhalten der Meeresströme unter Eiszeitbedingungen in einer Vielzahl weiterer Experimente systematisch untersucht und auf dieser Basis eine Theorie entwickelt, die vielleicht den Mechanismus der abrupten Klimasprünge erklären könnte.

Die drei bereits von Sarnthein beschriebenen Zustände der Atlantikströmungen (Abb. 2) fanden sich auch in unserem Computermodell. Nur einer davon erwies sich unter Eiszeitbedingungen als stabil: der mittlere Zustand, bei dem die warme Strömung nur bis südlich von Island reichte. Die beiden anderen Zustände – der dem heutigen Atlantik entsprechende und der Zustand ganz ohne warme Strömung – ließen sich durch gezielt ins Modell eingeführte Störungen zwar erreichen, der Atlantik fiel aber nach einigen hundert Jahren von selbst wieder in seinen einzig stabilen Zustand zurück. In einem warmen Klima wie dem heutigen ist die Situation umgekehrt: In unserem Modell sind dann gerade die beiden Klimazustände stabil, die unter Eiszeitbedingungen instabil sind. Den stabilen Eiszeitzustand findet man dagegen nicht. Durch welche Störungen kann man einen der instabilen Strömungszustände auslösen? Dazu muss man wissen, dass die Strömung vor allem vom Süßwasserzufluss in den Nordatlantik abhängt, also von der Gesamtmenge aus Niederschlag, Fluss- und Schmelzwasser abzüglich der Verdunstung. Denn der Süßwasserzufluss bestimmt den Salzgehalt des Meerwassers – der Salzgehalt wiederum beeinflusst die Dichte des Wassers. Das Absinken von Wasser mit hoher Dichte ist der Motor der Strömung. Will man die Strömung verändern, muss man lediglich den Zustrom von Süßwasser ändern. Weil die Strömung auch selbst Salz mit sich bringt, kommt es zu einem verstärkenden Rückkopplungseffekt, der zu dem eigenartigen nichtlinearen Verhalten des Atlantiks führt.

Die Modellrechnungen legen nahe, dass der Atlantik während der Eiszeit regelrecht auf der Kippe stand. Kleine Störungen im Süßwasserzufluss (die Achillesferse liegt dabei im Nordmeer, dort ist das System besonders empfindlich) konnten den Atlantik von seinem stabilen kalten Strömungszustand vorübergehend in einen anderen umkippen lassen, der eher dem heutigen Klima ähnelt.

Unser Szenario für die abrupten DO-Events sieht daher folgendermaßen aus: Durch eine kleine Störung des Süßwasserhaushaltes des Nordmeers dringt plötzlich innerhalb weniger Jahre warmes Atlantikwasser an Island vorbei ins Nordmeer vor. Dies lässt das Meereis schmelzen und löst eine Erwärmung der ganzen Region aus. Allmählich schwächt sich die Strömung im Laufe der Jahrhun-

derte wieder ab, bis ein kritischer Punkt unterschritten wird und der warme Strom abbricht. Abbildung 3 zeigt den Temperaturverlauf bei diesem Szenario, das unter anderem die drei charakteristischen Phasen eines DO-Events erklären kann. Zudem stimmen bei diesem Mechanismus auch die räumliche Verteilung der Erwärmung und die zeitverzögerte Reaktion in der Antarktis gut mit den Daten überein.

Das fehlende Element in dieser Theorie ist der Auslöser. Wodurch kam es immer wieder zu einer solchen Störung im Nordmeer? Die Daten aus dem Grönlandeis legen nahe, dass dem ein rätselhafter Zyklus von 1470 Jahren Dauer zugrunde liegt, der von Gerard Bond entdeckt wurde und der sich auch in anderen Klimadaten wiederfindet. Das Zeitintervall zwischen zwei DO-Events beträgt häufig gerade 1470 Jahre, manchmal auch das Doppelte oder Dreifache – als gäbe es eine regelmäßige Schwingung, der es aber nicht jedes Mal gelingt, ein DO-Event auszulösen. Die Modellrechnungen zeigen auf, wie die Instabilität der Atlantikströmungen als riesiger nichtlinearer Verstärker wirken kann, der aus einem ursprünglich schwachen Zyklus dramatische und abrupte Klimawechsel macht. Die unregelmäßige Abfolge von DO-Events lässt sich im Modell gut reproduzieren, wenn man als

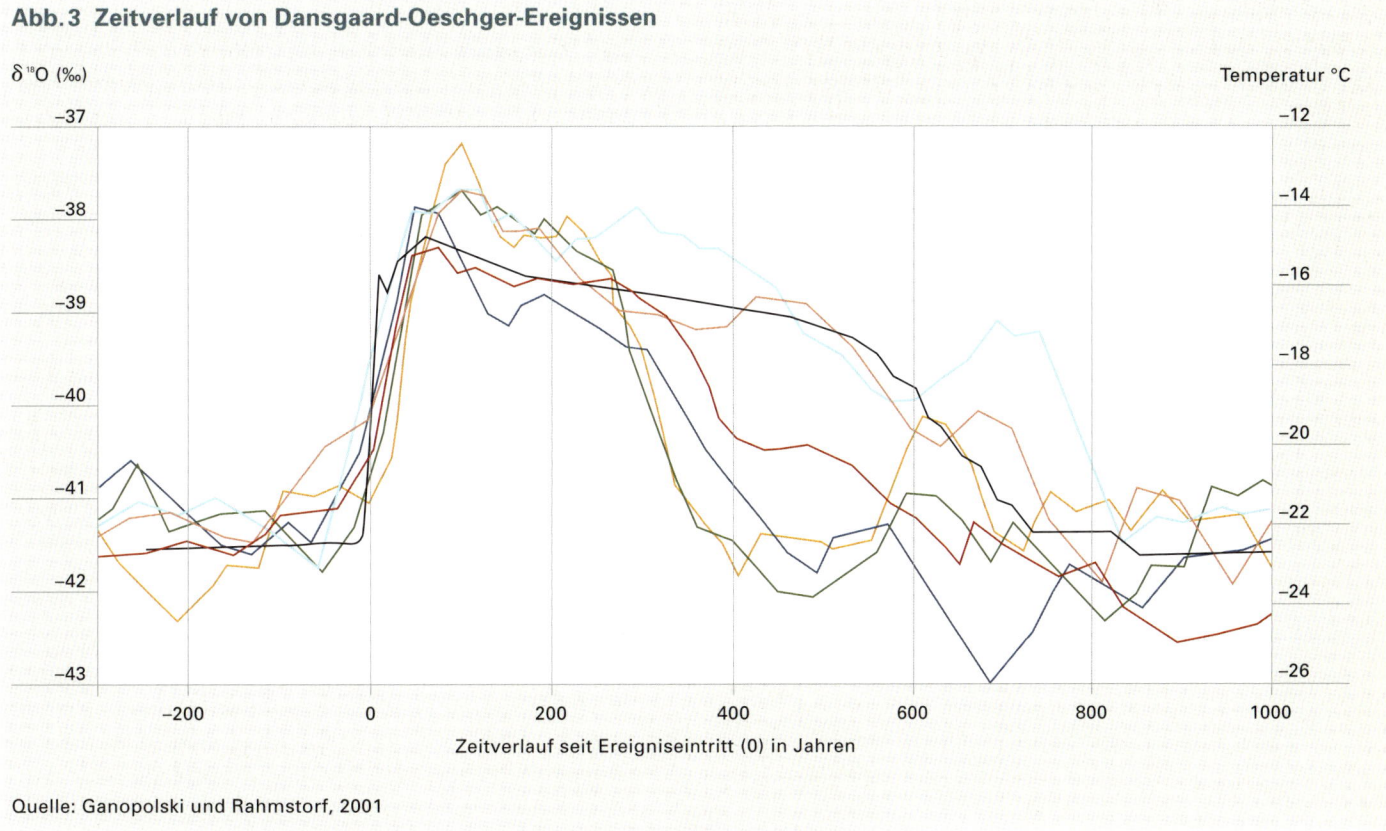

Abb. 3 Zeitverlauf von Dansgaard-Oeschger-Ereignissen

Quelle: Ganopolski und Rahmstorf, 2001

Das Bild zeigt den charakteristischen Temperaturverlauf einiger Dansgaard-Oeschger-Ereignisse aus den Grönlanddaten (farbige Linien) und einer Modellsimulation (schwarze Linie). Man erkennt eine abrupte Erwärmungsphase zu Beginn des Ereignisses. Dann folgt eine Plateauphase, in der die Temperatur **warm ist und einen leichten Abwärtstrend zeigt (im Modell aufgrund der allmählichen Abschwächung der warmen Meeresströmung). In der dritten Phase fällt die Temperatur relativ rasch auf das kalte Ausgangsniveau zurück. Im Modell ist dies eine Folge des plötzlichen Rückzugs der Strömung aus dem Nordmeer.**

Abb. 4 Eisbedeckung auf dem nordamerikanischen Kontinent

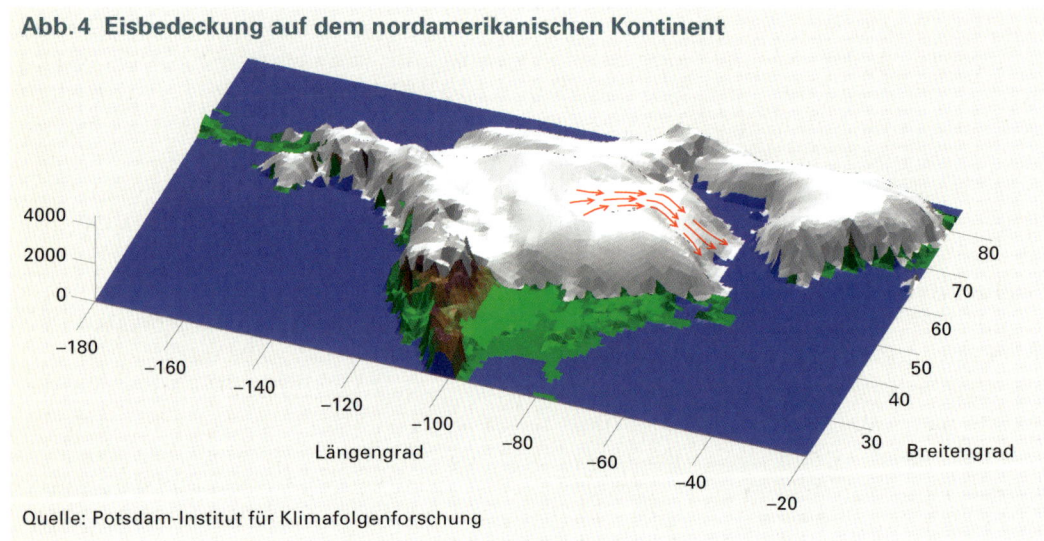

Quelle: Potsdam-Institut für Klimafolgenforschung

Ein Heinrich-Ereignis in einer Modellsimulation des PIK. Das Bild zeigt einen Schnappschuss der vom Modell berechneten Eiskappe auf dem nordamerikanischen Kontinent. Man erkennt, dass gerade ein Teil des Eises nach Osten in die Labradorsee abgerutscht ist. Solche Heinrich-Ereignisse traten während der letzten Eiszeit mehrfach auf.

Auslöser eine schwache 1470-jährige Schwingung mit Zufallsschwankungen (also Wetter) kombiniert – die Klimawechsel werden dann durch ein Phänomen ausgelöst, das Physiker „stochastische Resonanz" nennen. Allerdings ist kein Zyklus mit dieser Periode bekannt, der als Auslöser infrage käme. Es könnte aber auch eine Überlagerung von Zyklen sein – so haben die beiden bekannten Zyklen der Sonnenaktivität, der Gleißberg-Zyklus (Periode 87 Jahre) und der De-Vries-Zyklus (Periode 210 Jahre) als kleinstes gemeinsames Vielfaches gerade eine Periodendauer von 1470 Jahren und in unserem Klimamodell lassen sich durch Kombination der beiden Zyklen in der Tat DO-Events in diesem Zeitabstand auslösen. Weitere Forschung ist nötig, um diese noch spekulativen Ideen zu erhärten oder zu widerlegen.

DO-Events sind aber nicht die einzigen abrupten Klimasprünge, welche die jüngere Klimageschichte zu bieten hat. Während der letzten Eiszeit kam es in unregelmäßigen Abständen von mehreren tausend Jahren zu so genannten Heinrich-Events (Abb. 4). Man erkennt sie in den Tiefseesedimenten aus dem Nordatlantik, wo jedes dieser Ereignisse eine bis zu meterdicke Schicht von Steinchen hinterließ statt des sonstigen weichen Schlamms. Diese Steinchen sind zu schwer, um von Wind oder Meeresströmungen transportiert worden zu sein – sie können nur von schmelzenden Eisbergen auf den Meeresgrund gefallen sein. Offenbar sind also immer wieder regelrechte Armadas von Eisbergen über den Atlantik getrieben. Man geht davon aus, dass es sich um Bruchstücke des nordamerikanischen Kontinentaleises handelte, die durch die Hudson Strait ins Meer gerutscht sind. Ursache war wahrscheinlich eine Instabilität des mehrere tausend Meter dicken Eispanzers. Durch Schneefälle wuchs er ständig an, bis Abhänge instabil wurden und abrutschten – ähnlich wie bei einem Sandhaufen, bei dem gelegentlich Lawinen abgehen, wenn man immer mehr Sand darauf rieseln lässt.

Sedimentdaten deuten darauf hin, dass infolge der Heinrich-Events die Tiefenwasserbildung im Atlantik vorübergehend ganz zum Erliegen kam, was dem oberen Strömungszustand in Abbildung 2 entspricht. Klimadaten zeigen eine damit verbundene plötzliche Abkühlung vor allem in mittleren Breiten, etwa im Mittelmeerraum. Grönland war davon weniger betroffen – vermutlich, weil die warme Strömung (außer während der DO-Events) in der Eiszeit ohnehin nicht weit genug nach Norden reichte, um das Klima der hohen Breiten zu erwärmen.

Eine wichtige Frage lautet: Weshalb ist das Klima unserer derzeitigen Warmzeit (dem Holozän) offenbar viel stabiler als das Klima der letzten Eiszeit? Im Holozän, also seit mehr als 10 000 Jahren, hat es keine DO-Events oder Heinrich-Events mehr gegeben. Eine letzte – allerdings vergleichsweise schwache – abrupte Kältephase fand vor 8 200 Jahren statt (manchmal als 8k-Event bezeichnet – Abb. 1). Daten und Simulationsrechnungen legen nahe, dass es sich dabei um eine Folge des Abschmelzens der letzten Eisreste der Eiszeit handelte, hinter denen sich über Nordamerika ein riesiger Schmelzwassersee gebildet hatte, der Agassiz-See. Als der Eisdamm brach und der Süßwassersee sich in den Atlantik ergoss, wurde die warme Atlantikströmung dadurch vorübergehend gestört. Von vielen wird das relativ stabile Klima des Holozäns als Grund dafür angesehen, dass der Mensch vor rund 10 000 Jahren die Landwirtschaft erfand und sesshaft wurde.

Weshalb im Holozän keine Heinrich-Events stattfanden, beantwortet sich von selbst: Da es sich dabei wohl um Instabilitäten des Kontinentaleises handelte, können sie nur während Eiszeiten auftreten. Für die DO-Events ist die Antwort komplizierter. Falls die oben erläuterte Theorie der DO-Events zutrifft, wäre das Holozän deshalb so stabil, weil im warmen Klima eine andere Atlantikströmung vorherrscht. Sie steht nicht wie der Eiszeitzustand auf der Kippe und lässt sich durch kleine Störungen nicht aus der Ruhe bringen. Dies trifft auch für das Klimamodell im Computer zu: Die Störungen, mit denen wir unter Eiszeitbedingungen DO-Events auslösen können, haben unter den Bedingungen des Holozäns keine Wirkung auf das Modellklima. Um die heutige Strömung zu kippen, sind nach unseren Berechnungen wesentlich größere Eingriffe nötig.

Dies führt zu der Frage, ob die Störung des Klimasystems durch den Menschen so groß werden kann, dass dadurch wieder ein abrupter Klimawechsel ausgelöst wird. Diese Frage lässt sich derzeit nicht klar mit Ja oder Nein beantworten und sie wird voraussichtlich auch noch in absehbarer Zukunft nicht eindeutig beantwortet werden können. So wird durch die globale Erwärmung die Tiefenwasserbildung im Atlantik zwar wahrscheinlich geschwächt, u. a. weil durch einen verstärkten Wasserkreislauf der Atmosphäre und durch Schmelzwasser das Meerwasser in den kritischen Regionen verdünnt wird – letzteres zeigen bereits Beobachtungsdaten. Ob oder wann dabei ein kritischer Punkt überschritten wird, an dem die Strömung ganz abreißt, ist dagegen wesentlich schwerer zu beantworten. Zuviel hängt dabei von regionalen Gegebenheiten ab, welche die heutigen Modelle nicht auflösen können, oder von unsicheren Einflussfaktoren wie der Schmelzwasserabflussmenge vom Grönlandeis. Modelle können daher nur grobe Anhaltspunkte liefern. Doch unabhängig von der Frage, wie genau und korrekt wir mit unserem heutigen Verständnis und unse-

ren Computermodellen die Mechanismen des Klimawandels bereits nachvollziehen können, enthält das Eis aus Grönland eine deutliche Warnung: Das Klimasystem ist kein träges und gutmütiges Faultier, sondern es kann sehr abrupt und heftig reagieren.

Angesichts der Unsicherheit kann es weniger um eine Vorhersage abrupter Klimawechsel gehen als um eine Risikoabschätzung – ähnlich wie bei der Abschätzung des Risikos eines Kernenergieunfalls. Abrupte Klimawechsel können als „Unfälle" der Klimaentwicklung angesehen werden. Außer der Gefahr einer plötzlichen Änderung der Meeresströmungen müssen dabei noch andere Risiken in Betracht gezogen werden – etwa die Gefahr, dass durch die Erwärmung der Westantarktische Eisschild abrutscht (und damit der Meeresspiegel mehrere Meter ansteigt), dass sich die Monsunzirkulation umstellt oder dass große Regenwaldflächen verdorren. Auch wenn die Wahrscheinlichkeit für solche „Klimaunfälle" zum Glück wohl nicht sehr groß ist – die Risiken müssen besser untersucht werden. Und nicht zuletzt brauchen wir eine breite gesellschaftliche Diskussion darüber, welches Risiko abrupter Klimaänderungen noch als tragbar gelten soll. Dies ist eine Frage, welche die Naturwissenschaft nicht beantworten kann.

Literatur

Barber, D. C. et al., Forcing of the cold event of 8,200 years ago by catastrophic drainage of Laurentide lakes, Nature, 400, 344–348, 1999.

Bond, G., W. Showers, M. Cheseby, R. Lotti, P. Almasi, P. deMenocal, P. Priore, H. Cullen, I. Hajdas, and G. Bonani, A pervasive millennial-scale cycle in North Atlantic Holocene and glacial climates, Science, 278, 1257–1266, 1997.

Ganopolski, A., S. Rahmstorf, V. Petoukhov, and M. Claussen, Simulation of modern and glacial climates with a coupled global model of intermediate complexity, Nature, 391, 351-356, 1998.

Ganopolski, A., and S. Rahmstorf, Rapid changes of glacial climate simulated in a coupled climate model, Nature, 409, 153–158, 2001.

Ganopolski, A., and S. Rahmstorf, Abrupt glacial climate changes due to stochastic resonance, Physical Review Letters, 88 (3), 038501, 2002.

GRIP Members, Climate instability during the last interglacial period recorded in the GRIP ice core, Nature, 364, 203–207, 1993.

Grootes, P. M., M. Stuiver, J. W. C. White, S. Johnsen, and J. Jouzel, Comparison of oxygen isotope records from the GISP2 and GRIP Greenland ice cores, Nature, 366, 552–554, 1993.

Heinrich, H., Origin and consequences of cyclic ice rafting in the northeast Atlantic Ocean during the past 130,000 years, Quaternary Research, 29, 143–152, 1988.

Rahmstorf, S., Shifting seas in the greenhouse?, Nature, 399, 523–524, 1999.

Rahmstorf, S., Abrupt Climate Change, in Encyclopedia of Ocean Sciences, edited by J. Steele, S. Thorpe, and K. Turekian, 1–6, Academic Press, London, 2001.

Rahmstorf, S., Ocean circulation and climate during the past 120,000 years, Nature, 419, 207–214, 2002.

Rahmstorf, S., Timing of abrupt climate change: a precise clock, Geophysical Research Letters, 30, 1510, 2003.

Sachs, J. P., and S. J. Lehman, Subtropical North Atlantic temperatures 60,000 to 30,000 years ago, Science, 286, 756–759, 1999.

Sarnthein, M., E. Jansen, M. Weinelt, M. Arnold, J. C. Duplessy, H. Erlenkeuser, A. Flatoy, G. Johanessen, T. Johanessen, S. Jung, N. Koc, L. Labeyrie, M. Maslin, U. Pflaumann, and H. Schulz, Variations in Atlantic surface paleoceanography, 50–80N: A time slice record of the last 30,000 years, Paleoceanography, 10, 1063–1094, 1995.

Sarnthein, M., K. Winn, S. J. A. Jung, J. C. Duplessy, L. Labeyrie, H. Erlenkeuser, and G. Ganssen, Changes in east Atlantic deepwater circulation over the last 30,000 years: Eight time slice reconstructions, Paleoceanography, 9, 209–267, 1994.

Voelker, A. H. L., and workshop participants, Global distribution of centennial-scale records for marine isotope stage (MIS) 3: a database, Quaternary Science Reviews, 21, 1185–1214, 2002.

Der Autor

Nach dem Studium der Physik in Ulm und Konstanz und der physikalischen Ozeanographie an der University of Wales (Bangor) schloss Stefan Rahmstorf sein Diplom mit einer Arbeit zur allgemeinen Relativitätstheorie ab. Im Anschluss promovierte er 1990 in Ozeanographie an der Victoria University of Wellington (Neuseeland) und nahm an mehreren Forschungsfahrten im Südpazifik teil.

Er forschte am New Zealand Oceanographic Institute, am Institut für Meereskunde in Kiel und seit 1996 am Potsdam-Institut für Klimafolgenforschung. Sein Interesse gilt vor allem der Rolle der Meeresströmungen bei Klimaänderungen.

1999 wurde er von der amerikanischen McDonnell-Stiftung mit einem Förderpreis in Höhe von einer Million Dollar ausgezeichnet. Seit 2000 lehrt er als Professor im Fach Physik der Ozeane an der Universität Potsdam. Rahmstorf ist Mitglied im Nachhaltigkeitsbeirat des Landes Baden-Württemberg und im US-Beirat zu abrupten Klimawechseln.

Die Klimaskeptiker

Die Medien berichten immer wieder über Skeptiker: Manche bezweifeln den Klimawandel, andere führen ihn auf natürliche Ursachen zurück, wieder andere halten ihn für harmlos oder sogar günstig. Wie ernst muss man solche Thesen nehmen?

Stefan Rahmstorf

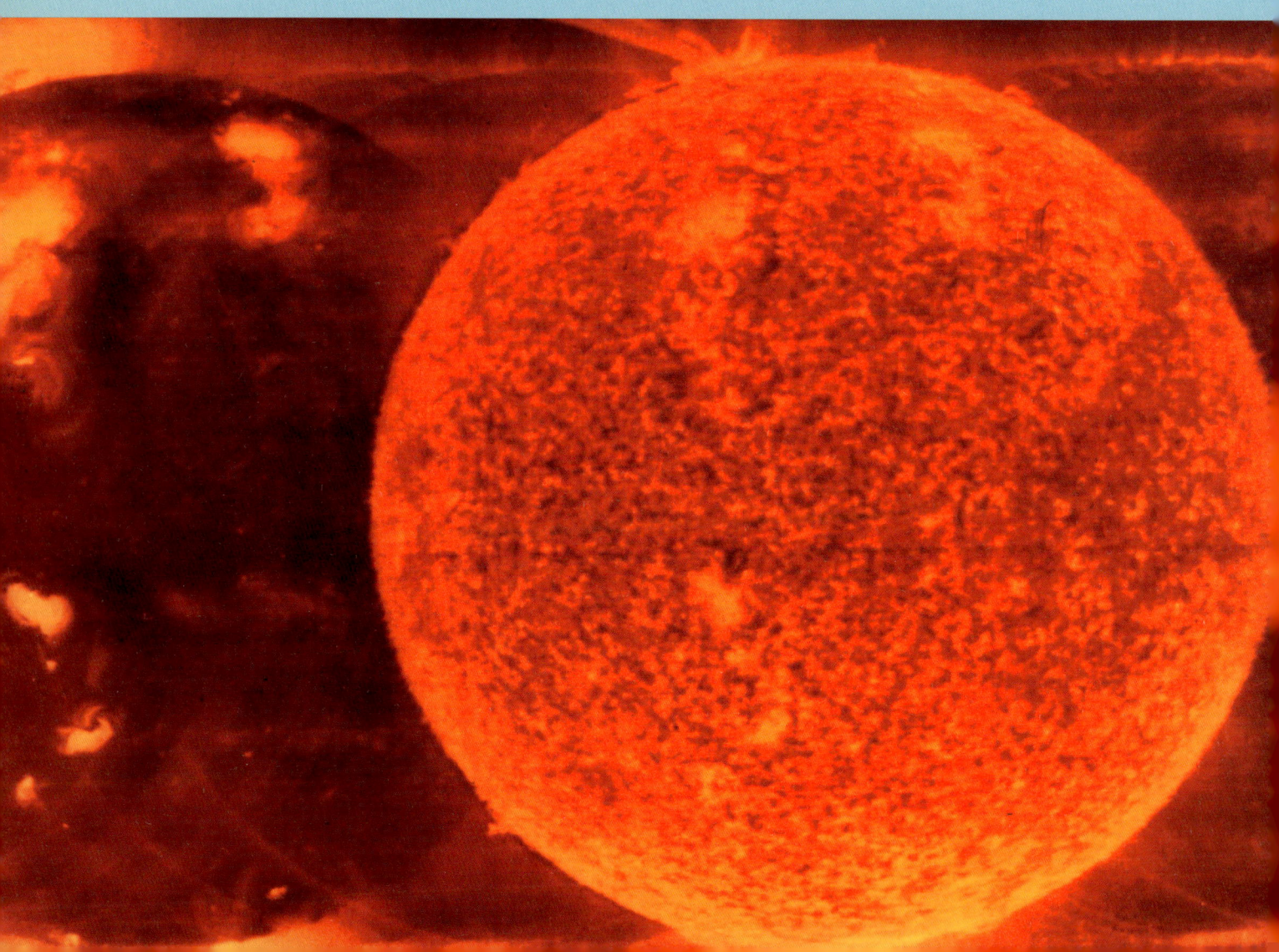

Die Sonne mit Sonnenflecken und Protuberanzen, aufgenommen im September 1973 während der zweiten Skylab-Mission. Können Schwankungen der Sonnenaktivität die globale Erwärmung erklären?

Viele Aspekte des Klimasystems sind noch ungenügend verstanden und Gegenstand der aktuellen Forschung und wissenschaftlichen Diskussion. Ein Beispiel sind die Mechanismen der abrupten Klimawechsel, die in der Erdgeschichte wiederholt aufgetreten sind und deren Ursachen noch kontrovers diskutiert werden > Beitrag Rahmstorf „Abrupte Klimawechsel", S. 70.

Einige wichtige Kernaussagen haben sich dagegen in den abgelaufenen Jahrzehnten der Klimaforschung so weit erhärtet, dass sie unter den aktiven Klimaforschern allgemein als gesichert gelten und nicht mehr umstritten sind. Zu diesen Kernaussagen gehören:

1. Die Konzentration von CO_2 in der Atmosphäre ist seit ca. 1850 stark angestiegen, von dem für Warmzeiten seit mindestens 400 000 Jahren typischen Wert von 280 ppm auf inzwischen 380 ppm.

2. Für diesen Anstieg ist der Mensch verantwortlich, in erster Linie durch die Verbrennung fossiler Brennstoffe, in zweiter Linie durch Abholzung von Wäldern.

3. CO_2 ist ein klimawirksames Gas, das den Strahlungshaushalt der Erde verändert: Ein Anstieg der Konzentration führt zu einer Erwärmung der oberflächennahen Temperaturen. Bei einer Verdoppelung der Konzentration liegt die Erwärmung im globalen Mittel sehr wahrscheinlich zwischen 1,5 und 4,5 °C.

4. Das Klima hat sich im 20. Jh. deutlich erwärmt (global um ca. 0,6 °C, in Deutschland um ca. 1 °C); die Temperaturen der abgelaufenen zehn Jahre waren global die wärmsten seit Beginn der Messungen im 19. Jahrhundert und seit mindestens mehreren Jahrhunderten davor.

5. Der überwiegende Teil dieser Erwärmung ist auf die gestiegene Konzentration von CO_2 und anderen anthropogenen Gasen zurückzuführen; ein kleinerer Teil auf natürliche Ursachen, u.a. Schwankungen der Sonnenaktivität.

Diese Erkenntnisse beruhen auf Jahrzehnten von Forschungsarbeit und Tausenden von Studien – es ist praktisch undenkbar, dass sie durch einige neue Resultate auf einmal umgestoßen werden könnten. Der außerordentliche Konsens darüber zeigt sich in den Stellungnahmen zahlloser internationaler und nationaler Fachgremien, die sich ausführlich und kritisch mit der wissenschaftlichen Beweislage befasst haben. Neben den bekannten Berichten des Intergovernmental Panel on Climate Change

(IPCC) gibt es u.a. Stellungnahmen der amerikanischen National Academy of Sciences, der American Geophysical Union (AGU – die weltweit größte Organisation der Geowissenschaftler), der World Meteorological Organisation (WMO), der meteorologischen Organisationen vieler Länder (u.a. eine gemeinsame Erklärung der deutschen, österreichischen und schweizerischen meteorologischen Gesellschaften) oder des wissenschaftlichen Beirats Globale Umweltveränderungen der Bundesregierung (WBGU). Alle diese Gremien sind in den Kernaussagen immer wieder zum selben Ergebnis gelangt.

Wer seine Informationen zum Thema Klima vor allem aus den Medien bezieht, könnte allerdings zu einem ganz anderen Eindruck gelangen: nämlich dem, dass die oben genannten Kernaussagen in der Wissenschaft noch immer umstritten sind oder immer wieder durch neue Studien infrage gestellt werden. Dies liegt vor allem an der unermüdlichen Medienarbeit einer kleinen, aber bunten Gruppe von so genannten „Klimaskeptikern" (auch „Leugner" oder englisch „contrarians" genannt), die den Sinn von Klimaschutzmaßnahmen vehement bestreiten.

Verschiedene „Klimaskeptiker" vertreten dabei ganz unterschiedliche Positionen. Man unterscheidet die Trendskeptiker (die den Erwärmungstrend des Klimas bestreiten), die Ursachenskeptiker (die zwar die Erwärmung akzeptieren, aber natürliche Ursachen dafür sehen) und die Folgenskeptiker (welche die globale Erwärmung für harmlos oder sogar günstig halten). Vertreter der verschiedenen Skeptikerlager streiten in den Internetforen manchmal heftig.

Trendskeptiker

Die Trendskeptiker sind angesichts der auch für Laien inzwischen spürbaren Erwärmung eine allmählich aussterbende Gattung; sie argumentieren, dass eine signifikante Klimaerwärmung überhaupt nicht stattfindet. Den Erwärmungstrend in den Messdaten der Wetterstationen halten sie für einen Artefakt, der durch die Verstädterung um die Stationen herum entstanden ist (urban heat island effect). Allerdings sind die gemessenen Trends durch Vergleich benachbarter städtischer und ländlicher Stationen bereits für diesen Effekt korrigiert; weiter sprechen z.B. die parallel verlaufende, von Schiffen gemessene Erwärmung über den Ozeanen, der weltweite Gletscherschwund und das Schrumpfen des arktischen Meereises gegen dieses Argument.

Ein klassisches Argument der Trendskeptiker sind die Satellitenmessungen von Mikrowellenstrahlung aus der Atmosphäre (die so genannten MSU-Daten, microwave sounding unit), aus denen sich Temperaturen berechnen lassen, die angeblich keinen oder nur einen schwachen Erwärmungstrend seit Beginn dieser Messungen im Jahr 1979 aufweisen. Allerdings ist die Berechnung zuverlässiger Langzeit-Trends aus diesen Daten aus vielerlei Gründen schwierig und von etlichen Modellannahmen abhängig. Die Lebensdauer jedes Satelliten beträgt nur wenige Jahre, sie benutzen unterschiedliche Instrumente mit unterschiedlichen Kalibrierungsfehlern, die Umlaufbahn verändert sich kontinuierlich, und sie messen zu verschiedenen Tageszeiten. Deshalb mussten die berechneten Trends schon mehrfach erheblich korrigiert werden. Zuletzt wurde gezeigt, dass diese Satelliten auch Strahlung aus der Stratosphäre mitmessen, die sich stark abgekühlt hat (vor allem wegen des Ozonschwundes), dadurch wurde der Trend verfälscht. Die verschiedenen publizierten Analysen der MSU-Daten ergeben Trends zwischen $0,08\,°C$ und $0,26\,°C$ pro Jahrzehnt; die Bodenmessungen $0,17\,°C$ pro Jahrzehnt.

Ursachenskeptiker

Die Ursachenskeptiker bezweifeln, dass der Mensch für die beobachteten Trends verantwortlich ist. Einige wenige bestreiten gar, dass der Mensch für den Anstieg des CO_2 verantwortlich ist. Sie argumentieren, das CO_2 in der Atmosphäre sei durch natürliche Prozesse aus dem Ozean freigesetzt worden. Dagegen spricht vor allem, dass wir ja wissen, wie viel fossile Brennstoffe gefördert und verbrannt wurden und wie viel CO_2 dabei in die Atmosphäre gelangt ist. Nur rund die Hälfte dieser Menge befindet sich noch dort, der Rest wurde vom Ozean und zum kleineren Teil von der Biosphäre aufgenommen. Zudem hat fossiler Kohlenstoff eine andere Isotopenzusammensetzung, dadurch konnte Hans Suess schon in den 50er-Jahren nachweisen, dass das zunehmende CO_2 in der Atmosphäre einen fossilen Ursprung hat und nicht aus dem Ozean stammen kann. Inzwischen ist auch die Zunahme des CO_2 im Ozean durch rund 10 000 Messungen aus den Weltmeeren belegt – die Meere haben also keineswegs CO_2 in die Atmosphäre freigesetzt, sondern im Gegenteil einen Teil der zusätzlichen CO_2-Last aufgenommen. (Was übrigens zur Übersäuerung des Meerwassers und damit zu erheblichen Schäden an Korallenriffen und anderen Meeresorganismen führen wird, auch ohne jeden Klimawandel.)

Die meisten Ursachenskeptiker bezweifeln zwar nicht, dass der Mensch für den CO_2-Trend, wohl aber dass er für den Erwärmungstrend verantwortlich ist. Diese Argumentation erfordert zweierlei: (1) dass zusätzliches CO_2 nicht zu einer spürbaren Erwärmung führt und (2) dass es andere, natürliche Ursachen für die Erwärmung geben muss.

Ein Argument für Punkt (1) lautet, die Absorptionsbanden des CO_2 seien bereits gesättigt, sodass mehr CO_2 kaum zu Änderungen in der Strahlungsbilanz führt. Dieses Argument ist inzwischen einhundert Jahre alt: Es wurde Anfang des 20. Jahrhunderts gegen den schwedischen Nobelpreisträger Svante Arrhenius ins Feld geführt, der im Jahr 1896 als erster den Erwärmungseffekt des CO_2 auf das Klima berechnet hatte. Erst in den 1950er-Jahren konnte dieses Argument schlüssig widerlegt werden. Der Strahlungstransfer in der Atmosphäre (einschließlich der Sättigungseffekte) ist inzwischen physikalisch sehr gut verstanden, sonst wären Messungen von Satelliten aus kaum möglich.

Ein anderes Argument für Punkt (1) ist, dass zwar die Strahlungsberechnungen stimmen, aber die Reaktion des Klimasystems dennoch schwächer ausfällt als gedacht, weil negative Rückkopplungen die Erwärmung abschwächen (etwa durch Bildung zusätzlicher Wolken). Dieses Argument ist ernster zu nehmen; tatsächlich ist die heute noch vorhandene Unsicherheit über die Stärke des CO_2-Effekts überwiegend darauf zurückzuführen, dass die Stärke der Rückkopplungen (Wasserdampf, Wolken, Eis und Schnee) nur ungenau bestimmt werden kann. Allerdings haben viele Untersuchungen mit verschiedenen Methoden immer mehr erhärtet, dass der wahrscheinlichste Wert für die „Klimasensitivität" (die Erwärmung im Gleichgewicht bei einer Verdoppelung der CO_2-Konzentration) nahe $3\,°C$ liegt. Dies ergibt sich unabhängig sowohl aus unserem physikalischen Verständnis der betreffenden Rückkopplungen (die ja auch im heutigen Klima zu beobachten sind, etwa im Verlauf der Jahreszeiten) als auch aus einer Analyse der Rolle des CO_2 bei Klimaveränderungen in der Erdgeschichte. So wäre etwa das Ausmaß der Eiszeiten nicht zu verstehen, wenn die niedrigere CO_2-Konzentration damals die Klimaabkühlung nicht verstärkt hätte. (Ursache für die Eiszeiten ist sie allerdings nicht, dies sind Veränderungen der Erdumlaufbahn.) Ein Problem mit diesem Skeptiker-Argument ist auch, dass die abschwächenden Rückkopplungen ja auf Klimaänderungen jeder Ursache wirken würden – wer also an stark abschwächende Rückkopplungseffekte glaubt, kann den beobachteten Erwärmungstrend auch schwerlich mit anderen Ursachen, etwa der Sonnenaktivität, erklären.

Das bei weitem populärste Argument für Punkt (2) ist, dass Änderungen der Sonnenaktivität und/oder der kosmischen Strahlung (durch Wirkung auf die Wolkenbildung) für die Klimaerwärmung verantwortlich sind. Dafür wurden eine Reihe von statistischen Korrelationen ins Feld geführt, die sich aber bislang alle bei näherer Analyse mit weiteren Daten nicht bestätigt haben. Dabei ist unbestritten, dass Schwankungen der Sonnenaktivität in der Vergangenheit zu Klimaschwankungen beigetragen haben – etwa zum kühlen Klima während des Maunder-Minimums, einer Zeit fast ohne Sonnenflecken um das Jahr 1700 herum. Berücksichtigt man die Schwankungen der Sonnenaktivität (die sich aus Isotopendaten rekonstruieren lassen) in Modellrechnungen, kann man die Klimaschwankungen der abgelaufenen tausend Jahre recht gut reproduzieren. Diese Sonnenschwankungen können aber die Erwärmung im 20. Jahrhundert nicht erklären. Zum einen, weil ihre Stärke zu gering ist; die Strahlungswirkung der anthropogenen Treibhausgase ist inzwischen um ein Mehrfaches stärker. Zum anderen, weil Rekonstruktionen der Sonnenaktivität zwar einen Anstieg bis 1940, seither aber keinen signifikanten Trend aufweisen. Letzteres gilt auch für Messungen der kosmischen Strahlung.

Folgenskeptiker

Verbleiben also noch die Argumente der Folgenskeptiker. Sie betonen die möglichen positiven Folgen einer Klimaerwärmung, wie etwa die mögliche Ausdehnung der Landwirtschaft in höhere Breitengrade. Zweifellos ist ein warmes Klima nicht unbedingt schlechter als ein kühleres. Vergessen wird dabei jedoch, dass rasche Änderungen überwiegend negative Auswirkungen haben werden, weil die menschliche Gesellschaft und Ökosysteme stark an das rezente Klima angepasst sind. So sind höhere Abflussmengen nach Starkniederschlägen nicht per se ein Problem. Wenn aber Flussläufe und menschliche Infrastruktur nicht darauf eingestellt sind, steht als Folge (wie 2002) das Wasser in Prag und Dresden. Auch ein höherer Meeresspiegel ist nicht an sich schlecht – ungünstig ist dabei nur, dass unsere Städte an den derzeitigen Küstenlinien liegen. Nicht zuletzt werden durch die globale Erwärmung unsere Lebensbedingungen unberechenbarer – wir machen uns auf eine Reise in unbekannte Gewässer, ohne die Folgen wirklich absehen zu können.

Ohne Klimaschutzmaßnahmen wird es noch in diesem Jahrhundert eine Erwärmung um wahrscheinlich mehrere Grad Celsius geben. Die letzte vergleichbar große globale Erwärmung gab es, als vor ca. 15000 Jahren die letzte Eiszeit zu Ende ging: Damals erwärmte sich das Klima global um ca. 5°C. Auch diese Klimaerwärmung hatte schwer wiegende Auswirkungen auf Menschen und Ökosysteme. Doch sie erfolgte über einen Zeitraum von 5000 Jahren – der Mensch droht nun einen ähnlich einschneidenden Klimawandel innerhalb eines Jahrhunderts herbeizuführen, was die Anpassungsfähigkeit von Natur und Mensch deutlich überfordern dürfte.

Neben den Sachargumenten, die natürlich immer im Vordergrund stehen sollten, ist zum Verständnis des Phänomens „Klimaskeptiker" auch ein kurzer Blick auf

deren Hintergründe und Organisationen hilfreich. Die drei Archetypen der „Klimaskeptiker" sind der bezahlte Lobbyist (vor allem die Kohleindustrie kämpft gegen Emissionsreduktionen), der Don Quichote (emotional engagierte Laien, häufig Pensionäre, auch einige Journalisten sind darunter – viele davon kämpfen tatsächlich gegen Windmühlen) und der exzentrische Wissenschaftler (davon gibt es einige wenige, allerdings fast nie Klimatologen, sondern zumeist aus Nachbargebieten wie der Geologie). Alle drei Gruppen agieren dabei wie Lobbyisten: Aus tausend Forschungsergebnissen werden die drei herausgesucht und präsentiert, welche die eigene Position stützen – notfalls auch mit einer großzügigen Auslegung. Ein neutraler und seriöser Wissenschaftler wird dagegen versuchen, möglichst ausgewogen die Schlussfolgerungen zu erläutern, die sich aus der Gesamtheit aller tausend Resultate ergeben – mit allen Unsicherheiten und Fragezeichen.

Vor allem in den USA hat die Öffentlichkeitsarbeit der „Klimaskeptiker" in den 90er-Jahren professionelle Formen angenommen und erheblichen Einfluss auf die Politik gewonnen. Eine Untersuchung amerikanischer Politologen kam zu dem Schluss, dass die intensive Lobbytätigkeit von über einem Dutzend industrienaher und bestens finanzierter Organisationen maßgeblich zur Wende in der US-Klimapolitik und zum Ausstieg aus dem Kioto-Protokoll beigetragen hat. Zu diesen Organisationen gehören Frontiers of Freedom (FF), das Science and Environmental Policy Project (SEPP) und die Global Climate Coalition (die Anfang 2002 nach dem Austritt führender Firmen wie BP, Shell, Ford und DaimlerChrysler ihre Arbeit eingestellt hat).

Im Jahr 1996 gründeten prominente US-Klimaskeptiker das European Science and Environment Forum (ESEF) als Versuch, auch die europäische Klimapolitik zu beeinflussen. Eine führende Rolle in mehreren dieser Organisationen spielt der „Pate" der Klimalobbyisten, Fred Singer, der bereits in den 80er-Jahren gegen das Montreal-Protokoll kämpfte und den Zusammenhang von FCKW und Ozonloch leugnete (für dessen Aufklärung Paul Crutzen 1995 den Nobelpreis erhielt). Auch deutsche Klimaskeptiker und der Däne Björn Lomborg haben gute Kontakte zu Singer und holen sich bei ihm Argumentationshilfe.

Sachliche Kritik, ständiges Hinterfragen und eine große Portion Skepsis sind natürlich willkommen – sie machen gerade den Reiz und die Essenz der Wissenschaft aus. Leider ist die Öffentlichkeitsarbeit der „Klimaskeptiker" häufig unredlich – so wird etwa mit Scheinargumenten hantiert, die geschickt das mangelnde Hintergrundwissen des Laienpublikums ausnutzen. Die Medien trifft hier eine Mitverantwortung; allzu oft werden unkritisch Meldungen abgedruckt, ohne dass die Hintergründe sauber recherchiert und hinterfragt wurden (siehe Kasten).

Die PR der „Klimaskeptiker" – einige Beispiele

Der Spiegel publizierte im Juni 2001 eine große Geschichte, in der die Sonne für die Klimaerwärmung verantwortlich gemacht wurde. Kernstück war die unten stehende Grafik, die eine Korrelation von Temperaturverlauf und Sonnenaktivität aufzeigen sollte.

Kommentar: Die Sonnenkurve stammte aus einer zehn Jahre alten Fachpublikation und war inzwischen bereits von ihrem Autor öffentlich als fehlerhaft zurückgezogen worden. Seine Folgerung aus der korrigierten Sonnenrekonstruktion: Die Erwärmung der vergangenen Jahrzehnte lässt sich gerade nicht durch die Sonnenaktivität erklären. Kurze Nachfrage bei einem Klimaforscher hätte dem Spiegel diesen Fehler erspart.

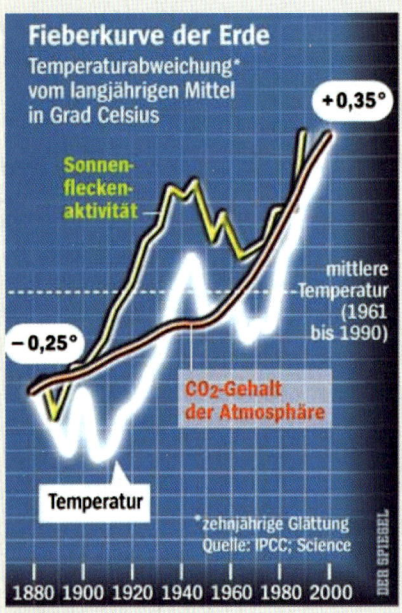

**Abbildung aus
Der Spiegel, 2. Juni 2001.**

Die dem Wirtschaftsministerium unterstellte *Bundesanstalt für Geowissenschaften und Rohstoffe (BGR)* spielt seit Jahren in aufwändiger Öffentlichkeitsarbeit den Einfluss des Menschen auf das Klima herunter.

Kommentar: Leider stellt sich die BGR nicht durch Publikation ihrer Thesen in der Fachliteratur dem normalen wissenschaftlichen Diskurs. Die BGR-Position ist zudem sehr veränderlich. Im Jahr 2000 (im Buch „Klimafakten") bestritt man nicht den Erwärmungstrend, führte ihn aber auf die Sonne zurück – die falsche Sonnengrafik des Spiegel (s. Beitrag links) findet sich sehr ähnlich auch hier. Im Jahr 2002 (Broschüre „Klimaentwicklung") wird dagegen eine korrekte Sonnenkurve gezeigt, die seit 1940 keinen Anstieg zeigt. Dafür wandelte man sich zum Trendskeptiker: Unter Abbildung der MSU-Satellitendaten wurde nun die Erwärmung bestritten. Nach Kritik hat sich die BGR in ihrer neuen Broschüre („Klima", 2004) weitgehend dem Konsens der unabhängigen Klimaexperten angenähert: Die Erwärmung der letzten Jahrzehnte findet wieder statt und sie wird nicht der Sonne angelastet. Einige fragwürdige Aussagen finden sich jedoch auch hier, etwa wenn behauptet wird, „die für Ende des 20. Jahrhunderts rekonstruierten und gemessenen Temperaturen [lägen] etwa auf dem Niveau der Jahrestemperaturen des Jahres 1000 n. Chr." Dem widersprechen alle in der Fachliteratur publizierten quantitativen Rekonstruktionen – auch die beiden in der BGR-Broschüre abgebildeten, bei denen die Höchstwerte des Mittelalters bereits in der Mitte des 20. Jahrhunderts erreicht werden, also vor Beginn der starken Erwärmung der letzten Jahrzehnte.

Der Journalist Dirk Maxeiner berichtete 2002 in der *Welt*, das „Schröter-Institut zur Erforschung von Zyklen der Sonnenaktivität" habe festgestellt, das vom Menschen erzeugte Kohlendioxid spiele für das Klima „eine sehr viel geringere Rolle als bisher angenommen".

Kommentar: Im Internet war das angebliche Institut nicht zu finden. Nachforschungen ergaben, dass hinter dem schönen Institutsnamen lediglich ein seit langem in der „Klimaskeptiker"-Szene aktiver pensionierter Jurist steckte. Ein Laie kann eine solche Zeitungsmeldung kaum von einer seriösen Wissenschaftsmeldung unterscheiden.

In Skeptikertexten häufig wie eine seriöse Fachpublikation zitiert wird derzeit ein Ende 2003 in der Zeitschrift *21st Century Science* erschienener Artikel des angeblichen Klimaforschers Zbigniew Jaworowski mit dem Titel *The Ice Age Is Coming! Solar Cycles, Not CO_2 Determine Climate.*

Kommentar: Der Artikel des polnischen Atomforschers wendet sich an Laien; neben altbekannten Skeptikerargumenten behauptet er u. a., die wärmsten Temperaturen des 20. Jahrhunderts seien um 1940 erreicht worden, eine Abkühlung des Klimas habe bereits begonnen und eine neue Kältephase werde in zwanzig Jahren ihren Höhepunkt erreichen. Die Zeitschrift 21st Century Science gehört zur Organisation des amerikanischen Multimillionärs und Verschwörungstheoretikers Lyndon LaRouche und lehnt laut Eigenwerbung programmatisch auch Relativitätstheorie, Quantentheorie und andere Errungenschaften der modernen Wissenschaft ab.

Der Journalist Edgar Gärtner führte im Oktober 2003 in *Wirtschaftsbild* die rezente Erwärmung auf kosmische Strahlung zurück: „Das seit 1980 beobachtbare Auseinanderdriften von Sonnenaktivität und terrestrischer Temperaturentwicklung findet nach Veizer und Shaviv seine Erklärung darin, dass unser Sonnensystem gerade den Sagittarius-Carina-Arm der Milchstrasse verlässt." Dieser Satz findet sich auch in einem Redemanuskript der Bundestagsabgeordneten Vera Lengsfeld wieder.

Kommentar: Diese These wird von keinem Wissenschaftler vertreten (auch nicht von den genannten, die sie ausdrücklich als falsch bezeichnen). Falls die Position in der Galaxis überhaupt einen Einfluss auf das Klima hat (die Evidenz dafür ist schwach), so läuft dieser Prozess über viele Jahrmillionen ab und macht über einen Zeitraum von 20 Jahren maximal ein Millionstel Grad aus.

Die *Ruhr-Universität Bochum* verbreitete 2003 per Pressemitteilung (und zunächst ohne Quellenangabe) die unten stehende Grafik, die scheinbar eine hohe Korrelation von kosmischer Strahlung und Wolkenbedeckung belegt.

Kommentar: Diese seit Jahren in Skeptikerkreisen zirkulierende Grafik ist gezielt irreführend. Bei den Teilstücken der roten Kurve handelt es sich um ganz unterschiedliche, nicht vergleichbare Datensätze. Während dies in der Originalpublikation von Svensmark (1998) durch verschiedene Symbole kenntlich war, wird hier durch Weglassen dieser Information der falsche Eindruck erweckt, die rote Kurve zeige einen homogenen Wolkendatensatz. Nicht zu der suggerierten Korrelation passende Teile der selben Wolkendaten wurden aus der Grafik weggelassen, obwohl die fehlenden Daten längst veröffentlicht waren. Die angebliche Korrelation hat sich im weiteren Verlauf der Satellitenmessungen so nicht bestätigt: Der rote Zweig, der 1992 nach unten abknickt, verläuft danach stetig weiter nach unten. Obwohl mehrere Klimatologen die Ruhr-Universität auf das Problem hinwiesen, war sie nicht zu einer Korrektur der betreffenden Internetseite bereit. Es wurde lediglich ein verwirrender Kommentar mit Hinweis auf eine Reihe von Publikationen über andere Korrelationen hinzugefügt, doch die fragwürdige Grafik wird weiterhin zum Download angeboten. (Die blaue, unumstrittene Kurve in der Grafik zeigt übrigens, dass man den globalen Erwärmungstrend nicht mit der kosmischen Strahlung erklären kann: Sie zeigt zwar Schwankungen, aber keinen Trend.)

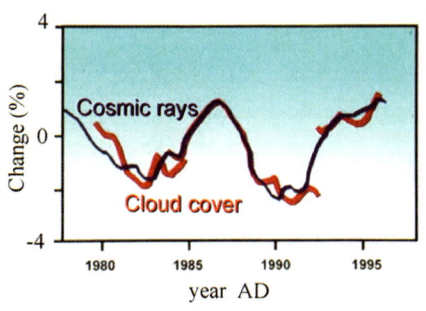

Abbildung aus einer Pressemitteilung der Ruhr-Universität, 1. Juli 2003.

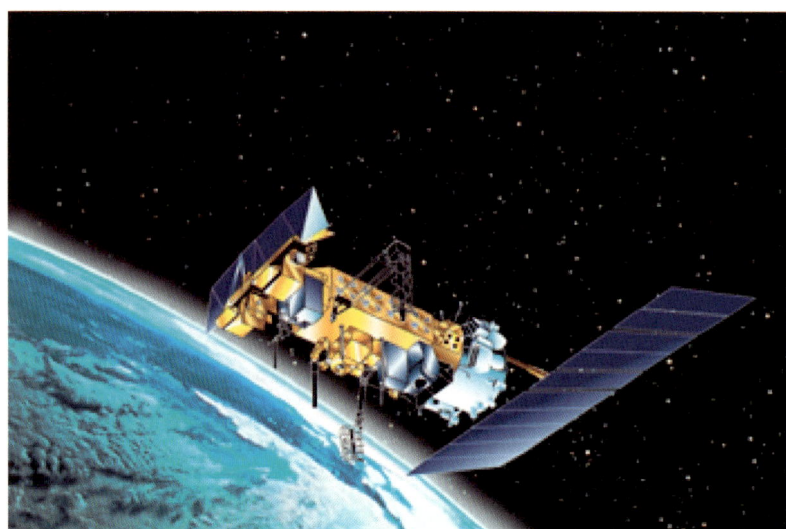

Ein Hauptargument der Skeptiker war lange Zeit, dass Satellitenmessungen beweisen könnten, dass sich die Atmosphäre in den vergangenen Jahrzehnten nicht aufgeheizt hat. Heute ist diese Aussage wissenschaftlich widerlegt.

Die Aktivitäten der „Klimaskeptiker" stellen uns Klimaforscher immer wieder vor ein Dilemma. Soll man unseriöse Skeptiker-Behauptungen, wenn sie in den Medien auftauchen, unkommentiert stehen lassen? Dann folgt der Vorwurf, die Klimaforschung verweigere sich einer sachlichen Auseinandersetzung oder habe gar keine Gegenargumente. Oder soll man sich auf eine öffentliche Diskussion einlassen? Diese Diskussion wird rasch sehr technisch, man schlägt sich Diagramme, Daten und Literaturzitate um die Ohren, und das Laienpublikum kann kaum beurteilen, wer hier recht hat – am Ende bleibt wohl oft gerade der Eindruck, den die „Klimaskeptiker" wecken wollen: nämlich dass alles noch umstritten sei.

Viele Kollegen haben auf E-Mail-Kampagnen der Skeptiker geantwortet und ausführliche fachliche Diskussionen mit ihnen geführt. Dabei hat wohl jeder die Erfahrung gemacht, dass sachliche Argumente selbst in eindeutigen Fällen kaum je einen „Klimaskeptiker" überzeugen konn-

ten. Dennoch sollten die Argumente der „Klimaskeptiker" ernst genommen und beantwortet werden, wie es u. a. das Umweltbundesamt auf einer Internetseite mit einer Liste von Skeptiker-Argumenten tut.

Der Öffentlichkeit und Entscheidungsträgern kann man nur empfehlen, eine gesunde Portion Skepsis gegenüber Medienmeldungen und Aussagen Einzelner zu hegen – egal ob diese den Klimawandel dramatisieren oder herunterspielen. Eine ausgewogene und fundierte Einschätzung des Wissensstandes kann man am ehesten dort erwarten, wo eine größere Gruppe von durch eigene Forschungsleistungen ausgewiesenen Fachleuten gemeinsam eine Stellungnahme erarbeitet hat wie das IPCC oder die anderen eingangs erwähnten Organisationen. Extreme Einzelmeinungen oder unredliche Argumente können sich bei einer breiten und offenen Diskussion unter Fachwissenschaftlern nicht durchsetzen.

Literaturempfehlung

Mehrere Artikel mit einer detaillierteren Diskussion von Skeptiker-Argumenten finden sich auf der Website des Autors: www.pik-potsdam.de.

Website „Skeptiker fragen, Fachwissenschaftler antworten" des Umweltbundesamtes: www.umweltbundesamt.de/klimaschutz/faq.htm

Mark Lynas, High Tide: News from a Warming World, Flamingo 2004. Deutsch: Sturmwarnung, Riemann Verlag 2004.

Spencer Weart: The Discovery of Global Warming, Harvard University Press 2003.

IPCC: Climate Change 2001. Cambridge University Press 2001. www.ipcc.ch

Fachliteratur

Bauer, E., Claussen, M., Brovkin, V. & Hünerbein, A.: Assessing climate forcings of the Earth system for the past millennium. Geophysical Research Letters 30, 1276 (2002).

Damon, P. E. and P. Laut: Pattern of strange errors plagues solar activity and terrestrial climate data. EOS, 2004, Vol. 85, 370–374.

Fu, Q., C.M. Johanson, S.G. Warren, and D.J. Seidel, Contribution of stratospheric cooling to satellite-inferred tropospheric temperature trends, Nature, 429, 55–58, 2004.

Jones, P.D. and Moberg, A., 2003: Hemispheric and large-scale surface air temperature variations: An extensive revision and an update to 2001. J. Climate 16, 206–223.

Laut, P., Solar activity and terrestrial climate: an analysis of some purported correlations. Journal of Atmospheric and Solar-Terrestrial Physics, 2003. 65: 801–812.

Lorius, C., et al., The ice-core record: climate sensitivity and future greenhouse warming. Nature, 1990. 347: 139–145.

Petit, J.R. et al., Climate and atmospheric history of the past 420,000 years from the Vostok ice core, Antarctica. Nature, 1999. 399: 429–436.

Royer, D. L., Berner, R. A., Montañez, I. P., Tabor, N. J. & Beerling, D. J. CO_2 as a primary driver of Phanerozoic climate. GSA Today 14, 4–10 (2004).

Sabine, C.L., et al., The oceanic sink for anthropogenic CO_2, Science, 305, 367–371, 2004.

Svensmark, H.: Influence of Cosmic Rays on Earth's Climate, Physical Review Letters, 81, 5027–5030, 1998.

Tett, S. F. B., Stott, P. A., Allen, M. R., Ingram, W. J. & Mitchell, J. F. B. Causes of twentieth-century temperature change near the Earth's surface. Nature 399, 569–572 (1999).

Thejll, P and K. Lassen, Solar forcing of the Northern hemisphere land air temperature: New data. Journal of Atmospheric and Solar-Terrestrial Physics 62, 1207–1213 (2000).

Populärwissenschaftliche Skeptiker-Publikationen

U. Berner, H. Streif: Klimafakten (Schweizerbart'sche Verlagsbuchhandlung, Stuttgart), 2000.

Bundesanstalt für Geowissenschaften und Rohstoffe: geo.standpunkt Klimaentwicklung, 2002.

Bundesanstalt für Geowissenschaften und Rohstoffe: geo.standpunkt Klima, 2004.

Die Launen der Sonne, Der Spiegel, 2. Juni 2001, 196–201.

Edgar Gärtner: Mit der Ökosteuer durch die Milchstraße. Wirtschaftsbild, 6.10.2003.

Zbigniew Jaworowski: The Ice Age Is Coming! Solar Cycles, Not CO_2 Determine Climate. 21st Century Science and Technology, vol. 16(4), Winter 2003–2004, 52–65.

Vera Lengsfeld: Können wir von den Chinesen lernen? September 2003. www.bundestag.de/mdbhome/LengsVe0/reden_lengsfeld.htm, abgerufen am 3.12.2003.

Dirk Maxeiner: Eruptionen der Sonne sind für „El Niño" verantwortlich. Die Welt, 9.11.2002.

Ruhr-Universität Bochum: Himmlischer Treibhauseffekt. Kosmische Strahlung bestimmt unser Klima. Pressemitteilung, 1.7.2003. http://www.pm.ruhr-uni-bochum.de/pm2003/msg00202.htm

Der Autor

Nach dem Studium der Physik in Ulm und Konstanz und der physikalischen Ozeanographie an der University of Wales (Bangor) schloss Stefan Rahmstorf sein Diplom mit einer Arbeit zur allgemeinen Relativitätstheorie ab. Im Anschluss promovierte er 1990 in Ozeanographie an der Victoria University of Wellington (Neuseeland) und nahm an mehreren Forschungsfahrten im Südpazifik teil.

Er forschte am New Zealand Oceanographic Institute, am Institut für Meereskunde in Kiel und seit 1996 am Potsdam-Institut für Klimafolgenforschung. Sein Interesse gilt vor allem der Rolle der Meeresströmungen bei Klimaänderungen.

1999 wurde er von der amerikanischen McDonnell-Stiftung mit einem Förderpreis in Höhe von einer Million Dollar ausgezeichnet. Seit 2000 lehrt er als Professor im Fach Physik der Ozeane an der Universität Potsdam. Rahmstorf ist Mitglied im Nachhaltigkeitsbeirat des Landes Baden-Württemberg und im US-Beirat zu abrupten Klimawechseln.

Die nächsten 100 Jahre – Steuern zwischen Leitplanken

Der von Menschen verursachte Klimawandel ist nicht mehr aufzuhalten. Der Leitplanken-ansatz bietet einen alternativen Zugang, um im Hinblick auf die zukünftige Klimaentwick-lung die richtigen Entscheidungen zu treffen. Er stellt tolerierbare Änderungen in klimaab-hängigen Variablen vor und übersetzt diese in Maßnahmen.

Hans-Joachim Schellnhuber und Gerhard Petschel-Held

Die chemische Industrie belastet die Umwelt mit hohen Emissionen.

Hintergrund

Durch den inzwischen erwiesenen Einfluss des Menschen auf das Klima (Houghton et al., 2001) hat sich ein gesellschaftliches Entscheidungsproblem globalen Maßstabs herausgebildet, das weit über die wissenschaftliche Grundlagenforschung hinausgeht: Welche zukünftige klimatische Entwicklung wollen wir uns als Menschheit zum Ziel setzen? Zwar muss dabei die natürliche Variabilität des Klimas berücksichtigt werden, doch kommen wir nicht umhin zu realisieren, dass wir erstmals in unserer Geschichte in der Lage sind, das Weltklima entscheidend zu beeinflussen, und sich daher diese Frage zwingend stellt. Es müssen Antworten gefunden, Ziele gesetzt und Strategien entwickelt werden, wie diese Ziele erreicht werden können. Aufgabe der Wissenschaft ist es, diesen Prozess zu unterstützen, mit Informationen zu beleben und mögliche Strategien ganzheitlich zu analysieren und zu bewerten. Bei Letzterem müssen dabei neben den naturwissenschaftlichen Fakten und Prozessen auch die sozioökonomischen Randbedingungen Eingang finden – beides zusammen konstituiert das sog. Integrated Assessment.

Wenn wir davon ausgehen, dass sich eine fatalistische Grundhaltung („Irgendwann wird der Planet Erde aus astrophysikalischen Gründen sowieso unbewohnbar, also was soll's!") verbietet, können zentrale Elemente des Entscheidungsproblems vor dem Hintergrund internationaler Vereinbarungen wie folgt umrissen werden:

– Laut Artikel 2 der Klimarahmenkonvention ist es Ziel des Vertrages, „... die Stabilisierung der Treibhausgaskonzentrationen in der Atmosphäre auf einem Niveau zu erreichen, auf dem eine gefährliche anthropogene Störung des Klimasystems verhindert wird. Ein solches Niveau soll innerhalb eines Zeitraums erreicht werden, der ausreicht, dass sich die Ökosysteme auf natürliche Weise den Klimaänderungen anpassen können, die Nahrungsmittelerzeugung nicht bedroht wird und die wirtschaftliche Entwicklung auf nachhaltige Weise fortgeführt werden kann." (United Nations, 1992).

– Das Leitbild der nachhaltigen Entwicklung, das beispielsweise im Zentrum des UN-Gipfels in Johannesburg im Jahr 2002 stand, verlangt neben einer ökonomischen Entwicklungsfähigkeit, die in der Klimarahmenkonvention explizit angesprochen wird, auch die Berücksichtigung sozialer und ökologischer Dimensionen (United Nations, 2002). Insbesondere wird durch das Leitbild die Forderung nach einer intergenerationellen Gerechtigkeit gestellt, also die Aufrechterhaltung der Lebens- und Entwicklungsfähigkeit zukünftiger Generationen. Auf die Klimaproblematik übertragen verlangt dieses Leitbild daher, dass auch zukünftige Generationen in einem Klima leben sollen, das ihre ökonomischen, sozialen und ökologischen Lebensbedingungen nicht gefährdet.

Ein Integrated Assessment des Klimawandels muss sich also neben den naturwissenschaftlichen Aspekten, d. h. der Klimaentwicklung selbst sowie deren ökologischen, hydrologischen usw. Folgen, auch den sozialen und ökonomischen Kosten widmen. Dies betrifft sowohl die Kosten eines Klimawandels am Ende der Wirkungskette als auch die Kosten, die am Anfang entstehen, wenn man die globale Erwärmung durch Maßnahmen – Reduktion der Treibhausgasemissionen – mindert.

Zumeist wird die Integration in Form einer Kosten-Nutzen-Analyse durchgeführt: Sämtliche entstehenden Kosten an beiden Enden der Wirkungskette werden zu einer einzigen Kostengröße zusammengefasst (Tóth et al., 2001). Danach wird die Strategie gesucht, die diese Größe über die Zeit hinweg minimiert. Hierbei treten eine Reihe technischer und inhaltlicher Schwierigkeiten auf, etwa wie in der Zukunft auftretende Kosten auf heute anzurechnen sind (Diskontierung). Letzteres wird insbesondere dann relevant, wenn – wie im Kapitel von Stefan Rahmstorf in diesem Band angesprochen > S. 70 – die Möglichkeit abrupter Klimaereignisse berücksichtigt werden muss. Die Folgekosten, die durch solche Ereignisse vielleicht erst im 22. Jahrhundert entstehen, werden durch die Abdiskontierung nur mit einem sehr geringen Faktor auf die Gesamtkosten angerechnet. Die ethische Frage bleibt dabei außen vor: Können und wollen wir den zukünftigen Generationen das Risiko eines solchen abrupten Klimawandels zumuten?

Eine weitere ethische Frage wird durch die Aggregation aller sozialen und ökonomischen Kosten in eine einzige monetäre Größe angesprochen: Wie können Einzelposten der Gesamtrechnung miteinander verglichen werden? Wollen wir beispielsweise die – im Rahmen der bestehenden ökonomischen Theorien durchaus stimmige – Monetarisierung eines durch den Klimawandel gefährdeten Menschenlebens wirklich als eine Entscheidungsgrundlage akzeptieren?

Die angesprochenen technischen, inhaltlichen und insbesondere moralischen Schwierigkeiten der Kosten-Nutzen-Analyse verlangen daher nach alternativen Entscheidungsmodellen, die den Optionenraum abstecken. Der hier vorgestellte Leitplankenansatz, der als „Tolerable Windows Approach" auch Eingang in den dritten Sachstandsbericht des Zwischenstaatlichen Ausschusses für den Klimawandel (IPCC, Intergovernmental Panel on Climate Change) gefunden hat (Tóth et al., 2001), bietet eine solche Alternative.

Der Leitplankenansatz

Alle wissenschaftlichen Ansätze zur integrierten Bewertung von Klimaschutzstrategien müssen in einem ersten Schritt sog. Kontrollvariablen identifizieren, die als extern und frei wählbar für die folgende Analyse betrachtet werden. Dies können beispielsweise die industriellen Treibhausgasemissionen oder Landnutzungsänderungen sein, aber auch unmittelbare Maßnahmen wie CO_2-Steuern oder Subventionen und Forschungsausgaben für erneuerbare Energien. Die anderen Variablen beschreiben den Systemzustand und sind in formalen Modellen miteinander sowie mit den Kontrollvariablen durch mathematische Gleichungen verknüpft.

Im Hinblick auf die Bewertung von Klimaschutzstrategien unterscheiden sich die verschiedenen Ansätze zunächst dadurch, dass diese Bewertung endogen im Rahmen des Modellierungsprozesses selbst geschieht oder durch eine externe, nachgeschaltete Betrachtung. Ansätze des ersten Typs, zu dem auch der Leitplankenansatz gehört, verlangen die Spezifizierung von Kriterienvariablen, die als Teil der Zustandsvariablen in die Bewertung einfließen. Werden im Rahmen der Kosten-Nutzen-Analyse diese Variablen zur Bestimmung der Gesamtkosten genutzt, so bleiben sie im Leitplankenansatz zunächst nebeneinander stehen. Solche Variablen können z. B. sein:

1. Variablen, die direkte ökologische Klimawirkungen beschreiben, z. B. landwirtschaftliche Produktivitäten ohne weitere Anpassungsmaßnahmen, der Verlust an Biodiversität durch Klimaänderungen oder die Verfügbarkeit erneuerbarer Wasserressourcen

2. Ökologische Variablen, die Klimawirkungen beschreiben, die durch menschliche Aktivitäten vermittelt werden und somit bewirtschaftete Ökosysteme beschreiben. Dies kann etwa die Produktion von Nahrungsmitteln oder Holz sein. In diesem Fall kann zusätzlich der Aufwand, diese sog. Ökosystemleistungen bereitzustellen, als Kriterienvariable dienen.

3. Wirtschaftliche Variablen, etwa die Kosten der eben genannten Aktivitäten oder allgemeine Folgekosten für verschiedene klimaabhängige Wirtschaftssektoren wie Landwirtschaft, Tourismus oder auch die Versicherungsindustrie. Neben den Folgekosten sind hier auch die Kosten für die gewählte Klimaschutzstrategie zu beachten. Jüngere Arbeiten haben gezeigt, dass die hier entscheidenden Energiekosten wesentlich reduziert werden können, wenn Forschung und Entwicklung für erneuerbare Energien frühzeitig in die Wege geleitet werden (Edenhofer et al., 2004).

4. Auch wenn sozialwissenschaftliche Variablen über andere als wirtschaftliche Folgen und Vermeidungskosten des Klimawandels bislang kaum in globale Integrated-Assessment-Modelle Eingang gefunden haben, so sind sie doch nicht zu vernachlässigen. Arbeitsmarkt- und Verteilungseffekte, kulturelle Identität oder soziale und politische Konsequenzen sind nur einige Beispiele. Letztere werden beispielsweise vermittelt durch die zunehmende Problematik von Umweltflüchtlingen oder auch die Gefahr gewaltsamer Konflikte aufgrund von Wasser- oder allgemeiner Ressourcenverknappung (Homer-Dixon, 1999). Es sind gerade diese Aspekte, welche die Bestimmung einer skalaren Kostenfunktion bedenklich machen.

Die meisten der erwähnten Variablen bedürfen einer räumlichen Explizierung: So unterscheiden sich die Vermeidungskosten in den USA sehr von denen in Europa; die ökologischen Folgen hängen nicht nur von den jeweils betroffenen Ökosystemen ab, sondern zusätzlich von weiteren, geographisch unterschiedlichen Stressfaktoren wie etwa Landnutzung, Artenverschleppung oder Tourismus (Millennium Ecosystem Assessment, 2003); Ressourcenkonflikte sind in Regionen mit einem hohen Grad an multilateraler Kooperation seltener zu erwarten als in Regionen, wo dies nicht der Fall ist (Biermann et al., 1998). In den meisten Fällen ist es aber durchaus sinnvoll, räumlich aggregierte Größen zu betrachten, also Wirkungsvariablen für Länder, Kontinente oder gar die ganze Welt zu bestimmen.

Zudem können für einige dieser Variablen nicht die Mittelwerte entscheidend sein, sondern vielmehr Extrema und deren Häufigkeitsstatistik: Wie verändert sich die Häufigkeit und Stärke von Hurrikanereignissen? Wie sehen in Zukunft die 100-jährigen Flutereignisse in Mitteleuropa aus? Diese Fragen sind – zumindest in der öffentlichen Wahrnehmung – in den vergangenen Jahren zu zentralen Themen der Diskussion über den Klimawandel geworden. Zwar liegen noch keine wirklich zuverlässigen Abschätzungen über die im Zuge eines Klimawandels zu erwartenden Verschiebungen dieser und anderer Häufigkeitsregime vor, doch gibt es erste Versuche, solche Verschiebungen in den Leitplankenansatz einzubauen (Kleinen und Petschel-Held, in Vorbereitung).

Die Grundidee des Leitplankenansatzes ist zunächst, in ausgewählten Kriterienvariablen die Grenzwerte akzeptabler, durch den anthropogenen Treibhauseffekt induzierter Änderungen zu spezifizieren. Bildlich gesprochen stellen diese Grenzen Leitplanken dar, zwischen denen die zukünftige, durch Klimaveränderungen beeinflusste Entwicklung in sicheren Korridoren gehalten werden kann. Doch welche Grenzen garantieren uns Sicherheit? Welche der Kriterienvariablen sind relevant und welche Veränderungen, die durch Klimaänderungen induziert werden, können wir noch akzeptieren? Die Beantwortung dieser Fragen kann nicht durch die Wissenschaft allein geschehen, doch muss die Forschung Konsequenzen möglicher Veränderungen aufzeigen, auf deren Basis Entscheidungsträger Grenzen setzen können.

Diese Information wurde erstmals in systematischer Weise vom IPCC in seinem letzten Sachstandsbericht gegeben. In Kapitel 19 der Arbeitsgruppe II wurden „Gründe zur Besorgnis" (Reasons for Concern) identifiziert, welche die Gefahren eines zukünftigen Klimawandels aufzeigen (Smith et al., 2001). Das Ausmaß der Besorgnis, beispielsweise im Zusammenhang mit dem Risiko extremer Klimaereignisse, kann in Bezug gesetzt werden zur globalen Mitteltemperatur, um einen Eindruck über die bevorstehenden Gefahren im Zuge eines Klimawandels zu gewinnen. Abbildung 1 zeigt diese Bezüge für die fünf zentralen Gründe zur Besorgnis.

Fünf Gründe zur Besorgnis über den Klimawandel und ihre Abhängigkeit von der globalen Mitteltemperatur. Je dunkler die Farbgebung, desto höher die Risiken, Schäden oder Ausdehnung der Folgen eines Klimawandels

Abb. 1 Risiken, Schäden, Ausdehnung – Folgen des Klimawandels

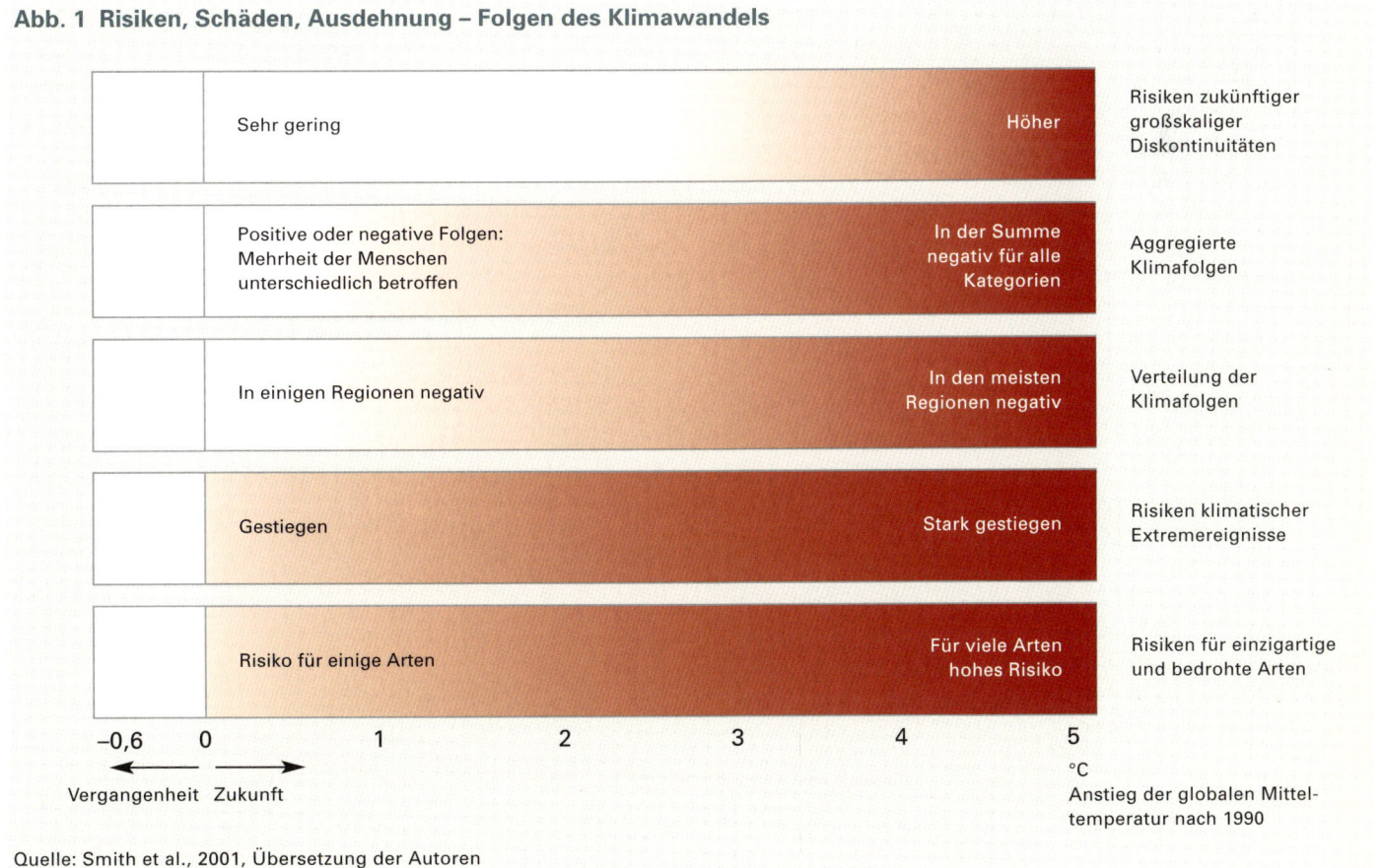

Quelle: Smith et al., 2001, Übersetzung der Autoren

Systemische Grenzen

Für eine Grenzziehung besonders relevant sind mögliche abrupte Klimaänderungen, aber auch abrupte Änderungen im allgemeineren Mensch-Umwelt-System, die durch einen an sich graduellen Klimawandel hervorgerufen werden können. Am bekanntesten ist der von Stefan Rahmstorf > S. 70 diskutierte Zusammenbruch der Nordatlantischen Tiefenwasserbildung (NADW) und die damit verbundene Abkühlung in Nord- und Mitteleuropa. Andere Beispiele, wo – mitausgelöst durch zusätzliche Triebkräfte – ein großräumiger Regimeübergang im Klimasystem für möglich gehalten wird, betreffen den indischen oder afrikanischen Monsun, die schnelle und großflächige Freisetzung von Methan aus Permafrostböden oder auch Wüstenbildungsprozesse beispielsweise im Sahel, die durch Veränderungen im Niederschlagsregime verursacht werden können (für eine Übersicht über mögliche Schwellen im Erdsystem siehe Schellnhuber und Held, 2002, bzw. für regionale Mensch-Umwelt-Systeme die Datenbasis der Resilience Alliance, http://www.resalliance.org).

Solche systemischen Übergänge in ein weitgehend neues Gleichgewichtsregime stellen aus unterschiedlichen Gründen eine besondere Herausforderung für die Menschheit dar:

1. Die „neuen" Bedingungen sind der Menschheit meist nicht bekannt, sodass bestehende Produktionspraktiken suboptimal oder gar kontraproduktiv sein können. Dadurch können u. U. sehr schnell massive ökonomische Schäden auftreten.

2. Der Übergang geschieht mitunter sehr schnell, sodass eine Anpassung an die neuen Bedingungen sehr schwierig ist und die oben zitierten Anforderungen der Klimarahmenkonvention über die Geschwindigkeit des Klimawandels nicht erfüllt sind. So kann sich die NADW innerhalb weniger Dekaden abschwächen.

3. Schließlich bedingt die Nichtlinearität der den Schwellen zugrunde liegenden Systeme, dass diese Übergänge meist irreversibel sind, zumindest auf mittleren Zeitskalen. „Irreversibel" meint hier, dass für den rückwärtigen Übergang der auslösende Parameter weit über/unter dem Wert liegen muss, bei dem der „Vorwärtsübergang" ausgelöst wurde (Hystereseeffekt).

Aus diesen Gründen liegt es nahe, die globale Erwärmung diesseits solcher großräumigen Übergänge auslösender Schwellenwerte zu halten. Die letzte Entscheidung hierüber – so sie denn zur Debatte stehen sollte – obliegt aber der Weltgemeinschaft.

Normative Grenzen

Neben der Betrachtung der Schwellenwerte im System, die durch die geobiophysikalischen Prozesse und Wechselwirkungen bestimmt werden, ist es denkbar und unter Umständen sogar wünschenswert, Grenzwerte durch normative Setzungen festzulegen. Diese Art der Grenzsetzung findet ihr Analogon bei zahlreichen anderen, „klassischen" Umweltproblemen, etwa der Luft- und Wasserverschmutzung durch chemische Substanzen. Die Idee, solche Grenzwerte zu formulieren, geht u.a. auf die Existenz nichtlinearer Dosis-Wirkungs-Kurven zwischen chemischen Konzentrationen und gesundheitlichen Folgen zurück, wobei die Wirkung oberhalb einer Grenzkonzentration stark ansteigt. Zwar sind im Laufe der Zeit immer mehr Situationen mit einem (nahezu) linearen Zusammenhang aufgetaucht, doch hat sich die Setzung von Grenzwerten auch in vielen dieser Fälle weitgehend bewährt. Zudem hat sich mitunter erwiesen, dass eine Festlegung solcher Grenzwerte notwendig ist, um einen Kondensationspunkt für fruchtbare interdisziplinäre Diskussionen unter Beteiligung der Öffentlichkeit oder auch der Industrie zu schaffen.

In manchen Fällen ist der Spezifikation der Grenzwerte in physikalischen oder chemischen Einheiten eine Festlegung eines Minimalstandards der Wirkung vorgeschaltet. So ist im „Clean Air Act" der Vereinigten Staaten festgelegt, dass das Risiko, durch Luftverschmutzung an Krebs zu sterben, für eine Person, die den Grenzwerten ausgesetzt ist, bei weniger als 1 : 1 Million liegen soll. Auf der Basis dieser Aussage wurden in einem zweiten Schritt – gestützt durch wissenschaftliche Untersuchungen – die Grenzwerte in den Konzentrationen einzelner Gase festgelegt. Überträgt man diese Vorgehensweise auf das Klimaproblem, so entsprechen die grundlegenden Überlegungen über ein zusätzliches Krebsrisiko der Setzung von Grenzwerten in ausgewählten Kriterienvariablen. Der „Rückrechnung" auf zulässige Schadstoffkonzentrationen würde die Berechnung zulässiger Kohlendioxidkonzentrationen in der Atmosphäre entsprechen. Doch das Klimaproblem verlangt aufgrund seiner Komplexität und den verschiedenen Zeitskalen der zugrunde liegenden Prozesse eine umfangreichere Rückrechnung und genau diese ist für den Leitplanken- oder Fensteransatz zentral.

Die Inversrechnung

Nehmen wir an, die in den letzten beiden Abschnitten diskutierten Prozesse zur Identifikation von Leitplanken waren erfolgreich. D.h., für wesentliche Kriterienvariablen sind tolerierbare Wertebereiche oder Fenster spezifiziert worden, die während des Klimawandels nicht verlassen werden sollten. In einer nachgeschalteten wissenschaftlichen Analyse gilt es nun, die Emissionspfade zu bestimmen, die eine Klimaentwicklung garantieren, die sämtliche Fenster einhält. Die Analyse wird für gewöhnlich Modellrechnungen nutzen, den Modus der Modelle aber gegenüber der üblichen Klimawirkungsrechnung umdrehen: Wird normalerweise der Impakt auf der Grundlage eines bestimmten Emissionsszenarios berechnet, so müssen hier die zulässigen Emissionen aus den vorgegebenen Impakts berechnet werden. Dieses mathematisch zunächst nicht exakt formulierte Problem lässt sich mithilfe der sog. Viabilitätstheorie (Aubin, 1991) präzise formalisieren, was die Anwendung verschiedener Lösungsschemata und -verfahren ermöglicht. Das zentrale Konzept des Emissionskorridors kommt in den Beispielen des nächsten Abschnitts zum Einsatz.

Einige Illustrationen

Das Klimafenster des WBGU

Das erste Mal wurde der Fensteransatz 1995 vom Wissenschaftlichen Beirat der Bundesregierung Globale Umweltveränderungen in seinem Sondergutachten für die Klimakonferenz in Berlin verwendet (WBGU, 1995). Die wissenschaftliche Umsetzung erfolgte am Potsdam-Institut für Klimafolgenforschung (Petschel-Held et al., 1999; Petschel-Held und Schellnhuber, 1997). Der Beirat schlug damals ein Klimafenster vor, das die zukünftige Klimaentwicklung nicht verlassen sollte und das durch die globale Mitteltemperatur und deren Änderungsrate spezifiziert wurde. Zur Festlegung der Grenzen in diesen beiden Variablen wurden die folgenden beiden Überlegungen angestellt:

1. In den vergangenen rund 120 000 Jahren war das Erdklima vergleichsweise stabil und die globale Mitteltemperatur bewegte sich in einem Intervall zwischen 10,4 und 16,1 °C. Somit hat auch die Menschheit in ihrer wesentlichen Entwicklung kein anderes Klima „kennen gelernt" und insbesondere nicht die Belastungen eines wärmeren Klimas erlebt. Gibt man nun noch einen Spielraum von einem halben Grad hinzu, der als zusätzlich akzeptabel betrachtet wird, so ergibt sich eine Obergrenze der Temperaturänderung von 2 °C gegenüber dem vorindustriellen Niveau von ca. 14,6 °C.

2. Abschätzungen der Klimawirkungskosten für eine globale Mitteltemperatur im Jahr 2100 von 2 °C über dem Niveau von 1990 – also einem Zeitraum von etwa 100 Jahren – beliefen sich zu dieser Zeit auf etwa 3 % des Bruttosozialprodukts. Dies wurde als eine Obergrenze erträglicher Folgekosten angesehen. Auch wiesen ökologische Modelle darauf hin, dass sich Ökosysteme bei Änderungsraten von 0,1–0,2 °C pro Dekade noch dem Klimawandel anpassen können. Aufgrund dieser Überlegungen wurde eine Obergrenze der Änderungsrate der globalen Mitteltemperatur von 0,2 °C/Dekade angenommen, die sich jedoch bei einer Erhöhung der Temperatur verringern sollte, um negativen Synergieeffekten Rechnung zu tragen.

Insgesamt ergab sich somit ein Klimafenster der in Abbildung 2 dargestellten Form. Dieses Fenster bildet den Rahmen für die folgende Analyse. Zusätzlich kann eine Grenze für die sog. Vermeidungskosten durch die Annahme einer maximal möglichen Reduktion der Emissionen um 2 % pro Jahr gesetzt werden.

Abb. 2 WBGU-Fenster

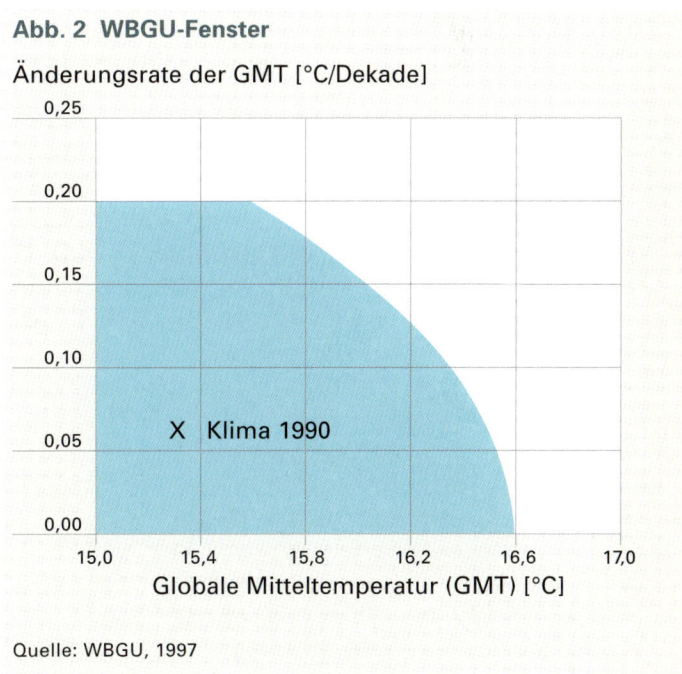

Quelle: WBGU, 1997

Fenster tolerierbarer Klimaentwicklung, das 1995 vom Wissenschaftlichen Beirat der Bundesregierung „Globale Umweltveränderungen" spezifiziert wurde.

Abb 3a Globaler Emissionskorridor

Emissionen [Gt C/a]

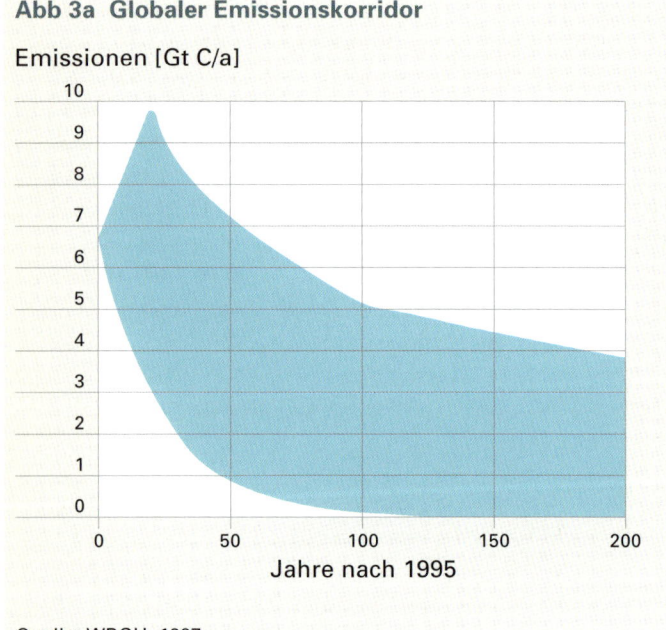

Quelle: WBGU, 1997

Globaler Emissionskorridor zur Einhaltung des
in Abbildung 2 dargestellten „WBGU-Fensters".

Abb. 3b Emissionskorridor für Annex-I-Länder

Emissionen [Gt C/a]

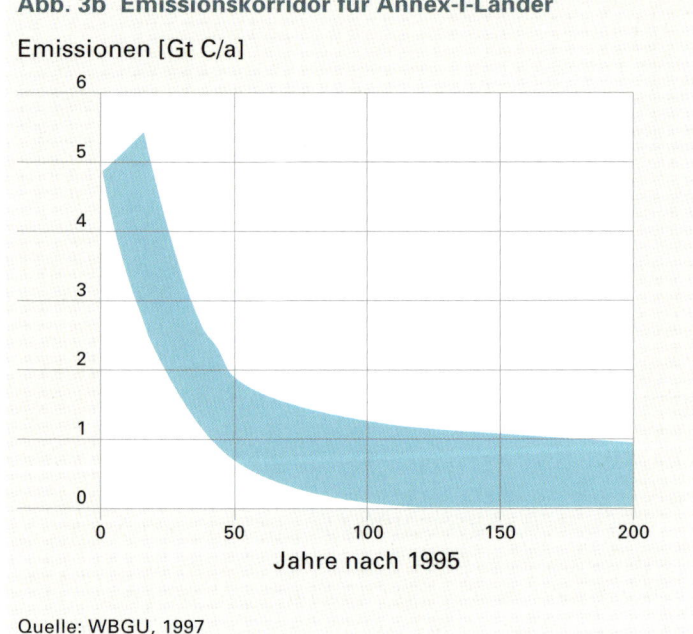

Quelle: WBGU, 1997

Korridor für die Emissionen in den Annex-I-Ländern,
wenn den Entwicklungsländern steigende Emissionen bis zum Erreichen gleicher Pro-Kopf-Emissionen zugebilligt werden.

Im nächsten Schritt wird ein vereinfachtes Klimamodell
eingesetzt, das den Zusammenhang zwischen Emissionen
von Kohlendioxid als wichtigstem anthropogenem Treibhausgas, seiner Konzentration in der Atmosphäre und der
globalen Mitteltemperatur mathematisch formalisiert. Mithilfe dieses Modells kann die Gesamtheit der Emissionspfade über die nächsten 200 Jahre berechnet werden, die
zu einer Klimaentwicklung führen, die das einfache Klimafenster respektieren. Aus mathematischen Gründen ist es
(noch) nicht möglich, diese Gesamtheit in einer vollständi-
gen Form zu präsentieren. Berechnet werden kann nur der
notwendige Korridor, der zwar alle kompatiblen Emissionspfade enthält, aber auch andere, inkompatible Pfade (Abbildung 3a). Der Korridor liefert insofern wichtige Information, als jeder Pfad, der außerhalb liegt, auf jeden Fall die
gesetzten Grenzen – entweder für das Klima oder für die
Emissionsreduktion – verletzt.

Es ist offensichtlich, dass ein Einhalten des Klimafensters
verlangt, spätestens im Jahr 2020 mit einer massiven Reduktion der Emissionen zu beginnen. Diese Reduktion
müsste im Falle eines Starts 2020 aber für mindestens
weitere 80 Jahre eben jene 2% pro Jahr betragen, die als
Obergrenze gesetzt wurde – ansonsten ist die Grenze von
2°C über dem vorindustriellen Niveau nicht zu halten. Die
maximal möglichen Emissionen zu späteren Zeitpunkten,
also beispielsweise ca. 5 Gt C/a im Jahr 2100, sind nur

möglich, wenn die Emissionen sofort reduziert und anschließend über einen längeren Zeitraum konstant gehalten werden. Der Korridor gibt daher keine Auskunft über
den „besten" Zeitpunkt eines Reduktionsbeginns. Er erlaubt aber, den Spielraum zu bestimmen, den die Menschheit hierfür auf der Basis angenommener normativer Setzungen zur Verfügung hat.

Die Frage des „Wann?" hängt unmittelbar mit der Frage
der Emissionen der Entwicklungsländer (Nicht-Annex-I-
Staaten) und dem Zeitpunkt des Beginns von Reduktions-
maßnahmen in diesen Ländern zusammen.
Die Determinanten sind wiederum mit dem Leitbild einer
nachhaltigen Entwicklung und dem darin verankerten
Prinzip der Verteilungsgerechtigkeit verknüpft. Verlangt
man deshalb als zusätzliches Kriterium für die Klimaentwicklung, dass den Entwicklungsländern eine weitere
Steigerung ihrer Emissionen zugebilligt wird, bis gleiche
Pro-Kopf-Emissionen in Entwicklungs- und Industrieländern erreicht sind, so ergibt sich für die Annex-I-Staaten
der in Abbildung 3b dargestellte Korridor: Der Spielraum
wird enger und eine radikale Verringerung wird bereits
vor 2010 notwendig! Dies unterstützt letztlich die Umsetzung des Kiotoprotokolls, das einen ersten Schritt in Richtung dieser Reduktion ermöglichen möchte.

Das ICLIPS-Modell

In dem vom Bundesministerium für Bildung und Forschung geförderten internationalen Projekt ICLIPS (Integrated CLImate Protection Strategies) wurde in den Jahren 1996–99 der Fensteransatz weiterentwickelt und es wurden verschiedene integrierte Modelle für dessen Umsetzung erarbeitet und eingesetzt. So wurde unter anderem ein Werkzeug zur Abschätzung von Klimafolgen für die Impaktkategorien Wasserverfügbarkeit, Landwirtschaft und Biodiversität (Verlust von Schutzgebieten) bereitgestellt; dieses erlaubt es, eine spezifizierte Grenze in einer dieser Kategorien in eine Grenze für die globale Mitteltemperatur und die Kohlendioxidkonzentration in der Atmosphäre umzurechnen (Füssel und Minnen, 2001). Verbesserte Versionen des einfachen Klimamodells aus der im vorherigen Abschnitt diskutierten WBGU-Studie wurden ebenso genutzt, etwa ein ökonomisches Modell zur Abschätzung der Kosten für die Reduktion von Emissionen (Tóth et al., 2003a; Tóth et al., 2003b).

Als Beispiel soll hier die klimabedingte Veränderung von Ökosystemen betrachtet werden. Mithilfe eines globalen Vegetationsmodells wurde zu diesem Zweck eine Wirkungsfunktion berechnet, die einer globalen Mitteltemperatur und einer CO_2-Konzentration den Anteil von Öko-

systemen weltweit zuweist, für die sich ein anderer Ökosystemtyp ergibt als heute, also z. B. die Konversion von Grasland in Savanne signalisiert. Abbildung 4 zeigt die sich hieraus ergebenden Korridore, wobei die Grafik neben den verschiedenen Korridoren für unterschiedliche Grenzen (30–50 %ige Änderung) auch Informationen über die innere Struktur des Korridors umfasst (Tóth et al., 2002). So sind diejenigen Pfade eingezeichnet, welche die Emissionen zu einem bestimmten Zeitpunkt minimieren (bzw. maximieren), wenn eine Leitplanke von 35 % gesetzt wird. Für diese Korridore wird ein maximal zulässiger ökonomischer Verlust von 2 % des Konsums pro Kopf angenommen. Überdies ist der kostengünstigste Pfad eingezeichnet.

Es ist zu erkennen, dass im günstigsten Fall ein Spielraum bis etwa 2040 besteht, um mit Emissionsreduktionen zu beginnen, wenn eine Grenze von 35 % für den Verlust an Ökosystemen vorgegeben wird. Zu beobachten ist außerdem, dass sich die Notwendigkeit einer Verringerung bei einer gleichmäßigen Erhöhung der Toleranzgrenze beschleunigt und für die 50 %-Grenze für 2090 berechnet wird. Insgesamt scheint für das Kriterium „Ökosystemverlust" auf der Basis dieses Modells die 2. Hälfte dieses Jahrhunderts entscheidend zu sein.

Abb. 4 Variation der Wirkungsbeschränkung
Maximaler regionaler Einkommensverlust: 2,0 %

Quelle: Tóth et al. 2002

Der globale Emissionskorridor und seine interne Struktur bei verschiedenen Grenzen des Ökosystemwandels durch Klimaänderungen.

Abb. 5 Worst-Case-Korridor für THC-Erhalt

Emissionen [Gt C/a]

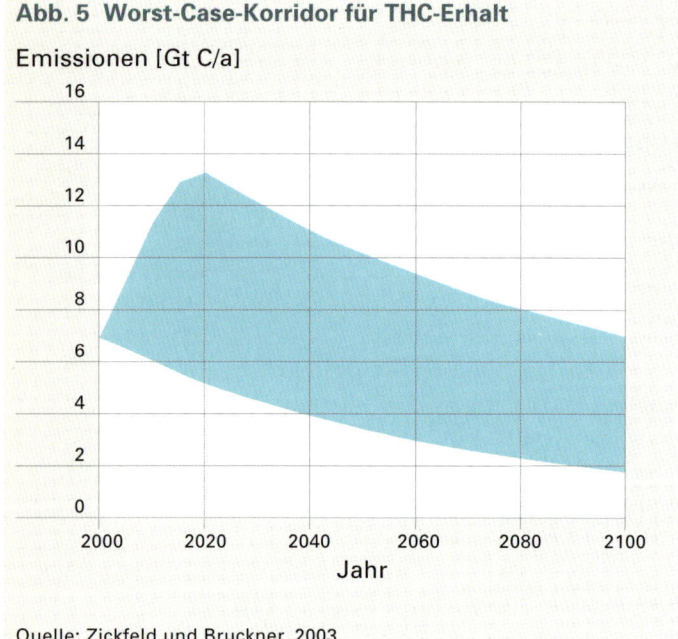

Quelle: Zickfeld und Bruckner, 2003

Korridor notwendiger CO_2-Emissionen unter der Annahme ungünstigster Parameterkonstellationen.

Korridore zur Aufrechterhaltung der thermohalinen Zirkulation

Als letztes Beispiel sollen jüngere Modellergebnisse vorgestellt werden, welche die Implikationen einer systemischen Grenze untersuchen. Hierzu wurde von Kirsten Zickfeld und ihren Kollegen (Zickfeld et al., 2004) ein vereinfachtes Modell der thermohalinen Zirkulation entwickelt, mit dessen Hilfe sich die Korridore der Emissionspfade bestimmen lassen, welche die Aufrechterhaltung der Tiefenwasserbildung gewährleisten (Zickfeld und Bruckner, 2003). Der zentrale unsichere Parameter der Analyse ist die sog. hydrologische Sensitivität, die den Niederschlag über dem Nordatlantik in Abhängigkeit von der globalen Mitteltemperatur bestimmt. Da für diesen Parameter nur ein Intervall möglicher Werte bekannt ist, wurden Korridore für verschiedene Parameterkonstellationen berechnet. Abbildung 5 zeigt den „schlimmsten anzunehmenden Fall".

Auch dieser Korridor zeigt die folgenden Hauptaspekte auf:

1. die Gefahr eines gefährlichen Klimawandels und den massiven Informationsbedarf hierüber
2. die Notwendigkeit des baldigen Einstiegs in eine deutliche Reduktion von Emissionen
3. die gesellschaftliche Dringlichkeit, sich über die Gefahren klar zu werden und Entscheidungen über deren Akzeptanz zu treffen

Zusammenfassung und Ausblick

Der vorgestellte Leitplankenansatz bietet einen innovativen Zugang zum wichtigen Entscheidungsproblem der zukünftigen Klimaentwicklung. Durch die Spezifikation von Leitplanken in relevanten Kriterien und die Berechnung von Korridoren, welche die Gesamtheit der mit den gesetzten Leitplanken verträglichen Emissionen beschreiben, können wertvolle Informationen über die Notwendigkeit von Emissionsreduktionen gewonnen werden. Die skizzierten Beispiele legen die Notwendigkeit einer signifikanten Emissionsreduktion in den nächsten 2–3 Jahrzehnten nahe, falls wir nicht einen gefährlichen Klimawandel riskieren wollen. Die Ergebnisse offenbaren jedoch auch die Dringlichkeit, mit der normative Entscheidungen über die Grenzen eines tolerierbaren und „ungefährlichen" Klimawandels getroffen werden müssen. Hier besteht im Augenblick ein dringender Nachholbedarf, der gemeinsame Anstrengungen von Entscheidungsträgern, Betroffenen und Wissenschaft erfordert, wie sie derzeit beispielsweise in dem von der EU geförderten Projekt AVODACC am Potsdam-Institut und der Universität Stanford unternommen werden.

Literatur

Aubin, J.-P., 1991. Viability Theory. Boston.

Biermann, F., Petschel-Held, G. und Rohloff, C., 1998. Umweltdegradation als Konfliktursache? Zeitschrift für Internationale Beziehungen, 4.

Edenhofer, O., Schellnhuber, H.-J. und Bauer, N., 2004. Der Lohn des Mutes. Internationale Politik, 59 (8): 29–38.

Füssel, H.-M. und Minnen, J. v., 2001. Climate Impact Response Functions for the Preservation of Terrestrial Ecosystems. Integrated Assessment, 2: 183–197.

Homer-Dixon, T., 1999. Environment, Scarcity, and Violence. Princeton.

Houghton, H. T. et al. (Editors), 2001. Climate Change 2001: The Scientific Basis. Cambridge.

Millennium Ecosystem Assessment, 2003. People and Ecosystems. A Framework for Assessment. Washington D.C.

Petschel-Held, G., Bruckner, T., Schellnhuber, H.-J., Tóth, F. und Hasselmann, K., 1999. The Tolerable Windows Approach: Theoretical and Methodological Foundations. Climatic Change, 41 (3/4): 303–331.

Petschel-Held, G. und Schellnhuber, H.-J., 1997. The Tolerable Windows Approach to Climate Control: Optimisation, Risks, and Perspectives. In: F. Tóth (Editor), Cost-Benefit Analysis of Climate Change: The Broader Perspective, Basel, 121–139.

Schellnhuber, H.-J. und Held, H., 2002. How Fragile Is the Earth System. In: J. Briden and T. Downing (Editors), Managing the Earth: the Eleventh Linacre Lectures. Oxford, 5–34.

Smith, J. B. et al., 2001. Vulnerability to Climate Change and Reasons for Concern: A Synthesis. In: J. J. McCarthy, O. F. Canziani, N. A. Leary, D. J. Dokken and K. S. White (Editors), Climate Change 2001: Impacts, Adaptation and Vulnerability. Cambridge, 913.

Tóth, F., Bruckner, T., Füssel, H.-M., Leimbach, M. und Petschel-Held, G., 2003a. Integrated Assessment of Long-term Climate Policies: Part 1 – Model Presentation. Climatic Change, 56 (1–2): 37–56.

Tóth, F., Bruckner, T., Füssel, H.-M., Leimbach, M. und Petschel-Held, G., 2003b. Integrated Assessment of Long-term Climate Policies: Part 2 – Model Results and Uncertainty Analysis. Climatic Change, 56 (1–2): 57-72.

Tóth, F. et al., 2002. Exploring Options for Global Climate Policy: A New Analytical Framework. Environment, 44 (5): 22.

Tóth, F. et al., 2001. Decision Making Frameworks. In: O. Davidson and B. Metz (Editors), Climate Change 2001: Mitigation. Cambridge, 601.

United Nations, 1992. United Nations Framework Convention on Climate Change. UN Environment Programme/World Meteorological Organization, Geneva.

United Nations, 2002. Johannesburg Declaration on Sustainable Development. UN Department of Economic and Social Affairs, New York.

WBGU – Wissenschaftlicher Beirat Globale Umweltveränderungen, 1995. Szenario zur Ableitung globaler CO_2-Reduktionsziele und Umsetzungsstrategien, Bremerhaven.

WBGU – Wissenschaftlicher Beirat Globale Umweltveränderungen, 1997. Ziele für den Klimaschutz 1997, Bremerhaven.

Zickfeld, K. und Bruckner, T., 2003. Reducing the Risk of Abrupt Climate Change: Emission Corridors Preserving the Atlantic Thermohaline Circulation. Integrated Assessment, 4: 106–115.

Zickfeld, K., Slawig, T. und Rahmstorf, S., 2004. A Low-order Model for the Response of the Atlantic Thermohaline Circulation to Climate Change. Ocean Dynamics, 54: 8–26.

Die Autoren

Hans-Joachim Schellnhuber promovierte 1980 in Theoretischer Physik an der Universität Regensburg. Nach seiner Habilitation im Jahr 1985 wurde er 1989 ordentlicher Professor und später Direktor am Institut für Chemie und Biologie des Meeres in Oldenburg. Gegenwärtig ist er Direktor des Potsdam-Instituts für Klimafolgenforschung (PIK) und Forschungsdirektor des Tyndall Centers for Climate Change Research (Großbritannien) sowie Mitglied zahlreicher (inter)nationaler Gremien zu strategischen Fragen der nachhaltigen Entwicklung und des globalen Wandels.

Gerhard Petschel-Held promovierte 1992 in Theoretischer Physik an der Universität Frankfurt/Main und ist seit 1993 Mitarbeiter des PIK. Seit 2002 leitet er dort die Abteilung Integrierte Systemanalyse sowie das Forschungsfeld „Globale Akteure im Übergang zur Nachhaltigkeit".

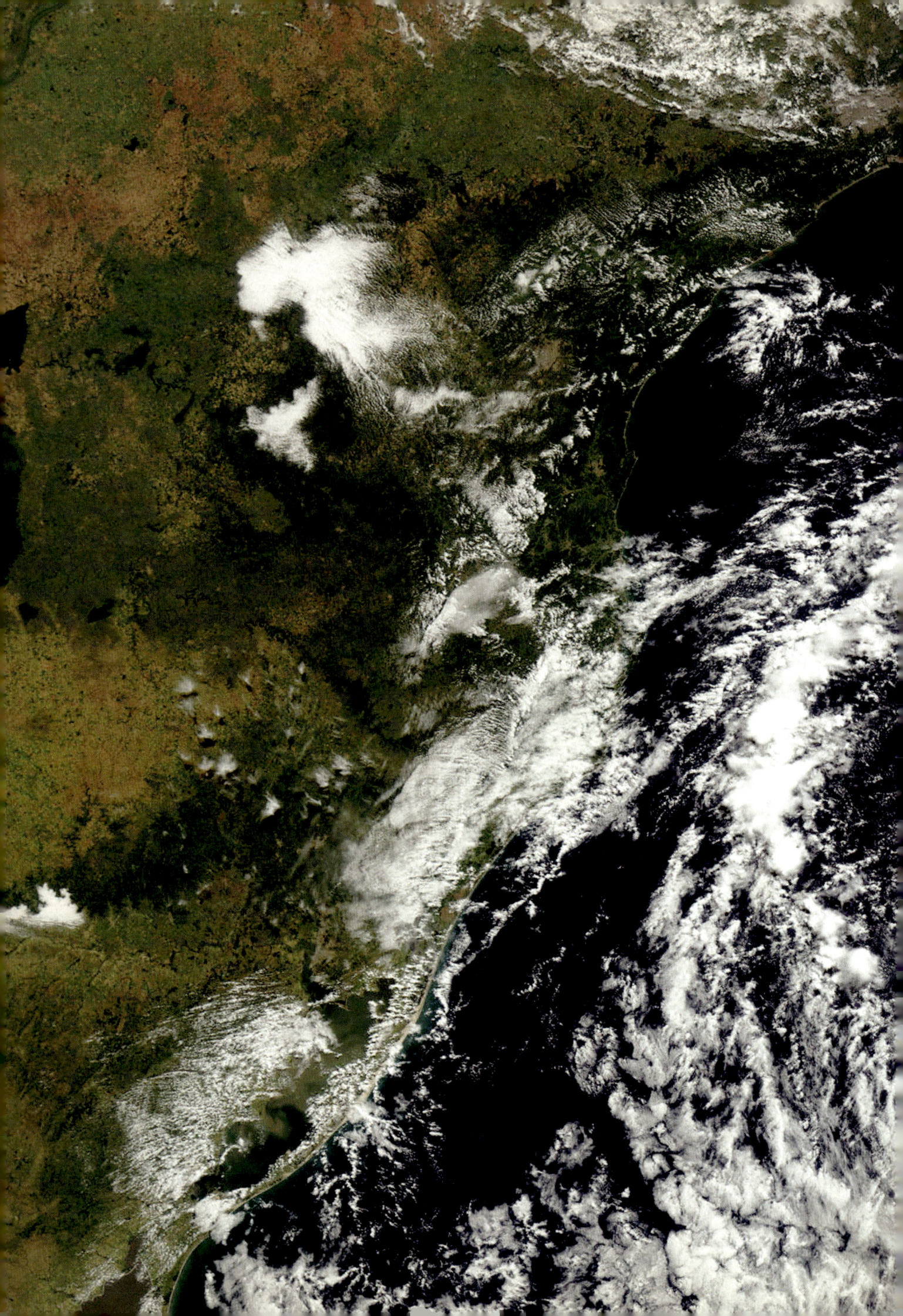

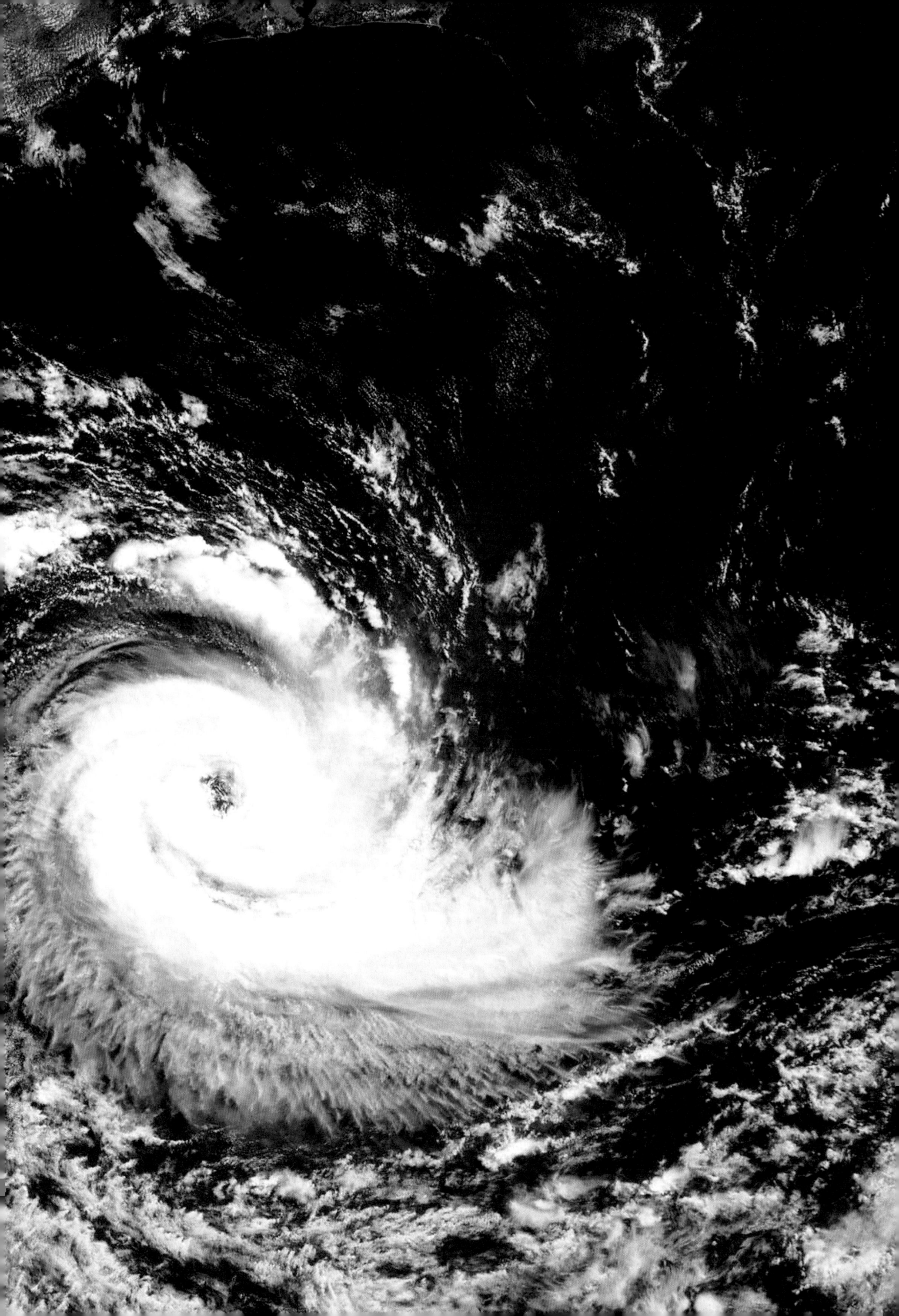

Außergewöhnliche meteorologische Ereignisse liefern Indizien für Änderungsprozesse in der Atmosphäre. Das Satellitenbild zeigt einen Hurrikan vor der brasilianischen Küste im März 2004. Bis dahin stufte man diese Region als nicht hurrikangefährdet ein.

Klimawandel – Auswirkungen auf Natur, Mensch und Ökonomie

Gletscher schmelzen in ungekanntem Ausmaß. Wassermangel einerseits und Überschwemmungen andererseits zeigen überdeutlich, dass wir uns inmitten eines Änderungsprozesses befinden. Was heute als Extremereignis gilt, wird schon bald zur Normalität.

Klimawandel: Kleine Erwärmung – dramatische Folgen

Der außergewöhnliche Hitzesommer 2003 in Europa wird keine Ausnahme bleiben. Extreme Wetterereignisse könnten vielmehr zum Normalfall werden. Anpassungs- und Vorsorgestrategien sind daher dringlicher denn je.

Gerhard Berz

Riesige Waldbrände wüteten im Sommer 2003 in Südeuropa. Das Bild zeigt ein Feuer am Picadas-Stausee in Zentralspanien.

Die Zunahme der Naturkatastrophenschäden, in den vergangenen Jahrzehnten weltweit beobachtet und in den Schadenbelastungen der Versicherungswirtschaft gut dokumentiert, zählt zu den ersten und stärksten Indizien für den wachsenden Einfluss der globalen Umweltveränderungen, die der Mensch verursacht. Darüber herrscht breiter Konsens sowohl in Wissenschaft und Wirtschaft wie auch in der Politik, den Medien und nicht zuletzt in der Bevölkerung. Dabei spielt die augenscheinliche Häufung von Wetterkatastrophen wie Stürmen, Überschwemmungen, Unwettern, Hitzewellen und Waldbränden eine wesentliche Rolle. Der Grund: Sie sind fast immer auf außergewöhnliche, oft sogar nie zuvor registrierte Extremwerte meteorologischer Größen wie Temperatur, Niederschlag und Wind zurückzuführen.

Das spiegelt sich nirgendwo so deutlich wider wie in den Statistiken und Analysen der Naturkatastrophen, welche die Münchener Rück seit vielen Jahren auf der Basis ihrer detaillierten weltweiten Erhebungen veröffentlicht. Hier zeigt sich beispielsweise: Von rund 14000 Naturkatastrophen, die zwischen 1980 und 2003 ausgewertet wurden (s. Abb. 1), waren nur 16% Erdbeben und Vulkanausbrüche. Das sind Naturereignisse, die ihren Ursprung im Erdinneren oder in der Erdkruste unter unseren Füßen haben. Auf sie hat der Mensch, nach allem was wir wissen (und hoffen können), keinen Einfluss – von ein paar Bergbau- oder Stausee-induzierten Erdbeben vielleicht abgesehen. Der ganz große Rest, nämlich 5 von 6 Naturkatastrophen, entstammt der Atmosphäre.

Wetterextreme in allen ihren Ausprägungen am oberen und unteren Rand der Wahrscheinlichkeits- bzw. Häufigkeitsverteilungen sind besonders kritisch. Sie treten nur selten auf und wir Menschen sind deshalb schlecht darauf eingestellt, weil uns die praktische Erfahrung fehlt. Deshalb ist es schmerzhaft, wenn – bildlich gesprochen – „der Schwanz der Wahrscheinlichkeitsverteilung zuschlägt". Das zeigt sich bei den Schadenwirkungen dieser Extremereignisse, ob bei den Opferzahlen, wo immerhin rund zwei Drittel auf Wetterkatastrophen entfallen, oder den volkswirtschaftlichen Schäden (über drei Viertel oder 1000 Milliarden US$) und ganz besonders den versicherten Schäden (90%); dort macht sich die hohe Versicherungsdichte für Sturmschäden bemerkbar.

Tab. 1 Naturkatastrophen nehmen dramatisch an Frequenz und Ausmaß zu

Die wichtigsten Gründe:
- Bevölkerungszunahme
- steigender Lebensstandard
- Konzentration von Bevölkerung und Werten in Großstadträumen
- Besiedlung und Industrialisierung stark exponierter Regionen
- Anfälligkeit moderner Gesellschaften und Technologien
- steigende Versicherungsdichte
- Änderung der Umweltbedingungen

Abb.1 Naturkatastrophen 1980–2004 weltweit

14 500 Schadenereignisse

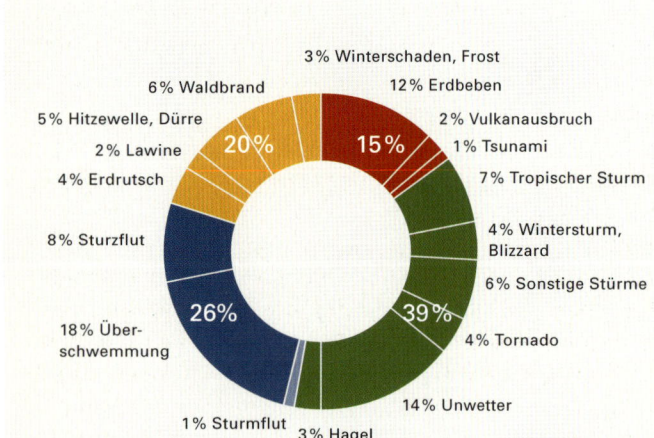

1 000 000 Todesopfer

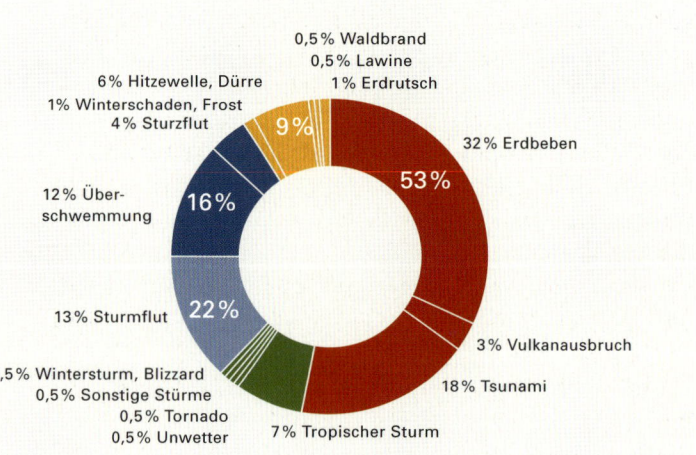

Volkswirtschaftliche Schäden* 1450 Milliarden US$

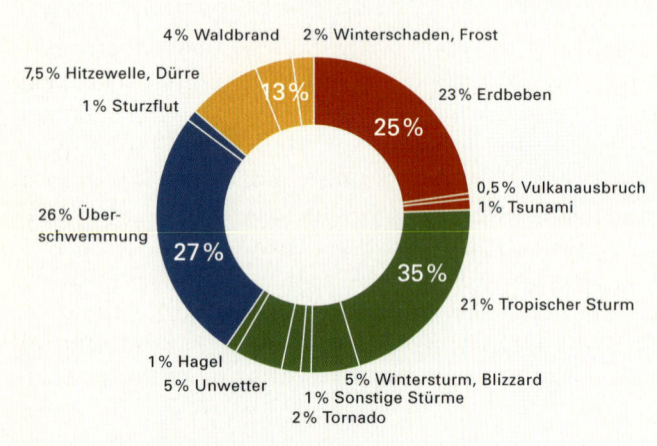

Versicherte Schäden* 300 Milliarden US$

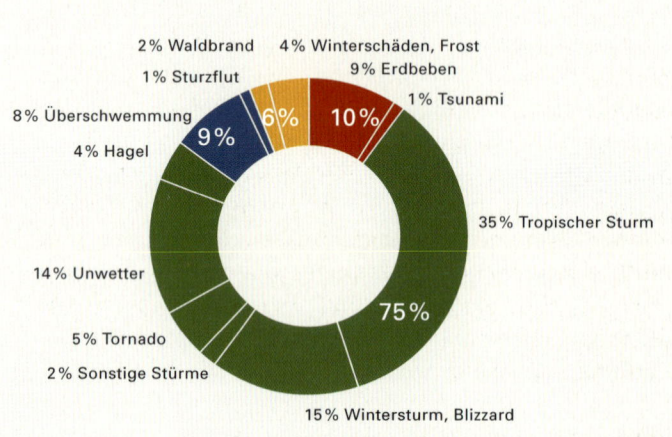

Quelle: Münchener Rück, GeoRisikoForschung, 2005

*Originalwerte

Fünf von sechs Naturkatastrophen gehen weltweit auf extreme Wetterereignisse zurück, ebenso rund die Hälfte der Katastrophenopfer und drei Viertel der volkswirtschaftlichen Schäden. Bei den versicherten Schäden sind es sogar 90%. Während Erdbeben und Vulkanausbrüche nicht von der Menschheit beeinflussbar sind, gewinnt die menschgemachte Klimaänderung zunehmend Einfluss auf alle Arten von Wetterkatastrophen.

Vergleicht man die Zahlen der vergangenen Jahrzehnte (s. Tab. 2), wird die ganze Dramatik offenbar: Große Wetterkatastrophen traten in den vergangenen 10 Jahren fast 3-mal so häufig auf wie noch in den 1960er-Jahren. Die volkswirtschaftlichen Schäden stiegen inflationsbereinigt auf das Fünffache, die versicherten sogar auf das Zehnfache. Die Versicherungswirtschaft hat also aus großen Wetterkatastrophen heute jedes Jahr durchschnittlich so hohe Schadenbelastungen zu verkraften wie in den ganzen 60er-Jahren – hochgerechnet auf heutige Werte. Diese Schadenzunahme geht zum überwiegenden Teil auf eine Reihe sozioökonomischer Faktoren zurück (s. Tab. 1), etwa die wachsende Konzentration von Bevölkerung und Werten in Städten. Die Städte werden verwundbarer und liegen häufig in hoch exponierten Regionen. Daneben zeigt sich immer wieder: Die Schadenanfälligkeit von Bauwerken und Infrastruktur ist trotz moderner Bauvorschriften und technischer Entwicklung eher größer als kleiner geworden. Das trifft gerade für hoch entwickelte Industrieländer zu. Einige Katastrophen der vergangenen Jahre in den USA, Europa und Japan belegen das eindrucksvoll.

Doch diese Veränderungen in der Exponierung und Vulnerabilität reichen nicht aus, die ganze Zunahme der Katastrophenschäden zu erklären. Das hat die Münchener Rück in ihrem Millenniumsbericht zur Entwicklung der Naturkatastrophen im letzten Jahrtausend nachgewiesen. Im Gegenteil: Immer mehr Indizien weisen darauf hin, dass die globalen Umweltveränderungen, allen voran die Klimaänderung, zunehmend die Häufigkeit und Intensität von Wetterkatastrophen beeinflussen. So misst auch der dritte Statusbericht des Intergovernmental Panel on Climate Change (IPCC, 2001) dem Zusammenhang zwischen der globalen Erwärmung und der Häufigkeit atmosphärischer Extremereignisse herausragende Bedeutung bei.

Denn genau hier werden die Folgen der Klimaveränderung besonders stark sichtbar: Schon eine relativ kleine Verschiebung der Mittelwerte kann – bei gleich bleibender Form der Wahrscheinlichkeitsverteilung, z. B. der Normalverteilung in Gestalt der Gaußschen Glockenkurve – dazu führen, dass sich die Überschreitungswahrscheinlichkeiten kritischer Schwellenwerte drastisch erhöhen. Das machte zum ersten Mal die Analyse von Sommertemperaturen in Mittelengland deutlich, die in ihrer Aussagekraft unübertroffen ist (s. Abb. 2). Hier wurden die Auswirkungen eines moderaten Anstiegs der Mittelwerte um 1,6°C bis Mitte dieses Jahrhunderts untersucht.

Aus Versicherungssicht kann dieses Ergebnis schon beinahe als Katastrophenszenario bezeichnet werden. Denn der außergewöhnlich warme und trockene Sommer 1995 trocknete die in England verbreiteten Lehmböden großflächig aus und ließ sie schrumpfen. Die Folge: An zahllosen Gebäuden entstanden Setzungsschäden. Der englische Versicherungsmarkt musste dafür mehrere hundert Millionen Pfund Entschädigungen zahlen; in der Summe über die gesamten, insgesamt zu warmen 90er-Jahre waren es sogar mehr als 1 Milliarde £.

Selbst eine scheinbar harmlose Verschiebung von saisonalen Mitteltemperaturen kann also enorme wirtschaftliche Konsequenzen haben. Der Hitzesommer 2003 in West- und Mitteleuropa hat das eindrucksvoll bestätigt: Die in vielen Regionen mehr als 3°C höheren Mitteltemperaturen verursachten riesige Waldbrände und Dürreschäden in der Landwirtschaft, große Einnahmeausfälle in der Flussschifffahrt und krisenhafte Engpässe bei der Elektrizitätsversorgung. Mehr als 35 000 zusätzliche Todesfälle – eine ungeheuere Zahl, die der Hitzebelastung alter, kranker Menschen zugeordnet werden kann – machten dieses extreme Witterungsereignis zu einer der größten Naturkatastrophen in Europa seit Jahrhunderten > Beitrag Höppe, S. 156. Vor der Gefahr außerordentlicher Hitzewellen wurde seit langem gewarnt, auch von der Münchener Rück – die Gesetze der

Große Wetterkatastrophen haben in den letzten Jahrzehnten stark zugenommen, wie es vor allem der Vergleich mit den 1960er-Jahren (s. letzte Spalte) deutlich macht.

Tab. 2 Große Wetterkatastrophen ab 1950

Dekade	1950–1959	1960–1969	1970–1979	1980–1989	1990–1999	letzte 10 J. 1995–2004	Faktor letzte 10 J. zu 60er
Anzahl	13	16	29	44	74	49	3,1
Volkswirt. Schäden*	43,9	57,6	86,9	136,9	460,8	344,4	6,0
Versicherte Schäden*	–	6,4	12,7	25,1	106,2	93,2	14,6

Quelle: Münchener Rück, GeoRisikoForschung, 2005   * Schäden in Mrd. US$ (in Werten von 2004)

Mehr Extremwerte im wärmeren Klima

Abb. 2 Sommertemperaturen in Mittelengland

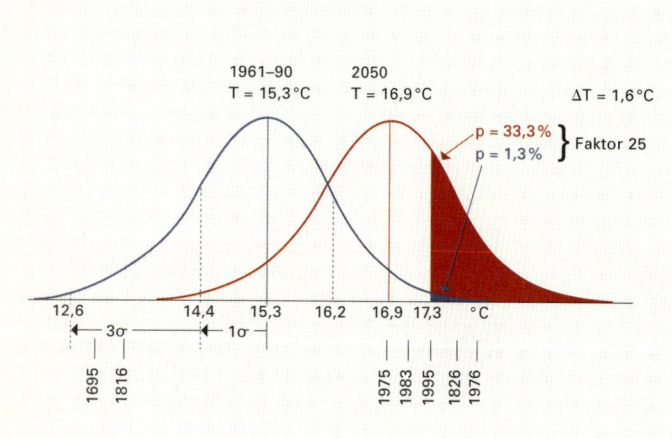

Quelle: Climate Change Impacts UK 1996

Abb. 3 Zunahme von Mittelwert und Streuung

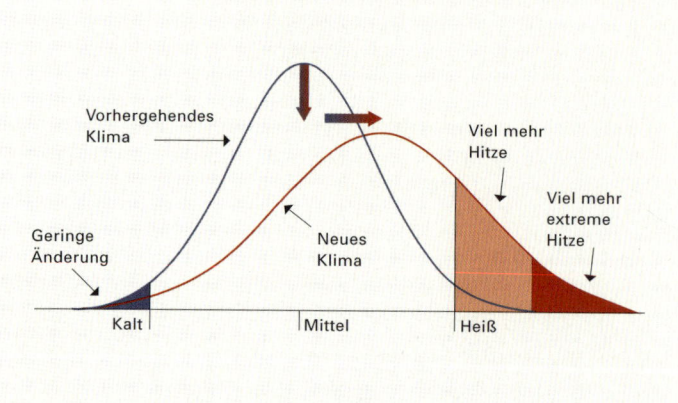

Quelle: P. Hupfer, Nat. wiss. Rdsch. 5/04, S. 233 ff

Die Abbildung zeigt: Ein hoher Temperaturwert wie der von 1995, der um 2 °C über dem alten Mittelwert von 1961–1990 lag und nach der Wahrscheinlichkeitsverteilung eine Überschreitungswahrscheinlichkeit von nur 1,3 % p. a. gehabt hatte, würde um 2050 etwa 25-mal wahrscheinlicher werden. Aus einem 75-Jahre-Ereignis würde damit ein 3-Jahres-Ereignis, also schon fast ein Normalfall.

Nimmt die Klimavariabilität zu (breitere Verteilungskurve), dann treten Extremereignisse (im Beispiel Hitze) viel häufiger auf.

Statistik ließen keinen Zweifel daran. Ebenso war vorherzusehen, dass wir in unserem gemäßigten, ausgeglichenen mitteleuropäischen Klima erhebliche Probleme haben würden, uns an eine derartige Ausnahmesituation anzupassen. Aber es wird keine Ausnahme bleiben: Der ausgeprägte Temperaturanstieg des vergangenen Vierteljahrhunderts hat nach klimatologischen Untersuchungen die Wahrscheinlichkeit eines Hitzesommers wie 2003 um das Zwanzigfache nach oben schnellen lassen. Setzt sich der Erwärmungstrend fort (woran kaum Zweifel bestehen), wenn er sich nicht sogar noch verschärft, dann könnte ein derartiger Sommer bis zur Mitte des Jahrhunderts mehr oder weniger zum Normalfall werden. Eisverkäufer, Biergartenwirte, Getränkeindustrie und Klimaanlagenhersteller werden das gerne hören. Aber andere Bereiche der Wirtschaft, insbesondere die Landwirtschaft, müssen sich auf erhebliche Probleme einstellen, für die sie sich schon jetzt geeignete Anpassungs- und Vorsorgestrategien überlegen sollten.

Noch kritischer als die Verschiebung der Wahrscheinlichkeitsverteilung kann eine Veränderung ihrer Form sein, wenn also z. B. die gesamte Variabilität größer wird. Die Verteilungskurve wird dann breiter (s. Abb. 3) und am oberen Ende treten nicht nur viel mehr „normale", sondern auch viel mehr extreme Hitzeereignisse auf, die vorher unbekannt waren. Auf der „kalten Seite" ändert sich hingegen wenig, dort sind also weiterhin Frostereignisse zu erwarten. Hinweise darauf, dass sich die Verteilungskurve verbreitert, gibt es vor allem beim Niederschlag, wo sich

saisonale Verschiebungen zu höheren und niedrigeren Niederschlagssummen abzeichnen. So deuten Klimadaten und -modelle beispielsweise in den gemäßigten Breiten auf einen signifikanten Trend zu wärmeren, feuchteren Wintern und heißeren, trockeneren Sommern hin. Beides kann sich ungünstig auswirken: Der stärkere Niederschlag im Winter, der in niedrigen Lagen überwiegend als Regen fällt, läuft rasch über die Flusssysteme ab und erhöht dadurch die Überschwemmungsgefahr. Das wachsende Niederschlagsdefizit im Sommer kann, wie das Jahr 2003 als „Blick in die Zukunft" gezeigt hat, große Teile der Bevölkerung und der Wirtschaft stark tangieren, zeitweise sogar nahezu lahm legen.

Gleichzeitig sind heißere Sommer auch unwetterträchtiger: Durch die Überhitzung werden konvektive Prozesse in der Atmosphäre verstärkt und es verschärfen sich die Gegensätze zwischen kontinentalen und maritimen Luftmassen, da letztere der Erwärmung aufgrund der thermischen Trägheit der Ozeane hinterherhinken. Die Kaltfronten, in denen die kühlere Meeresluft immer wieder aufs Festland vorstößt und dort die Hitzelagen beendet oder unterbricht, beziehen aus diesen Luftmassengegensätzen ihre Energie und überziehen das Land mit Gewittern, Hagel, Sturzfluten und Starkwinden. Eine Auswertung der Daten, die das Blitzmessnetz von Siemens über mehrere Jahre registriert hatte, ergab einen deutlichen exponentiellen Zusammenhang mit den mittleren Monatstemperaturen (s. Abb. 4). Jedes Grad Temperaturanstieg bedeutet demnach eine Erhöhung der Blitzzahl in Deutschland um rund

Abb. 4 Blitze und Temperatur
Anzahl von Blitzen in Abhängigkeit von Monatsmittel-temperaturen, Deutschland, 1992–1998

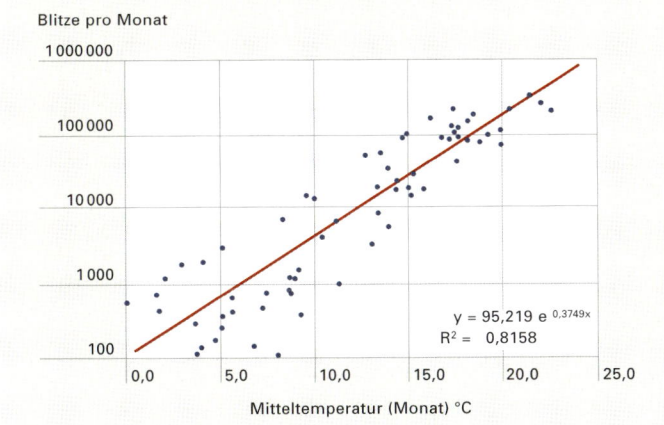

Quelle: Münchener Rück, GeoRisikoForschung, 2000, nach Dinnes (1999)

Die Zahl der Blitzschläge steigt mit der Mittel-temperatur steil an. Die mittlere Kurve (Exponentialfunktion) bedeutet: Eine um 1 Grad höhere Temperatur führt zu rund 50 % mehr Blitzen.

Abb. 5 Verschiebung der Zugbahnen von Winterstürmen

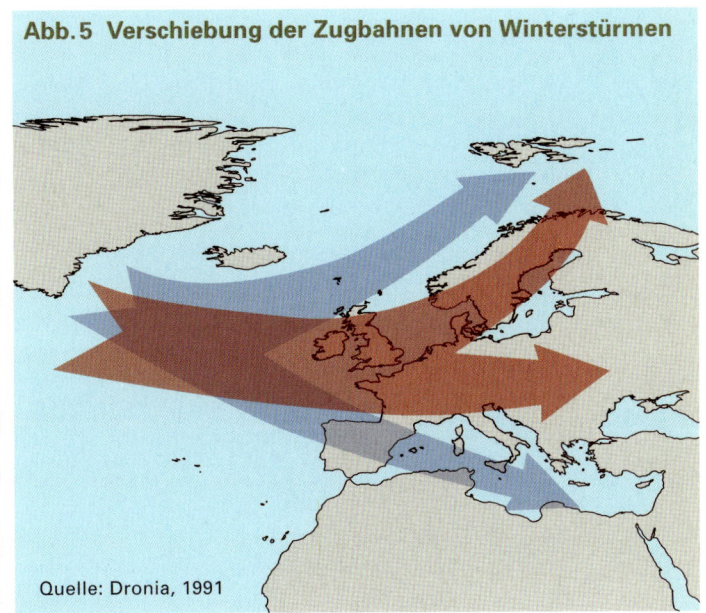

Quelle: Dronia, 1991

Die Zugbahnen von nordatlantischen Sturmtiefs werden in zukünftig wärmeren Wintern voraussichtlich weiter nach West- und Mitteleuropa vorstoßen.

 Normale Zugbahnen winterlicher Sturmtiefs

 Zugbahnen in warmen Wintern, z. B. Winterstürme 1990 und 1999

50 %. Der außergewöhnlich warme Juni 2003 brachte es sogar auf 900 000 Blitze, was weit oberhalb der mittleren Kurve liegt. Eine weitere Zunahme ist zu erwarten, auch bei den Blitz- und Überspannungsschäden, die den Versicherern seit langem Kummer bereiten und die aufgrund der teureren und empfindlicheren elektronischen Geräte immer kostspieliger werden.

Die heftigeren Sommergewitter bringen auch häufiger Sturzfluten mit sich. Trotz tendenziell geringeren Sommerniederschlägen können demnach lokal und kurzzeitig außerordentlich hohe Regenmengen niedergehen. In Städten und Gemeinden überfordern sie die Kanalisationsnetze; in hügeligem oder bergigem Gelände können sie plötzliche Überflutungen (daher der Name Sturzfluten, im Englischen „flash floods") sowie Muren und Erdrutsche auslösen. Die größere Niederschlagsvariabilität erhöht also im Sommer sowohl das Trockenheits- als auch das Überschwemmungsrisiko.

Im Winter zeichnet sich dagegen eine zusätzliche Verstärkung der Sturmgefahr in mittleren Breiten ab. Steigende Temperaturen verhindern hier immer öfter eine großflächige Schneedecke im Flachland, wie sie in früheren strengeren Wintern regelmäßig auftrat. Über ihr konnte sich vielfach ein stabiles Kältehoch bilden. Es wirkte wie eine Barriere gegen die vom Meer heranziehenden außertropischen Sturmtiefs und lenkte sie überwiegend in höhere Breiten ab, bevor sie die dicht besiedelten Küstenzonen treffen konnten. Je milder die Winter wurden, desto selte-

ner oder schwächer konnten sich die kontinentalen Kältehochs ausbilden und desto häufiger und tiefer stoßen seitdem die Sturmtiefs aufs Festland vor. Das hat in den vergangenen beiden Jahrzehnten vor allem in West- und Mitteleuropa zu einer Reihe gewaltiger Sturmkatastrophen geführt (z. B. Daria, Vivian und Wiebke 1990 sowie Anatol, Lothar und Martin 1999). Neben den veränderten Zugbahnen (s. Abb. 5) zeichnet sich auch eine erhöhte Sturmaktivität auf den Ozeanen ab. Sie könnte generell zusammenhängen mit der Erwärmung der Ozeane und dem erhöhten Energieeintrag in die Atmosphäre, der vom Wasserdampftransport hervorgerufen wird.

Bei Hurrikanen, Taifunen und Zyklonen ist die Indizienlage nach wie vor widersprüchlich: Eine Gruppe von Wissenschaftlern verweist auf die Wasseroberflächentemperatur von 26 bis 27 °C, die als Voraussetzung dafür bekannt ist, dass tropische Wirbelstürme ausgelöst werden. Erwärmen sich die Ozeane, dann erfasst diese kritische Oberflächentemperatur immer größere Meeresgebiete und erstreckt sich über immer längere Zeiträume; das deutet auf eine mögliche Zunahme der Anzahl der Wirbelstürme hin.

Abb. 6 Zunahme der potenziellen Intensität tropischer Wirbelstürme

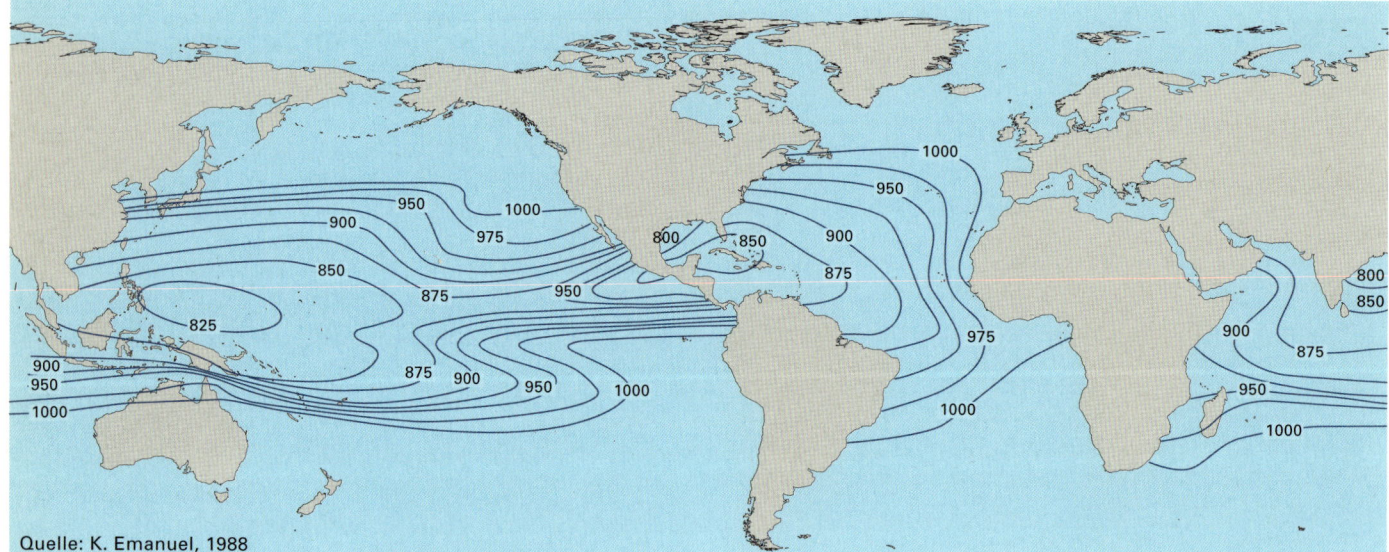

Quelle: K. Emanuel, 1988

Die Erwärmung der Ozeane (hier: bei Verdoppelung der CO_2-Konzentration) erhöht die potenzielle Intensität tropischer Wirbelstürme, ausgedrückt durch den minimalen Kerndruck (bisher beobachteter niedrigster Wert: 870 hPa, Super-taifun Tip). Die möglichen Entstehungsgebiete dehnen sich aus, z.B. in den Südatlantik. Dort wurde tatsächlich im März 2004 erstmals ein tropischer Wirbelsturm vor der Küste Brasiliens beobachtet.

Eine andere Gruppe stützt sich auf Modellrechnungen und vertritt die Meinung, es sei eher mit einem Anstieg der potenziellen Intensität solcher Sturmwirbel zu rechnen (s. Abb. 6). Eine dritte Gruppe hält schließlich den Einfluss der Klimaänderung für vernachlässigbar im Vergleich zu den starken natürlichen Schwankungen von Häufigkeit und Intensität, z.B. in Verbindung mit den pazifischen El-Niño-/ La-Niña- oder den atlantischen NAO-Schwankungen. Dabei verweist sie gerne auf die außerordentliche Hurrikanaktivität in Nordatlantik und Karibik während der 1950er- und 1960er-Jahre, die erst Mitte der 1990er-Jahre wieder erreicht wurde. Das sollte uns nicht in Sicherheit wiegen: Wird durch den Treibhauseffekt mehr Energie in die untere Atmosphäre und die Ozeane geleitet, dürfte dies langfristig dazu führen, dass sich die Energieaustausch- und -verteilungsprozesse intensivieren. Als solche fungieren auch die tropischen Wirbelstürme. Veränderungen der Meeresoberflächentemperaturen und der Meeresströmungen bzw. der atmosphärischen Zirkulation werden sich zwangsläufig auf die Zugbahnen und Intensität der Wirbelstürme auswirken. Als Alarmzeichen kann das erstmalige Auftreten eines Wirbelsturms über dem tropischen Südatlantik vor der brasilianischen Küste im März 2004 angesehen werden. Dort waren die Wassertemperaturen bisher stets zu kalt für eine solche Entwicklung. Möglicherweise bestätigen sich jetzt die seit langem geäußerten Befürchtungen, dass die dicht bevölkerten Küsten Brasiliens eines Tages von Hurrikanen bedroht sein könnten. Ähnliche Befürchtungen für die Küsten Westeuropas erscheinen dagegen reichlich verfrüht.

Fasst man die Verbindungen zwischen der globalen Erwärmung und verschiedenen Auswirkungen zusammen, ergibt sich eine lange Liste mehr oder weniger gut abgesicherter Veränderungen, die schon heute in die mittel- und langfristigen Vorsorgeüberlegungen einbezogen werden sollten (s. Tab. 3). Daneben existieren mit Sicherheit noch Rückkoppelungsmechanismen in der Atmosphäre, den Ozeanen, der Eissphäre und den Böden, von denen die Wissenschaft bisher nur sehr unsichere Vorstellungen hat. Eines der größten Fragezeichen steht hinter den möglichen Reaktionen der Ozeane, die für das Fortschreiten der globalen Umweltveränderungen signifikante Bedeutung haben können. Große Überraschungen sind deshalb vorprogrammiert. Umso wichtiger erscheint es, das „Experiment mit dem Planeten Erde", das die Menschheit bisher völlig unkontrolliert ablaufen lässt, so rasch wie möglich in den Griff zu bekommen. Andernfalls könnten die unmittelbaren Auswirkungen in Form von Naturkatastrophen und die langfristigen Folgen wie die Verschiebung von Klimazonen zu einer existenziellen Bedrohung für große Teile der weiter wachsenden Weltbevölkerung werden.

Tab. 3 Klimaänderung – Globale Veränderungen

Wissenschaftliche Absicherung	
sehr gut	– Zunahme der globalen Mitteltemperaturen in der unteren Atmosphäre und in den oberen Ozeanschichten – Abnahme der globalen Mitteltemperaturen in der Stratosphäre – Zeitweise starke Zerstörung der Ozonschicht in der polaren Stratosphäre (Ozonloch) – Abnahme des globalen Ozongehalts in der Stratosphäre – Abschmelzen der Inlandgletscher – Beschleunigter Anstieg des Meeresspiegels
gut	– Zunahme der milden, schneearmen Winter in Mitteleuropa – Zunahme der winterlichen Niederschläge in Mitteleuropa (Abnahme in Südeuropa) – Zunahme der winterlichen Sturmaktivität über dem Nordatlantik und über West- und Mitteleuropa – Veränderungen in Fauna und Flora
gering	– Zunahme der tropischen Wirbelsturmaktivität (Häufigkeit, Intensität, Entstehungsgebiete, saisonale Dauer) – Zunahme von Gewittern, Starkregen und Hagelschlägen (mittlere Breiten) – Ausweitung der Dürre- und Wüstenzonen in subtropischen Breiten

Quelle: Münchener Rück, GeoRisikoForschung, 2000

Literatur

Dronia, H. (1991): Zum vermehrten Auftreten extremer Tiefdruckgebiete über dem Nordatlantik. Die Witterung in Übersee 39 (3): 27.

Emanuel, KA. (1988): The maximum intensity of hurricanes. J. Atmos. Sci., 45, 1143–1155.

IPCC (Intergovernmental Panel on Climage Change): Climate Change 2001, Cambridge.

Münchener Rück (1999): topics 2000 – Jahrtausendrückblick Naturkatastrophen.

Der Autor

Gerhard Berz wuchs in Oberammergau auf und ging im Humanistischen Gymnasium Ettal zur Schule, wo er 1960 das Abitur ablegte. Nach dem Studium der Meteorologie an der Universität München, das er 1966 mit der Diplomprüfung abschloss, trat er die Stelle eines Wissenschaftlichen Assistenten am Institut für Geophysik und Meteorologie der Universität Köln an. Nach der Promotion 1969 und der Referendarausbildung sowie Assessorprüfung 1971 beim Deutschen Wetterdienst wechselte er 1972 als Wissenschaftlicher Assistent an die Universität München und erhielt dort einen Lehrauftrag, den er bis heute ausübt.

1974 berief ihn die Münchener Rück zum Leiter des Bereichs Elementargefahren (heute: CUGC3 „GeoRisikoForschung"), den er zu einem führenden Institut auf diesem Gebiet in der Versicherungswirtschaft und darüber hinaus ausbaute. Dies brachte ihm den Titel „Master of Disaster" (Focus 2001) ein.

Neben seiner Tätigkeit für die Münchener Rück wirkt Herr Berz in zahlreichen nationalen und internationalen Vereinigungen mit, z. B. dem Deutschen Komitee für Katastrophenvorsorge, der International Strategy for Disaster Reduction, dem Intergovernmental Panel on Climate Change und dem World Weather Research Program.

Projektionen für Meere und Küsten

Der Ozean spielt eine entscheidende Rolle im globalen Klimasystem und ist gleichzeitig eine wichtige Ressource für die Küstenbewohner. Der anthropogene Klimawandel wirkt sich daher nicht nur auf die Rolle des Global Players „Ozean" aus, sondern auch auf die Gefahren, denen die Menschen in den Küstenregionen ausgesetzt sind.

Hans von Storch, Marisa Montoya,
Fidel J. González-Rouco, Katja Woth

Überschwemmter Fischmarkt in Hamburg während einer Sturmflut im Januar 1995.

Die schlimmste Sturmflut der deutschen Nachkriegsgeschichte ereignete sich im Februar 1962, als an der Elbe die Deiche brachen und in tief liegenden Stadtteilen Hamburgs 315 Menschen ertranken.

Einleitung

Die Ozeane, die etwa 70 % der Erdoberfläche bedecken, sind ein Schlüsselelement in unserem Klimasystem. Zuallererst trägt die thermische Trägheit der Ozeane zur Persistenz des Klimasystems bei, daneben sind die Weltmeere aber auch zuständig für den Transport großer Mengen von Bewegungsenergie und Wärme. Darüber hinaus fungieren sie als wichtige Stoffspeicher, insbesondere für Kohlenstoff.

Gleichzeitig sind die Meere aber auch eine wesentliche Ressource für die Wirtschaftstätigkeit des Menschen, vor allem für die Seefracht, den Fischfang oder die Offshore-Industrien. Solche Aktivitäten konzentrieren sich auf die küstennahen Zonen und kollidieren dort häufig mit den Funktionen des küstennahen Meeres als eines entscheidenden Elements reichhaltiger Ökosysteme. Der Nutzen der Wirtschaftstätigkeit wie auch das Funktionieren der küstennahen Ökosysteme hängen zu einem gewissen Grad von den natürlichen Gefahren in den Küstengebieten ab, besonders von natürlichen, langsamen Variationen des Wasserstands, windbedingten Wasserstandsextremen sowie hohen Wellen bei starken Stürmen.

Wegen der anhaltenden Emissionen von strahlungsaktiven Substanzen in die Atmosphäre und der Trägheit des wirtschaftlichen und politischen Systems rechnet das IPCC (Intergovernmental Panel on Climate Change – siehe Houghton et al. 1996, 2001) mit signifikanten Klimaänderungen in den kommenden 100 Jahren. Im Folgenden betrachten wir zwei Beispiele dieser Veränderungen, die für das 21. Jahrhundert als plausibel angesehen werden (aber durchaus nicht als Vorhersagen).

Die beiden Hauptfunktionen des Meeres – als globaler Akteur im Klimasystem einerseits und als regionale Ressource und Risiko andererseits – umfassen ein breites Spektrum unterschiedlicher Aspekte, die natürlich in einem so kurzen Beitrag wie diesem nicht bewältigt werden können. Eine umfassende Darstellung verschiedener Aspekte hat hierzu das IPCC mit großer Sorgfalt und Detailtiefe erstellt (Houghton et al., 2001). Wir beschränken uns auf zwei relevante Themen, zu denen wir glauben, etwas Wichtiges beitragen zu können: Die Variabilität und Veränderung der nordatlantischen Overturning-Zirkulation ist eine der Eigenschaften des Ozeans auf globaler Skala. Die Statistik der Sturmfluten an der Nordseeküste verdeutlicht beispielhaft eine Folge des Klimawandels, die sich unmittelbar spürbar auf die Landnutzung und den Küstenschutz auswirkt.

**Abb. 1 Erik-den-Røde-Simulation
Zeitreihe von Jahresdurchschnittsvariablen**

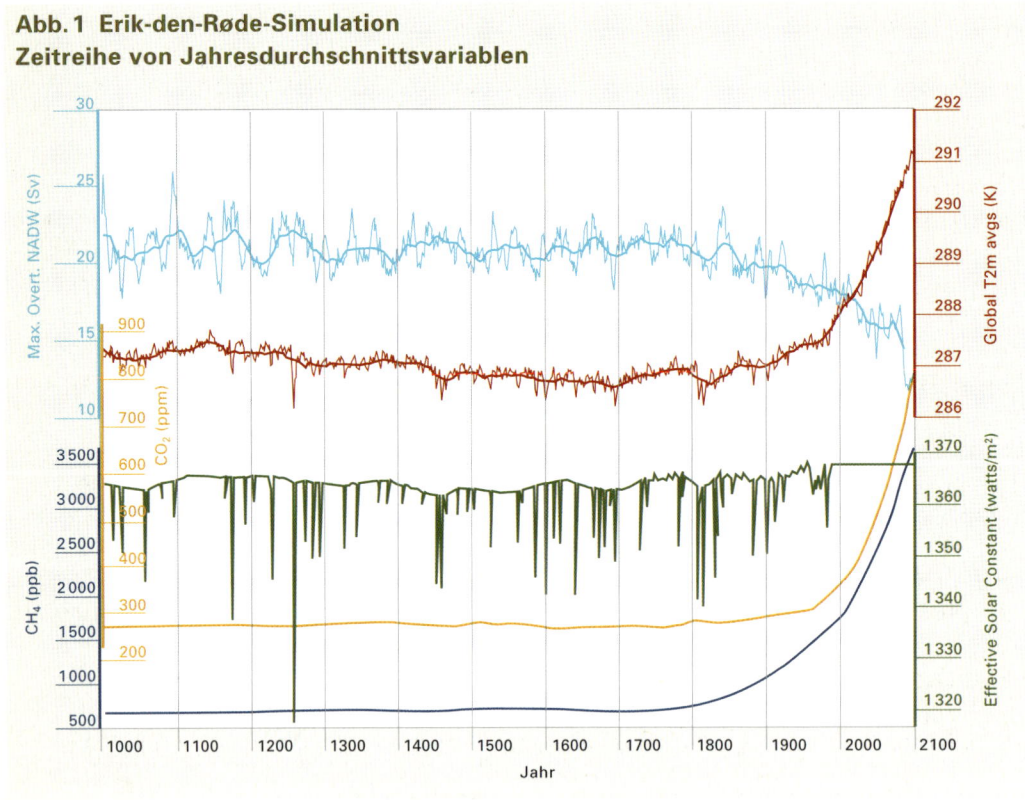

Die Grafik zeigt die Antriebsfaktoren Sonneneinstrahlung (Variationen sind auf Schwankungen in der Sonnenaktivität und auf Aerosole vulkanischen Ursprungs in der Atmosphäre zurückzuführen [grün]), Treibhausgase (Kohlendioxid [gelb] und Methan [dunkelblau]) sowie die globale durchschnittliche Lufttemperatur (rot) und das nordatlantische Tiefenwasser (NADW) (hellblau). Der Antrieb bis 1990 beruht auf Beobachtungen und indirekten Nachweisen; für die Zeit ab 1990 werden die natürlichen Antriebsfaktoren als gleichbleibend angenommen, während die Treibhausgaskonzentrationen erhöht werden, wie es im SRES-Szenario A2 des IPCC vorgesehen ist.

Die Erik-den-Røde-Simulation:
Globaler Wandel im historischen Kontext

Unter dem Namen „Erik den Røde" haben wir eine Jahrtausendintegration mit dem aktuellen Klimamodell ECHO-G durchgeführt, einem gekoppelten Ozean-Atmosphären-Modell, das aus dem Ozeanmodell HOPE-G in T42-Auflösung und dem Atmosphärenmodell ECHAM4 in T30-Auflösung besteht. Für den Durchlauf des Modells wurde ein geschätzter zeitvariabler, historisch externer Antrieb der Sonnen- und Vulkanaktivität benutzt sowie sich ändernde Treibhausgaskonzentrationen in der Atmosphäre angesetzt (Abb. 1; Einzelheiten siehe Zorita et al., 2004 oder González-Rouco et al., 2003). Beginn der Simulation war das Jahr 900 n. Chr. Die ersten 100 Jahre dienten dazu, das Modell ins Gleichgewicht zu bringen. Für die Zeit ab 1990 wurde die Simulation mit konstantem solarem Antrieb und ohne Vulkanaktivität fortgesetzt, jedoch mit zunehmenden Treibhausgaskonzentrationen, wie sie im SRES-Szenario A2 des IPCC spezifiziert sind. Bei diesem A2-Szenario geht man davon aus, dass die Treibhausgasemissionen künftig erheblich steigen (Houghton et al., 2001). Nach diesem Szenariomodell liegen die Kohlendioxidemissionen am Ende des 21. Jahrhunderts bei 30 Gt/Jahr, die Konzentration bei 800–900 ppm. Gleichzeitig wird angenommen, dass die Schwefelemissionen auf etwa 60 bis 70 Millionen Tonnen pro Jahr zurückgehen. Die erwartete Auswirkung auf das Klima wird mit einer Erwärmung von 3,8 K (Kelvin) und einem Anstieg des Meeresspiegels um 40 cm angesetzt. Abbildung 1 zeigt

den Zeitverlauf der effektiven Sonnenaktivität und der Konzentrationen von Treibhausgasen und Aerosolen vulkanischen Ursprungs, die als Antrieb für das Modell im relevanten Zeitraum von 1000 bis 2100 benutzt wurden.

Das Modell integriert und speichert alle relevanten ozeanischen und atmosphärischen Variablen. Die Erik-den-Røde-Simulation wurde hauptsächlich auf Variationen der Lufttemperatur untersucht (Abb. 1). Es simuliert korrekt eine allmähliche Abkühlung von einem relativ hohen Temperaturplateau im 11. und 12. Jahrhundert – mit der kühlsten Periode im späten Maunder-Minimum (LMM, Late Maunder Minimum) – und einen kontinuierlichen Anstieg der Temperaturen seit der Mitte des 19. Jahrhunderts. Das Variationsmuster deckt sich mit dem allgemein anerkannten Kenntnisstand, dagegen wird die Intensität der Temperaturschwankungen kontrovers diskutiert: Die LMM-Temperaturschwankungen in Europa passen gut zu den regionalen Rekonstruktionen (KIHZ-Konsortium, 2004, Zorita et al., 2004) und sind vergleichbar mit den Schätzungen auf der Grundlage von Bohrlochmessungen (Briffa und Osborn, 2002). Sie sind jedoch deutlich zu hoch im Vergleich zu historischen Schätzwerten, die durch eine Regression von Proxydaten zur Temperatur ermittelt wurden.

Im Folgenden untersuchen wir die Intensität der atlantischen meridionalen Overturning-Zirkulation. Beachtliche Veränderungen zeigen sich in der Simulation seit dem Beginn der Industrialisierung, was mit vorangegangenen Simulationen (Wood et al., 1999) übereinstimmt. Unsere Simulation umfasst jedoch acht frühere Jahrhunderte, in denen der Mensch nicht nennenswert eingriff. Diese zusätzlichen Daten ermöglichen es uns, das anthropogene Signal mit dem „Rauschen" natürlicher Schwankungen zu vergleichen. Die großräumige Zirkulation des Atlantiks hat in der Nähe der Meeresoberfläche eine nach Norden gerichtete Komponente, in den subpolaren Gewässern eine nach unten gerichtete Bewegung und in den tieferen Schichten des Beckens einen nach Süden gerichteten Rückfluss. Die Tiefenwasserproduktion im Nordatlantik wird auf derzeit 15 ± 2 Sv (Sverdrup) geschätzt (Ganachaud und Wunsch, 2000). Diese Zirkulation transportiert Wärme vom Süden in den Nordatlantik und trägt damit zum milden Klima in Europa bei (siehe z. B. Rahmstorf, 2002). Es ist daher von entscheidender Bedeutung zu ermitteln, wie sich die Zirkulation in der Zukunft verändern könnte. Sie kann gut anhand der meridionalen Stromfunktion dargestellt werden (Abb. 2) – die Strömung verläuft parallel zu den Stromlinien.

Eine Kennzahl für die Intensität der meridionalen Overturning-Zirkulation im Atlantik ist die „nordatlantische Tiefenwasserbildung" (NADW). Sie ist definiert als Maximum der Stromfunktion zwischen 200 m und 2000 m und zwischen 40° N und 90° N. Abb. 1 verdeutlicht die zeitliche Entwicklung des NADW seit dem Jahr 1000 bis heute und für die nächsten einhundert Jahre. Bis zum Beginn der Industrialisierung betrug das NADW durchschnittlich 22 Sv und war damit etwas größer als aus den Beobachtungen geschätzt. Das NADW war keinen starken Schwankungen unterworfen – zwischenzeitliche Anomalien lagen in der Größenordnung von ±2 Sv, wobei anfänglich etwas höhere Werte auftraten. Seit 1850 geht das NADW zurück. Im Durchschnitt bewegt sich das NADW im Zeitraum 1850–2000 in der Simulation bei etwa 19–20 Sv, was am unteren Ende der Variabilität des vergangenen Jahrtausends liegt. Diese Änderung enspricht der Simulation von Änderungen während des Industriezeitalters durch Wood et al. (1999). In den kommenden 100 Jahren wird sich bei einer Annahme der Emissionen gemäß dem A2-Szenario der Rückgang bis auf einen Wert von etwa 12 Sv fortsetzen und damit erheblich über das Ausmaß natürlicher Schwankungen während des vergangenen Jahrtausends hinausgehen.

Abb. 2 Meridionale Stromfunktion der nordatlantischen Overturning-Zirkulation

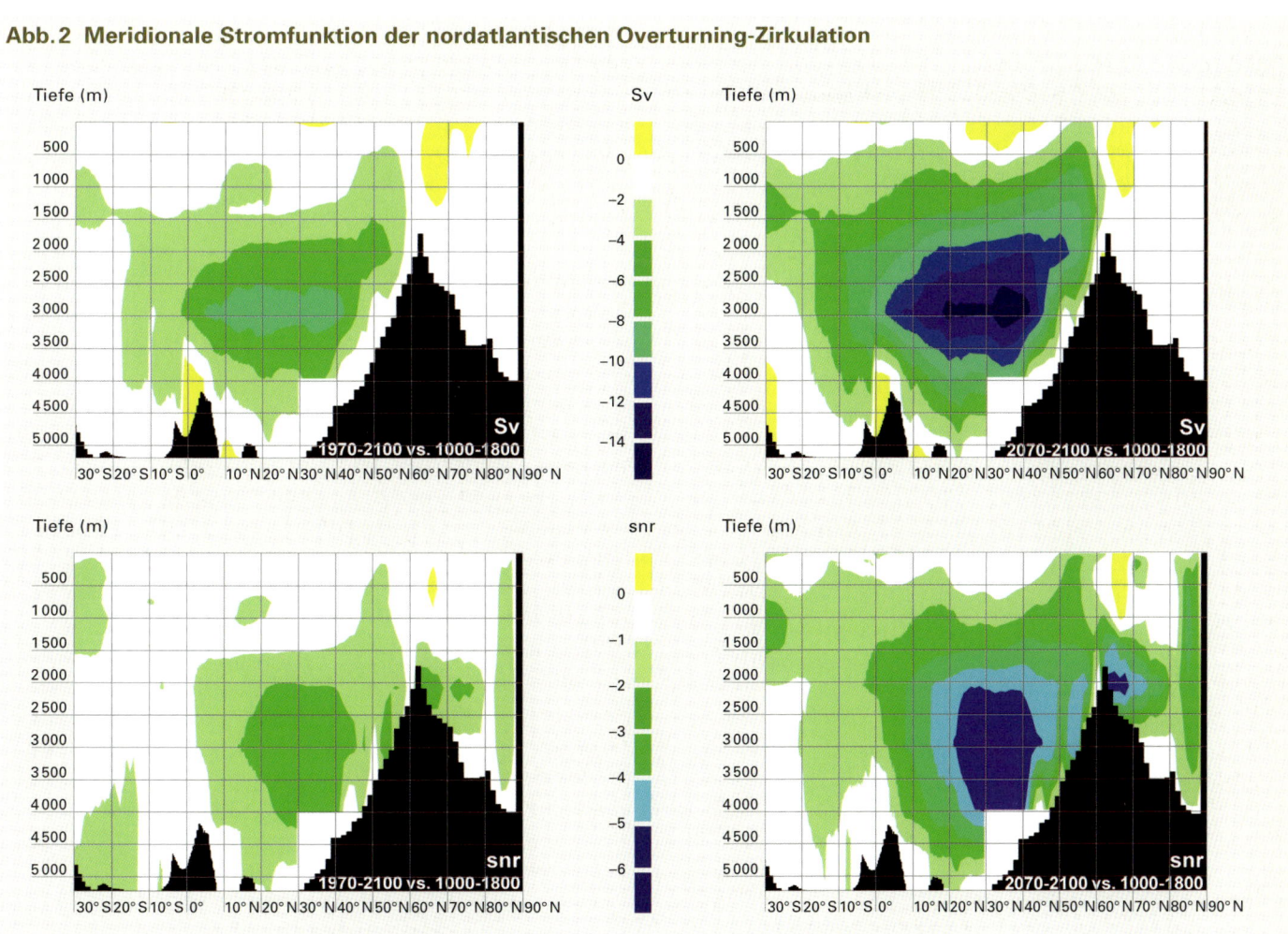

Dargestellt sind 30-Jahres-Abweichungen vom vorindustriellen „Normalwert" für die Zeit von 1000 bis 1800 in Sverdrup (oben) und das Signal-Rausch-Verhältnis dieser Änderungen (d. h. 30-Jahres-Anomalien, dividiert durch zwei Standardabweichungen von mittleren 30-Jahres-Variationen in vorindustrieller Zeit; unten). Links: 1970–2100, rechts: 2070–2100 nach dem A2-Szenario (1 Sverdrup = 1 Million Kubikmeter pro Sekunde).

Oben: Historische Darstellung einer Sturmflut in Holland aus dem Jahr 1675 (nach Jakubowski-Thiessen, 2004); unten: Sturmflut in der Elbemündung im Februar 1962 (nach Petersen und Rohde, 1977).

Die Standardabweichung des 30-jährig gleitenden Mittels des NADW im Zeitraum 1000–1850 wird auf 0,52 Sv geschätzt, sodass alle Abweichungen im 30-Jahres-Mittel von mehr als etwa ±1 Sv als statistisch signifikant angesehen werden können. Die jüngsten Änderungen (Abb. 2) im Zeitraum 1970–2000 sind mit einer Verringerung von 4 Sv und mehr und einem Signal-Rausch-Verhältnis von bis zu 3 signifikant. Bis Ende des 21. Jahrhunderts ist der Rückgang nach dem A2-Szenario mit 10 Sv und mehr bei einem Signal-Rausch-Verhältnis von 5 und mehr beträchtlich.

Statistik der Sturmfluten an der Nordsee

Das zweite Thema beschäftigt sich mit den Sturmfluten an der Nordseeküste. Historisch und bis heute sind sie eine der größten Gefahren, die mit dem Leben an der Küste verbunden sind. Die Darstellung oben zeigt eine schwere Flut im 17. Jahrhundert; darunter eine Fotografie eines Deichs kurz vor dem Durchbruch bei der katastrophalen Sturmflut, die sich im Februar 1962 an der deutschen Nordseeküste ereignete und erhebliche Auswirkungen auf die Bevölkerung hatte (siehe beispielsweise Jakubowski-Thiessen (2004) und Petersen/Rohde (1977) zur historischen Darstellung früherer Sturmfluten und zur Wahrnehmung durch die Bevölkerung).

Die entscheidende Größe einer Sturmflut setzt sich zusammen aus Wasserstand und Wellenhöhe. Die Wellenhöhe hängt von verschiedenen lokalen Bedingungen ab, etwa der Form des Deichs und der Morphodynamik in dem Gebiet vor der Küstenlinie. Der Wasserstand ist bedingt durch den mittleren Meeresspiegel, der das Wasservolumen in den weltweiten Meeresbecken widerspiegelt, sowie durch die regionalen Windbedingungen und die

Erwarteter Effekt stärkster Stürme in der Nordsee auf die Windstauhöhen nach einem A2-Klimawandelszenario unter Verwendung einer Kette von Modellen: das globale Klimamodell des Hadley Center, das regionale Atmosphärenmodell des Danish Meteorological Institute und das Sturmflutmodell der GKSS.

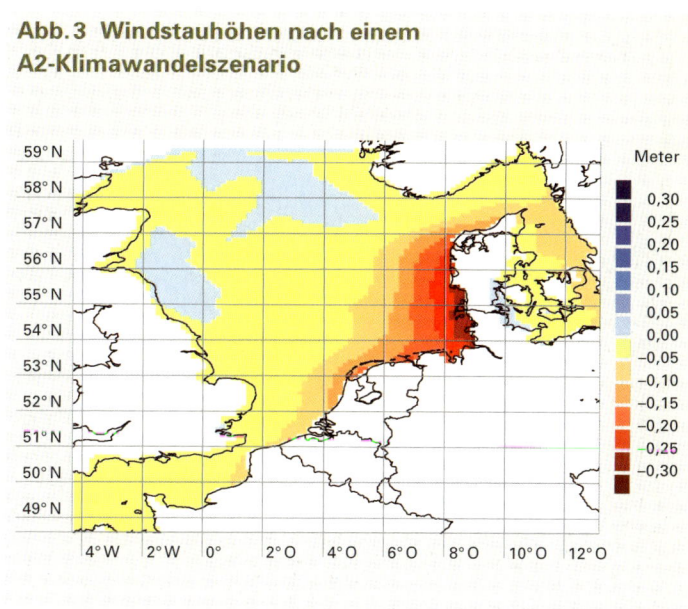

Abb.3 Windstauhöhen nach einem A2-Klimawandelszenario

astronomischen Gezeiten. Änderungen des Wasservolumens und lokaler Windverhältnisse sowie der morphologischen Gegebenheiten, z.B. durch das Ausbaggern von Fahrrinnen für die Schifffahrt, können eine wichtige Rolle bei der Entwicklung zukünftiger Sturmfluten spielen (Wyrtki, 1993).

Szenarien des globalen Klimawandels berücksichtigen Änderungen des Wasservolumens sowie regionaler Wetterbedingungen, insbesondere der Stürme. Was das Wasservolumen betrifft, nimmt das IPCC für das A2-Szenario als günstigste Schätzung an, dass sich der Meeresspiegel bis zum Ende dieses Jahrhunderts um 40 cm erhöht. Schätzungen über Änderungen der Sturmtätigkeit sind wegen der unzureichenden Auflösung der globalen Klimamodelle von regionalen Änderungen schwieriger. Um dieses Skalenproblem zu lösen, wurden Verfahren zur Regionalisierung (downscaling) entwickelt. Eines dieser Verfahren besteht darin, ein regionales Atmosphärenmodell den großskaligen Änderungen eines globalen Modells auszusetzen. Das regionale Modell lässt man dann die regionalen Änderungen als Antwort auf den großskaligen atmosphärischen Strom sowie die regionalen physiographischen Einzelheiten schätzen. Im europäischen Projekt PRUDENCE (Christensen et al., 2003) wurde das A2-Klimaänderungsszenario zunächst durch ein globales Modell des Hadley Centers modelliert, bevor es dann mithilfe verschiedener regionaler Modelle regionalisiert wurde. Ein regionaler Effekt war in allen Fällen ähnlich, nämlich dass hohe Windgeschwindigkeiten in den meisten Teilen der Nordsee im Winter moderat zunahmen.

Die simulierten Winde wurden verwertet, um ein Sturmflutmodell zu betreiben (Woth, 2004). Abb.3 zeigt die erwartete windbedingte Erhöhung der höchsten Wasserstände in einer Simulation, bei welcher der Output des regionalen Atmosphärenmodells des Danish Meteorological Institute als Antrieb für das Sturmflutmodell genutzt wurde. (Hier definiert als das 99,5 Perzentil im Winter bei halbstündiger Erfassung – damit wird dieser Wert durchschnittlich während etwa 10 Stunden innerhalb einer dreimonatigen Wintersaison überschritten.) Die stärksten Auswirkungen finden sich entlang der südlichen und östlichen Küste mit Höchstwerten von 30 cm und mehr längs des nordfriesischen Wattenmeeres. Zusammen mit dem erwarteten Anstieg des mittleren Meeresspiegels um 40 cm ergibt sich bei diesem eher pessimistischen A2-Szenario bis zum Ende des 21. Jahrhunderts ein Gesamtanstieg um 70 cm.

Die Verwendung eines anderen regionalen Klimamodells führt zu ähnlichen Veränderungen an der Nordseeküste (hier spezifischer: an der 10-Meter-Tiefenlinie entlang der Küstenlinie) (Abb. 4). Gemäß vier verschiedener regionaler Modelle, für die jeweils das globale Szenario aus der A2-Simulation des Hadley Center als Antrieb diente, sind an der östlichen Küste der Nordsee erhebliche Anstiege zu erwarten, die über das Ausmaß der normalen Schwankungen von Jahr zu Jahr hinausgehen.

Schlussfolgerungen

Der beschriebene Anstieg des Wasserstands um 70 cm bei einer Sturmflut an der östlichen Nordseeküste und die Verringerung des nordatlantischen Tiefenwassers (NADW) um mehr als ein Drittel sind hohe Zahlen – aber ungewisse Zahlen. Sie gelten nur für das A2-Szenario und hängen in

Abb.4 Veränderungen der Wasserstände entlang der Nordseeküste

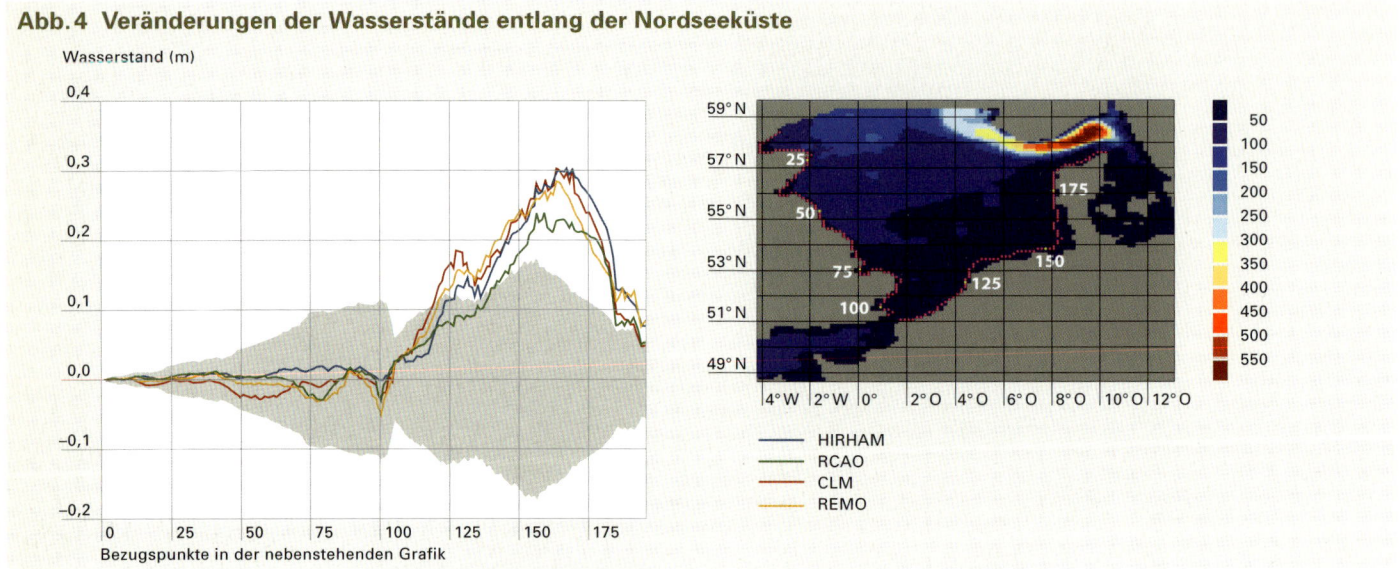

Im Rahmen des PRUDENCE-Projekts geschätzte Änderungen der windbedingten Veränderungen der Wasserstände entlang der Nordseeküste (rote Linie im rechten Bild).

Die graue Fläche markiert den Bereich der natürlichen, interannualen Variabilität und die vier Linien zeigen die Schätzungen durch vier beteiligte regionale Klimamodelle, die alle ein- und dasselbe globale Klimawandelmodell des Hadley Center nach dem A2-Szenario regionalisieren.

gewissem Umfang von dem verwendeten globalen Klimamodell ab. Bei Anwendung eines anderen Modells ergeben sich etwas andere Zahlen, aber sie haben dasselbe Vorzeichen und sind signifikant. Das A2-Szenario ist relativ pessimistisch, und es kann gut sein, dass die zukünftigen Emissionen von strahlungsaktiven Substanzen eine erheblich umweltfreundlichere Entwicklung nehmen. Wenn ein anderes, aber ebenso wahrscheinliches Szenario verwendet wird, beispielsweise B2, ist die Auswirkung am Ende des 21. Jahrhunderts geringer, aber dennoch signifikant: Die Schätzung des Temperaturanstiegs liegt bei 2,8 K, die des Meeresspiegelanstiegs bei 35 cm (Houghton et al., 2001) und die der Tiefenwasserbildung (NADW) bei etwa 15 Sv.

Bei den Sturmflutszenarien haben wir keinen Zugriff auf B2-Simulationen – aber es wurden A2-Szenarien mit verschiedenen globalen Modellen simuliert: Dabei ergeben sich zwar ähnliche, aber eben doch unterschiedliche Sturmflutimplikationen. Trotz der Ungewissheiten sollten die genannten Zahlen die Küstenschützer veranlassen, sich auf veränderte Gefahren einzustellen und langfristig ihre Strategien zu überdenken.

Wir haben von möglichen und plausiblen zukünftigen Änderungen berichtet; die Änderungen, die wir als für die Zukunft möglich beschreiben, sind signifikant, aber wenn wir einen linearen Anstieg über den Zeitverlauf annehmen – es ist realistischer, einen gemäßigt exponentiellen Anstieg anzunehmen, der in den frühen Jahrzehnten langsam und später schneller verläuft – beträgt die Erhöhung der windbedingten Wasserstände nach dem A2-Szenario (maximal) 7 cm pro Jahrzehnt. Die Auswirkungen sind daher heute und in den nächsten paar Jahren noch nicht erkennbar, aber die Situation könnte in den kommenden Jahrzehnten ernster werden.

Danksagung

Wir danken Herrn Peter Höppe und der Münchener Rück, die uns die herausfordernde Aufgabe stellten, die NADW-Entwicklung mit der Erik-den-Røde-Simulation näher zu untersuchen. Beate Gardeike erstellte die Diagramme in professioneller Weise.

Literatur

Briffa, K. R., T. J. Osborn (2002): Blowing hot and cold. In: Science 295, S. 2227–2228.

Christensen, J.H., T. Carter, F. Giorgi (2002): PRUDENCE employs new methods to assess European climate change. In: EOS, Vol. 83, S. 147.

Ganachaud, A., C. Wunsch (2000): Improved estimates of global ocean circulation, heat transport and mixing from hydrographic data. In: Nature 408, S. 453–456

González-Rouco J. F., E. Zorita, U. Cubasch, H. von Storch, I. Fischer-Bruns, F. Valero, J. P. Montavez, U. Schlese, S. Legutke (2003): Simulating the climate since 1000 A. D. with the AOGCM ECHO-G. In: Proc. ISCS 2003 Symposium, 'Solar Variability as an Input to the Earth's Environment', Tatranská Lomnica, Slovakia, 23–28 June 2003. In: ESA SP-535, S. 329–338.

Houghton, J.T., L.G. Meira Filho, B.A. Callander, N. Harris, A. Kattenberg, K. Maskell (Hrsg.) (1996): Climate Change 1995. The Science of Climate Change. Cambridge University Press ISBN 0 521 56436-0, 572 S.

Houghton, J.T., Y. Ding, D.J. Griggs, M. Noguer, P.J. van der Linden, X. Dai, K. Maskell, C.A. Johnson (2001): Climate Change 2001: The Scientific Basis. Cambridge University Press, 881 S.

Jakubowski-Thiessen, M. (2004): „Trutz, Blanker Hans". Der Kampf gegen die Nordsee. In: B. Lundt (Hrsg.). Nordlichter. Geschichtsbewusstsein und Geschichtsmythen nördlich der Elbe, Böhlau Verlag Köln, Weimar Berlin, S. 67–84.

KIHZ-Consortium: J. Zinke, H. von Storch, B. Müller, E. Zorita, B. Rein, H. B. Mieding, H. Miller, A. Lücke, G. H. Schleser, M. J. Schwab, J. F. W. Negendank, U. Kienel, J. F. González-Rouco, C. Dullo, A. Eisenhauser (2004): Evidence for the climate during the Late Maunder Minimum from proxy data available within KIHZ. In: H. Fischer, T. Kumke, G. Lohmann, G. Flöser, H. Miller, H von Storch und J. F. W. Negendank (Hrsg.): The Climate in Historical Times. Towards a synthesis of Holocene proxy data and climate models, Springer Verlag, Berlin, Heidelberg, New York, 487 S., ISBN 3-540-20601-9, S. 397–414.

Petersen, M., H. Rohde (1977): Sturmflut. Die großen Fluten an den Küsten Schleswig-Holsteins und in der Elbe. Karl Wachholz Verlag, 148 S.

Rahmstorf, S. (2002): Ocean circulation and climate during the past 120,000 years. In: Nature 419, S. 207–214.

Wood, R. A., A. B. Keen, J. F. Mitchell und J. M. Gregory (1999): Changing spatial structure of the thermohaline circulation in response to atmospheric CO_2 forcing in a climate model. In: Nature 399, S. 572–575.

Woth, K. (2004): North Sea storm surge statistics based on a series of climate change projections. Proc. In: Regional scale climate modelling workshop, Lund, 29. März–2. April 2004. Im Druck.

Wyrtki, K. (1993): Global sea level rise. Proc. In: Circum-Pacific Int. Symp. Earth Environment, National Fisheries Univ. Pusan, Pusan. D. Kim und Y. Kim, Hrsg., S. 215–226.

Zorita, E., H. von Storch, F. González-Rouco, U. Cubasch, J. Luterbacher, S. Legutke, I. Fischer-Bruns und U. Schlese (2004): Climate evolution in the last five centuries simulated by an atmosphere-ocean model: global temperatures, the North Atlantic Oscillation and the Late Maunder Minimum. In: Meteorologische Zeitschrift. Im Druck.

Die Autoren

Hans von Storch, Marisa Montoya, Fidel J. González-Rouco und Katja Woth arbeiten bereits seit mehreren Jahren auf dem Gebiet der Klima- und Küstenforschung zusammen.

Hans von Storch beschäftigt sich seit 1976 mit Atmosphären- und Klimaforschung. Er war am Meteorologischen Institut der Universität Hamburg und am Max-Planck-Institut für Meteorologie in Hamburg tätig. Seit 1996 ist er beim Institut für Küstenforschung des GKSS-Forschungszentrums Geesthacht.

Marisa Montoya hat bei Hans von Storch promoviert. Nach mehrjähriger Tätigkeit am Institut für Klimafolgenforschung Potsdam arbeitet sie derzeit als wissenschaftliche Mitarbeiterin in der Abteilung Astrophysik und atmosphärische Wissenschaften der Universität Madrid.

Fidel González-Rouco ging nach dreijähriger Tätigkeit für das GKSS-Forschungszentrum ebenfalls als wissenschaftlicher Mitarbeiter an die Universität Madrid.

Die Diplom-Geographin Katja Woth beendet derzeit am GKSS-Forschungszentrum ihre Doktorarbeit zum Thema „Änderungen bei Sturmflutstatistiken".

Gletscher als Zeugen von Klimaänderungen

Gletscher sind hervorragende Klimaarchive:
Anhand ihrer Reaktionen können wir die
rezente Klimaentwicklung verfolgen. Der
Gletscherschwund nach 1850 ist zwar im
Kontext des Endes der Kleinen Eiszeit zu
sehen, der rasante Verfall der Eismassen in
den letzten beiden Jahrzehnten belegt
jedoch drastisch, wie sehr dies anthropogen
beeinflusst wurde.

Heidi Escher-Vetter

**Der Hubbard-Gletscher in Alaska
ist derzeit weltweit der größte
außerpolare Gletscher.**

Einleitung

Obwohl von den in Schnee und Eis gebundenen Süßwasservorräten nur 0,1% (Vol.) auf die außerpolaren Gebirgsgletscher vor allem in Nord- und Südamerika, Zentralasien, Island, Skandinavien, den Alpen und Neuseeland entfallen, ist es von großer Bedeutung, die regionale Verteilung und das langzeitliche Verhalten dieser perennierenden Wasserspeicher für das Klima und den Wasserhaushalt der Erde zu kennen. In Tabelle 1 sind Länge und Fläche einiger ausgewählter Talgletscher aus verschiedenen Klimaregionen zusammengestellt. Der derzeit größte außerpolare Gletscher der Erde, der Hubbard-Gletscher, liegt in Alaska und ist mit 3400 km^2 Fläche rund 400-mal so groß wie der Vernagtferner (Ötztaler Alpen, Tirol) mit 8,5 km^2 Fläche (Stand: 2003). Da von den derzeit rund 5000 Alpengletschern mehr als die Hälfte kleiner als 1 km^2 sind, zählt der Vernagtferner dennoch zu den großen alpinen Eismassen; darüber hinaus ist er einer der am besten erforschten Gletscher weltweit.

Die frühe wissenschaftliche Beschäftigung mit diesem Gletscher wurde ausgelöst durch sein mehrmaliges schnelles Vorstoßen in der „Kleinen Eiszeit", einer Phase wiederholter Gletschervorstöße zwischen 1600 und 1850, die nicht nur für die Alpen, sondern auch für andere Gebirge der Erde gut belegt ist (Röthlisberger, 1986). Das unten stehende Bild zeigt eine zeitgenössische Darstellung der vorstoßenden Zunge des Vernagtferners im Jahr 1772. Am Ende dieses gletschergünstigen Klimaabschnittes um 1850 war der höchste Vergletscherungsgrad der letzten 10000 Jahre zu verzeichnen, sodass die folgende Abnahme der Eismassen über viele Dekaden als natürliche Entwicklung betrachtet werden konnte. Erst das letzte Jahrzehnt des zweiten Jahrtausends lieferte einen klaren Hinweis auf die anthropogene Beeinflussung des Gletscherschwundes.

Methoden der Gletscheruntersuchungen

Während man historische Veränderungen von Gletschern dokumentiert, indem man die Moränenstände kartiert oder mithilfe von Stichen, Gemälden und Fotographien darstellt, kann das Vorstoßen oder Zurückgehen der derzeit existierenden Gletscher prinzipiell mit drei Methoden analysiert werden: der geodätischen Methode, die auf Kartenvergleichen basiert, der glaziologischen Massenbilanzbestimmung, bei der Jahresbeträge von Akkumulation und Ablation direkt am Gletscher gemessen werden, und der hydrologisch-meteorologischen Methode, die vor allem die Schmelzwasserproduktions- und Abflussvorgänge detailliert analysiert und damit den engsten Bezug zu den Klimafaktoren herstellt, die das Gletscherverhalten steuern (Escher-Vetter, 2001).

Eine Übersicht über alle mit den verschiedenen Methoden überwachten Gletscher liefern die im Fünf-Jahres-Abstand zusammengestellten Daten des „Permanent Service on the Fluctuation of Glaciers" (Haeberli et al., 1998). Welche Methode angewendet wird, hängt ab von Parametern wie Gletschergröße, Zugänglichkeit, Existenz eines Pegelmessnetzes oder der Möglichkeit, wesentliche Klimaparameter und den Gesamtabfluss des Gletschers über längere Zeiträume kontinuierlich zu registrieren. Als zusätzlicher, einfach zu beobachtender Indikator für Gletscherveränderungen ist in diesen Zusammenstellungen die Endposition der Gletscherzunge angegeben. Mit dieser Methode wird das Verhalten der meisten Gletscher beschrieben, obwohl die Lage des Gletscherzunge primär nur als – teilweise stark verzögerte – Reaktion auf Massenbilanzänderungen und -umverteilungen im Gletschergebiet zu interpretieren ist.

Der Rofener Eissee am 16.8.1772. Menschen beobachten die chaotische Zunge des Vernagtferners (Walcher, 1773).

Abb. 1 Jährlich erfasste Gletscherveränderungen in den Schweizer Alpen

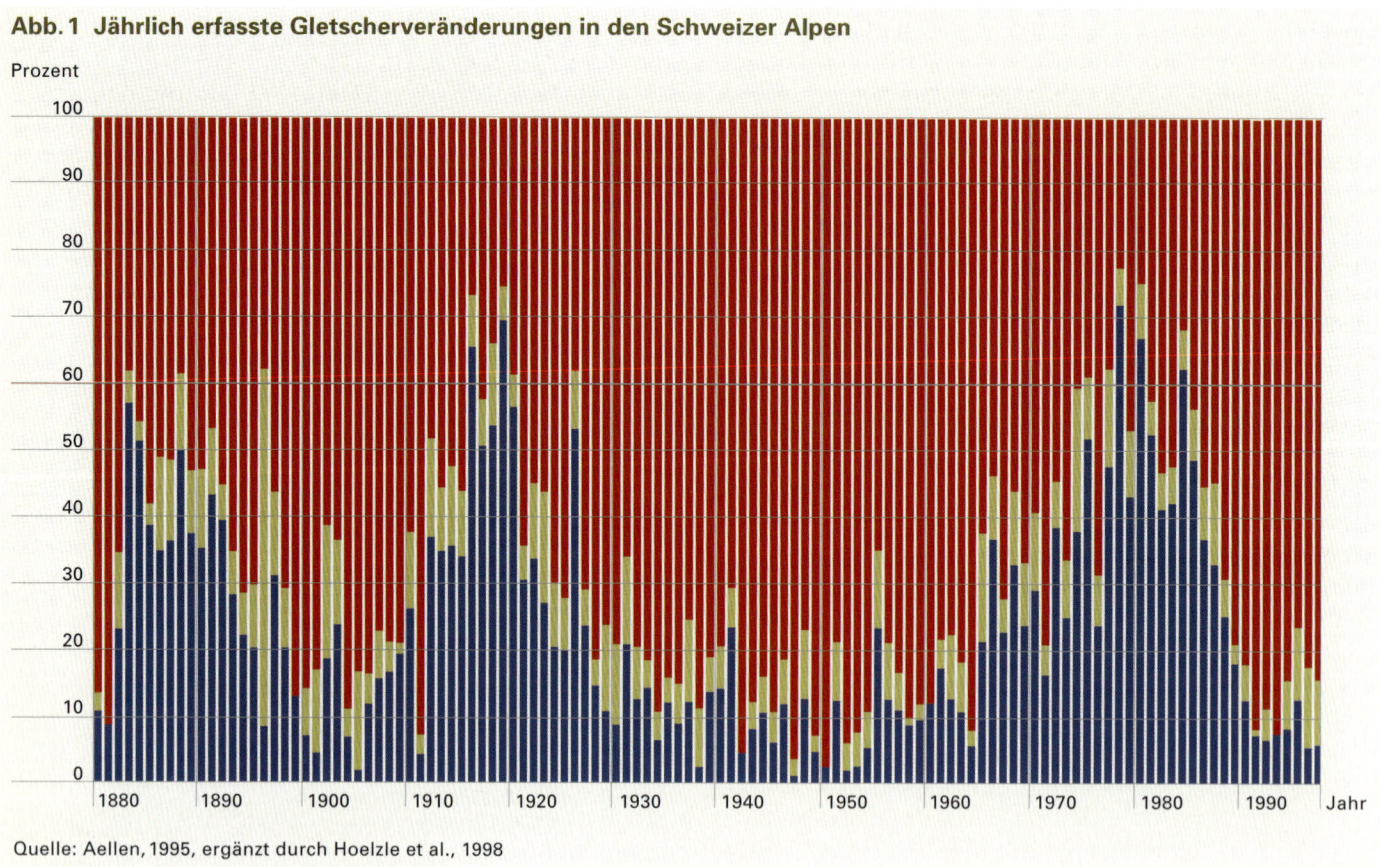

Quelle: Aellen, 1995, ergänzt durch Hoelzle et al., 1998

**Prozentanteile der vorstoßenden (blau),
stationären (grün) und zurückgehenden (rot)
Gletscher der Schweizer Alpen zwischen
1880 und 2000.**

Rezente Entwicklung von Gebirgsgletschern

Abbildung 1 zeigt die jährlich erfassten Zungenänderungen
von etwa 100 Gletschern der Schweizer Alpen seit 1880 in
Prozent (Aellen, 1995). Dabei sind Vorstöße blau, Rück-
gänge rot und stationäre Zungenenden grün dargestellt.
Man kann deutlich drei Phasen unterscheiden: 30 % bis
40 % der Gletscher stießen zwischen 1880 und 1900 vor,
von 1915 bis 1930 und zwischen 1965 und 1985 sogar z. T.
mehr als 60 %; dagegen waren im Zeitraum um 1950 mehr
als 90 % der Gletscher im Rückgang begriffen. Ein analoges
Bild ergibt sich für die österreichischen Gletscher: Auch
hier ist eine ähnliche große Anzahl vorstoßender Gletscher
um die Wende zum 20. Jahrhundert und in den Siebziger-
und Achtzigerjahren dokumentiert.

Die gleiche Statistik für Gletscher in Zentralasien ergibt
ähnliche Zahlen für den Pamir, der im Zeitraum 1955 bis
1980 39 % vorstoßende, 32 % stationäre und 29 % zurück-
weichende Zungenenden (auf der Basis von 28 Gletschern)
aufweist; hingegen lauten die entsprechenden Zahlen für
den Nord-Tienschan (für den Zeitraum 1943 bis 1977 und
für 210 Gletscher) 1 %, 14 % und 85 % (vorstoßend, stationär, zurückweichend) (Kotlyakov, 1997).

Während die Prozentzahlen vorstoßender oder zurückge-
hender Gletscher die Entwicklung eher qualitativ, dafür
aber für 544 Gletscher (Stand 1995) dokumentieren, liefert
die geodätische Methode Mittelwerte der Volumenände-
rungen über viele Jahre bis Jahrzehnte, die aber nur an
rund 30 Gletschern weltweit erfasst werden. Abbildung 2
gibt die Höhenänderungen von 15 Ostalpengletschern
wieder, die (bis auf Hintereis- und Gepatschferner) von
der Kommission für Glaziologie der Bayerischen Akademie der Wissenschaften überwacht werden. Die längsten
Zeitreihen dieser kartographischen Aufnahmen der Glet-
scheroberfläche liegen für Vernagt- und Guslarferner und
die Gletscher im Zugspitzgebiet vor (Finsterwalder und
Rentsch, 1991/92 und Finsterwalder, 1993). Diese zeigen
erhebliche Höhenverluste in der ersten Hälfte des 20. Jahrhunderts, leichte Zunahmen vor allem zwischen 1960 und
1980 und erneute Abnahmen in den letzten zwanzig Jahren. So verlor der Hintereisferner in den Jahren von 1940
bis 1954 85 cm pro Jahr (cm/a), die höchsten Werte der
ganzen Serie wurden am Hornkees in den Zillertaler Alpen
mit 118 cm/a von 1989 bis 1999 ermittelt. Dies entspricht
einer Höhenabnahme von fast 13 m bei beiden Gletschern; beim Hintereisferner wurde sie in 15 Jahren, beim
Hornkees in 11 Jahren gemessen! Die Höhenzunahmen
zwischen 1950 und 1980 ergaben merklich kleinere Be-
träge: Mit 67 cm/a fielen sie für das Waxeggkees, ebenfalls in den Zillertaler Alpen, am größten aus.

Die Abbildung liefert zwar einen guten Überblick über die Gletscherentwicklung, demonstriert aber auch die Einschränkungen, denen die geodätische Methode unterliegt, da sie über Zeiträume mit positiven und negativen Massenbilanzen integriert. Zeitlich höher aufgelöst sind die in Abbildung 3 dargestellten kumulativen spezifischen Massenbilanzwerte von vierzehn unterschiedlich großen Gebirgsgletschern; sie basieren auf den jährlich bestimmten Massenbilanzen der jeweiligen Gletscher (Haeberli et al., 2003). Die größten Massenverluste in den Alpen wurden für den Glacier de Sarennes, Frankreich, mit fast 35 Meter Wasseräquivalent (m.w.e.) zwischen 1948 und 1999 gemessen. Dagegen weist der Silvrettagletscher am Alpennordrand für die Jahre 1957 bis 1999 in der Summe keine Verluste auf. Hier wurden die Abnahmen seit 1985 durch die Massezunahme im Zeitraum davor kompensiert. Zwischen diesen beiden Extremwerten liegen die Massenänderungen der übrigen Gletscher – nicht nur in den Alpen, sondern auch in den zentralasiatischen Regionen, für die hier beispielhaft der Tujuksu- und Abramov-Gletscher und der Glacier No.1 (vgl. Tab.1) dargestellt sind.

Eine der wenigen Regionen der Erde, die auch in den letzten Jahrzehnten noch Massenzuwächse verzeichnete, ist der dem Nordatlantik zugewandte Teil Norwegens. Die Massenbilanzserie des Nigardsbreen in Norwegen weist für die letzten 40 Jahre nahezu ausschließlich positive Werte auf, die Massenzunahme beläuft sich auf 19,4 m w.e. (Haeberli et al., 2003).

Höhenänderungen ausgewählter Ostalpengletscher. Verluste sind rot, Gewinne blau gekennzeichnet. Die Zahlenwerte geben die mittlere spezifische Volumenänderung in Zentimeter pro Jahr über den vom Balken markierten Zeitraum an.

Abb. 2 Jährliche Höhenänderung ausgewählter Ostalpengletscher zwischen 1889 und 2000

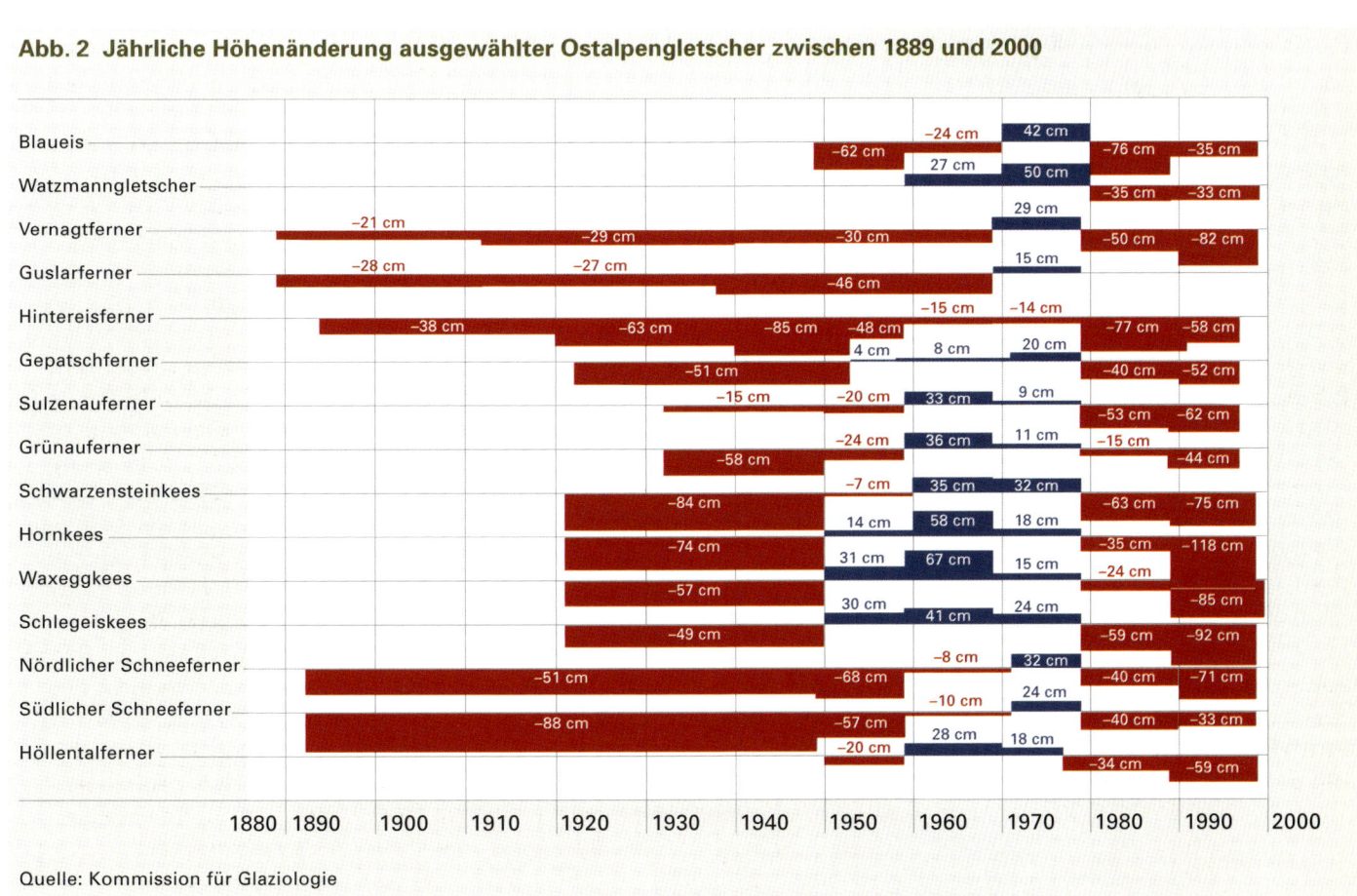

Quelle: Kommission für Glaziologie

Tab. 1 Länge und Fläche ausgewählter Gebirgsgletscher, Stand 1996

Gletscher	Länge km	Fläche km²
Hubbard-G. (Alaska, US)	122	3400
Fedtschenko-G. (Pamir, Tadschikistan)	77	992
Columbia-G. (Alaska, US)	61	1100
Baltoro-G. (Karakorum, Pakistan)	57	754
Skeidararjökul (Island)	50	1300
Perito-Moreno-G. (Patagonien, Argentinien)	30	257
Großer Aletsch-G. (Wallis, Schweiz)	25	87
Khumbu-G. (Himalaya, Nepal)	18	34
Mer de Glace (Montblancgruppe, Frankreich)	12	33
Franz Josef-G. (Neuseeland)	10	33
Nigardsbreen (Norwegen)	10	48
Abramov-G. (Kirgisistan)	9	26
Pasterze (Hohe Tauern, Österreich)	9	20
Vernagtferner (Ötztaler Alpen, Österreich)	3	9
Tujuksu-G. (Tienschan, Kasachstan)	3	6
Glacier No.1 (Tienschan, China)	2	2

Quelle: nach Escher-Vetter, 2004, ergänzt

Der einzige Alpengletscher, bei dem alle genannten Methoden zum Einsatz kommen, ist der Vernagtferner: die geodätische Methode seit 1889, die direkte glaziologische Massenbilanzbestimmung seit 1964/65 (Reinwarth und Escher-Vetter, 1999) und der hydrologisch-meteorologische Ansatz seit 1974 (Escher-Vetter et al., 2004). Die insgesamt sehr erheblichen Flächenverluste des Vernagtferners belegen vier Fotographien aus den Jahren 1912, 1938, 1973 und 2003 (siehe S. 120). Dieser Gletscher verlor von 1845 (13,8 km² Fläche) bis 2003 (8,5 km²) rund 40% seiner Fläche und sogar mehr als die Hälfte seines Eisvorrats; das Gletscherende verlagerte sich rund 4 km talaufwärts. Die nunmehr 40-jährige Massenbilanzserie (vgl. Abb. 4) weist einen Gesamtverlust von 11 m w. e. für den Zeitraum 1964/65 bis 2002/03 auf, mit dem Rekord-Haushaltsjahr 2002/03, das eine Massenbilanz von –2,1 m w. e. ergab, die damit doppelt so groß war wie im bis dahin negativsten Jahr (1990/91 –1,1 m w. e.). Das Einzugsgebiet der 1973 erbauten Pegelstation Vernagtbach umfasst 11,44 km², es liegt zwischen 2640 m NN und 3633 m NN und ist/war 2003 noch zu 75% vergletschert. An der Pegelstation werden die grundlegenden hydrologischen und meteorologischen Parameter zur Modellierung von Schmelzwasserproduktion und -abfluss auf Stundenbasis erfasst (Escher-Vetter, 2000). Seit Beginn der Registrierungen verdoppelten sich die Jahressummen des Abflusses von rund 1 m w. e. auf mehr als 2 m w. e.; die jährlichen Abflussspitzen stiegen im gleichen Zeitraum von 7 m³/s auf 15 m³/s.

Ursachen der Massenänderungen

Für die Gletscher Europas und Nordamerikas kann klar unterschieden werden zwischen der Akkumulationsperiode, die etwa von Oktober bis April dauert, und der Ablationsperiode in den Monaten Mai bis September. Dagegen können in anderen Klimaregionen beide Prozesse gleichzeitig auftreten, nämlich Massengewinne im hoch gelegenen Teil und im gleichen Witterungsabschnitt Verluste im unteren Gletschergebiet. Bei manchen zentralasiatischen Gletschern fällt der Zeitpunkt des stärksten Massenzuwachses auf die Sommermonate, für ihre Entwicklung spielt vor allem der Kontinentalitätsgrad eine wichtige Rolle. Der Tujuksu-Gletscher in Kasachstan (vgl. Tab.1 und Abb. 3) repräsentiert den gemäßigt kontinentalen Typ, der einen ähnlichen Jahresgang der Massengewinne und -verluste aufweist wie die Alpengletscher. Der hochkontinentale Glacier No. 1 dagegen ist charakterisiert durch kleine Niederschläge im Winter (12% des Jahresniederschlags) und hohe Akkumulationsbeträge im Sommer; maximale Akkumulation und Ablation treten in räumlich getrennten Bereichen gleichzeitig auf, was zu ausgeglicheneren Gesamtbilanzen über das Jahr führt. Trotzdem folgen beide Gletscher dem allgemeinen Abnahmetrend, die Verluste betragen 18 m w. e. (Tujuksu, seit 1955) bzw. 9 m w. e. (Glacier No. 1, seit 1958).

Abb. 3 Kumulative Massenbilanz ausgewählter Alpengletscher

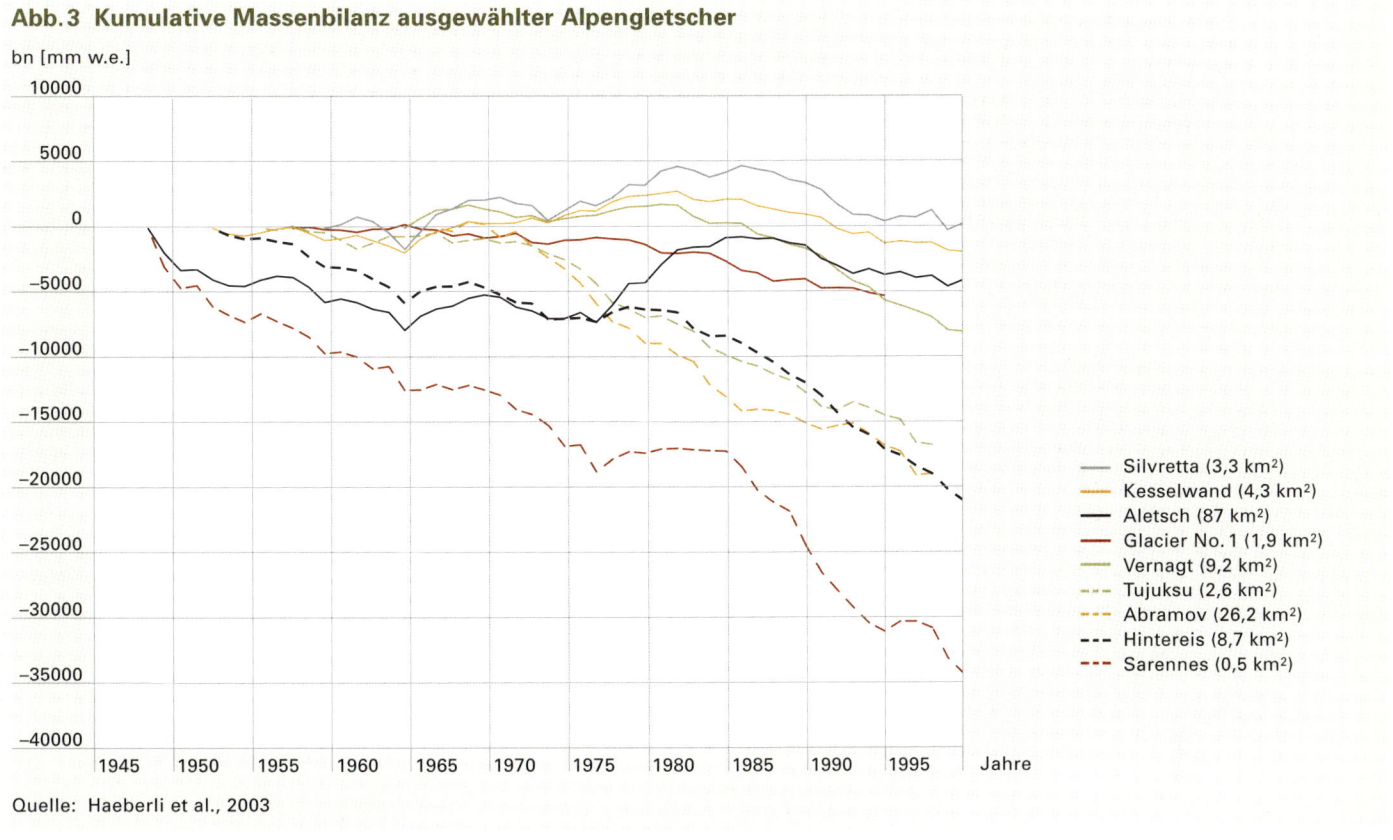

Quelle: Haeberli et al., 2003

**Kumulative Massenbilanz von 9 ausgewählten
Alpengletschern angegeben in Millimeter
Wasseräquivalent (mm w. e.), d. h. unter
Berücksichtigung der Eisdichte von 900 kg/m³.**

Die positiven Massenbilanzen der skandinavischen,
meerzugewandten Gletscher sind eine Folge der Nieder-
schlagsentwicklung im Winter. Diese wird derzeit durch
die Verlagerung der stationären Hoch- und Tiefdruckgebiete im Nordatlantik gesteuert, sodass auch hier die
gemessenen Massenverluste durch höhere Akkumula-
tionsraten überkompensiert werden. Schon auf der meer-
abgewandten Seite Skandinaviens, z. B. am Storglaciären
in Schweden, dominieren die Massenverluste, da die
Niederschlagsmengen die Verluste durch Schmelzung
nicht mehr ausgleichen können.

In den Zentralalpen haben sich dagegen die winterlichen
Massengewinne in Form von Schneefall in den letzten
40 Jahren nicht signifikant verändert. Deshalb ist die veränderte Gletschermassenbilanz hier in erster Linie eine
Folge der Witterungsverhältnisse im Sommer. Den größten Anteil an der Schmelzwasserproduktion von Gebirgsgletschern hat die Netto-Strahlungsbilanz, die zwischen
70 % und 90 % der verfügbaren Schmelzenergie liefert;
über die turbulenten Wärmeströme werden nur 10 % bis
30 % der Schmelzenergie bereitgestellt. Dagegen spielt die
Lufttemperatur für die Art des Niederschlags und damit
die Strahlungsabsorption eine dominierende Rolle: Frisch
gefallener Neuschnee reflektiert bis zu 90 % der Sonnenstrahlung, dunkles Gletschereis aber nur 10 % bis 30 %. Je
häufiger also Neuschnee im Sommer fällt, desto geringer
ist die Schmelzwasserproduktion. Die im Vernagt-Einzugs-

gebiet seit Mitte der Siebzigerjahre registrierten Daten
zeigen, dass sich die Schneefallgrenze vor allem in den
Neunzigerjahren in immer größere Höhen verlagert hat
und infolgedessen ein immer größerer Anteil des Niederschlags im Gesamtgebiet als Regen fällt. Dies führt nicht
nur zum Anstieg der Abschmelzung in einem individuellen Jahr, sondern beschleunigt – wegen der verstärkten
Reduzierung der Firnrücklagen – auch die Massenabnahme
im folgenden Haushaltsjahr. So weisen die Alpengletscher
zu Beginn des dritten Jahrtausends nur noch geringe Firn-
flächen auf, beim Vernagtferner umfassen sie etwa ein
Viertel der Gesamtfläche.

**Vier Vergleichsbilder des Vernagt-
ferners, aufgenommen vom
gleichen Standpunkt (Mittlere
Guslarspitze) in den Jahren 1912,
1938, 1973 und 2003.**

Ausblick

Seit dem postglazialen Hochstand in der Mitte des 19. Jahrhunderts ist für die Gletscher der Alpen – wie für die meisten Gletscher weltweit – ein deutlicher Rückgang zu verzeichnen. Dieser wurde zwar zeitweilig durch Massengewinne unterbrochen, die aber den säkularen Trend nicht umkehrten. Die Ursache des Gletscherschwundes liegt primär an einer erhöhten Abschmelzung während der Sommermonate und kann – wenn die Klimaentwicklung gleich bleibt – dazu führen, dass viele kleine Gebirgsgletscher verschwinden. Kurzfristig ist deshalb eine Erhöhung des Abflusses infolge verstärkter Schmelzwasserproduktion zu erwarten, die – wie mehrmals in den beiden letzten Dekaden – sogar Hochwasserkatastrophen in den Alpentälern zur Folge haben kann. Mit dem mittel- bis langfristigen Abbau der Eismassen dagegen ist eine Reduktion des Abflusses aus vergletscherten Einzugsgebieten vor allem in trockenen Sommerhalbjahren zu erwarten. Dies hat erhebliche Konsequenzen für Gebiete, deren Trinkwasserversorgung auf die Schmelzwässer der Gletscher angewiesen ist.

Hierzu gehören z. B. die Anrainerstaaten der Tienshan- und Pamirgebirge oder auch das Einzugsgebiet des Colorado im Westen der USA. Dieser Wassermangel wird aber auch zu Einschränkungen in der Stromproduktion führen, da Kraftwerke nicht mehr hinreichend mit Kühlwasser versorgt werden können. Ebenso ist die Schiffbarkeit von Flüssen davon betroffen, was die Wirtschaft, aber auch den Tourismus der jeweiligen Region beeinflusst. Last, but not least: Die karge, öde Moränenlandschaft, die abgeschmolzene Gletscher zurücklassen, bedeutet den Verlust eines vertraut gewordenen Landschaftsbildes in vielen Regionen unserer Erde.

Literatur

Aellen, M. (1995): Jährlich erfasste Gletscherveränderungen in den Schweizer Alpen. Jubiläums-Symposium der Schweizerischen Gletscherkommission. Publikationen der Schweizerischen Akademie der Naturwissenschaften, Bd. 6, Zürich, S. 123–146.

Escher-Vetter, H. (2000): Modelling meltwater production with a distributed energy balance method and runoff using a linear reservoir approach – results from Vernagtferner, Oetztal Alps, for the ablation seasons 1992 to 1995. Zeitschrift f. Gletscherkunde u. Glazialgeologie, Bd. 36, S. 119–150.

Escher-Vetter, H. (2001): Zum Gletscherverhalten in den Alpen im zwanzigsten Jahrhundert. Klimastatusbericht 2001. Hrsg. u. Verl.: Deutscher Wetterdienst, Offenbach, S. 51–57.

Escher-Vetter, H. (2004): Gebirgsgletscher und die Wasserversorgung. Kapitel 1.7 in: Warnsignal Klima: Genug Wasser für alle? Hrsg. J. L. Lózan, H. Graßl, P. Hupfer, L. Menzel, C.-D. Schönwiese, Wissenschaftliche Auswertungen in Hamburg. In Kooperation mit GEO-Reportage Magazin. S. 57–61, ISBN 3-9809668-0-1.

Escher-Vetter, H., T. Ellenrieder, M. Siebers (2004): Gemessene und modellierte Komponenten der Wasserbilanz für ein stark vergletschertes alpines Einzugsgebiet. Hrsg.: DMG, ÖGM, SGM. Tagungsberichte der DACH-MT 2004 Tagung, 7.–10.9. 2004 in Karlsruhe, CD-ROM, 10 S.

Finsterwalder, R. (1993): Die Veränderungen der bayerischen Gletscher im letzten Jahrzehnt (1980–1990). Mitteilungen der Geograph. Gesellsch. München, Bd. 77, 5–13.

Finsterwalder, R. und H. Rentsch (1991/92): Zur Höhenänderung von Ostalpengletschern im Zeitraum 1979–1989. Zeitschrift f. Gletscherkunde u. Glazialgeologie, 27/28, S. 165–172.

Hagg, W. (2003): Auswirkungen von Gletscherschwund auf die Wasserspende hochalpiner Gebiete, Vergleich Alpen – Zentralasien. Münchener Geographische Abhandl., Reihe A, Band A 53. Department für Geo- und Umweltwissenschaften der Universität München, Kommissionsverlag: GEOBUCH-Verlag. 96 S.

Haeberli, W., M. Hoelzle, S. Suter, R. Frauenfelder (Hrsg.) (1998): Fluctuations of Glaciers 1990–1995 (Vol. VII). A contribution to the Global Environment Monitoring Service (GEMS) and the International Hydrological Programme.

Department of Geography, University of Zurich, Zurich and Laboratory of Hydraulics, Hydrology and Glaciology, Swiss Federal Institute of Technology (ETH), Zurich.

Haeberli, W., R. Frauenfelder, M. Hoelzle, M. Zemp (Hrsg.) (2003): Glacier Mass Balance Bulletin, Bulletin No. 7 (2000–2001). Glaciology and Geomorphodynamics Group, Department of Geography, University of Zurich, 87 S.

Hoelzle, M., VonderMühll, D. und Maisch, M. (1999): Die Gletscher der Schweizer Alpen im Jahr 1997/98. Die Alpen, Zeitschrift des Schweizer Alpen-Clubs. Hrsg.: Schweizer Alpen-Club, Zentralvorstand, Bern. Heft 10, 28–40.

Kotlyakov, V. M. (Hrsg.), (1997): World Atlas of Snow and Ice Resources, Vol. 2, Moskau, 372 S.

Reinwarth, O., H. Escher-Vetter (1999): Mass Balance of Vernagtferner, Austria. Geografiska Annaler 81 A, S. 743–751.

Röthlisberger, F. (1986): 10 000 Jahre Gletschergeschichte der Erde. Verlag Sauerländer, Aarau, Frankfurt a. M., Salzburg, 416 S.

Walcher, J. (1773): Nachrichten von den Eisbergen in Tyrol. Wien, 96 S.

Die Autorin

Heidi Escher-Vetter studierte Meteorologie an der Ludwig-Maximilians-Universität in München. Seit 1974 arbeitet sie in verschiedenen Forschungsprojekten experimentell und theoretisch auf dem Gebiet der Glazialmeteorologie und -hydrologie. Dabei entwickelte sie im Rahmen ihrer Promotion ein Modell zur Schmelzwasserproduktion eines Alpengletschers. Seit 1992 ist sie wissenschaftliche Mitarbeiterin der Kommission für Glaziologie der Bayerischen Akademie der Wissenschaften, deren Hauptarbeitsgebiet der Vernagtferner im Ötztal in Tirol ist.

Hochwasser

Überschwemmungskatastrophen und in ihrer Folge volkswirtschaftliche und versicherte Schäden haben in den vergangenen Jahrzehnten signifikant zugenommen. Geeignete Vorsorgestrategien müssen alle Aspekte von der Entstehung des Hochwassers bis zur Vermeidung des Schadenpotenzials umfassen. Gefordert sind neben der Versicherungswirtschaft auch der Staat und die Betroffenen.

Wolfgang Kron

Völlig unter Wasser steht am 15. August 2002 der evakuierte Dresdner Stadtteil Laubegast.

Überschwemmungsschäden und -schadenpotenziale

Überschwemmungen sind neben Stürmen die häufigste Ursache für Schäden aus Naturereignissen. Rund ein Drittel aller Schadenereignisse und ein Drittel der volkswirtschaftlichen Schäden sind weltweit auf die Folgen von Hochwasser zurückzuführen; fast die Hälfte aller Menschen, die in den vergangenen Jahrzehnten bei Naturkatastrophen getötet wurden, waren Hochwasseropfer. Gleich die ersten Jahre des neuen Jahrhunderts haben eines deutlich gemacht: Rund um den Globus ist mehr und mehr mit Überschwemmungskatastrophen zu rechnen. Genannt seien hier als die größten einer Vielzahl von Ereignissen in der jüngsten Vergangenheit die Fluten in Mosambik (2/2000), in den Südalpen (10/2000), in England (11/2000), Texas (6/2001), Mittelchina (8/2002 und 6/2003), Mittel- und Osteuropa (8/2002), Südfrankreich (12/2003) sowie Indien und Bangladesch (8/2004). Weltweit betrachtet entstanden allein durch die großen Überschwemmungskatastrophen in den Neunzigerjahren Schäden von über 200 Milliarden US$ (Tab. 1). Dabei ist ein dramatischer Anstieg der Dekadenwerte bei der Anzahl wie auch bei den volkswirtschaftlichen und versicherten Schäden klar erkennbar, selbst wenn die Zahlen für das letzte Jahrzehnt im Vergleich zu den Neunzigerjahren kleiner sind.

Aber es sind nicht nur die großen, spektakulären Ereignisse, die Schäden anrichten; man kann vielmehr davon ausgehen, dass die vielen kleinen und mittleren lokalen Überschwemmungen in ihrer Summe noch einmal mindestens denselben Schadenbetrag beisteuern.
Der Anteil der versicherten Schäden bei Überschwemmungen ist im Gegensatz zu Beschädigungen durch Stürme üblicherweise gering. Das liegt auch daran, dass der Großteil der Schäden an öffentlichen Einrichtungen auftritt: an Straßen, Bahnlinien, Deichen, Gewässerbetten und Brücken sowie anderen Infrastruktureinrichtungen (z. B. Wasserversorgung und -entsorgung).

„Große Überschwemmungskatastrophen" sind jene, welche die Selbsthilfefähigkeit der betroffenen Regionen deutlich übersteigen und überregionale oder internationale Hilfe erforderlich machen. Das ist in der Regel der Fall, wenn die Zahl der Todesopfer in die Hunderte und Tausende, die der Obdachlosen in die Hunderttausende geht oder wenn substanzielle volkswirtschaftliche Schäden – je nach den wirtschaftlichen Verhältnissen des betroffenen Landes – verursacht werden.

Tab. 1 Große Überschwemmungskatastrophen seit 1950

Dekade	1950–1959	1960–1969	1970–1979	1980–1989	1990–1999	letzte 10 J. 1995–2004	Faktor letzte 10:60er
Anzahl	6	6	8	18	26	15	2,5
Volksw. Schäden	32	23	21,5	29,7	245	154	6,7
Versicherte Schäden	–	0,3	0,4	1,6	8,8	8,3	33

(Schäden in Mrd. US$ in Werten von 2004, Stand 1.1.2005)

Quelle: GeoRisikoForschung, Münchener Rück 2005

Flusshochwasser am Lijiang in Südchina.

Vor und während einer Sturzflut in Hasle, Schweiz (rechte Seite).

Arten von Überschwemmungen

Spricht man von Überschwemmungen, dann muss man sich darüber im Klaren sein, dass es recht unterschiedliche Ursachen dafür gibt. Aus versicherungstechnischer Sicht ist das von großer Bedeutung. Zunächst werden drei Haupttypen unterschieden: Sturmflut, Flussüberschwemmung und Sturzflut. Hinzu kommt eine Reihe von Sonderfällen wie hoher Grundwasserstand, Tsunami, Dammbruchwellen, Gletscherseeausbrüche, Rückstauüberschwemmungen (durch Hangrutsch in einen Fluss, Eisstau, Brückenverlegung etc.), Muren sowie Meeres- und Seenspiegelanstieg (Münchener Rück 1997).

Sturmfluten

Sturmfluten können an den Küsten von Meeren und großen Seen auftreten. Sie bergen das größte Schadenpotenzial und waren von allen Überschwemmungsereignissen die tödlichsten. Die Bangladesch-Sturmfluten mit 300 000 Toten (1970) und 140 000 Toten (1991) sind die bekanntesten der jüngeren Vergangenheit, aber nicht die einzigen. Selbst in Europa kosteten Sturmflutereignisse noch in der zweiten Hälfte des letzten Jahrhunderts Tausenden von Menschen das Leben (Nordsee 1953: 2 000 Tote). Allerdings haben stark verbesserte Küstenschutzmaßnahmen und insbesondere die Weiterentwicklung der Vorhersage- und Warnmöglichkeiten in den vergangenen Jahren dafür gesorgt, dass große Sturmflutkatastrophen seltener geworden sind. Dennoch: Sturmfluten haben nach wie vor ein riesiges Schadenpotenzial auf einem relativ eng begrenzten Küstenstreifen. Eine Versicherung gegen diese Gefahr ist wegen des Problems der Antiselektion kaum möglich.

Der verstärkte Meeresspiegelanstieg, von dem mit hoher Gewissheit auszugehen ist, wird an allen Küsten der Welt das Sturmflut- und Küstenerosionsrisiko erhöhen – eine der gravierendsten Schadenwirkungen der globalen Erwärmung.

Flussüberschwemmungen

Flussüberschwemmungen sind das Ergebnis ausgiebiger, meist tagelang anhaltender Niederschläge auf ein großes Gebiet. Der Boden wird gesättigt und kann kein Wasser mehr aufnehmen; der Niederschlag fließt direkt in die Gewässer. Denselben Effekt erzeugt auch gefrorener Boden, der Wasser am Versickern hindert. Flussüberschwemmungen treten nicht abrupt auf, sondern bauen sich auf – manchmal in sehr kurzer Zeit. Sie dauern in der Regel mehrere Tage bis hin zu mehreren Wochen. Die betroffene Fläche kann sehr groß sein, wenn das Flusstal flach und breit ist und genügend Wasser zur Verfügung steht. In engen Tälern ist die Überschwemmungsfläche auf ein relativ schmales Band entlang des Flusses beschränkt, hier entstehen aber große Wassertiefen und hohe Fließgeschwindigkeiten.

Diese Art der Überschwemmung ist versicherungstechnisch problematisch, denn auch hier ist es – wie bei der Sturmflut – meist nur ein verhältnismäßig geringer Teil des gesamten Gebäudebestands, den das Hochwasser erreichen kann. Darüber hinaus sind diese Gebiete oft, manchmal sogar regelmäßig betroffen. Die gefährdeten Bereiche abzugrenzen ist äußerst schwierig und die Wahrscheinlichkeit eines Schadens an einem bestimmten Punkt ist kaum zu bestimmen. Das gilt vor allem, wenn Hochwasserschutzmaßnahmen vorhanden sind, die einerseits über die Bemessungsauslegung hinaus wirksam sein können, andererseits aber auch schon bei geringerer Belastung versagen können.

Sturzfluten

Sturzfluten können überall vorkommen; daher ist nahezu jeder bedroht. Sie stehen zuweilen am Beginn einer großen Flussüberschwemmung, treten meist aber auf als unabhängige, einzelne, nur lokal bedeutsame Ereignisse und zufällig gestreut in Zeit und Raum. Sturzfluten entstehen durch intensiven, in der Regel kurzzeitigen Niederschlag in einem oft sehr kleinen Gebiet, typischerweise in Verbindung mit Gewittern. Der Boden ist meist nicht wassergesättigt; da die Niederschlagsintensität jedoch die Infiltrationsrate übersteigt, fließt das Wasser oberflächig ab und konzentriert sich sehr schnell im Vorfluter. Die Folge: eine rasch ansteigende Hochwasserwelle, die als regelrechter Schwall zu Tal stürzen kann und in kürzester Zeit auch in Bereiche vordringt, in denen es vielleicht nicht einmal geregnet hat. Kritisch sind die mechanischen Kräfte, die mit den hohen Fließgeschwindigkeiten verbunden sind, und auch das Erosionspotenzial: Beides kann Gebäude zum Einsturz bringen und erhöht auf jeden Fall die Schäden enorm.

Unter den Begriff „Sturzflut" fällt aber auch ein Wolkenbruch in einem ebenen Gelände, bei dem es zu Überschwemmungen kommt, weil das Wasser aufgrund des geringen Gefälles nicht schnell genug abfließen kann. Sturzfluten vorherzusagen ist nahezu unmöglich, da der zeitliche Vorlauf einfach zu kurz ist. Vorwarnzeiten bewegen sich im Rahmen von einigen Minuten. Damit sind kurzfristige Maßnahmen zur Schadenreduktion meist so gut wie ausgeschlossen. Auch die Dauer von Sturzflutereignissen ist sehr kurz im Vergleich zu den Flussüberschwemmungen. Nach wenigen Stunden hat sich das Wasser wieder weitgehend verlaufen.

Eine Versicherung gegen Sturzfluten ist unproblematisch, denn der nötige geographische und zeitliche Risikoausgleich ist voll gegeben. Allerdings setzt eine starke Marktdurchdringung eines voraus: ein ausreichendes Risikobewusstsein in weiten Teilen der Bevölkerung im Hinblick auf diese Art der Gefährdung.

Wildbäche – Muren – Hangrutschungen

Hochwasserereignisse im Gebirge – auch im Mittelgebirge – sind Sturzfluten mit zusätzlichen Besonderheiten. Hier fließt mit dem Wasser in aller Regel ein größerer Anteil von Sediment ab. Wenn der Feststoffanteil ca. 30 % des Abflusses überschreitet, spricht man von Muren. Das sind Abflussereignisse, bei denen das Wasser-Feststoff-Gemisch mit hoher Geschwindigkeit zu Tal schießt und alles mit sich reißt, was ihm im Weg steht. Dabei können Gesteinsbrocken von mehreren Kubikmetern Größe transportiert werden. Muren treten meist in mehreren Schüben (Murgängen) auf. Sie stoppen abrupt und lagern die Feststoffe dann oft meterhoch ab. Ein wärmeres Klima führt dazu, dass Permafrostgebiete in den Bergen auftauen, wodurch es zu vermehrten Hangrutschen kommt. Daher ist genügend nicht konsolidiertes Lockermaterial für die Murenentstehung vorhanden.

Tsunamis

Kurz nach Weihnachten 2004 zog eine Art von Flut, die nur wenige kannten, die Welt in ihren Bann: ein Tsunami. Tsunamis sind Schwerewellen, die entstehen, wenn ein großes Wasservolumen verdrängt wird – zum Beispiel durch ein starkes Erdbeben, einen Hangrutsch ins bzw. unter dem Wasser oder einen Vulkanausbruch. Mit einer Wellenhöhe von nur wenigen Dezimetern und einer Wellenlänge von mehreren hundert Kilometern bewegt sich ein Tsunami mit der Geschwindigkeit eines Verkehrsflugzeugs durch die offene See, ohne nennenswert Energie einzubüßen. Nähert er sich einer Küste, so wird er langsamer, nimmt aber gleichzeitig an Höhe zu – manchmal dramatisch: Über 10 m hohe Wellenberge wurden schon beobachtet. Diese Wellen laufen an der Küste zum Teil mehr als 30 m hoch auf und zerstören alles, was ihnen im Weg steht. Oft zieht sich das Wasser zunächst vom Strand zurück, bevor ein Tsunami ihn erreicht. Menschen, die dieses Zeichen richtig zu deuten wissen, haben gute Chancen, der tödlichen Gefahr zu entkommen. Im Dezember 2004 konnten dieses Phänomen leider nur wenige richtig einschätzen. Bei der gewaltigsten Naturkatastrophe seit Jahrzehnten starben etwa 300 000 Menschen bzw. gelten als vermisst.

Traum–Grundstück
1260 qm, zu verkaufen
DM 630.000.–
Immobilien Klein
Tel. 0821/572061

Aus einem Traumgrundstück kann schnell ein Alptraum-Grundstück werden.

Gründe für die Zunahme von Überschwemmungsschäden

Die Zunahme von Schäden ist zunächst eine direkte Funktion der Zahl der Menschen, die in exponierten Gebieten leben. Während in armen Ländern der Bevölkerungsdruck den Menschen oft gar keine andere Wahl lässt, als sich in gefährdeten Gebieten niederzulassen, geben in Industrieländern andere Faktoren den Ausschlag.

Flussauen sind in der Regel als Bauland billig, attraktiv (weil in Flussnähe) und einfach zu nutzen (weil eben). Sie bieten gute Voraussetzungen, um die notwendige Infrastruktur zu schaffen. Insbesondere für Gewerbe- und Industriebetriebe, die große Flächen benötigen und manchmal auch Brauch- oder Kühlwasser aus dem Fluss verwenden, sind Flussauen vorteilhaft. An größeren Flüssen kommt die Möglichkeit des Güterverkehrs per Schiff hinzu.

Städte und Gemeinden sind daran interessiert, sich weiterzuentwickeln. Sie müssen Baugebiete, Gewerbe- und Industriezonen ausweisen. Vielen Bauherren ist die Gefahr durch Hochwasser entweder nicht bewusst, weil sie aus anderen Gebieten zuziehen und sich darauf verlassen, dass nur ungefährdetes Gebiet als Bauland ausgewiesen wird, oder sie verdrängen diese Gefahr.

Außerdem: Ein Großteil der Bevölkerung hält Hochwasserereignisse immer noch für beherrschbar, wenn entsprechende technische Maßnahmen ergriffen werden. Hochwasserschutz macht Schadenereignisse seltener. Das wirkt sich zum einen insofern günstig aus, als häufige Schäden und Unbequemlichkeiten verhütet werden. Zum anderen wird dieser Effekt jedoch dadurch kompensiert, dass das Gefühl der Sicherheit dazu verleitet, mehr und hochwertigere Dinge der Überflutungsgefahr auszusetzen. Dieses Gefühl der Sicherheit wird vermittelt durch Hochwasserdeiche, Warnsysteme und bereitstehende Katastrophenhilfeorganisationen, aber auch durch bewusste oder unbewusste Falschinformation und dadurch, dass Kommunen oder interessierte Gruppen (z. B. die Tourismusindustrie) das vorhandene Risiko herunterspielen. Kommt es zu einem Ereignis, das die vorhandenen Schutzeinrichtungen übersteigt, dann tritt schlagartig ein immenses Schadenpotenzial zutage.

Noch nie zuvor hatten die Menschen so umfangreichen, wertvollen und verwundbaren Besitz wie heute: Wo in den Häusern früher Kohlen- und Holzkeller, Vorratsräume mit Einmachgläsern und Kartoffeln sowie Rumpelkammern waren, da sind heute Partyräume und Spielzimmer mit Teppichböden, Polstergarnituren, Stereoanlagen und Computern sowie Gefriergeräte und Waschmaschinen. Problematisch sind vor allem elektronisch gesteuerte Heizanlagen und die dazugehörigen Öltanks (als Faustregel gilt, dass auslaufendes Öl die reinen Wasserschäden in etwa verdoppelt). In größeren Wohnanlagen oder gewerblichen Gebäuden befinden sich im Untergeschoss oft Tiefgaragen, Steuerungszentren von Aufzugs- und Klimaanlagen, Warenlager und mitunter sogar Rechenzentren wie das einer Bank in Dresden, das im August 2002 überflutet wurde. Für Menschen können Tiefgaragen zu tödlichen Fallen werden.

Auswirkungen der Klimaänderung

Ein wärmeres Klima wird unbestritten einen höheren Wasserdampfgehalt der Atmosphäre zur Folge haben. Das dürfte nicht nur die Niederschlagsmengen generell ansteigen lassen, sondern auch in regionalen oder lokalen Unwettersituationen, insbesondere im Sommer, zu extremen Regenintensitäten führen, wie sie gerade in den letzten Jahren vielerorts verstärkt beobachtet wurden. Das sollte keineswegs als Widerspruch zur allgemeinen Tendenz zu trockeneren Sommern in bestimmten Regionen (z. B. in Europa) angesehen werden, sondern als Hinweis auf eine größere Variabilität der Niederschlagsereignisse und demzufolge auf häufigere Extremereignisse am oberen ebenso wie am unteren Ende der Intensitäts-Häufigkeits-Verteilung. Wenn also im Sommer insgesamt zwar weniger Regen, dieser aber zeitlich sehr konzentriert fällt, dann treten vermehrt Sturzfluten auf. Dass Schäden entstehen, ist gerade diesen Extremen zuzuschreiben, nicht einem geänderten mittleren Verhalten. Daher ist davon auszugehen, dass die Kosten drastisch steigen werden, die aus Überschwemmungsereignissen und im Zusammenhang damit anfallen. Besonders über dicht bebauten Stadtgebieten – also Gebieten mit hoher Wertedichte – können sich durch die verstärkte Konvektion lokale Unwetter manchmal geradezu explosionsartig entladen und extreme Niederschlagsintensitäten auslösen. Diese sind oft verbunden mit hohen Blitzdichten, Hagelschlag und orkanartigen Böen, manchmal bis hin zu Tornados. Wegen des hohen Versiegelungsgrads in urbanen Gebieten strömt der Starkregen direkt zu den städtischen Entwässerungssystemen, die dafür nicht ausgelegt sind, sodass Unterführungen, Keller und manchmal auch U-Bahn-Schächte mit Wasser voll laufen.

Gleichzeitig lassen die beobachteten Trends der letzten Jahrzehnte und auch die Klimamodelle in vielen Regionen deutlich mildere und feuchtere Winter erwarten. Daraus resultiert ein erheblicher Einfluss auf das Überschwemmungsrisiko, weil der Niederschlag häufiger und großflächiger in Form von Regen fällt statt wie früher als Schnee. Damit wirkt der Schnee nicht mehr als Puffer, sodass der Niederschlag unmittelbar in die Bäche und Flüsse abläuft. Dieser Effekt wird dadurch noch verstärkt, dass im Winter – wegen der geringeren Verdunstung – der Boden weitgehend wassergesättigt und damit natürlich versiegelt ist. Außerdem wird seit etwa 30 Jahren in Europa eine deutliche Zunahme der winterlichen „Westwetterlagen" beobachtet; das sind niederschlagsreiche Tiefs, die sehr oft Überschwemmungen auslösen.

Einzelne Extremereignisse sind aber immer schon aufgetreten. Davon geben zahllose Hochwassermarken an historischen Bauwerken ein beredtes Zeugnis. Daher lassen sich selbst so außergewöhnliche Überschwemmungen wie die im Sommer 2002 in Mitteleuropa nicht als Beweis für eine Klimaänderung anführen. Andererseits sind die Indizien, die auf bereits signifikant veränderte Klimaverhältnisse hindeuten, so stark und eindeutig, dass kein unvoreingenommener Beobachter sie leugnen kann. Extreme haben in ihrer Häufigkeit und Intensität zugenommen oder sind vermehrt in für sie untypischen Jahreszeiten festzustellen. Diese Entwicklung, die auf eine vom Menschen zumindest mitverursachte globale Erwärmung zurückgeht, wird sich in Zukunft wohl weiter fortsetzen und sogar beschleunigen. Da sie auf Jahrzehnte hinaus nicht zu stoppen sein wird, müssen Planer bei ihren Bemessungsannahmen berücksichtigen, dass sich z. B. ein 100-jährlicher Abfluss in Zukunft erhöhen wird. Ebenso müssen sich Staat, Katastrophenschutz, Bevölkerung und Versicherungswirtschaft darauf einstellen, dass es zu häufigeren und katastrophaleren Ereignissen mit insgesamt höheren Schäden kommt.

**Beispiel für eine renaturierte
Auenlandschaft am Oberrhein.
Extreme Hochwasser werden
dadurch nur wenig beeinflusst.**

**Schutzbauten aus Beton sind in
Bangladesch der einzig sichere
Ort, wenn Sturmfluten das Wasser
bis zu 6 m steigen lassen.**

**Das Maeslant-Sperrwerk im
Nieuwe Waterweg bei Rotterdam
verhindert, dass sich eine Sturmflut in den Rhein ausbreitet.**

Strategien gegen Hochwasserschäden

Einflüsse des Menschen wie Flächenversiegelung und Flussausbau sowie die anthropogene Klimaänderung können Hochwasser auslösen und verschärfen. Nicht aus jedem Hochwasser muss indessen eine Überschwemmung entstehen. Kommt es doch dazu, dann sind nicht notwendigerweise große Schäden die Folge; man kann sie in Grenzen halten. Dazu bedarf es aber einer geeigneten Vorsorgestrategie, die alle Aspekte von der Entstehung eines Hochwassers bis zur Vermeidung von Schadenpotenzialen umfassen muss. Weitgehend wirkungslos ist eine Konzentration auf Einzelaspekte wie ökologische und technische Maßnahmen (z. B. Renaturierung und Deiche) sowie auf organisatorische und finanzielle Handlungsweisen (z. B. Alarmpläne und Versicherung). Immer wieder werden monokausale Erklärungen dafür ins Feld geführt, dass Überschwemmungskatastrophen zunehmen, und beispielsweise Versiegelung, Flussbegradigung, Wegnahme natürlicher Rückhalteflächen und Klimaänderung einseitig als Auslöser genannt. Solche pauschalen Schuldzuweisungen treffen jedoch nicht zu; die Ursachen müssen sehr viel differenzierter betrachtet werden (Kron 2004).

Hochwasservorsorge

Hochwasser entsteht, wenn sich deutlich mehr Wasser als normal in einem Fluss, einem See, auf der Erdoberfläche oder im Boden befindet. Hochwasser ist ein Teil des natürlichen Wasserkreislaufs; der Mensch hat jedoch die Möglichkeit, in diesen Kreislauf einzugreifen. Dazu gehören die Beeinflussung des Klimas (Folge: mehr und intensivere Niederschläge), das Einwirken auf die Infiltrationsfähigkeit des Bodens (Versiegelung, Bodenverdichtung durch Landwirtschaft), das Ableiten von Wasser in die Gewässer (Drainagegräben, Kanalisation) und sein Abfluss in Richtung Meer (z. B. Flussbegradigung, Wegnahme der Rückhalteflächen).

Das Wasser verstärkt zurückzuhalten muss – wo immer möglich – oberste Priorität haben. Dabei ist aber eines zu bedenken: Extreme Hochwasser in großen Einzugsgebieten sind nicht auf Flächen zurückzuführen, die der Mensch versiegelt hat; dieser Einfluss ist eher gering. Desgleichen können ein dezentraler Rückhalt, Renaturierungsmaßnahmen und Deichrückverlegungen extreme Hochwasserscheitel nur sehr begrenzt reduzieren. Man muss sich die riesigen Wassermassen bei Extremereignissen an größeren Flüssen bewusst machen: Hätte man etwa den schadenerzeugenden Teil der Moselwelle beim Weihnachtshochwasser 1993 zurückhalten wollen, der über 2 000 m³/s lag und ein Volumen von 840 Millionen m³ erreichte, so wäre dazu eine Fläche von der Größe des Bodensees mit einer Wassertiefe von 1,56 m nötig gewesen. Trotz allem: Obwohl manche Maßnahmen nur begrenzt wirksam sind, müssen sie weiter propagiert und umgesetzt werden.

Überschwemmungsvorsorge

Zu Überschwemmungen kommt es, wenn die Aufnahmefähigkeit des Bodens, eines Sees oder Fließgewässers überschritten wird. Das Wasser steht oder fließt dann in Gebieten, die normalerweise trocken sind. Überschwemmungen können beeinflusst werden durch technische Maßnahmen wie das Zurückhalten des Wassers an dafür vorgesehenen Stellen (Rückhaltebecken, Polder, Talsperren) oder das Weiterleiten der Fluten durch Deiche in einem vorgegebenen Bereich, eventuell durch Hochwasserentlastungsgerinne. All diesen Maßnahmen liegt ein so genanntes Bemessungshochwasser zugrunde, also ein verhältnismäßig hoher Hochwasserwert, auf den der Schutz ausgelegt wird.

Schadenvorsorge

Schaden entsteht, wenn Menschen sowie ihr Hab und Gut vom Überschwemmungswasser in Mitleidenschaft gezogen werden. Dann spielen Vernässung, Verschmutzung, mechanische Kräfte und Erosion eine große Rolle. Vorbeugend kann entweder das Wasser ferngehalten werden oder man entzieht sich und seine Werte der Wirkung der Fluten. Hier helfen angepasste Landnutzung (keine Siedlungen in überschwemmungsgefährdeten Gebieten), permanente und vorübergehende bauliche Maßnahmen (erhöhte Bauweise, Keller- und Gebäudeabdichtungen), angepasste Wertesteuerung (keine hochwertigen oder wasserempfindlichen Einrichtungen und Gegenstände in unteren Gebäudeteilen) und richtiges Verhalten bei Gefahr (z. B. Ausräumen gefährdeter Gebäudeteile).

Risikovorsorge

Das Schadenrisiko resultiert aus der Verknüpfung der Wahrscheinlichkeit einer Überschwemmung mit den dabei entstehenden Schadenkosten. Das Risiko an einem Ort ist gleich null, wenn entweder keine Überschwemmung auftreten kann oder keine Werte vorhanden sind. Das Risiko kann durch geeignete Maßnahmen zur Hochwasser-, Überschwemmungs- und Schadenvorsorge minimiert werden. Ein Restrisiko wird trotzdem bleiben; dafür gibt es u. a. Versicherungen. Eine Versicherung macht die Unsicherheit im Hinblick auf eine zukünftige finanzielle Belastung kalkulierbar: Man kauft sich für eine entsprechende Prämie entweder ganz davon frei oder begrenzt (mit einer geringeren Prämie) seinen Schaden auf einen Selbstbehalt.

Die Partnerschaft zur Risikoreduktion

Risiko- und Schadenminimierung erfordern eine integrierte Vorgehensweise. Gleichzeitig muss das Überschwemmungsrisiko auf mehrere Schultern verteilt werden. Im Wesentlichen umfasst die Vorsorge drei Komponenten: den Staat, die Betroffenen und die Versicherungswirtschaft. Nur wenn alle drei Partner in einem abgestimmten Verhältnis miteinander im Sinne einer Risikopartnerschaft kooperieren, ist eine wirksame Katastrophenvorsorge möglich. Das Basisrisiko für die Allgemeinheit einzudämmen obliegt in erster Linie dem Staat. Er stellt Beobachtungs- und Warnsysteme zur Verfügung, baut Deiche, schafft Rückhalteräume und gibt über gesetzliche Regelungen den Rahmen für die Nutzung gefährdeter Gebiet vor. Auch die Betroffenen haben die Pflicht, ihren Beitrag zur Schadenvorsorge zu leisten: Indem sie angepasst bauen, ihre Werteexponierung steuern (z. B. Keller nicht ausbauen), sich auf den Notfall vorbereiten (z. B. eine Checkliste machen) und im Katastrophenfall bereit sind, aktiv zu werden. Versicherungsunternehmen schließlich sollten hauptsächlich dazu da sein, solche finanziellen Schäden zu ersetzen, welche die Versicherten substanziell treffen oder gar ruinieren. Versicherer sind daher zwar keine sozialen (im Sinne von karitativen) Einrichtungen, aber unabdingbare Einrichtungen im Sozialsystem. Sie verteilen die Belastung Einzelner auf die gesamte Versichertengemeinschaft, die sich im Idealfall so zusammensetzen muss, dass es jeden – wenn auch mit unterschiedlicher Wahrscheinlichkeit – treffen kann. Darüber hinaus leisten sie Aufklärungs- und Öffentlichkeitsarbeit, z. B. indem sie in Broschüren auf Gefahren hinweisen und darauf, wie man ihnen begegnen kann (z. B. Münchener Rück 1997).

Bei der Versicherung gegen Hochwasserschäden spielt die Antiselektion eine wichtige Rolle. Nur diejenigen haben Interesse an einem Versicherungsschutz, die nahe am Fluss oder an der Küste wohnen und oft vom Hochwasser betroffen sind. Eigentümer abseits von größeren Gewässern glauben dagegen, vor Überschwemmungen sicher zu sein, und lehnen daher einen Versicherungsschutz ab. Die Folge: Die Versichertengemeinschaft bleibt vergleichsweise klein und umfasst zudem Kunden, die einem hohen Risiko ausgesetzt sind. Bei Sturzflutüberschwemmungen besteht die Gefahr einer Antiselektion nicht, da sie praktisch überall auftreten können. Allerdings muss die generelle Sturzflutgefahr erst einmal allen klar gemacht werden, d. h., eine etwaige falsche subjektive Einschätzung des Risikos muss korrigiert werden.

Bei der Diskussion über Maßnahmen zum Hochwasserschutz werden meist alle Hochwasser über einen Kamm geschert. Es wird nicht unterschieden zwischen relativ regelmäßig eintretenden (z. B. solchen mit einer Wiederkehrperiode von bis zu 5 oder 10 Jahren), großen (z. B. 100-jährlichen) und katastrophalen, die im Mittel nur alle paar Jahrhunderte vorkommen. Diese Betrachtung ist grundlegend falsch und führt zu konträren Standpunkten und Lösungsvorschlägen. Man muss zwischen häufigen Hochwassern und sehr seltenen genauso unterscheiden wie zwischen kleinen und großen Einzugsgebieten, für die jeweils ganz bestimmte Maßnahmen vorrangig sind. In Tabelle 2 sind die für die jeweilige Ereignisgruppe wichtigsten etwa in der Reihenfolge ihrer Bedeutung und Wirksamkeit aufgelistet. Natürlich sind immer auch alle anderen Maßnahmen einzubeziehen; sie sind aber eben nicht immer in gleichem Maße wirksam.

Tab. 2 Maßnahmen zum Hochwasserschutz und zur Hochwasservorsorge, geordnet nach ihrer Wirksamkeit bzw. Wichtigkeit

Häufige Überschwemmungen Jährlichkeiten unter etwa 20 Jahren **„Natürliche" bzw. „weiche" Maßnahmen**	– verbesserte Infiltration, Entsiegelung – dezentraler Rückhalt – Renaturierung – Deichrückverlegung, Querschnittsaufweitung – Deiche
Seltene Überschwemmungen Jährlichkeiten im Bereich 20 bis 100 Jahre **Technische Maßnahmen**	– Rückhaltebecken, -flächen – Deiche – Polder – Deichrückverlegung, Querschnittsaufweitung
Sehr seltene Überschwemmungen Jährlichkeiten (weit) über 100 Jahre **Organisatorische Maßnahmen**	– Hochwassermanagement – Hochwasserabwehr – Notentlastungen – finanzielle Vorsorge

Fazit

Hochwasserereignisse scheinen weltweit – vor allem aber bei uns – immer mehr zuzunehmen. Der Einfluss eines sich ändernden Klimas ist hierbei so gut wie sicher. Tatsache ist: Die aus Überschwemmungen resultierenden Schäden sind in den letzten Jahrzehnten explodiert. Die wichtigste Rolle spielen dabei folgende Faktoren: Entwicklungen bei der Besiedelung von gewässernahen Bereichen und bei der Anhäufung empfindlicher Werte in diesen Bereichen, Eingriffe in die Landschaft (Ausbau der Flüsse, Verlust natürlicher Überflutungsflächen, Abholzung, geänderte landwirtschaftliche Nutzung, Bodenverdichtung und -versiegelung usw.) sowie fehlendes Risikobewusstsein (teilweise wegen eines zu großen Vertrauens in den Hochwasserschutz). Auch wenn wir Menschen zu einem Teil mitschuldig sind an manchen Katastrophen, müssen wir doch einsehen, dass es nicht allein an unseren Fehlern liegt. Man muss sich einfach daran gewöhnen, mit extremen – auch katastrophalen – Ereignissen der Natur zu leben. Wichtig ist es, sich darauf einzustellen und nicht darauf zu setzen – und zu vertrauen –, dass sich derartige Ereignisse irgendwie technisch oder anderweitig beherrschen lassen. Es wird immer ein Restrisiko bestehen. Entscheidend ist, diesem Restrisiko angemessen zu begegnen. Hochwasservorsorge kann unter anderem diese Maßnahmen umfassen: den technischen Hochwasserschutz verbessern (was üblicherweise nach Katastrophen als Erstes gefordert wird), sich organisatorisch besser auf das Ereignis einstellen (woran es sehr oft mangelt, was aber auch nur bis zu einem gewissen Grad möglich ist) und sich das Risiko mit anderen teilen (z. B. mit einem Versicherer, wofür man allerdings auch zu zahlen hat).

Vorrangig ist die optimale Vorbereitung auf Katastrophensituationen. Dazu gehören vor allem Frühwarnsysteme und eine funktionierende Einsatzplanung.

Der Mensch kann also – durch richtiges Verhalten – eine bestehende Gefährdung wenn auch nicht beherrschbar, so aber doch erträglich machen. Eine Katastrophensituation ist letztlich zu sehen als Effekt aus den überwiegend negativen Wirkungen der natürlichen Extremereignisse und den überwiegend positiven Reaktionen darauf. Katastrophen sind keine Zufallsprodukte, sondern sie entstehen aus der Interaktion politischer, wirtschaftlicher, gesellschaftlicher, technischer und natürlicher Bedingungen. Wirkungsvolle Schutzmaßnahmen sind möglich und erforderlich, doch ist ein hundertprozentiger Schutz nicht erreichbar. Entscheidend ist das Bewusstsein, dass die Natur immer mit Ereignissen aufwarten kann, gegen die jedes menschliche Mittel nutzlos ist. Schon Aristoteles (384–322 v. Chr.) wusste: „Es ist wahrscheinlich, dass etwas Unwahrscheinliches passiert."

Literatur

Kron, W. (2004): Hochwasserschäden und Versicherung. In: H.-B. Kleeberg und G. Meon (Hrsg.): Hochwassermanagement – Gefährdungspotenziale und Risiko der Flächennutzung (Neuauflage), Beiträge zum Seminar am 17./18. Juni 2004 in Münster, Forum für Hydrologie und Wasserbewirtschaftung, Heft 06/04, Hennef, ATV-DVWK 2004, S.41–66.

Münchener Rück (1997): Überschwemmung und Versicherung, Münchener Rückversicherungs-Gesellschaft, München.

Der Autor

Schon während seines Studiums des Bauingenieurwesens/Wasserbaus an der Universität Karlsruhe befasste sich Wolfgang Kron mit der Naturgefahr Hochwasser. Nach einem einjährigen Zusatzstudium an der University of California in Davis arbeitete er von 1983 bis 1994 als wissenschaftlicher Angestellter an der Universität Karlsruhe, wo er sich neben intensiven Lehraufgaben mit der deterministischen und stochastischen Modellierung von hydrologischen und hydraulischen Prozessen und Extremwertstatistik befasste. Mit einer Arbeit über die Anwendung der Zuverlässigkeitstheorie auf Sedimenttransportprozesse promovierte er. Als 1990 die UN die International Decade for Natural Disaster Reduction (IDNDR) ausriefen, übernahm er die Position des Sekretärs des Wissenschaftlichen Beirats für die IDNDR in Deutschland, zunächst in Karlsruhe und ab 1994 gut zwei Jahre am GeoForschungsZentrum in Potsdam. 1996 stieß er zur Abteilung GeoRisikoForschung der Münchener Rück, wo er seither als Fachgebietsleiter Hydrologische Risiken für alles zuständig ist, „was mit Wasser zu tun hat". Nach wie vor ist er national und international in Gremien der Katastrophenvorsorge, der Wasserwirtschaft und der Wissenschaft eingebunden.

Sturm und Unwetter

Noch steht der wissenschaftliche Nachweis dafür aus, dass sich das Windklima verändert. Doch Indizien weisen darauf hin: Die Sturmgefahr wird in Zukunft potenziell zunehmen.

Ernst Rauch

Hurrikan Ivan zog Mitte September 2004 mit Windgeschwindigkeiten von bis zu 250 km/h durch die Karibik. Die Abbildung zeigt ein völlig zerstörtes Haus auf den Cayman-Inseln.

Stürme und Sturmkatastrophen im historischen Kontext

Die Geschichte der Menschheit war in den vergangenen Jahrtausenden ebenso eng mit dem Wissen über wie mit dem Kampf gegen Wind und Meere verbunden. Schon 6000 v. Chr. zeigen Felszeichnungen in Nubien – einem Gebiet zwischen Assuan in Ägypten und Karima im Sudan – Boote mit Stierköpfen am Bug. Um 4000 vor unserer Zeitrechnung wurden Handel und Expansionsbestrebungen der ägyptischen Pharaonen davon mitbestimmt, wie sich Schiffe einsetzen ließen und man den Wind nutzen konnte. 5000 Jahre später stießen die Wikinger – angeführt von Leif Eriksson – auf dem Höhepunkt ihrer seefahrerischen Leistungen nach Amerika vor und entdeckten Neufundland. In den folgenden Jahrhunderten stießen die Europäer allein mit dem Antriebsmotor „Wind" auf den Seereisen der großen Entdecker von Marco Polo bis Henry Hudson Schritt für Schritt weiter in die Welt vor.

Aber nicht nur dadurch, wie man seine Energie nutzt, hat der Wind unsere Geschichte beeinflusst: Durch Erosion und Zerstörung wird die Morphologie der Erde zudem permanent verändert. Von besonderer Bedeutung im europäischen Raum ist dabei die Entwicklung der Küstenlandschaften der Anrainerländer von Nord- und Ostsee; sie wurde immer wieder von Sturm- und Sturmflutereignissen bestimmt, die sich katastrophal auswirkten, da die Gebiete schon früh besiedelt waren. Die für die deutsche Nordseeküste folgenschwerste Sturmflut war die zweite Marcellusflut vom 16. Januar 1362. Die Chroniken dieser Katastrophe, die auch als „Große Manndränke" bezeichnet wird, sprechen von 100000 Toten; damals bildeten sich Teile der heutigen Inseln Nordfrieslands.

Schwere Sturmereignisse zählen auch in anderen Teilen der Welt zu den dominierenden Naturgefahren. So waren seit Ende des 19. Jahrhunderts Stürme in den USA die bedeutendsten Naturkatastrophen in Bezug auf Todesopfer und Sachschäden. Am 8. September 1900 wurde die Stadt Galveston im Golf von Mexiko von einem Hurrikan und einer Sturmflut regelrecht dem Erdboden gleichgemacht. Bei dieser Katastrophe starben 6000–8000 Menschen – mehr als doppelt so viele wie beim Erdbeben von San Francisco 1906. Auch für die Versicherungswirtschaft setzte ein Hurrikan in den USA eine Rekordmarke, die bis heute (Stand: Oktober 2004) von keinem anderen Naturereignis übertroffen wurde: „Andrew" zerstörte am 24. August 1992 im Süden Floridas Sachwerte von rund 30 Milliarden US$; 17 Milliarden US$ davon hatte die Assekuranz zu tragen.

Aus Sicht der Versicherungswirtschaft lässt sich die Gefahr Sturm wie folgt zusammenfassen: Gemessen an der Häufigkeit von Schadenereignissen, an der Gesamtfläche der betroffenen Gebiete und an der Höhe der von der Assekuranz zu tragenden Schäden, sind Stürme die weltweit bedeutendste Naturgefahr.

Tab. 1 Entdeckungsreisen – Eine Chronik

1271–1295	Marco Polo	Landweg China, zurück per Schiff
1492–1493	Christoph Kolumbus	Hispaniola (Amerika)
1487–1488	Bartolomeu Diaz	Kap der Guten Hoffnung
1497–1498	Vasco da Gama	Afrika bis Indien
1501–1502	Amerigo Vespucci	Südamerika/Río de la Plata
1519–1522	Fernando Magellan	Erste Weltumsegelung
1534–1535	Jacques Cartier	Nordamerika/Kanada
1576–1578	Martin Frobisher	Nordamerika/Labrador
1577–1580	Francis Drake	Amerikas Westküste bis Kanada
1610–1611	Henry Hudson	Hudson Bay

Quelle: Das Jahrtausend der Orkane, Joachim Feyerabend, 2001

Das Wissen, wie Richtung und Stärke der Winde zu nutzen sind, ermöglichte erst die Entdeckungsreisen der Seefahrer des letzten Jahrtausends.

Die weltweite Sturmaktivität in den letzten Dekaden: Hinweise auf ein sich veränderndes Windklima

Tabelle 2 zeigt, wie sich große Sturmschadenereignisse in den vergangenen Jahrzehnten entwickelten. Wenn man die Preisentwicklung in den jeweils betrachteten Dekaden berücksichtigt, ergibt sich im Analysezeitraum 1950–2004 eine deutliche Zunahme der Anzahl der Sturmkatastrophen und der materiellen Folgen. Neben dem inflationsbedingten Werteanstieg beeinflussen auch Faktoren wie Bevölkerungsentwicklung und -verteilung, Veränderungen im Lebensstandard bzw. in der Anfälligkeit von Technologien und Bauweisen gegenüber hohen Windgeschwindigkeiten die Schadenzahlen. Aus Tabelle 2 kann daher nicht zwingend abgeleitet werden, dass sich auch die Sturmaktivität (Häufigkeit und/oder Intensität) im genannten Zeitraum verändert hat. Dazu ist ein Blick auf meteorologische Statistiken erforderlich.

Tab. 2 Große Sturmkatastrophen* 1950–2004

Dekade	1950–59	1960–69	1970–79	1980–89	1990–99	letzte 10 J. 1995–2004	Faktor 80er:60er	Faktor letzte 10:60er
Anzahl	7	10	19	21	42	30	2,1	3,0
Volkswirt. Schäden	11,6	34,6	54,3	56,8	194,1	171,7	1,6	5,5
Versicherte Schäden	–	6,2	12,3	22,0	87,0	80,7	3,6	13,0

(Schäden in Mrd. US$ in Werten von 2004)

Quelle: Münchener Rück, GeoRisikoForschung, 2005

* Als „Große Sturmkatastrophen" gelten jene, welche die Selbsthilfefähigkeit der betroffenen Regionen deutlich übersteigen und überregionale oder internationale Hilfe erforderlich machen. Dies ist in der Regel der Fall, wenn die Zahl der Todesopfer in die Hunderte und Tausende, die Zahl der Obdachlosen in die Hunderttausende geht oder substanzielle volkswirtschaftliche Schäden – je nach den wirtschaftlichen Verhältnissen des betroffenen Landes – verursacht werden.

Europa

Diese Statistiken sind noch kein wissenschaftlicher Nachweis dafür, dass sich das Windklima in den vergangenen
Jahrzehnten veränderte. Sie sind nur eine eingeschränkt
sichere Basis, um künftig zu erwartende Häufigkeiten und
Intensitäten von Winterstürmen zu extrapolieren. Aber:
Sie dürfen als Hinweis auf eine mögliche steigende
Sturmgefährdung in Europa nicht ignoriert werden und
müssen von verantwortungsbewussten Risikoträgern
ernst genommen und in ihre Überlegungen einbezogen
werden.

Tab. 3 Entwicklung von Starktiefs (< 950 hPa) über dem Nordatlantik und Europa 1956/57–2000/2001

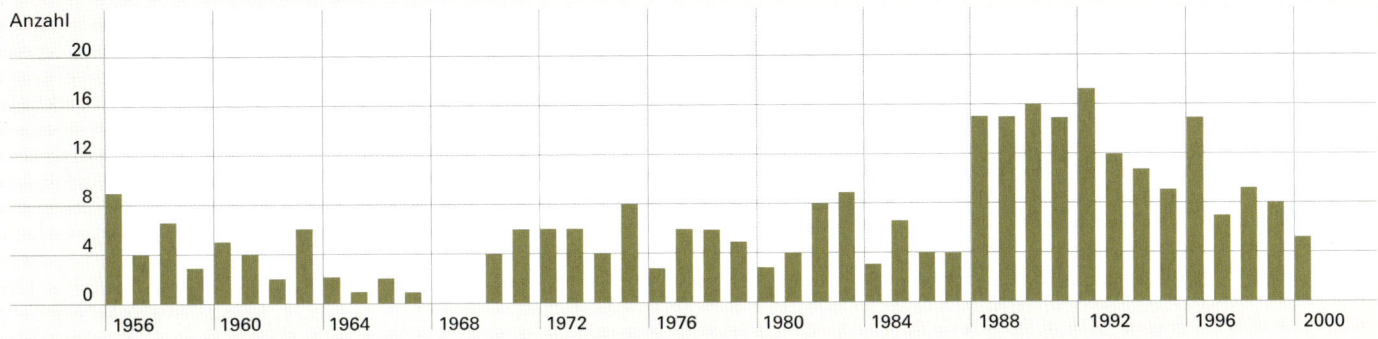

Quelle: Deutscher Wetterdienst, 2000

Tab. 4 Anzahl von Tagen mit mindestens Beaufort 8 in Nürnberg und Düsseldorf 1969–1999

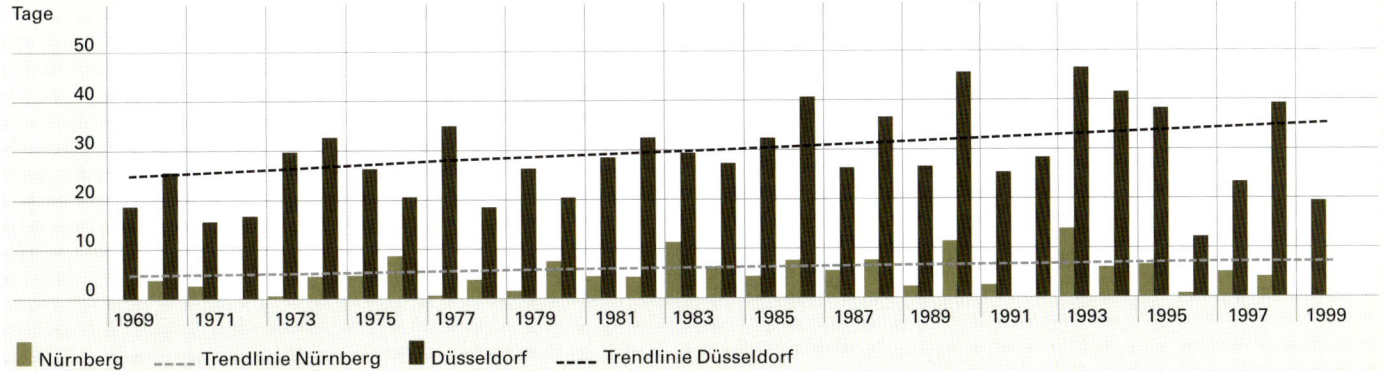

■ Nürnberg ---- Trendlinie Nürnberg ■ Düsseldorf ---- Trendlinie Düsseldorf

Quelle: Deutscher Wetterdienst, 2000

Tab. 3 Die Entwicklung von Starktiefs über dem Nordatlantik und
Europa als Indikator für die Winter-
sturmaktivität (außertropische
Zyklone) über Europa. Auffällig ist
die in den 80er- und 90er-Jahren
deutlich höhere Anzahl der intensiven Tiefdruckgebiete. Offen
bleibt, ob die Entwicklung der vergangenen Jahre, in denen Starktiefs seltener aufgetreten sind,
nachhaltig ist.

Tab. 4 An einzelnen meteorologischen Stationen in Deutschland
hat die Anzahl der Tage mit Windgeschwindigkeiten in Sturmstärke
(≥ Bft 8) im Zeitraum 1969–1999
zugenommen.

Nordamerika

Auch für die Region Nordamerika liefern die ausgewählten Daten nur Indizien – keine Beweise – dafür, dass die Sturmaktivität in der jüngeren Vergangenheit zunahm. Bei tropischen Wirbelstürmen stimmt die höhere Frequenz aber zumindest überein mit der Erkenntnis, dass sich die Meeresgebiete mit Wassertemperaturen über 26 °C ausgeweitet haben bzw. die Saison mit Wassertemperaturen über 26 °C verlängert hat. Dies ist eine Mindestvoraussetzung für die Entstehung dieses Sturmtyps > Beitrag Berz, S. 98.

Tab. 5 Anzahl tropischer Wirbelstürme und Hurrikane 1950–2003 im Nordatlantik

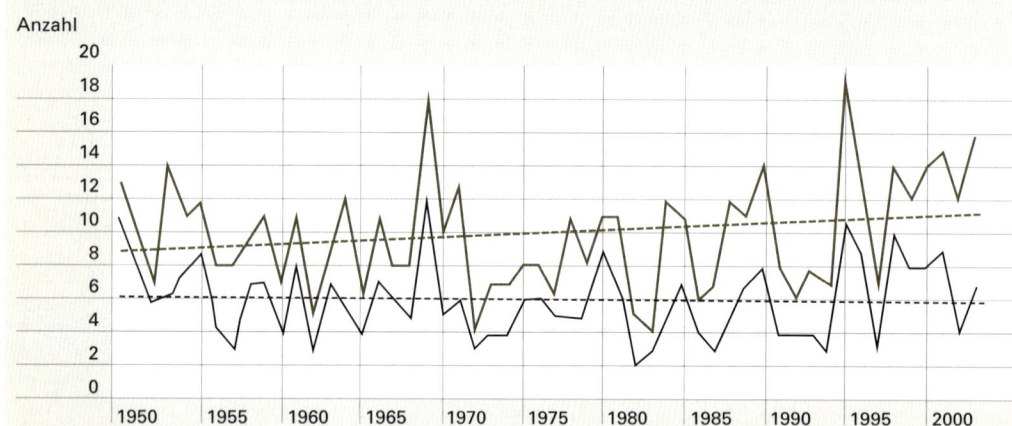

Anzahl

Jährliche Anzahl der tropischen Wirbelstürme und Hurrikane im Zeitraum 1950–2003 im Nordatlantik (einschließlich Karibik); der jährliche Mittelwert aller tropischen Wirbelstürme (d. h. auch solcher, die nicht Hurrikanstärke erreicht haben) ist im Beobachtungszeitraum von 9 auf 11 Ereignisse angestiegen. Bei den Hurrikanen (Windgeschwindigkeiten > 120 km/h) lässt sich kein Trend ableiten.

Tropische Wirbelstürme
——— Anzahl
------- linearer Trend

Hurrikane
——— Anzahl
------- linearer Trend

Quelle: NOAA

Tab. 6 Anzahl der Tornados in den USA (1950–2002)

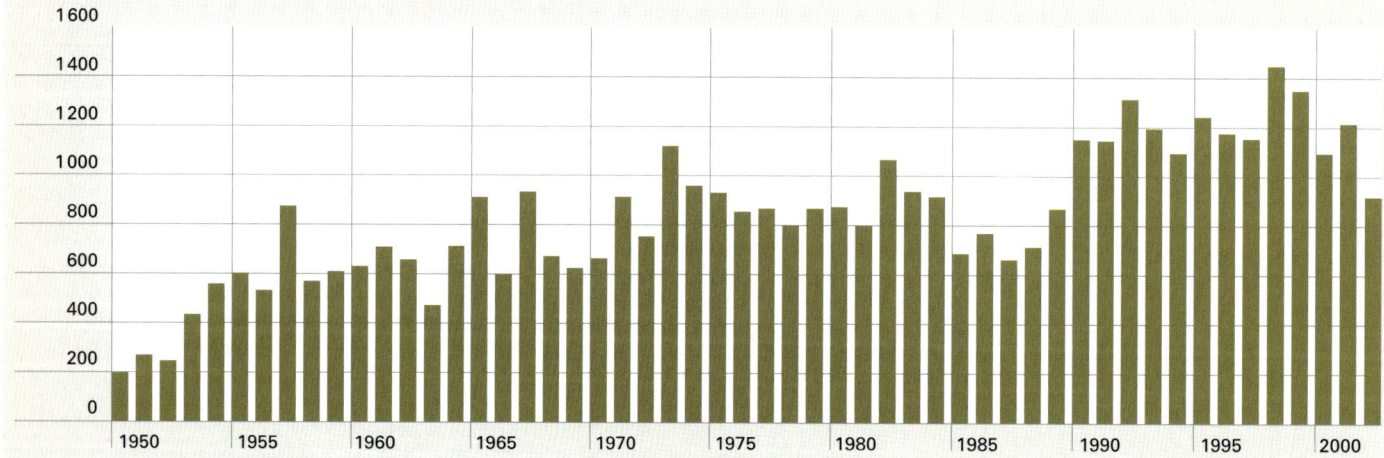

Quelle: NOAA

Zumindest in der Zeit, bevor Radarsysteme flächendeckend eingeführt wurden, ist die deutliche Zunahme der beobachteten und gemeldeten Tornados in den USA 1950–2002 dadurch beeinflusst, dass es Lücken in der Beobachtung dieser kleinräumigen Ereignisse gab. Bemerkenswert ist allerdings, dass auch in den 90er-Jahren noch ein Anstieg der Tornadomeldungen festzustellen war.

Asien

Die Zeitreihen mit Beobachtungsdaten zur Sturmaktivität
in Asien sind in vielen Regionen relativ kurz bzw. wurden
noch nicht auf eine mögliche Veränderung in der Sturmgefährdung hin ausgewertet. Die tropischen Wirbelstürme
im Nordwestpazifik entwickelten sich bisher sehr ähnlich
wie in Nordamerika: Anstieg der Frequenz schwächerer
tropischer Wirbelstürme und kein Trend bei den intensive-
ren Taifunen. Im Zeitraum nach 1970 – seither ermöglichen
Satelliten eine vollständige Erfassung tropischer Wirbelstürme – beeinflussten Beobachtungsmethoden die
Qualität der Daten nur geringfügig.

Tab. 7 Anzahl tropischer Wirbelstürme und Taifune 1950–2003 im Nordwestpazifik

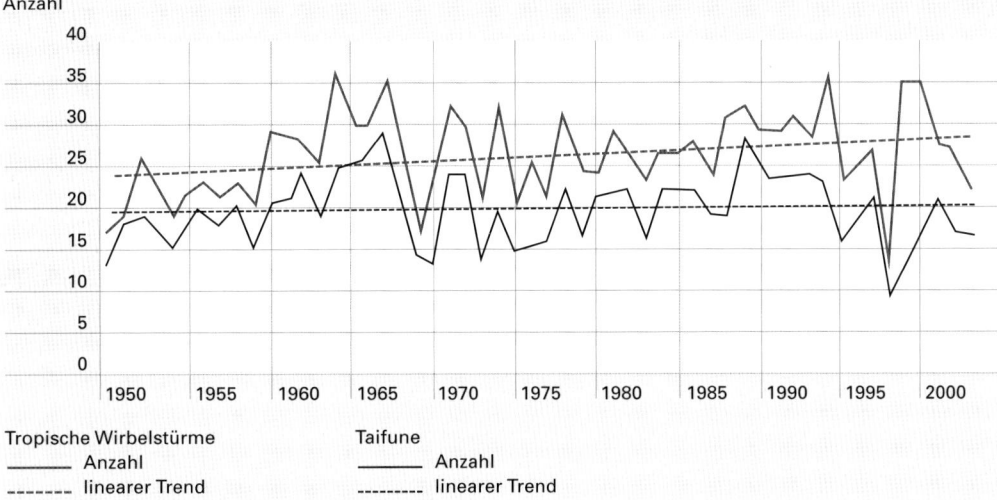

Anzahl

Tropische Wirbelstürme
———— Anzahl
------- linearer Trend

Taifune
———— Anzahl
-------- linearer Trend

Quelle: IMA

**Bei den tropischen Wirbelstürmen
lässt sich in diesem Zeitraum
feststellen, dass sich der jährliche
Mittelwert von 24 auf 28 Ereignisse erhöht hat. Wie im Nordatlantik gibt es keinen Trend bei
den stärkeren Taifunen (Windgeschwindigkeiten > 120 km/h).**

Der Wolkenwirbel des Hurrikans vom Januar 1995 mit seinem Zentrum südöstlich von Sizilien. Tropische Wirbelstürme dürfte es im Mittelmeer nach gängigem Verständnis der Entstehungsprozesse eigentlich nicht geben.

Taifun Vamei am 27. Dezember 2001 nahe Singapur. Ozeangebiete in Äquatornähe galten bisher als frei von tropischen Wirbelstürmen.

Hurrikan Catarina kurz vor dem Landfall im brasilianischen Bundesstaat Santa Catarina am 27. März 2004. Dieses Gebiet wurde bisher aufgrund der niedrigen Temperaturen im Südatlantik als nicht von Hurrikanen gefährdet angesehen.

Außergewöhnliche Ereignisse der vergangenen Jahre

Im vorangegangenen Kapitel wurde anhand von Zeitreihen ausgeführt, dass in den letzten Jahrzehnten in einzelnen Regionen der Welt eine Veränderung des Windklimas hin zu einer höheren Sturmgefährdung zu beobachten war.

Neben der quantitativen Zunahme der Sturmexponierung in Gebieten, die bereits als gefährdet bekannt waren, lieferten außergewöhnliche meteorologische Ereignisse weitere Indizien für Änderungsprozesse in der Atmosphäre.

Tropischer Wirbelsturm im Mittelmeer im Januar 1995

Tropische Wirbelstürme im Mittelmeer – noch dazu im Winterhalbjahr – sollte es nach gängigem Verständnis der Entstehungsprozesse solcher Ereignisse eigentlich nicht geben. Dennoch bildete sich am 14. Januar 1995 im südlichen Mittelmeer ein Wolkenwirbel, der Merkmale eines typischen Atlantikhurrikans aufwies: Wolkenstruktur, Kerndruck (Minimum: 988 hPa) und maximale Windgeschwindigkeit (in Böen über 170 km/h) entsprachen sehr gut einem Sturm der Saffir-Simpson-Kategorie 1. Da nur wenige Messdaten aus dem Bereich des Kerns des Wirbelsystems vorliegen, ist heute wissenschaftlich noch immer unklar, ob der Wirbel tatsächlich auch die innere Konvektionsstruktur eines Tropensturms hatte oder ob das Ereignis ein besonders intensives außertropisches System war.

Auf Sizilien kam es aufgrund der hohen Niederschlagsmengen von örtlich bis zu 514 mm in 48 Stunden und Windgeschwindigkeiten in Orkanstärke lokal zu schweren Sachschäden. In seinem weiteren Verlauf zog der Sturm südwärts nach Libyen und löste sich kurz nach dem Landfall im Golf von Sirte wieder auf.

Taifun Vamei: ein tropischer Wirbelsturm in Äquatornähe im Dezember 2001

Aufgrund der fehlenden bzw. sehr geringen Corioliskraft galten äquatoriale Ozeangebiete – ein Streifen nördlich und südlich des Äquators von jeweils etwa 300 km Breite – bisher als frei von tropischen Wirbelstürmen. Im Dezember 2001 wurde diese gängige Lehrmeinung durch ein in den letzten mehr als einhundert Jahren nicht beobachtetes Ereignis erschüttert: Am 27. Dezember 2001 entwickelte sich in der Nähe von Singapur Taifun Vamei mit einem Rotationszentrum in 1,5° Grad nördlicher Breite. Mit einem Durchmesser des konvektiven Wolkenwirbels von 200 km reichte der Einflussbereich des Sturms bis in die geographischen Breiten südlich des Äquators. Die durch direkte Messungen belegten Windgeschwindigkeiten erreichten in Böen über 190 km/h. Schäden entstanden vor allem an Schiffen, die von der unerwartet hohen Intensität des Sturms überrascht wurden.

Hurrikan Catarina vor Brasilien im März 2004

Im März 2004 bildete sich vor der brasilianischen Küste ein Sturmsystem, das in seinem weiteren Verlauf wesentliche Merkmale eines tropischen Wirbelsturms zeigte und sich schließlich zu einem voll ausgeprägten Saffir-Simpson-1-Hurrikan verstärkte. Bis dahin stufte man auch diese Region aufgrund der niedrigen Temperaturen im Südatlantik als hurrikanfrei ein. Die endgültige meteorologische Bewertung von „Hurrikan" Catarina und die Analyse seiner Entstehung wird die Wissenschaftler noch länger beschäftigen.

Jenseits der Frage, wie es zu diesem ungewöhnllchen Sturm kommen konnte, steht aber seine Schadenbilanz fest: 40 000 beschädigte Gebäude (von insgesamt 125 000 Gebäuden) im Landfallgebiet von Catarina und Zerstörungen in der Landwirtschaft von mehreren zehn Millionen US$.

Abb. 4 Tornados in Deutschland

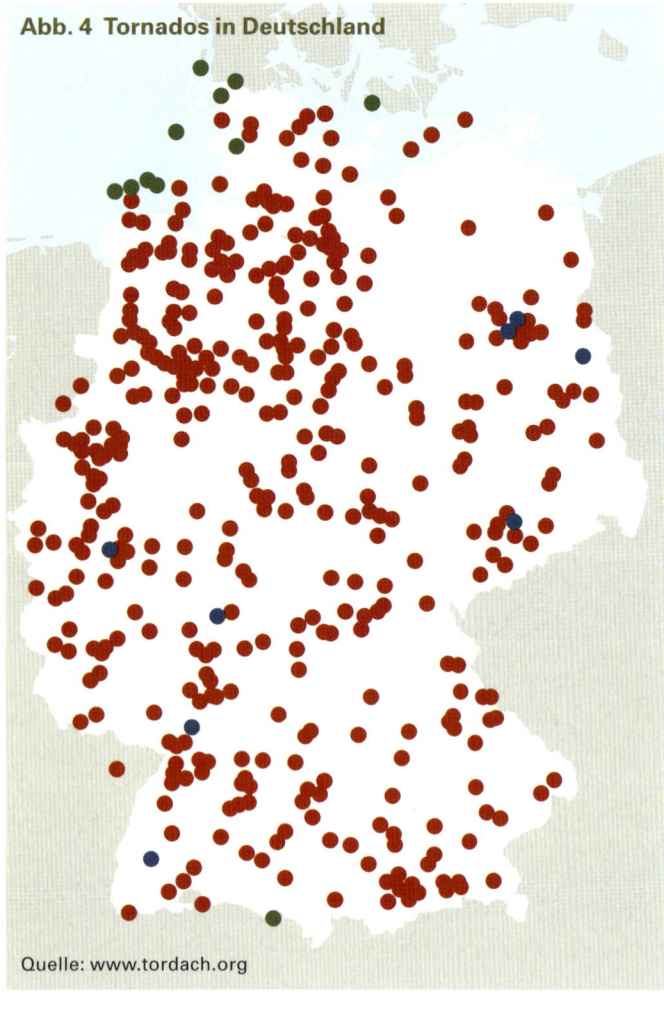

Quelle: www.tordach.org

**Die Tornadokarte zeigt die seit
1950 verzeichneten Tornadobeobachtungen in Deutschland.
Das Bild gibt jede Meldung
separat an (442 Fälle mit genau
bekanntem Ort).**

**Die Farben der Kreise bezeichnen
Tornadotypen**

● Tornado
● aufs Land ziehende Wasserhose
● Tornado/Kleintrombe

Tornado-Unwetter in Deutschland im Sommer 2004

Tornados in Deutschland sind meteorologisch keine wirklich außergewöhnlichen Ereignisse. Im jährlichen Mittel
wurden im Zeitraum 1950–2003 8 Tornados (bzw. Wasser-
hosen über der Nord- und Ostsee) der TorDACH-Organisa-
tion gemeldet, die bei der DLR in Oberpfaffenhofen/Mün-
chen angesiedelt ist. Die Karte (Abbildung 4) zeigt die
räumliche Verteilung der Tornadobeobachtungen der
vergangenen 50 Jahre, die vermutlich durch die Bevölke-
rungsverteilung in Deutschland beeinflusst wurde.

Außergewöhnlich war jedoch die Zugbahn und das Scha-
denbild eines Sturms am 18. Juli 2004. Der Tornado zog
bei diesem Unwetter eine regelrechte Spur der Verwüs-
tung vom Raum Viersen über Duisburg nach Essen. Er
hatte die Stärke F2 (entspricht rund 180–250 km/h Windgeschwindigkeit) auf der von F0 bis F5 reichenden Fujita-
Tornadoskala.

Besonders betroffen waren bei diesem Ereignis die Innenstadt und das Hafengebiet von Duisburg. Erste Schaden-
schätzungen lassen für die Assekuranz Sachschäden im
Bereich von mehreren zehn bis hundert Millionen Euro
erwarten. Der letzte schwere Schadentornado in Deutschland ereignete sich davor am 10. Juli 1968 in Pforzheim.
Das Unwetter hinterließ volkswirtschaftliche Schäden von
mehr als 120 Millionen DM (in Werten von 1968).

**Von der Vergangenheit zur Zukunft: Prognosen der
Klimaforscher**

Im 3. Klimastatusbericht des Intergovernmental Panel on
Climate Change (IPCC, 2001) wird die künftige Entwicklung extremer Wetterereignisse anhand der Analyse historischer Daten, Modellrechnungen und der Plausibilität
physikalischer Vorgänge in der Atmosphäre geschätzt. Mit
relativ hoher Zuverlässigkeit kann man mithilfe aktueller
Klimamodelle Temperatur- und Niederschlagsveränderun-
gen im 21. Jahrhundert prognostizieren.

Simulationsrechnungen, wie sich die globale Temperatur-
zunahme auf das Windklima auswirkt, gibt es derzeit aber
nur in sehr eingeschränktem Maße. Darüber hinaus
bleiben kleinräumige Phänomene wie Gewitterzellen und
Tornados in Klimamodellen noch unberücksichtigt. Dies
macht einerseits klar, dass zum Zusammenhang „Klimaerwärmung – Entwicklung der Sturmgefährdung" Forschungsbedarf besteht. Andererseits darf die Gefahr nicht
verdrängt werden, nur weil Modellrechnungen fehlten.
Denn die oben aufgeführten Indizien weisen darauf hin,
dass die Sturmgefahr eher zu- als abnimmt.

Der IPCC-Bericht kommt bei den bisher untersuchten
tropischen Wirbelstürmen zu folgender Einschätzung:
„Die Zunahme der maximalen Windgeschwindigkeiten in
tropischen Wirbelstürmen ist in einigen Regionen der Welt
wahrscheinlich."

Ein Tornado der Stärke 2 auf der Fujita-Skala richtete am 18. Juli 2004 in der Innenstadt von Duisburg sowie im Containerhafen erhebliche Schäden an.

Tab. 8 Versicherte Marktschadenpotenziale aus Sturmkatastrophen weltweit

Region	Wiederkehrperiode (1-mal in ... Jahren)	Versicherter Schaden (in Mrd. Euro)
Wintersturm Europa	100	20
	1 000	60
Hurrikan USA	100	45
	1 000	110
Taifun Japan	100	25
	1 000	60

Quelle: Münchener Rück, GeoRisikoForschung, 2004

Schadenhöhen und Wiederkehrperioden sind Schätzungen der Münchener Rück auf der Grundlage der Werte, die in den betroffenen Regionen gegen Sturm versichert sind (Stand 2004). Die Schadenangaben enthalten keinen Zuschlag (bzw. Abschlag) für ein sich künftig änderndes Windklima.

Schadenpotenziale aus Sturmkatastrophen

Zu Beginn dieses Beitrags wurde gezeigt, dass Stürme gemessen an der Häufigkeit von Schadenereignissen, der Gesamtfläche der betroffenen Gebiete und der Höhe der Schäden, welche die Assekuranz zu tragen hat, die weltweit bedeutendste Naturgefahr sind. Welche Dimension Schadenpotenziale aus Sturmkatastrophen schon heute – also ohne das Änderungsrisiko aufgrund der Klimaerwärmung zu berücksichtigen – weltweit erreichen, illustriert obige Tabelle > Beitrag Berz, S. 218.

Die Höhe der zu erwartenden Schäden verdeutlicht, dass die Versicherungswirtschaft einer möglichen Veränderung (Zunahme) des Sturmrisikos nicht tatenlos zusehen kann, wenn sie ihre übernommenen Zahlungsverpflichtungen einhalten will.

Anpassungsstrategien der Versicherungswirtschaft

Angesichts der Schadenpotenziale aus Sturm- und Unwetterereignissen ist es erforderlich, das Änderungsrisiko aufgrund der globalen Klimaerwärmung frühzeitig zu berücksichtigen. Noch bestehende Unsicherheiten, welche die Quantifizierung der zu erwartenden Veränderungen betreffen, rechtfertigen keine Strategie des Abwartens. Die Folge könnte eine Zunahme der Ruinwahrscheinlichkeit für die Risikoträger sein. Welche Handlungsoptionen hat die Assekuranz?

Auf der Zeitachse lassen sich zu dieser Frage drei Ebenen identifizieren:

kurzfristige Maßnahmen
Dazu zählen die Analyse des Schadenkumuls aus Sturm- und Unwetterkatastrophen (z. B. der Einsatz geeigneter Simulationsmodelle) sowie die Überprüfung der Sicherheitsmittel, die zur Verfügung stehen, um die Zahlungsverpflichtungen zu übernehmen.

mittelfristige Maßnahmen
Hier lassen sich Deckungszusagen im Hinblick auf Umfang und Preis des Versicherungsschutzes anpassen. Franchisen in der Sturmversicherung einzuführen ist dabei einer der effektivsten Wege, um das Kumulschadenpotenzial zu reduzieren. Gleichzeitig können damit eventuell erforderliche starke Prämienerhöhungen auf ein akzeptables Maß begrenzt werden. Zusätzlich ist es sinnvoll, die Rückversicherungs- bzw. Retrozessionsinstrumente zu überprüfen, mit denen der Risikoausgleich optimiert wird.

längerfristige Maßnahmen
Darunter fallen Aktivitäten, die darauf zielen, die (versicherten) Schäden aus Sturm- und Unwetterkatastrophen (unter Beibehaltung sinnvoller Deckungszusagen) nachhaltig zu reduzieren. Die Bandbreite reicht von der Anpassung bzw. Einführung von Bauvorschriften, um die Sturmschadenanfälligkeit von Bauwerken zu mindern, über Verbesserungen im Schadenmanagement der Assekuranz bis zur Frage des klimarelevanten Verhaltens des eigenen Unternehmens.

Welcher Zeithorizont auch immer für einzelne Risikoträger von Bedeutung ist, die Veränderung des Klimas und der Sturmaktivität sollte dem Versicherer als grundlegende Rahmenbedingung für unternehmenspolitische Entscheidungen bewusst sein.

Über einen Zeitraum von mehr als 8 Tagen hatte Hurrikan Ivan mindestens die Sturmstärke SS 4 und stellte damit einen Rekord auf. Auf seinem Weg durch die Karibik und den Süden der USA richtete er im September 2004 verheerende Schäden an Gebäuden, Schiffen und in der Landwirtschaft an. Der volkswirtschaftliche Schaden wird auf über 12 Milliarden US$ geschätzt.

Literatur

Joachim Feyerabend (2001): Das Jahrtausend der Orkane. München/Zürich.

Marcus Petersen und Hans Rohde (1977): Sturmflut – Die großen Fluten an den Küsten Schleswig-Holsteins und in der Elbe.

Deutscher Wetterdienst (Hg.) (2000): Klimastatusbericht 1999. Offenbach.

C.-P. Chang et al. (2002): Typhoon Vamei: An Equatorial Tropical Cyclone Formation. Department of Meteorology, Naval Postgraduate School, Monterey, CA (USA).

Climate Change 2001 – The Scientific Basis. Contribution of Working Group I to the Third Assessment Report of the Intergovernmental Panel on Climate Change.

Der Autor

Ernst Rauch studierte von 1981 bis 1986 am Institut für Allgemeine und Angewandte Geophysik der Universität in München. Er schloss sein Diplom mit einer Arbeit über Ultraschallseismik an Bohrkernen aus dem Forschungsprojekt zur Kontinentalen Tiefbohrung (KTB) der Bundesrepublik Deutschland ab und war dann von 1986 bis 1988 als wissenschaftlicher Assistent im Feldlabor der KTB und an der Universität in München tätig.

Im Juni 1988 kam Ernst Rauch zum Bereich GeoRisikoForschung der Münchener Rück. Sein Tätigkeitsschwerpunkt lag zunächst im Bereich der Erdbeben-Risikoanalyse und der Mitarbeit bei der Entwicklung eines Erdbeben-Simulationsmodells.

Seit Anfang der 90er-Jahre – unter anderem aufgrund der hohen Schadenbelastungen aus der Wintersturmserie 1990 – verlagerte sich sein Verantwortungsbereich zunehmend hin zur Bewertung und Modellierung meteorologischer Risiken. Nach der Übernahme der Fachgebietsleitung im Jahr 2000 folgte im April 2004 die Leitung der Abteilung „Sturm/Unwetter/Klimaänderung" der Münchener Rück.

Ernst Rauch ist Mitglied in der Deutschen Geophysikalischen Gesellschaft, der Wind-Technologischen Gesellschaft (WTG, Deutschland), der Australian Earthquake Engineering Society und der American Association for Wind Engineering.

Phänologie – Pflanzen in einer wärmeren Welt

Von der Länge der Vegetationsperiode des Gingkos in Japan bis hin zur Schneeglöckchenblüte in Deutschland – zahlreiche Beispiele zeigen, wie Klimavariationen und -änderungen die Saisonalität in Ökosystemen signifikant verändern, insbesondere in den mittleren und höheren Breiten.

Annette Menzel, Nicole Estrella, Peter Fabian

Phänologie als ein Bioindikator für Klimaänderungen

Die Temperatur ist eine der Hauptantriebskräfte für viele Entwicklungsprozesse in Pflanzen, deshalb verfrühen sich beispielsweise die Blüh- und Austriebszeitpunkte von Pflanzen bei steigenden Temperaturen. Wurden derartige Pflanzenbeobachtungen in früheren Jahrhunderten nur von einigen Landadeligen zum Zeitvertreib gemacht oder später systematisch durchgeführt, um den Einzug von Jahreszeiten in Europa zu charakterisieren (Abb. 1) oder die Anbaueignung von verschiedenen Nutzpflanzen zu beurteilen, so hat sich die Phänologie heute zu einem wichtigen Werkzeug der Global-Change-Forschung entwickelt. Denn anhand phänologischer Beobachtungen kann man die Auswirkungen von Klimaveränderungen nicht nur gut analysieren, sondern auch überzeugend einem breiten Publikum vermitteln.

Das IPCC (Intergovernmental Panel on Climate Change) folgert in seinem dritten Bericht im Jahr 2001 aus der Übersicht aller beobachteten Trends im Zuge der Klimaänderungen, dass viele physikalische und biologische Systeme wie Hydrologie und Kryosphäre, Fauna und Flora bereits auf veränderte Temperaturen reagieren (IPCC 2001). Diese Reaktionen erfolgen ganz überwiegend in der erwarteten Richtung, d. h., sie entsprechen den bekannten Zusammenhängen mit der Temperatur.

Einschneidende Folgen für die Vegetation sind
– die Verschiebung der Verbreitungsgebiete polwärts bzw. in höhere Lagen,
– die Veränderung der Dichte und der Zusammensetzung der Vegetation,
– die Verlängerung der Vegetationsperiode sowie
– die Verfrühung von Blühterminen.

Die beiden letzten Indikatoren können der Phänologie zugerechnet werden, denn in dieser werden jährlich wiederkehrende Ereignisse der Pflanzen- und Tierwelt beobachtet, etwa Blüte, Laubaustrieb, Fruchtreife, Laubverfärbung und -fall oder die Rückkehr von Zugvögeln und der Zeitpunkt der Eiablage von Vögeln. Die Zeitpunkte solcher Ereignisse sind, insbesondere im Frühjahr und Sommer, sehr eng mit Klima und Witterung verknüpft (u. a. Sparks et al. 2001, Menzel 2003a). Im Gegensatz zur Verschiebung von Arealen oder der Änderung der Zusammensetzung von Ökosystemen ist die Temperatur der ausschlaggebende Einflussfaktor, sodass die Phänologie wohl der einfachste Weg ist, um Auswirkungen von Temperaturänderungen aufzuspüren (Sparks u. Menzel 2002, Walther et al. 2002).

Voraussetzung für den Einsatz der Phänologie als Bioindikator für den Klimawandel ist
– eine genaue quantitative Analyse der Veränderungen in phänologischen Zeitreihen,
– ein bekannter Zusammenhang mit der Temperatur oder
– eine analoge Veränderung in entsprechenden Temperaturzeitreihen (Root et al. 2003).

Abb. 1 Frühlings- und Herbsteinzug in Europa

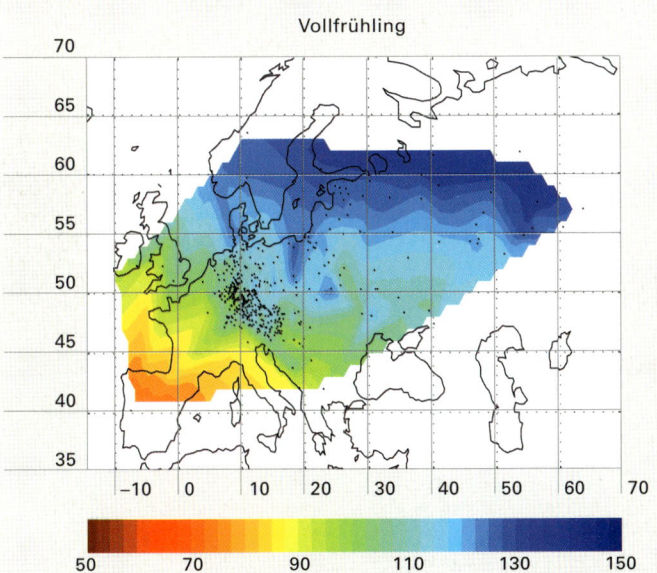

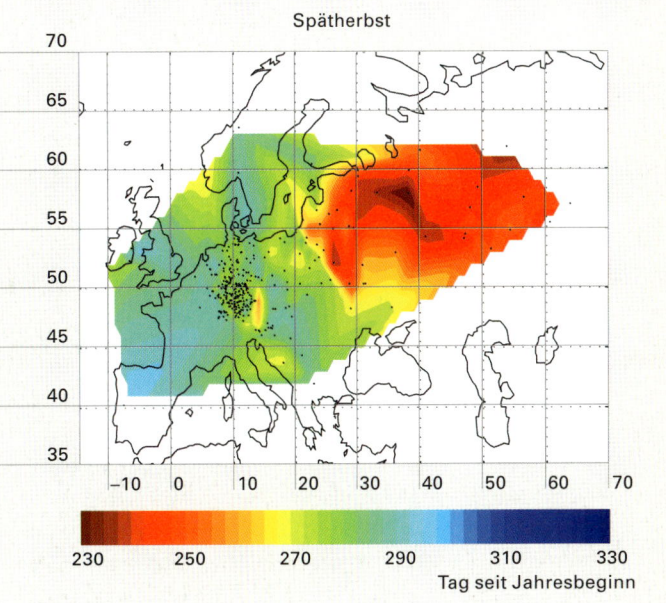

Quelle: Menzel, Estrella, Eckhardt, Technische Universität München, 2004

a) Mittlerer Beginn des Vollfrühlings:
Blüte von Prunus spinosa, Ribes rubrum, Prunus avium, Blattentfaltung Larix decidua, Sorbus aucuparia, Betula pubescens, Betula pendula.

b) Mittlerer Beginn des Spätherbstes:
Laubverfärbung von Fagus sylvatica, Quercus robur, Aesculus hippocastanum, Betula pendula, Betula pubescens, Tilia cordata, Prunus avium. (Daten aus EU-Projekt POSITIVE, Menzel et al. 2002, Internationale phänologische Gärten und historisches Netzwerk von Ihne für Europa)

Phänologische Daten als Proxydaten

Es gibt nur wenige phänologische Beobachtungsreihen, die deutlich über den Zeitraum instrumenteller meteorologischer Messungen hinausgehen. Eine der ältesten bekannten Reihen stammt aus Kioto, Japan, wo seit über 1 300 Jahren der Zeitpunkt der Kirschblüte am kaiserlichen Hof beobachtet wird (Menzel 2003b). Andere sehr lange Aufzeichnungen stammen aus Mitteleuropa, z. B. die Beobachtungen der Familie Marsham aus Norfolk, Großbritannien (1736–1947). Bei solch langen Reihen können die Beobachtungen an Pflanzen auch als Proxy-/Stellvertreterdaten für Temperaturen herangezogen werden. Ein anschauliches Beispiel sind die Aufzeichnungen zur Weinlese in Frankreich, der Schweiz und im deutschen Rheinland seit dem Jahr 1480: Der Zeitpunkt der Weinlese hängt, obwohl er auch von wirtschaftlichen oder traditionellen Überlegungen der Winzer beeinflusst wird, sehr stark von den Temperaturen in der Vegetationsperiode ab. 84 % der Variation zwischen den Jahren kann mit der Durchschnittstemperatur während der Vegetationsperiode erklärt werden (Menzel, in Druck). So geben die Termine der Weinlese einen Anhaltspunkt für die Variabilität der Sommertemperaturen der vergangenen 500 Jahre in diesem Gebiet. Danach wäre der Hitzesommer 2003 ein einmaliges Ereignis in diesem ganzen Zeitraum gewesen.

Das einheitliche Bild der beobachteten Veränderungen

Zahlreiche Studien dokumentieren übereinstimmend in den letzten Jahrzehnten ein früheres Einsetzen der Vegetationsaktivität im Frühjahr in den mittleren und höheren Breiten der Nordhemisphäre und eine verlängerte Vegetationsperiode.

Drei verschiedene Methoden liefern dabei vergleichbare Ergebnisse:
– die Auswertung von Vegetationsindices aus Satellitendaten (z. B. Myneni et al. 1997, Zhou et al. 2001),
– die Analyse des atmosphärischen CO_2-Wertes (Keeling et al. 1996)
– die Auswertung von phänologischen Beobachtungen am Boden (Übersichtsartikel von Menzel u. Estrella 2001, Sparks u. Menzel 2002, Walther et al. 2002, Menzel 2003c, Walther 2003, Root et al. 2003, Badeck et al. 2004).

Gerade die phänologische Forschung hat, vor allem in Mitteleuropa, eine lange Tradition, beginnend mit ersten Netzwerken von Linné (1750–1752), der Societas Meteorologica Palatina (1781–1792) und von Hoffmann und Ihne (1883–1941). Seit Mitte des letzten Jahrhunderts betreiben und koordinieren zahlreiche nationale Wetterdienste phänologische Netzwerke, die überwiegend auf der Arbeit freiwilliger naturinteressierter Beobachter basieren (z. B. Deutschland, Schweiz, Österreich, Slowakei); daneben gibt es neu etablierte oder erst kürzlich wiederbelebte Netzwerke (Großbritannien, Niederlande).

Frühjahr

Eine wachsende Anzahl von Studien der letzten Jahre zeigt, dass die Veränderung von Eintrittsterminen an zahlreichen Orten vorkommt und viele verschiedene Arten betrifft: etwa eine Verfrühung der Robinienblüte in Ungarn (Walkovszky 1998), der Blattentfaltung des Gingkos in Japan (Masumoto et al. 2003) und der Pappelblüte in Alberta, Kanada (Beaubien u. Freeland 2000) und viele andere Beispiele (siehe neue Zusammenstellungen von Menzel 2003c, Walther 2003). Vergleicht man nur Daten aus Netzwerken, so ist das Bild der beobachteten Änderung konsistent (Tab. 1): Frühjahrsphasen haben sich zwischen 1 und 3 Tagen pro Dekade in Europa, Nordamerika und Japan verfrüht.

Herbst

Veränderungen im Herbst zu ermitteln ist weitaus schwieriger, da weniger Daten zur Verfügung stehen, die phänologischen Ereignisse wie Laubverfärbung und Laubfall schlechter zu definieren und zu beobachten sind und letztlich weitaus mehr Umweltfaktoren, etwa zusätzlicher Wasser- oder Ozonstress, das Eintreten dieser Phasen steuern. So sind nur gering ausgeprägte Veränderungen mit einem eher heterogenen Muster erkennbar, die Trends an benachbarten Stationen haben oftmals sogar verschiedene Vorzeichen. Im Mittel sind Laubverfärbung und Blattfall zwischen 0,03 und 0,16 Tagen pro Jahr später zu beobachten (Menzel 2003c). Eine extreme Verspätung des Laubfalls um 13 Tage (Vergleich 1952–2000) wird für eine Station in Spanien notiert (Peñuelas et al. 2002). Die Termine der Fruchtreife im Sommer und Herbst haben sich dagegen in den meisten Fällen deutlich verfrüht (Jones u. Davis 2000, Peñuelas et al. 2002, Menzel 2003a).

Abbildung 2 stellt die mittleren Eintrittsdaten verschiedener Phasen (a Frühjahr, b Sommer und Herbst) aus dem phänologischen Netzwerk des Deutschen Wetterdienstes dar. Man erkennt eine größere Variabilität der Vorfrühlingsphasen wie Schneeglöckchen- und Forsythienblüte, eine Verfrühung aller Frühjahrsphasen spätestens ab Mitte der 1980er-Jahre, das frühere Einsetzen von Sommerlindenblüte und Fruchtreife von Holunder und Rosskastanie sowie eine kaum erkennbare Verspätung der Laubverfärbung.

Tab. 1 Mittlere Verfrühung von Pflanzenaktivitäten im Frühjahr, basierend auf phänologischen Beobachtungen in Netzwerken

Land	Untersuchungs-zeitraum	Verfrühung (Tage/Jahr)	Autor
Westliche USA	1957/68–1994	–0,15 / –0,35	Cayan et al. 2001
Deutschland	1951–2000	–0,16	Menzel 2003a
Schweiz	1951–1998	–0,19	Defila u. Clot 2001
Europa (Int. Phäno-logische Gärten)	1959–1996	–0,21	Menzel u. Fabian 1999, Menzel 2000
Europa (Int. Phäno-gische Gärten)	1969–1998	–0,27	Chmielewski u. Rötzer 2001
Japan	1953–2000	–0,09	Matsumoto et al. 2003

Abb. 2a Frühjahr in Deutschland

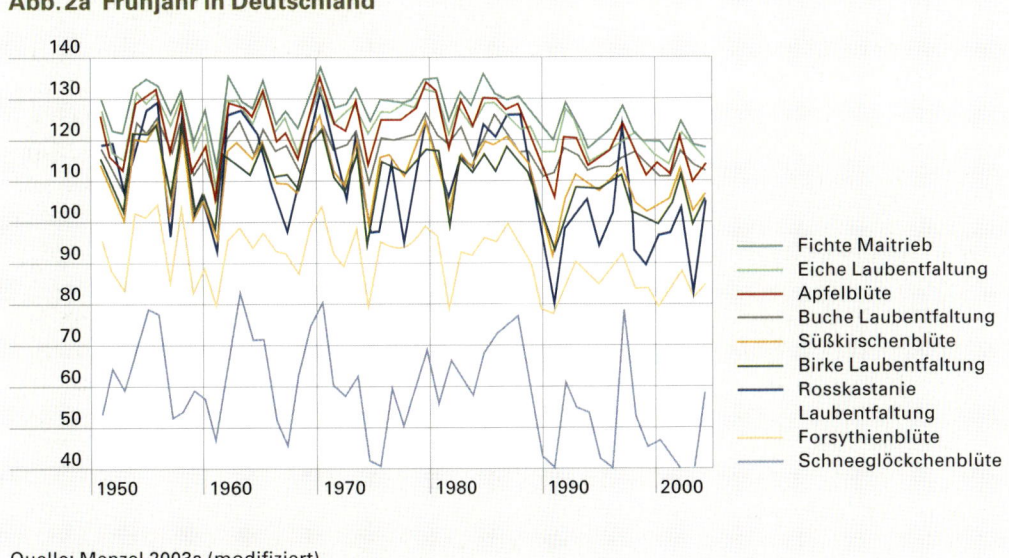

Veränderungen im Frühjahr (a) sowie im Sommer und Herbst (b): Mittlere Eintrittsdaten verschiedener phänologischer Phasen in Deutschland (1951–2003, Daten des Deutschen Wetterdienstes).

Legende:
- Fichte Maitrieb
- Eiche Laubentfaltung
- Apfelblüte
- Buche Laubentfaltung
- Süßkirschenblüte
- Birke Laubentfaltung
- Rosskastanie Laubentfaltung
- Forsythienblüte
- Schneeglöckchenblüte

Quelle: Menzel 2003a (modifiziert)

Abb. 2b Sommer und Herbst in Deutschland

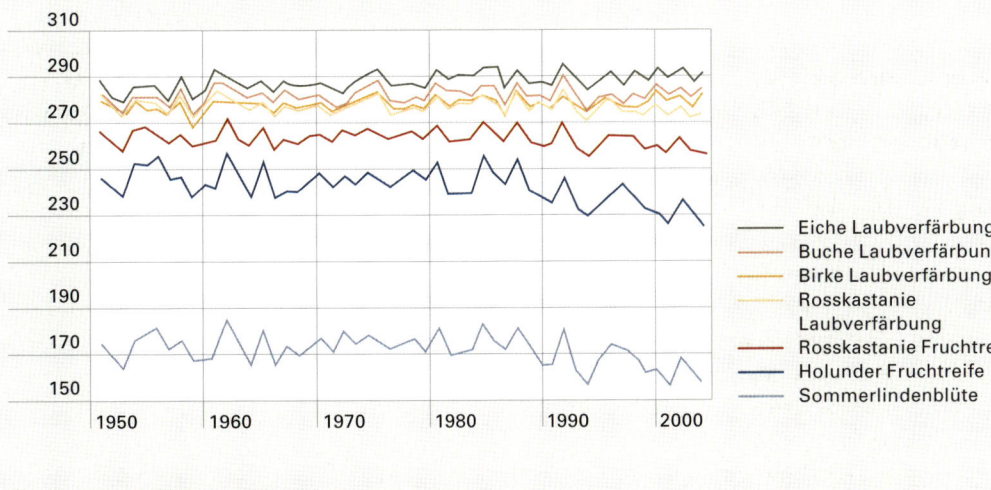

Legende:
- Eiche Laubverfärbung
- Buche Laubverfärbung
- Birke Laubverfärbung
- Rosskastanie Laubverfärbung
- Rosskastanie Fruchtreife
- Holunder Fruchtreife
- Sommerlindenblüte

Quelle: Menzel 2003a (modifiziert)

Tab. 2 Verlängerung der Vegetationsperiode, basierend auf phänologischen Beobachtungen in Netzwerken

Land	Untersuchungs-zeitraum	Arten	Verlängerung	Autor
Deutschland	1951–1996	Rotbuche, Stieleiche, Sandbirke, Rosskastanie (Laubentfaltung, Laubverfärbung)	0,11–0,18 Tage/Jahr 5,1–8,3 Tage (alle Stationen und Zeitreihen)	Menzel et al. 2001
Deutschland	1951–2000	Rotbuche, Stieleiche, Sandbirke, Rosskastanie (Laubentfaltung, Laubverfärbung	0,13–0,23 Tage/Jahr 6,5–11,5 Tage (alle Stationen)	Menzel 2003a
Schweiz	1951–2000	9 Frühjahrsphasen, 6 Herbstphasen	13,3 Tage (nur für Stationen mit signifikanten Änderungen)	Defila u. Clot 2001
Europa (Int. Phäno-logische Gärten)	1959–1996	Verschiedene Frühjahrs- u. Herbstphasen	13,7 Tage (alle Stationen)	Menzel u. Fabian 1999, Menzel 2000
Japan	1953–2000	Gingko (Laubentfaltung, Laubfall)	12 Tage	Matsumoto et al. 2003

Abb. 3 Vegetationsperiode in Deutschland

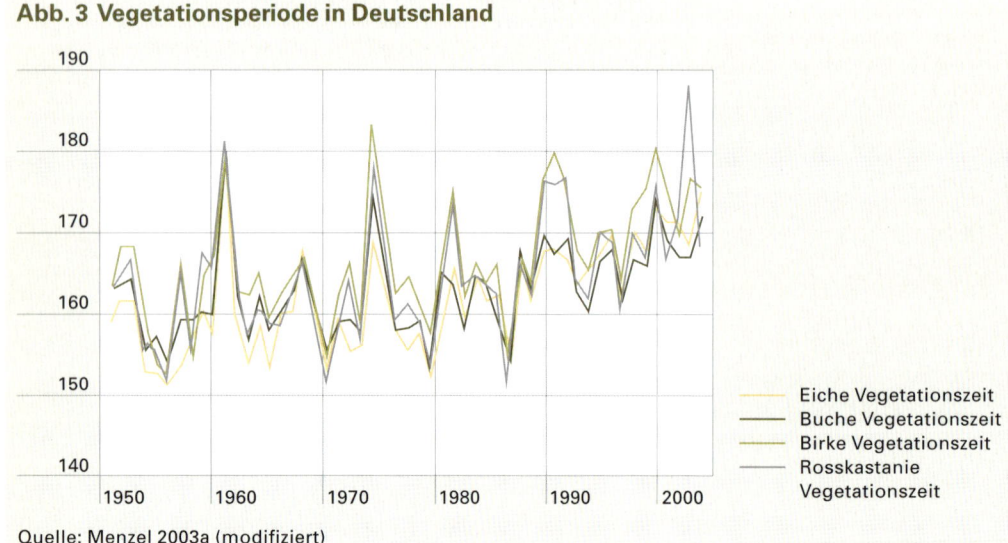

Eiche Vegetationszeit
Buche Vegetationszeit
Birke Vegetationszeit
Rosskastanie Vegetationszeit

Quelle: Menzel 2003a (modifiziert)

Veränderung der mittleren Dauer der Vegetationsperiode von vier Laubbaumarten in Deutschland (1951–2003, Daten des Deutschen Wetterdienstes).

Vegetationsperiode

Die Vegetationsperiode hat sich verlängert, wie Beispiele aus Mitteleuropa und Japan zeigen (Tab. 2). Zwar unterscheiden sich die Studien in den untersuchten Arten bzw. Phänophasen und in der Methodik, dennoch berichten sie – sehr gut übereinstimmend – von einer Verlängerung der Vegetationsperiode um 1 bis 2 Wochen in der 2. Hälfte des 20. Jahrhunderts. Nur für eine Station in Spanien wird eine weitaus stärkere Verlängerung der Vegetationsperiode um 32 Tage (Mittelwert der Zeitspanne zwischen Laubentfaltung – Laubfall für 24 Arten) geschildert (Peñuelas et al. 2002).

Abbildung 3 zeigt die mittlere Dauer der Vegetationsperiode von 4 Laubbaumarten in Deutschland, wie sie an rund 1 500 bis 2 000 Stationen des phänologischen Netzwerks des Deutschen Wetterdienstes beobachtet wurde. Die Verlängerung der Wachstumsperiode ist ab Mitte der 1980er-Jahre besonders deutlich.

Die Variabilität im phänologischen Signal

Die oben beschriebenen Veränderungen bei der Länge der Vegetationsperiode und beim Beginn der Frühjahrsaktivitäten stimmen in Vorzeichen und Ausmaß annähernd überein, dennoch gibt es unterschiedliche Reaktionen bei Arten (z. B. Abu-Asad et al. 2001, Bradley et al. 1999, Peñuelas et al. 2002) oder Unterschiede zwischen Standorten (z. B. Menzel et al. 2001).

Diese Variabilität kann verschiedene Ursachen haben:

– Verschiedene Jahreszeiten: Es gibt viele Beispiele, dass die frühsten Phänophasen im Jahr sich auch am stärksten verfrühen, möglicherweise weil sich die Temperaturen im

Abb. 4 Beispiele für klein- und großräumige Variabilität von phänologischen Änderungen

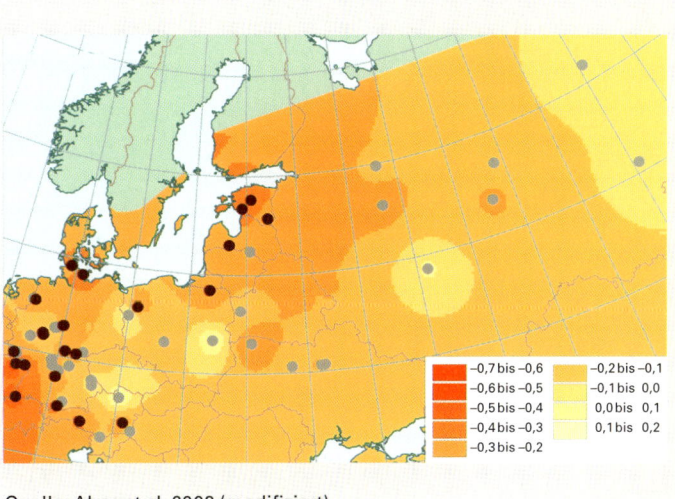

Quelle: Ahas et al. 2002 (modifiziert)

Links: Lineare Trends der Schneeglöckchenblüte an Stationen mit 30 und mehr Beobachtungsjahren im Zeitraum 1961–2000 in Deutschland. (rot: negativer Trend/Verfrühung, blau: positiver Trend/Verspätung)

Rechts: Trends (Tage/Jahr) der Blattentfaltung der Birke in Mittel- und Osteuropa.

Signifikanz und Trend

- ·   nicht signifikant/negativer Trend
- ●   */negativer Trend
- ●   **/negativer Trend
- ●   **/positiver Trend
- ●   */positiver Trend
- ·   nicht signifikanter/positiver Trend

Quelle: Menzel et al. 2001 (ergänzt)

Winter und Frühjahr am deutlichsten verändert haben (Menzel et al. 2001, Fitter u. Fitter 2002, Abu-Asab et al. 2001, Sparks u. Menzel 2002, Sparks u. Smithers 2002).

– Artspezifische Unterschiede: Beispielsweise reagiert die Buche mit ihrem Austrieb weniger stark auf Temperaturerhöhungen als andere Laubbäume (Kramer 1995, Menzel 2003a). Einjährige Arten reagieren tendenziell mehr als gleichartige mehrjährige, Insektenbestäuber mehr als Windbestäuber (Fitter u. Fitter 2002), ferner gibt es Unterschiede zwischen Pflanzen unterschiedlicher Herkunft und Lebensform (Peñuelas et al. 2002).

– Geographische Unterschiede: Die räumliche Variabilität der Änderungen lässt sich auf Karten darstellen und/oder mit statistischen Maßzahlen belegen (z. B. Menzel et al. 2001, Schwartz u. Reiter 2000, siehe Abb. 4 links). Es

bestehen großräumige regionale Unterschiede mit Verfrühungen des Frühjahrs in West- und Zentraleuropa und nur geringen Änderungen bis Verspätungen im kontinentalen Osteuropa (z. B. Menzel u. Fabian 1999, Ahas et al. 2002, siehe Abb. 4 rechts). Aber auch die Meereshöhe hat einen Einfluss: In der Schweiz steigt der Anteil der Stationen, die einen Trend zur Verfrühung zeigen, bis etwa 1 100 m an (Defila u. Clot 2001).

– Kleinräumige Variabilität: Als mögliche Ursachen für zum Teil uneinheitliche Reaktionen kommen Unterschiede im örtlichen Mikroklima, Stadt-/Landeffekt mit stärkeren Verfrühungen in den Städten, natürliche Variationen, genetische Differenzierung oder andere nichtklimatische Faktoren in Betracht.

Abb. 5 Zusammenhang zwischen den mittleren Eintrittszeitpunkten verschiedener Phänophasen und entsprechenden Monatsmitteltemperaturen

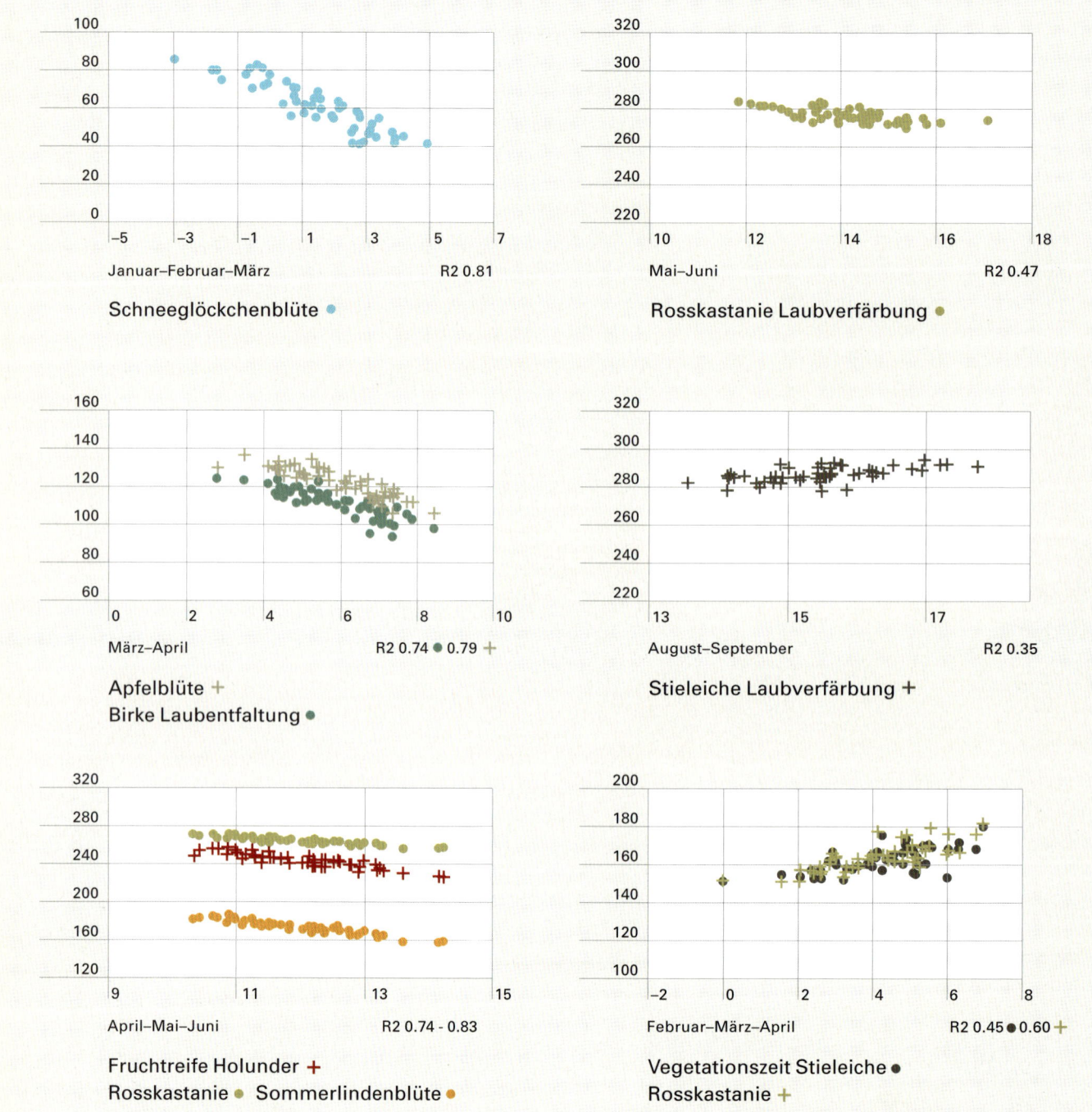

Quelle: erweitert nach Menzel 2003a

Nach oben aufgetragen ist der mittlere Eintrittstag in Deutschland bzw. die Dauer der Vegetationsperiode in Tagen. Sowohl für Austrieb und Blüte als auch für die Fruchtreife sind die Temperaturen des Frühjahrs ausschlaggebend.

Abb. 6 Trendmatrix – Abhängigkeit der Steigung der linearen Regressionsgeraden vom Anfangs- und Endjahr

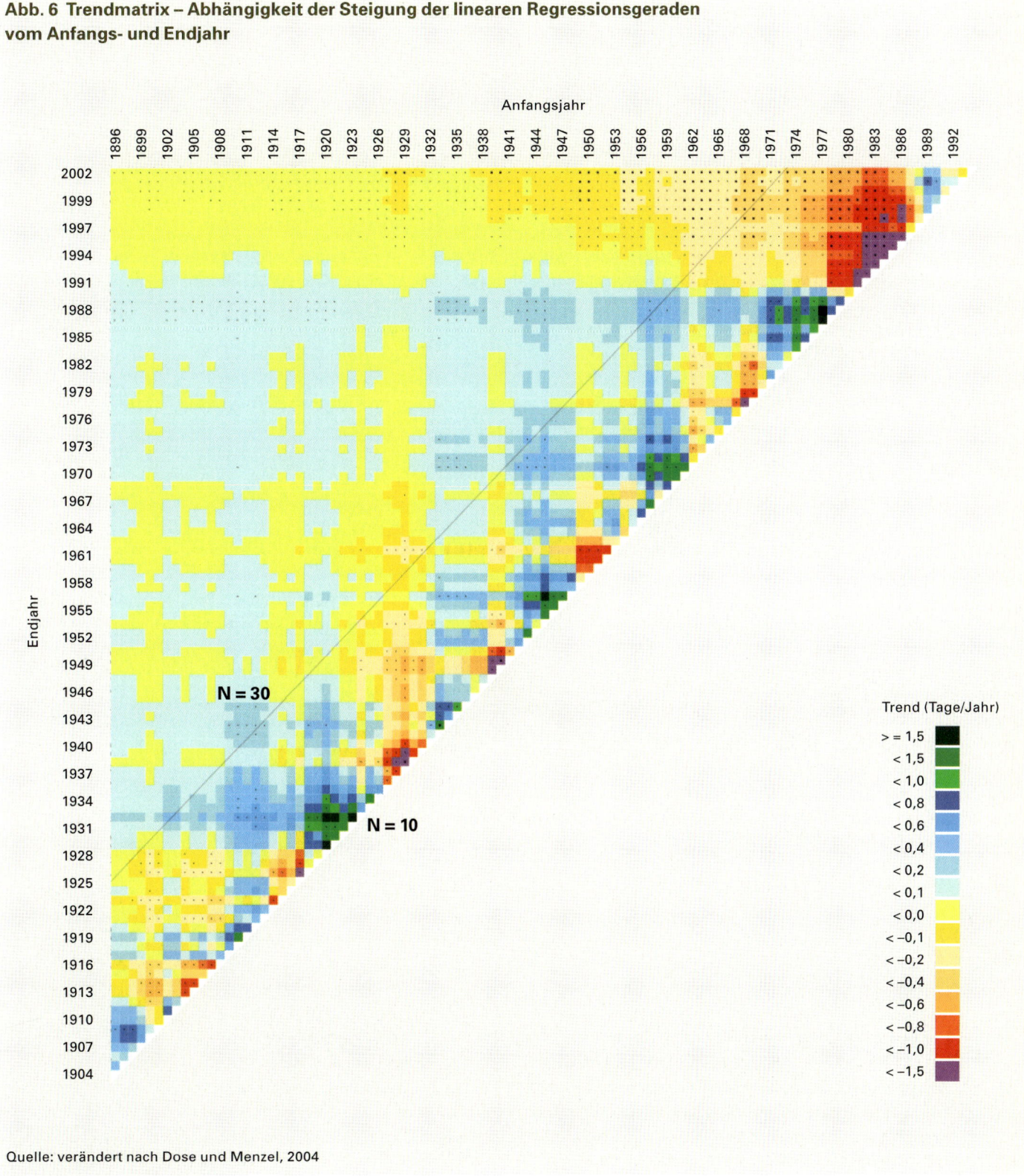

Quelle: verändert nach Dose und Menzel, 2004

**Trendmatrix: Lineare Regressions-
koeffizienten für die Süßkirschenblüte (1896–2002) in Geisenheim,
Deutschland. Es wird deutlich,
dass die zeitlichen Veränderungen
stark vom zugrunde liegenden
Untersuchungszeitraum abhängen.**

Die phänologische Reaktion auf Temperaturänderungen

Pflanzen sind „integrierende Messinstrumente" für die gesamte Witterung. So können neben Klima, aktuellem Wetter, Witterung der aktuellen und vergangenen Vegetationsperiode sowie der Ruhephase beispielsweise auch Boden, Düngung, Konkurrenz, Erbmasse, Schadstoffe oder tierische Schädlinge das phänologische Verhalten der Pflanze beeinflussen. Aber die Vorverlegung des Frühjahrs und des Sommers ist eine enge Reaktion auf veränderte Temperaturbedingungen und damit wahrscheinlich eine Folge der globalen Erwärmung. Man kann dies in Experimenten, anhand von Modellen der Pflanzenentwicklung im Frühjahr oder mit einfachen statistischen Zusammenhängen zeigen: Frühjahrs- und Sommerphasen werden ganz überwiegend von der Temperatur der vorausgehenden 1 bis 3 Monate beeinflusst; denn haben die Pflanzen erst einmal genug Kälte zur Überwindung der Winterruhe erhalten, so benötigen sie nachfolgend nur noch Wärme für den Austrieb oder die Blüte und es ergibt sich ein fast linearer Zusammenhang mit der Temperatur (Abb. 5). Auch bei der Fruchtreife im Sommer und Herbst sowie bei der Länge der gesamten Vegetationsperiode sind die Temperaturen des Frühjahrs ausschlaggebend.

Der Zeitpunkt der herbstlichen Laubverfärbung in Deutschland ist dagegen wesentlich schlechter durch die Witterung der aktuellen Vegetationsperiode zu erklären, sogar zwei entgegengesetzt gerichtete Temperaturfaktoren wirken: Ein warmer Spätsommer verzögert, höhere Temperaturen im Mai und Juni verfrühen die Laubverfärbung. Die Temperatur erklärt aber nur einen geringen Teil der Variationen von Jahr zu Jahr – daneben könnten Bodenfeuchte, Trockenheit, Länge der Vegetationsperiode und Luftschadstoffe eine Rolle spielen.

Die Länge der Vegetationsperiode in Deutschland lässt sich je nach untersuchter Laubbaumart etwa zur Hälfte mit den Monatsmitteltemperaturen von Februar bis April erklären (Menzel 2003a). Einige Phasen wie der Beginn und die Länge der Vegetationsperiode in Nord- und Mitteleuropa korrelieren auch sehr gut mit dem Nord-Atlantik-Oszillations-Index, der die Witterungsbedingungen im Winter widerspiegelt (z. B. Chmielewski u. Rötzer 2001, Menzel 2003a). Im Mittelmeerraum gibt es einen Zusammenhang zwischen Eintrittsterminen von weniger trockenheitsresistenten Arten oder nicht bewässerten landwirtschaftlichen Kulturen und dem Niederschlag (Peñuelas et al. 2002). In Zukunft muss wohl ein Augenmerk auf andere mögliche Einflussfaktoren gelegt werden, etwa Photoperiode/ Tageslänge, steigende atmosphärische Kohlendioxidkonzentrationen, Bewässerung, Düngung und Landnutzung.

Ungenauigkeiten und Schwierigkeiten

Phänologische Beobachtungen sind keine physikalischen Messungen, sondern unterliegen – trotz aller Sorgfalt der Beobachter – immer einer gewissen subjektiven Ungenauigkeit. Möglicherweise werden auch Studien, die einen Zusammenhang mit Klimaänderungen zeigen, leichter zur Veröffentlichung eingereicht und akzeptiert als gegenteilige (Menzel 2002).

Zeitliche Veränderungen hängen aber auch stark vom zugrunde liegenden Untersuchungszeitraum ab. Variiert man bei einer über 100-jährigen Beobachtungsreihe der Süßkirschenblüte in Geisenheim Anfangs- und Endjahr (Abb. 6), so wird offensichtlich, dass sich für unterschiedliche Untersuchungszeiträume verschiedene Trendausgleichsgeraden ergeben: Bei kurzen Zeitreihen dominiert der Einfluss von Extremwerten, insbesondere am Anfang und Ende der Zeitreihe; erst die Steigungen der Regressionsgeraden von mindestens 30-jährigen Zeitreihen erscheinen stabil. Eindeutige Verfrühungen der Süßkirschenblüte werden sichtbar, wenn die Zeitreihen Mitte der 1980er-Jahre oder später enden. Da es schwierig ist, die räumliche Variabilität von der oben beschriebenen zeitlichen Variabilität zu trennen, speziell wenn Ergebnisse verschiedener Netzwerke miteinander verglichen werden, müssen die bisher verwendeten Methoden der Trendanalyse erweitert werden.

Die Analyse phänologischer Zeitreihen mit Bayes'scher Statistik

Eine neue Methode zur Untersuchung von phänologischen Zeitreihen, die auf Bayes'scher Statistik beruht, wurde unlängst von Dose und Menzel (2004) vorgestellt. In Abbildung 7 wird sie exemplarisch für die Analyse einer langen Beobachtungsreihe in Deutschland (1900–2003) eingesetzt, wobei drei Modelle zur Funktionsschätzung berücksichtigt werden: In allen Fällen wird das Modell mit einem Umkehrpunkt den weniger komplizierten Alternativen, dem linearen und dem konstanten Modell, vorgezogen. Ein deutliches Maximum der Umkehrpunktwahrscheinlichkeit ist Mitte der 1980er-Jahre zu verzeichnen, anschließend an dieses Maximum zeigen die Änderungsraten sich verfrühende Blühzeitpunkte an (bis zu –1,7 Tage/Jahr im Jahr 2003). Diese Analyse erlaubt also, Verschiebungen von phänologischen Phasen zu quantifizieren, besonders die Trendverstärkung in den letzten 2 bis 3 Dekaden.

Abb. 7 Bayes'sche Analyse der Sommerlindenblüte in Geisenheim, Deutschland (1900–2003)

Neue Methoden zur Untersuchung von phänologischen Zeitreihen:

a) Eintrittszeitpunkte
b) Wahrscheinlichkeit des Umkehrpunktes im Modell mit einem Umkehrpunkt
c) Rate der Änderung (Trend) in Tagen pro Jahr
d) mittlerer Verlauf der Ausgleichsfunktion

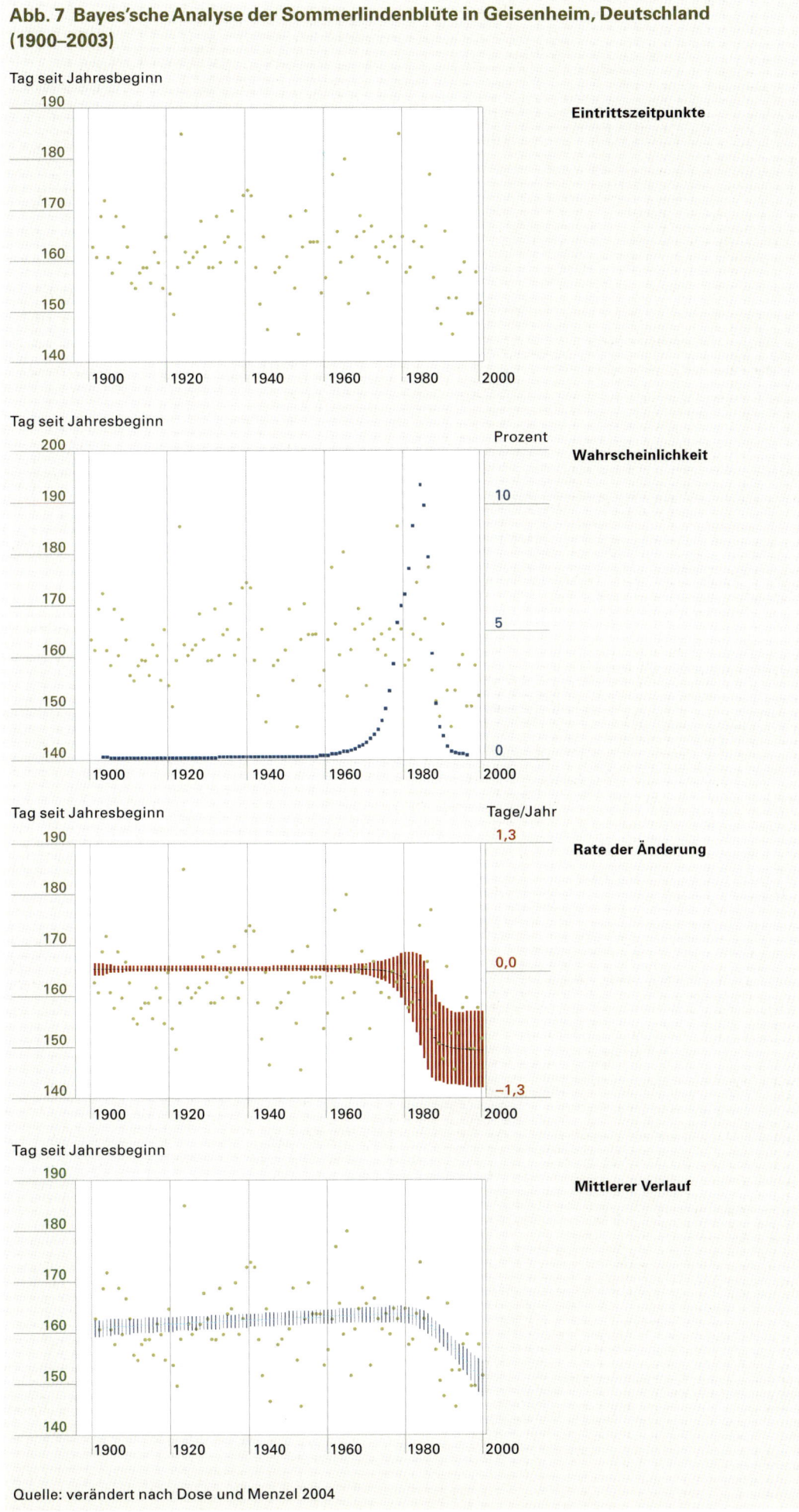

Eintrittszeitpunkte

Wahrscheinlichkeit

Rate der Änderung

Mittlerer Verlauf

Quelle: verändert nach Dose und Menzel 2004

Die Auswirkungen phänologischer Veränderungen in der Pflanzen- und Tierwelt

Die Veränderungen in der Saisonalität von Ökosystemen wurden zwar anhand von Beispielen aus der Pflanzenwelt beschrieben, sind aber längst nicht nur auf die Flora beschränkt. So stimmt die in Europa und Nordamerika beobachtete Verlängerung der Vegetationsperiode sehr gut überein mit Veränderungen, die man mit Vegetationsindices aus Satellitenbildern für mittlere und höhere Breiten der Nordhalbkugel abgeleitet hat (Myneni et al. 1997, Zhou et al. 2001). Auch aus dem Jahresgang des Kohlendioxidgehaltes in der Atmosphäre mit seinem winterlichen Maximum auf der Nordhalbkugel lässt sich eine Verfrühung des Frühjahrs ableiten, denn die Abnahme zum sommerlichen Minimum tritt heute 7 Tage früher ein als noch 1960 (Keeling et al. 1996). Erhöhte jährliche Amplituden der CO_2-Messreihen und der Vegetationsindices aus Satellitendaten belegen zudem eine verstärkte pflanzliche Aktivität während der Vegetationsperiode. Abiotische Signale wie das Auftauen und Zufrieren von Flüssen und Seen weisen ebenfalls auf eine fortschreitende Ausdehnung der warmen Jahreszeit bzw. der frostfreien Periode hin. Auch in der Tierwelt wurden phänologische Ereignisse in den letzten 4 bis 5 Jahrzehnten immer früher beobachtet, so zum Beispiel die Eiablage oder der erste Gesang von Vögeln, die Rückkehr von Zugvögeln, das Erscheinen von Schmetterlingen oder das Laichen von Amphibien (siehe Sparks u. Menzel 2002, Walther et al. 2002).

Phänologische Änderungen können sich vielfältig – positiv wie negativ – auf Ökosysteme auswirken. So werden die unterschiedlichen Reaktionen von Art zu Art die Struktur von Pflanzengemeinschaften verändern, wenn etwa Pflanzen ungleich von der verlängerten Wuchsperiode profitieren oder unterschiedlich durch Spätfröste im Frühjahr gefährdet werden. Die verlängerte Vegetationsperiode könnte, ausreichende Wasser- und Nährstoffversorgung vorausgesetzt, das Pflanzenwachstum auch positiv beeinflussen. So ist sie, neben der „Düngung" durch Stickstoffeinträge und höhere Kohlendioxidgehalte in der Atmosphäre, eine der möglichen Ursachen für die europaweit beobachtete Steigerung der jährlichen Zuwächse an Biomasse. Für Pollenallergiker bedeutet ein früheres Blühen von Pflanzen einen früheren Start und eine möglicherweise insgesamt verlängerte Leidenssaison.

Die Konkurrenz zwischen Arten kann sich auch in der Tierwelt verschieben, etwa im Wettbewerb um die besten Brutplätze; bei diesem wären Standvögel und Kurzstreckenzieher aufgrund der stärkeren Veränderung ihrer Rückkehrzeiten im Vorteil. Die nicht immer gleichlaufende Reaktion kann über Nahrungsketten oder Bestäubung ökologische Konsequenzen haben: Das Zusammenspiel zwischen Blühzeitpunkt und Vorhandensein bestäubender Insekten, Aufbrechen der Knospen bei der Eiche und Schlüpfen der Raupen des kleinen Frostspanners oder zwischen Brutzeitpunkt und maximaler Nahrungsverfügbarkeit bei der Kohlmeise sind Beispiele, wo die enge Synchronität in Ökosystemen gestört werden könnte (Walther et al. 2002).

Danksagung

Ohne die Aufzeichnungen von engagierten phänologischen Beobachtern und die Arbeit der Netzwerkbetreiber wie dem Deutschen Wetterdienst wären solche Untersuchungen nicht möglich. Abbildung 1 wurde dankenswerterweise von unserer Kollegin Dr. Sabine Eckhardt angefertigt.

Literatur

Abu-Asab M.S., P.M. Peterson, S.G. Shetler, S.S. Orli (2001): Earlier plant flowering in spring as a response to global warming in the Washington, DC, area. Biodiversity and Conservation 10, S. 597–612.

Ahas R, A. Aasa, A. Menzel, V.G. Fedotova, H. Scheifinger (2002): Changes in European spring phenology. International Journal of Climatology 22, S. 1727–1738.

Badeck F.W., A. Bondeau, K. Böttcher, D. Doktor, W. Lucht, J. Schaber, S. Sitch (2004): Responses of spring phenology to climate change. New Phytologist 162, S. 295–309.

Beaubien E.G., H.J. Freeland (2000): Spring phenology trends in Alberta, Canada: links to ocean temperature. International Journal of Biometeorology 44, S. 53–59.

Bradley N.L., A.C. Leopold, J. Ross, W. Huffaker (1999): Phenological changes reflect climate change in Wisconsin. Proceedings of the National Academy of Science of the United States of America 96, S. 9701–9704.

Cayan D.R., S.A. Kammerdiener, M.D. Dettinger, J.M. Caprio,D.H. Peterson (2001): Changes in the onset of spring in the western United States. Bull. Amer. Meteorol. Soc. 82, S. 399–415.

Chmielewski F.M., T. Rötzer (2001): Response of tree phenology to climate changes across Europe. Agricultural and Forest Meteorology 108, S. 101–112.

Defila C., B. Clot (2001): Phytophenological trends in Switzerland. International Journal of Biometeorology 45, S. 203–207.

Dose V., A. Menzel (2004): Bayesian analysis of climate change impacts in phenology. Global Change Biology 10, S. 259–272.

Fitter A.H., R.S.R. Fitter (2002): Rapid changes in flowering time in British plants. Science 296, S. 1689–1691.

IPCC (J.J. McCarthy et al., Hg.) (2001): Climate Change 2001. Impacts, Adaptation, and Vulnerability. Contribution of the Working Group II to the Third Assessment Report of the Intergovernmental Panel on Climate Change. Cambridge University Press.

Jones G.V., R.E. Davis (2000): Climate Influences on Grapevine Phenology, Grape Composition and Wine Production and Quality for Bordeaux, France. Am. J. Enol. Vitic. 51, S. 249–261.

Keeling C. D., J. F. S. Chin, T. P. Whorf (1996): Increased activity of northern vegetation inferred from atmospheric CO_2 measurements. Nature 382, S. 146–149.

Kramer K. (1995): Phenotypic plasticity of the phenology of seven European tree species in relation to climatic warming. Plant, Cell, and Environment 18, S. 93–104.

Matsumoto K., T. Ohta, M. Irasawa, T. Nakamura (2003): Climate change and extension of the Gingko biloba L. growing season in Japan. Global Change Biology 9, S. 1634–1642.

Menzel A., P. Fabian (1999): Growing season extended in Europe. Nature 397: 659.

Menzel A. (2000): Trends in phenological phases in Europe between 1951 and 1996. International Journal of Biometeorology 44, S. 76–81.

Menzel A., N. Estrella (2001): Plant Phenological Changes, In: Walther G.R., C.A. Burga, P.J. Edwards (Hg.) Fingerprints of Climate Change – Adapted Behaviour and Shifting Species Ranges, Kluwer Academic/Plenum Publishers, New York and London, S. 123–137.

Menzel A., N. Estrella, P. Fabian (2001): Spatial and temporal variability of the phenological seasons in Germany from 1951 to 1996. Global Change Biology 7, S. 657–666.

Menzel A. (2002): Phenology, its importance to the global change community, Climate Change 54, S. 379–385.

Menzel A. (Hg.) (2002): Final Report (Feb 2000–June 2002) of the EU project POSITIVE (EVK2-CT-1999–00012), TU Munich.

Menzel A. (2003a):Plant phenological anomalies in Germany and their relation to air temperature and NAO. Climatic Change 57, S. 243–263.

Menzel A. (2003b): Phenological Data, Networks and Research: Europe. In: Schwartz M.D.: Phenology – an integrative environmental science. Kluwer Academic Publishers, Dodrecht, Boston, London, S. 45–56.

Menzel A. (2003c): Plant Phenological „Fingerprints". In: Schwartz M.D, Phenology – an integrative environmental science. Kluwer Academic Publishers, Dodrecht, Boston, London, S. 319–329.

Menzel (in Druck) A.: 500 year pheno-climatological view on the 2003 heatwave in Europe assessed by grape harvest dates (Meteorologische Zeitschrift).

Myneni R.B., C.D. Keeling, C.J. Tucker, G. Asrar, R.R. Nemani (1997): Increased plant growth in the northern high latitudes from 1981–1991. Nature 386, S. 698–702.

Peñuelas J., J. Filella, P. Comas (2002): Changes plant and animal life cycles from 1952–2000 in the Mediterranean region. Global Change Biology 8, S. 531–544.

Root T.L., J.T. Price, K.R. Hall, S.H. Schneider, C. Rosenzweig, J.A. Pounds (2003): Fingerprint of global warming on wild animals and plants. Nature 421, S. 57–60.

Schwartz M.D., B.E. Reiter (2000): Changes in north American spring. International Journal of Climatology 20, S. 929–932.

Sparks Th., E.P. Jeffree, C.E. Jeffree (2001): An examination of the relationship between flowering times and temperature at the national scale using long-term phenological records from the UK. International Journal of Biometeorology 44, S. 82–87.

Sparks T.H., A. Menzel (2002): Observed changes in seasons: an overview. International Journal of Climatology 22, S. 1715–1725.

Sparks T.H., R.J. Smithers (2002): Is spring getting earlier? Weather 57, S. 157–166.

Walkovszky A. (1998): Changes in phenology of the locust tree (Robinia pseudoacacia L.) in Hungary. International Journal of Biometeorology 41, S. 155–160.

Walther G.R., E. Post, P. Convey, A. Menzel, C. Parmesan, T.C.J. Beebee, J.M. Fromentin, O. Hoegh-Guldberg, F. Bairlein (2002): Ecological responses to recent climate change. Nature 416, S. 389–395.

Walther G.R. (2003): Plants in a warmer world. Perspectives in Plant Ecology, Evolution and Systematics 6, S. 169–185.

Zhou L., C.J. Tucker, R.K. Kaufmann, D. Slayback, N.V. Shabanov, R.B. Myneni (2001): Variations in northern vegetation activity inferred from satellite data of vegetation index during 1981–1999. Journal of Geophysical Research 106, 20069–20083.

Die Autoren

Forstoberrätin Dr. Annette Menzel ist Privatdozentin an der TU München und vertritt dort kommissarisch den Lehrstuhl für Ökoklimatologie. Ihr Hauptarbeitsgebiet sind neben der Klimatologie, Hydrologie und Forstmeteorologie die Wechselwirkungen von Pflanzen mit der atmosphärischen Umwelt, insbesondere die Auswirkungen von Klimavariationen und Klimaänderungen auf die Vegetation.

Dipl.-Geographin Nicole Estrella hat als wissenschaftliche Angestellte am Lehrstuhl für Ökoklimatologie in verschiedenen Projekten, beispielsweise im EU-Projekt POSITIVE, phänologische Fragestellungen bearbeitet.

Peter Fabian hat sich als Atmosphärenforscher mit Arbeiten zur Ozonschicht und ihre Beeinflussung durch halogenierte Kohlenwasserstoffe, zum Photosmog und seine Auswirkungen auf Pflanzen sowie zu den Wechselwirkungen zwischen Klima und Wald international einen Namen gemacht. Offiziell im Ruhestand, ist er weiterhin aktiv im Forschungsbetrieb tätig, unter anderem als Präsident der European Geosciences Union.

Auswirkungen von Klimaänderungen auf den Menschen

Die Änderung des Klimas wirkt sich direkt auf den Menschen aus: Extremereignisse wie Hitzewellen, Stürme oder Überschwemmungen erhöhen die Mortalität, die Lebensbedingungen für Krankheitsüberträger können sich verbessern und so breiten sich Krankheiten in Regionen aus, die bisher von diesen verschont blieben.

Peter Höppe

So schützt man sich in unterschiedlichen Kulturen vor der Hitzebelastung durch Sonnenstrahlung.

Einleitung

Der Mensch ist in vielfältiger Weise direkt von einer Änderung des Klimas betroffen. Viele der im Folgenden beschriebenen zu erwartenden Wirkungen werden zumindest ansatzweise bereits durch Daten der vergangenen Jahrzehnte untermauert. Dies soll anhand einiger Beispiele und untergliedert nach den unterschiedlichen Wirkprozessen dargestellt werden. Besonders eindrücklich sind die mehr als 35 000 Hitzetoten in Europa im Sommer 2003, die uns ahnen lassen, was in den nächsten Jahrzehnten häufiger geschehen könnte, wenn sich die Veränderung des Klimas weiter beschleunigt.

Das thermische Bioklima

Thermische Klimabedingungen sind die Umweltfaktoren, die sich am stärksten auf die Befindlichkeit und Gesundheit des Menschen auswirken. Der menschliche Organismus reagiert vielfältig auf sich verändernde Temperaturen, um sein wichtigstes internes Regelungsprinzip aufrechtzuerhalten: die Beibehaltung einer konstanten Körperkerntemperatur. Bei Hitze sinkt der Blutdruck, das Herz muss schneller schlagen und der Körper verliert sehr viel Flüssigkeit durch Transpiration. Diese Belastungen können vor allem bei geschwächten Menschen das Herz-Kreislauf-System überfordern und zum Tod führen. Viele Studien beweisen, dass zwischen den täglichen Sterbefällen und den thermischen Bedingungen eindeutige Beziehungen bestehen: So sterben in New York und Schanghai an extrem heißen Tagen rund dreimal so viele Menschen wie an normal warmen Tagen – um nur zwei Großstädte in unterschiedlichen Regionen der Erde zu nennen (siehe Abb. 1a und 1b).

Da für die Beanspruchung des Körpers neben der Lufttemperatur auch die Luftfeuchte, die Windgeschwindigkeit und die Strahlungsbedingungen von großer Bedeutung sind, werden in neueren biometeorologischen Analysen diese komplexen Einflüsse in thermischen Kenngrößen berücksichtigt, z. B. in der vom Deutschen Wetterdienst vor einigen Jahren eingeführten „gefühlten Temperatur" (GT).

Abb. 1a Temperatur und Mortalität in New York

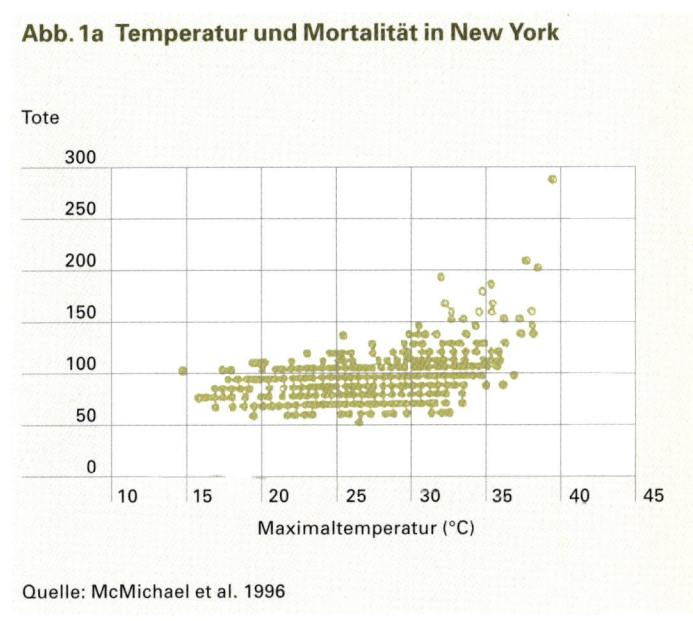

Quelle: McMichael et al. 1996

Abb. 1b Temperatur und Mortalität in Schanghai

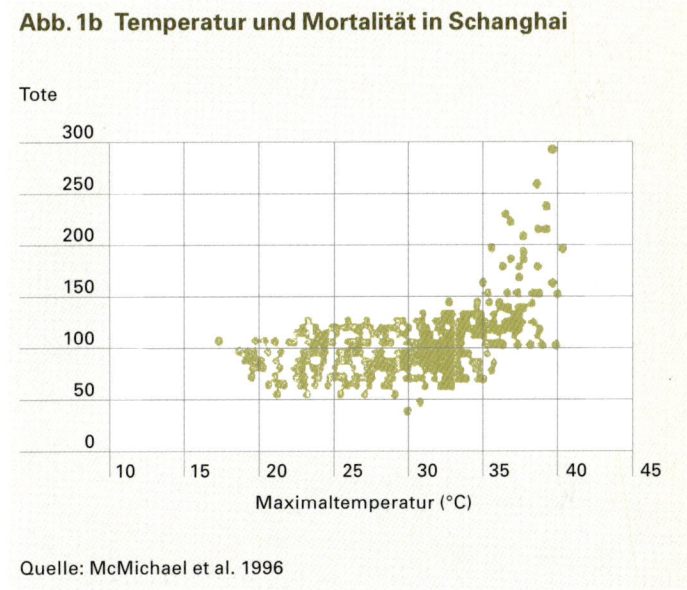

Quelle: McMichael et al. 1996

Die Diagramme zeigen die Anzahl der Todesopfer in Abhängigkeit von der Maximaltemperatur. Bei höheren Temperaturen (jenseits der 35 °C) steigen die Sterbeziffern enorm an.

Abb. 2 Verlauf der Mortalität während Hitzewellen

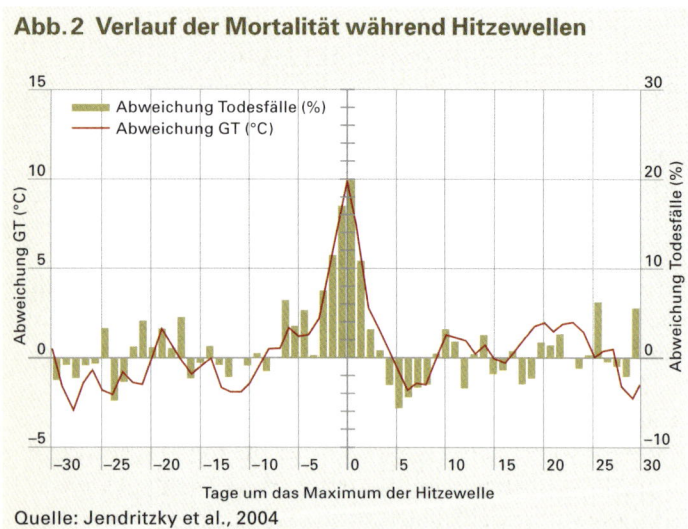

Quelle: Jendritzky et al., 2004

Die Abbildung zeigt die mittleren Verläufe der Abweichungen der gefühlten Temperatur GT (Tagesmittelwert) und der Todesfälle vom Erwartungswert für 9 Hitzewellen in Baden-Württemberg im Zeitraum von 1968–1997. Beide Verläufe korrelieren eng miteinander.

Abb. 3 Mortalität und gefühlte Temperatur in Baden-Württemberg

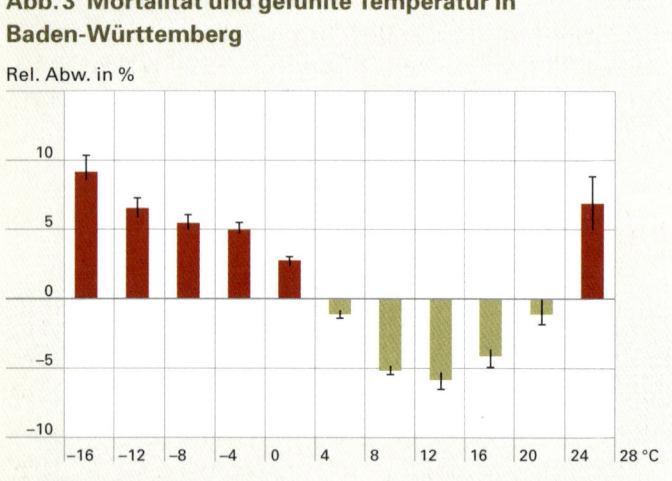

Quelle: Jendritzky et al., 2000 T = Standardabweichung

In Abbildung 3 sind alle Todesfälle in Baden-Württemberg im Zeitraum von 1968 bis 1998 den am jeweiligen Todestag herrschenden gefühlten Temperaturen (GT) zugeordnet. An Tagen mit großen thermischen Belastungen – sehr kalten wie auch sehr heißen Tagen – liegt die Mortalitätsrate um bis zu 9 % über dem mittleren Erwartungswert, an Tagen mit GT-Werten zwischen 12 und 16 °C sterben am wenigsten Menschen.

Abb. 4 Gefühlte Temperatur am 8. August 2003

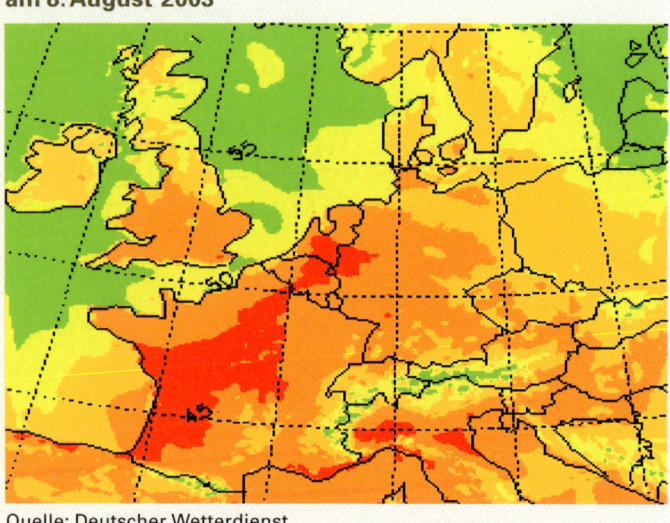

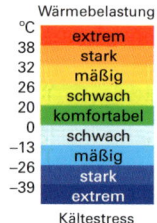

Quelle: Deutscher Wetterdienst

Schnappschuss der gefühlten Temperaturen in Europa am 8. August 2003 zur Zeit der höchsten Belastung (13.00 Uhr). Paris, das tagelang in der extremen Zone lag, verzeichnete auch mit Abstand die höchsten Opferzahlen.

Die Analyse von neun verschiedenen Hitzewellen (siehe Abb. 2) zeigt, dass die gefühlte Temperatur und die Todeszahlen zeitlich nahezu parallel steigen. Nach Ende der Hitzewelle sinken die Sterbefälle unter den mittleren Erwartungswert ab. Dieses Phänomen bezeichnen Mediziner als „harvesting effect". Das heißt, ein Teil der erhöhten Mortalität während der Hitzewellen ist auf einen um nur einige Tage vorgezogenen Todeseintritt zurückzuführen. Die modernen epidemiologischen Untersuchungen ergeben jedoch in den meisten Hitze-Mortalitäts-Studien neben diesem „harvesting effect" auch viele Todesfälle, die ohne die Hitzeeinwirkung in den folgenden Wochen nicht zu erwarten gewesen wären, also eine reale Erhöhung der Mortalität auch über längere Zeit.

Auch innerhalb des „normalen" Schwankungsbereichs der thermischen Bedingungen ergeben sich klare Beziehungen zur Anzahl der Todesfälle, wie in Abbildung 3 zu erkennen ist. In die Untersuchung wurden alle Todesfälle in Baden-Württemberg zwischen 1968 und 1998 (insgesamt 2,8 Mio.) aufgenommen. Daraus ergibt sich eine U-förmige Verteilung mit dem Minimum der Sterblichkeitsrate bei einer gefühlten Temperatur von 12 bis 16°C. Aus dieser Darstellung wird klar ersichtlich, dass bei steigenden Temperaturen eindeutig mit mehr Hitzetoten zu rechnen ist; andererseits kann man auch erwarten, dass die kälteassoziierte Mortalität im Winter sinkt.

2003 lagen die Temperaturen im so genannten meteorologischen Sommer (Juni bis August) im Mittel über ganz Deutschland um 3,4°C über den Durchschnittswerten des Zeitraums 1961–1990. Einer Analyse des Frankfurter Universitätsinstituts für Meteorologie und Klimatologie > Beitrag Schönwiese, S. 32 zufolge entspricht dies einer Eintrittswahrscheinlichkeit von einmal in rund 450 Jahren. Berücksichtigt wurden hierbei weder die ebenfalls zu warmen Monate Mai und September noch die Tatsache, dass die Hitzewelle nicht nur Deutschland, sondern auch große Gebiete in Mittel-, West- und Südeuropa erfasste. Dadurch wird dieses Ereignis zu einem noch gewichtigeren, extremen „Ausreißer"-Ereignis in der Klimastatistik.

Der Sommer 2003 hat in Europa über 35000 Menschenleben gefordert (siehe Tab. 1). Und die Verteilung der Hitzeopfer deckt sich auffällig mit den Analysen der thermischen Belastung des Deutschen Wetterdienstes (siehe Abb. 4).

Vergleicht man die Hitzemortalität im Sommer 2003 mit den temperaturbedingten Todesfällen während der Hitzewelle 1995 in Chicago (12 Todesfälle pro 100000 Einwohner, insgesamt 514), war die Sterberate im August 2003 in Frankreich mehr als doppelt so hoch (25 Fälle pro 100000 Einwohner); in den hauptsächlich betroffenen Regionen Ile-de-France und Centre überstieg sie sogar das Vierfache.

Aus Sicht der Fachleute sind nicht nur die Tagesmaxima, sondern auch die nächtlichen Temperaturen von großer Bedeutung. Sie beeinflussen die Schlafqualität und damit die Hitzetoleranz am nächsten Tag. Gerade in den Betonwüsten von Megacitys reduziert der Wärmeinseleffekt die nächtliche Abkühlung stark. Dies kann die negativen Auswirkungen von Hitzewellen noch erheblich verstärken.

In einer aktuellen Studie der Universität München (Institut für Arbeits- und Umweltmedizin; Wanka et al., 2004) wurden Zusammenhänge zwischen der Anzahl von Verkehrsunfällen und unterschiedlichen Wetterparametern analysiert. Abgesehen von primären Wettereinflüssen wie Sturm, regennassen Straßen und Eisglätte ergaben sich signifikante Beziehungen zu den thermischen Bedingungen. Die wissenschaftliche Analyse, wie die täglichen Unfallzahlen mit Wetterfaktoren zusammenhängen, ergab, dass sich an den heißesten Tagen 18% mehr Verkehrsunfälle ereigneten als an kühlen Tagen. Selbst in Ländern mit häufiger Hitzebelastung wie Saudi-Arabien (Riad) korreliert die Häufigkeit der Verkehrsunfälle positiv mit der Lufttemperatur (Nofal und Saeed, 1997).

Tab. 1 Hitzemortalität in Europa 2003

	Todesopfer
Frankreich	14800
Spanien	4200
Portugal	1300
Italien	4200
Deutschland	7000
Großbritannien	2000
Niederlande	1400

Quelle: Earth Policy Institute, Washington DC, USA, 2003

Die veröffentlichten Opferzahlen variierten erheblich und waren nicht immer leicht nachvollziehbar. Die Zahlen in der Tabelle geben Schätzungen des Earth Policy Institute wieder.

Abb. 5 Europakarte der Veränderungen der gefühlten Temperatur

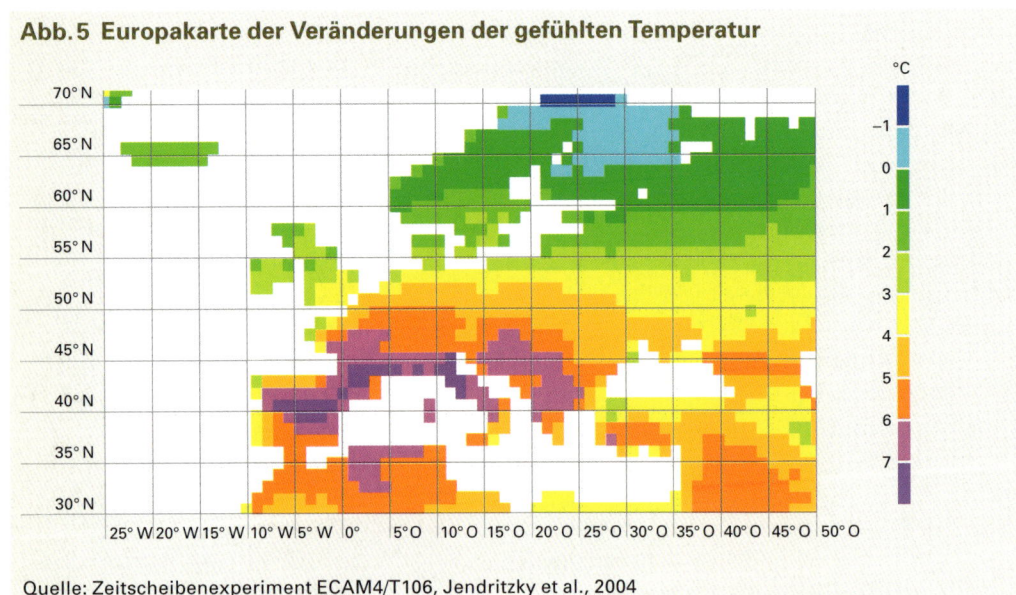

Quelle: Zeitscheibenexperiment ECAM4/T106, Jendritzky et al., 2004

Änderung der gefühlten Temperatur GT (Monatsmittel Juli) in einem zukünftigen Klima (2041–2050) im Vergleich zum Klima 1971–1980 (Kontrolllauf) unter Annahme Immissionsszenario IS92a („business as usual"). Besonders im nördlichen Mittelmeerraum sind starke Erhöhungen um bis zu 7 °C zu erwarten.

Abb. 6 Tote durch atmosphärische Naturkatastrophen in den letzten 23 Jahren

Anzahl Todesopfer

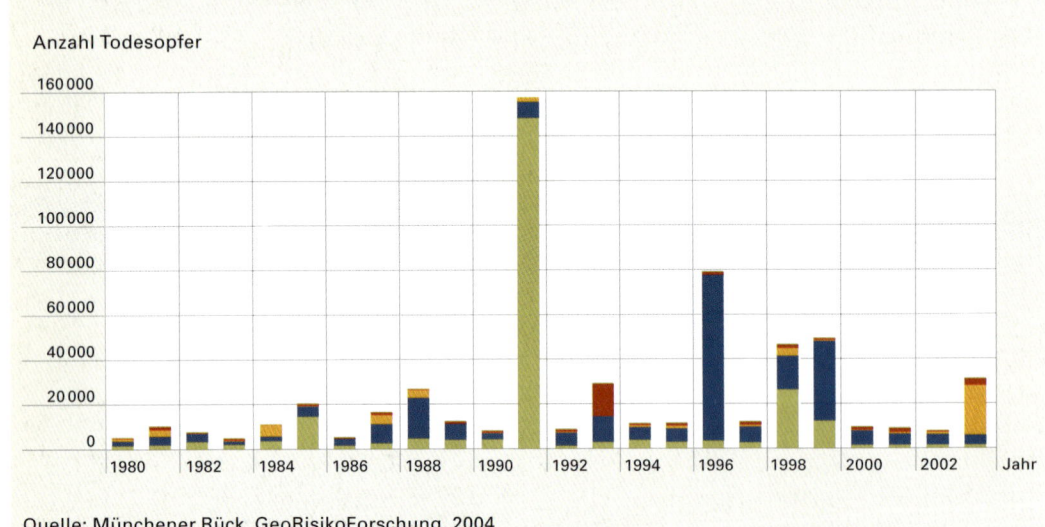

Die Abbildung zeigt die jährlichen Zahlen der global durch wetterbedingte Naturkatastrophen Getöteten seit 1980. Daraus lässt sich ein klarer ansteigender Trend erkennen. Die extremen Todeszahlen im Jahr 1991 sind auf eine große Sturmflut in Bangladesch zurückzuführen.

■ Sturm
■ Überschwemmung
■ Hitzewelle, Dürre
■ Sonstige Ereignisse
 (z.B. Waldbrände,
 Winterschäden,
 Lawinen)

Quelle: Münchener Rück, GeoRisikoForschung, 2004

Abb. 7 Mittlere jährliche Todesfälle durch extreme Wetterereignisse in den USA

Todesfälle

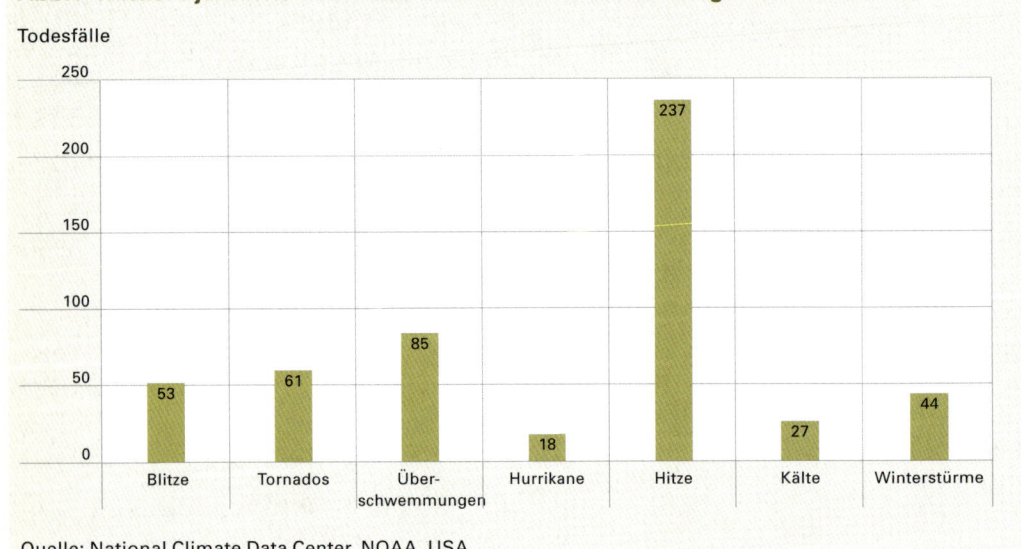

Quelle: National Climate Data Center, NOAA, USA

In Abbildung 7 sind die mittleren Zahlen der durch Wetterereignisse getöteten US-Amerikaner für die unterschiedlichen Ereignistypen dargestellt. Hitzewellen fordern bei weitem am meisten Opfer.

Aus arbeitsmedizinischen Studien geht hervor, dass Hitze die Zahl von Arbeitsunfällen erhöht und die Produktivität sinken lässt. So vermindert sich bei Lufttemperaturen über 27 °C die kognitive Leistungsfähigkeit (z. B. Wahrnehmung, Reaktionszeit, Aufmerksamkeit) (Wyon et al., 1979). Ebenso ist belegt, dass Hitze Aggressivität und Gewaltausübung steigern kann (Anderson, 1989). In einer aktuellen Wetterwirkungsstudie registrierte man an sehr heißen Tagen im Vergleich zu kühlen um bis zu 75 % höhere Einsatzzahlen des Rettungsdienstes aufgrund Einwirkungen äußerer Gewalt (Wanka et al., 2004).

Abbildung 5 stellt die Veränderungen der gefühlten Temperaturen in Europa dar, die durch den Klimawandel zu erwarten sind. Danach ist für den westlichen Mittelmeerraum bis zum Jahr 2050 mit Anstiegen der Monatsmittel der GT für Juli von mehr als 7 °C zu rechnen.

Ein solcher Anstieg beeinflusst die Überschreitungswahrscheinlichkeiten seltener Schwellenwerte überproportional. Dieser Effekt wird im Beitrag von Berz in diesem Buch an einem Fallbeispiel für Mittelengland dargestellt und diskutiert (> Beitrag Berz, S. 98).

Nach den Analysen der Frankfurter Meteorologen stieg allein in den beiden vergangenen Jahrzehnten, die in Bezug auf die Temperaturen aus dem Rahmen fielen, die Wahrscheinlichkeit für einen Hitzesommer, wie wir ihn 2003 erlebt haben, bereits um das Zwanzigfache. Nach den Regeln der Statistik heißt das: Innerhalb nur weniger Jahrzehnte können aus Jahrhundertphänomenen praktisch ganz normale Ereignisse werden, die alle paar Jahre zu erwarten sind. Auch Meehl und Tabaldi (2004) haben in Modellierungen des zukünftigen Klimas viel intensivere, häufigere und länger dauernde Hitzewellen in Nordamerika und Europa ausgemacht.

Extreme Hitze hat auch direkte ökonomische Auswirkungen, wie der Sommer 2003 in Europa gezeigt hat. Selbst in Bereichen, die normalerweise vom schönen Wetter profitieren, wie Freiluftaufführungen und touristische Attraktionen, waren tagsüber Mindereinnahmen zu verzeichnen, weil es den Menschen schlichtweg zu heiß war. Allerdings machten die Besitzer von Cafés, Eisdielen, Gartenrestaurants, Biergärten und Schwimmbädern das Geschäft ihres Lebens.

Tote und Verletzte durch extreme Wetterereignisse

Höhere Temperaturen der Wasseroberflächen führen zu mehr Verdunstung, eine wärmere Atmosphäre kann mehr Wasserdampf aufnehmen. Daher ist zu erwarten, dass aufgrund der Klimaänderung im globalen Mittel die Niederschlagsmengen zunehmen werden. Der Wasserkreislauf intensiviert sich und die Wahrscheinlichkeit von Starkniederschlägen steigt erheblich. Bei einem mittleren Temperaturanstieg um 2 °C, wie er in vielen Regionen bis Mitte des Jahrhunderts zu erwarten ist, können sich die Wiederkehrperioden extremer Tagesniederschläge auf ein Drittel verkürzen, bei einem – nicht ausgeschlossenen – Anstieg um 4 °C sogar auf ein Achtel, z. B. von 100 auf 12 Jahre.

Größere Temperaturunterschiede zwischen Meeres- und Landoberflächen sowie die erhöhte latente Energie (im Wasserdampf gespeicherte Energie) machen die Atmosphäre insgesamt stürmischer. Der Klimawandel wird daher ein höheres Risiko von unwetterbedingten Todesfällen zur Folge haben. Dieser Trend kann bereits aus den weltweiten Zahlen der in den letzten Jahrzehnten durch Wetterereignisse getöteten Menschen abgelesen werden. Abbildung 6 zeigt dazu die Daten des NatCat*SERVICE* der Münchener Rück für die Jahre 1980 bis 2003. Die hohen Todeszahlen im Jahr 1991 sind auf einen verheerenden tropischen Wirbelsturm in Bangladesch zurückzuführen. Sicher beruht ein Teil der gestiegenen Todeszahlen auch auf Veränderungen in der Bevölkerungszahl und im Siedlungsverhalten. Dennoch bleibt ein erheblicher Anteil, der sehr wahrscheinlich von den sich ändernden Klimabedingungen verursacht wurde.

Eine Analyse der Daten des National Climate Data Centers der NOAA (National Oceanic and Atmospheric Administration, USA), wie viele US-Amerikaner Wetterereignissen zum Opfer fallen, zeigt, dass Hitze mit ca. 250 Toten pro Jahr die bei weitem bedeutendste Todesursache ist. Dagegen werden jeweils weniger als 100 US-Bürger von anderen Wettergefahren getötet (Abb. 7). Für alle dargestellten Gefahren, mit Ausnahme von Hurrikanen und Tornados, existieren Belege, dass die durch die Klimaänderung bedingten Todesfälle steigen werden. So konnte z. B. in einer Studie (Dinnes, 1999) nachgewiesen werden, dass die Häufigkeit von Blitzen exponentiell mit der Monatsmitteltemperatur zunimmt. Bei einem Anstieg der Lufttemperatur um 1 °C (Monatsmittel) verdoppelt sich in etwa die Anzahl der Blitze (siehe Abb. > Beitrag Berz, S. 98).

Neben den direkten Wirkungen von Unwettern sind bei größeren Naturkatastrophen auch vermehrt psychische Erkrankungen zu erwarten. Durch den Verlust von Angehörigen, der Wohnung oder anderen Sachgütern sehen sich viele Betroffene in einer ausweglosen Situation und verfallen in Depressionen.

Veränderung der Ausbreitung und Virulenz von Krankheitsüberträgern

Veränderungen der Luft- und Wassertemperaturen können die Lebensbedingungen von Viren und Bakterien sowie deren Überträgern (Insekten, Nagetiere) erheblich beeinflussen. Insbesondere für die Überträger tropischer Infektionskrankheiten wie Malaria oder Denguefieber sind höhere Temperaturen günstig. Eine erhöhte Variabilität des Klimas und außergewöhnliche Wetterereignisse können daneben „Cluster" von Krankheiten verursachen, die über Wasser, Moskitos oder Nagetiere übertragen werden. Dies passiert, weil das Gleichgewicht zwischen Räubern (Nützlingen) und Beutetieren (Krankheitsüberträgern) destabilisiert ist, das normalerweise opportunistische Arten und Schädlinge in Schach hält (Epstein, 2002).

Malaria

Ausbreitung und Überlebenschancen von Moskitos hängen in besonderem Maße von klimatischen Faktoren ab. Für das Überleben der Malariaüberträger, der Anopheles-Mücken (Minimumtemperatur ca. 8–10 °C), und des krankheitsauslösenden Parasiten (Plasmodium falciparum; Minimumtemperatur 16–19 °C) gibt es klar begrenzte Temperaturschwellen. Daher korreliert das Risiko von Malariainfektionen stark mit den Temperaturverhältnissen. Hier wird sehr deutlich, dass in weiten Teilen Europas bis nach Zentralasien und in den USA mit mehr als einer Verdoppelung des Risikos gerechnet werden muss. In sehr nördlichen Breiten könnte das bisher nicht bestehende Risiko erst relevant werden. In weiten Gebieten des tropischen Afrikas und Südamerikas ist vor allem in den Hochländern damit zu rechnen, dass das Malariarisiko um einen Faktor von ca. 1,5 zunimmt.

Denguefieber

Das Denguefieber wird von Viren übertragen, die sich in einem Kreislauf zwischen Aedes-aegypti-Mücken und dem Menschen vermehren. Sie kommen in vielen urbanen Gebieten der Tropen vor. Die geographische Verbreitung des Denguevirus und seiner Überträger hat sich in den vergangenen Jahren ausgeweitet und wurde damit zu einem zentralen Gesundheitsproblem in tropischen Ballungsräumen. Neben hoher Lufttemperatur fördert auch eine hohe Luftfeuchte die Krankheitsübertragung. Von besonderer Bedeutung sind die Lufttemperaturminima, die sich durch die Klimaänderung weit stärker erhöhen werden als die Mitteltemperaturen. Durch solche Veränderungen könnte sich das Denguefieber in Regionen ausdehnen, die bisher frei von dieser Bedrohung waren. Aus Modellen (Patz et al., 1998) kann abgeleitet werden, dass bei einer Erhöhung der globalen Mitteltemperatur um 2 °C ein relevanter Anstieg der Denguegefährdung in höhere geographische Breiten und Höhen über dem Meeresniveau zu erwarten ist und die potenziellen Ansteckungszeiten sich in gemäßigte Klimazonen verlängern werden.

Durchfallerkrankungen

Extreme Starkniederschläge, aber auch Dürren können Durchfallerkrankungen auslösen. Im ersteren Fall können verschmutzte Trinkwasserquellen, z.B. durch Überflutungen von Kanalisationseinrichtungen, zu Infektionen führen. Wassermangel andererseits erschwert die Hygiene bei der Zubereitung von Speisen, aber auch die Hygiene des Körpers und kann so Durchfallerkrankungen fördern.

Cholera

Mehrere Studien zeigen einen klaren Zusammenhang zwischen dem Risiko von Choleraepidemien und der Klimaänderung (Lobitz et al., 2000), vor allem zwischen der Algenblüte an den Küsten, die sehr sensibel auf Klimaänderungen reagiert, und einer Vermehrung der Cholerabakterien (Vibrio cholerae). Auch ein Anstieg des Meeresspiegels könnte hier einen Einfluss ausüben.

Durch Zecken hervorgerufene Krankheiten

Zecken übertragen vor allem die so genannte Lyme-Borreliose (bakteriell) und eine spezielle Form der Gehirnhautentzündung, die Frühsommer-Meningo-Enzephalitis (viral). In den gemäßigten Klimazonen der Nordhemisphäre sind dies die häufigsten von Vektoren (tierischen Überträgern) verursachten Infektionen. Es gibt viele Berichte, dass während der letzten zwei Jahrzehnte das Vorkommen der Zecken und die Inzidenz der von ihnen übertragenen Erkrankungen in Nordamerika und Europa stark angestiegen sind. Dies könnte aber auch daran liegen, dass man diesen Tieren und den Erkrankungen mehr Aufmerksamkeit widmet. Dennoch ist ein Einfluss der Klimaänderung plausibel: Die Aktivität der Zecken hängt von den Umgebungstemperaturen ab. Sie beginnt erst bei Lufttemperaturen über 8–10 °C und ist damit in den gemäßigten Klimazonen der Nordhemisphäre auf das Sommerhalbjahr beschränkt. Eine hohe Luftfeuchtigkeit ist zudem wichtig, damit die Eier der Zecken nicht austrocknen.

Leishmaniose

Es gibt verschiedene Arten der Leishmaniose: die Hautleishmaniose (Geschwüre auf der Haut), die viszerale Leishmaniose (Milz, Leber und Knochenmark sind befallen) und die Schleimhautleishmaniose (Zerstörungen im Mund-/Nasenbereich). Die Leishmaniose wird ähnlich wie Malaria von Parasiten (Leishmanien) ausgelöst, die Sandmücken (Phlebotome) auf den Menschen übertragen. Sandmücken sind in der Regel sehr temperaturempfindlich und bevorzugen Regionen mit geringen Temperaturschwankungen. Während eine Temperaturerhöhung in subtropischen und tropischen Regionen eher dazu führt, dass die Sandmücken absterben, könnten für sie in gemäßigten Klimazonen bessere Lebensbedingungen entstehen. In Regionen mit Jahresmitteltemperaturen unter 10 °C

Abb. 8 Zusammenhang zwischen der mittleren monatlichen Lufttemperatur und den Erkrankungszahlen an Salmonellose in Neuseeland 1965–2000

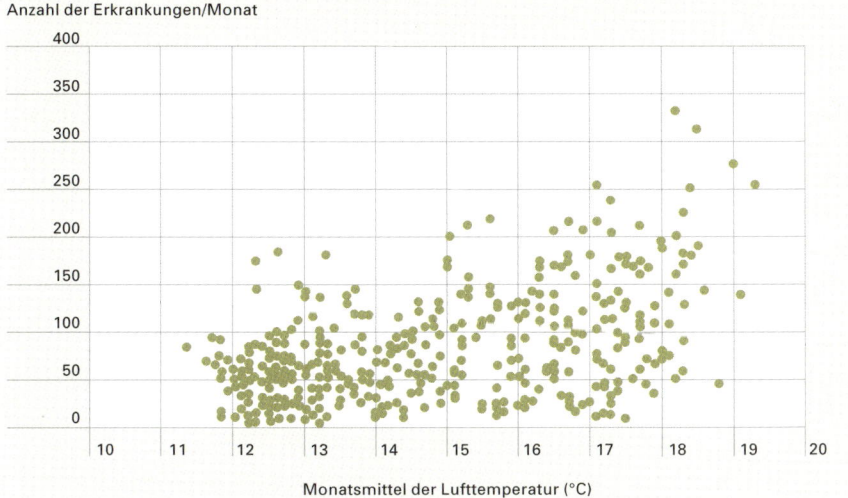

Anzahl der Erkrankungen/Monat

Monatsmittel der Lufttemperatur (°C)

Quelle: WHO, 2003

Abbildung 8 zeigt einen klaren Zusammenhang zwischen den durch Salmonellen hervorgerufenen Erkrankungszahlen in Neuseeland und dem Monatsmittel der Lufttemperatur.

können Sandmücken nicht mehr existieren. Deshalb fand man in Europa nördlich der Alpen bis vor kurzem keine Sandmücken. Diese Bedingungen sind jedoch bereits Historie: Im Sommer 1999 wurden in Baden-Württemberg Sandmücken gefangen. Dies war nach Aussage des Umweltbundesamtes (UBA, 2003) der erste Nachweis von Sandmücken in Deutschland!

Die hohe Wahrscheinlichkeit, dass sich aufgrund der Klimaänderung viele Überträger von Infektionskrankheiten regional ausbreiten, gibt Grund zu großer Sorge. Sicher kann die Infektionsgefahr großteils durch Hygienemaßnahmen und Pestizide gebannt werden; letztere belasten jedoch wieder Menschen und Ökosysteme. Arme Länder mit einer unzureichenden Infrastruktur werden vor allem betroffen sein.

Lebensmittelsicherheit

Die Haltbarkeit von Lebensmitteln hängt sehr stark von der Temperatur ab – je wärmer sie gelagert werden, desto schneller können sich Keime vermehren und sie verderben. Deshalb häufen sich auch Lebensmittelvergiftungen im Sommerhalbjahr, z. B. durch Salmonellen. Wie sich sommerliche Hitze auf die Erkrankungszahlen aufgrund von verdorbenen Nahrungsmitteln insgesamt auswirkt, kann nicht exakt beziffert werden. Eine Studie aus Neuseeland zeigt jedoch einen deutlichen Zusammenhang zwischen der mittleren monatlichen Lufttemperatur und den Erkrankungszahlen an Salmonellose (Abb. 8). In Monaten mit Mitteltemperaturen um 18–19 °C liegen die Erkrankungszahlen rund 5-mal so hoch wie in Monaten mit Temperaturen unter 15 °C.

Eine Schätzung der WHO geht heute bereits davon aus, dass weltweit rund 2,4 % der Durchfallerkrankungen auf die Klimaänderung der letzten Jahrzehnte zurückzuführen sind.

Zudem ist sehr plausibel, dass die Klimaänderung die Trinkwasserqualität beeinflusst. Das Wasser der Flüsse und Seen enthält viele gelöste Substanzen, die von den Einträgen aus der Atmosphäre, den geologischen Bedingungen und vom Klima beeinflusst sind (IPCC, 2001). Die biologischen Charakteristika des Wassers hängen von der Flora und Fauna im Gewässer und auch der Zuflüsse ab; diese sind wiederum sehr stark von der Wassertemperatur geprägt. Je höher die Wassertemperatur steigt, desto tiefer sinkt der Sauerstoffgehalt des Wassers. Einträge der Landwirtschaft beruhen ebenfalls stark auf den Klimabedingungen, da diese z. B. die Ausbringung von Düngemitteln oder Pestiziden, aber auch die Wahl der angebauten Kulturen bedingen. Avila et al. (1996) stellten eine signifikante Basifizierung (Zunahme des ph-Wertes) von Gewässern in Spanien bei zunehmender Temperatur fest. In Trockenperioden sinken die Pegel der Flüsse, die Konzentrationen von eingeleiteten Chemikalien können dadurch erheblich ansteigen. Nach langen Trockenperioden können Unwetter große Mengen an Nitraten in Flusssysteme spülen. Starkniederschläge können die Kapazitäten von Kläranlagen überfordern, wodurch biologische und chemische Verunreinigungen in Flüsse geschwemmt werden können.

Gute Wasserqualität ist eine wesentliche Voraussetzung für die Gesundheit der Menschen. Wetterextreme erhöhen das Risiko einer durch verunreinigtes Wasser hervorgerufenen Erkrankung erheblich.

Nach Schätzungen der Weltgesundheitsorganisation (WHO) haben mehr als eine Milliarde Menschen heute bereits keinen Zugang zu sauberem Trinkwasser. Durch den Klimawandel ist für viele Regionen eine noch größere Wasserverknappung zu erwarten; das macht es äußerst wahrscheinlich, dass Quellen mit schlechterer Wasserqualität genutzt werden und deshalb mehr Erkrankungen auftreten.

Außer der Sicherheit von Lebensmitteln könnte der Klimawandel auch die Sicherheit von Medikamenten signifikant beeinträchtigen. Zum einen verkürzen höhere Lagertemperaturen die Haltbarkeit von Pharmazeutika, zum anderen kann auch die Wirkweise in einem von Hitze gestressten Organismus durch eine veränderte Pharmakinetik stark beeinflusst sein (Beggs, 2000).

Eine Hilfsorganisation in Bangladesch stellt am 28.7.2004 Trinkwasser für die Flutopfer in Dhaka bereit. In den Überschwemmungsgebieten Indiens und Bangladeschs drohen Millionen Kindern durch verseuchtes Trinkwasser schwere, oftmals tödliche Krankheiten. In Bangladesch waren 2004 nach Angaben der Internationalen Föderation der Rotkreuz- und Rothalbmondgesellschaften (IFRC) in Genf etwa 22 Millionen Einwohner von den schlimmsten Überschwemmungen seit 17 Jahren in Mitleidenschaft gezogen.

Indirekte Wirkungen: UV-Strahlung, Luftschadstoffe (Ozon)

UV-Strahlung

Der Abbau von Ozon in der Stratosphäre (Schlagwort Ozonloch) und die damit ansteigende UV-Strahlung hat zunächst keine direkte ursächliche Verbindung mit der durch Treibhausgase verursachten Klimaänderung in der unteren Atmosphäre. Dennoch gibt es ernst zu nehmende Rückkopplungen, die befürchten lassen, dass von einer weiteren Erwärmung der unteren Atmosphäre auch die stratosphärische Ozonschicht beeinflusst wird. Der stärkste Ozonabbau, der sich seit etwa 1980 in jedem Jahr von September bis November in der Stratosphäre über der Antarktis ereignet, ist bedingt durch die dort herrschenden extrem niedrigen Temperaturen von unter –80 °C. Solch niedrige Temperaturen gibt es bisher an keinem anderen Ort der Stratosphäre, bis heute auch noch nicht in den entsprechenden Luftschichten über der Arktis. Durch den Treibhauseffekt, der die untere Atmosphäre erwärmt und damit mehr Energie in der untersten Atmosphärenschicht zurückhält, kühlt sich die Stratosphäre jedoch immer stärker ab. Diese Abkühlung ist bereits in Messreihen über die letzten Jahrzehnte dokumentiert. Sollte sie weiter fortschreiten, müssen wir damit rechnen, dass sich auch über anderen Gebieten als der Antarktis Ozonlöcher bilden. Dies könnte dann zu einem drastischen Anstieg der UV-Strahlung und damit zu einem noch höheren Hautkrebsrisiko führen.

Ozon

Für viele Regionen der nördlichen Hemisphäre sagen die Klimamodelle heißere und sonnigere Sommer voraus. Ein Vorgeschmack dazu lieferte der Hitzesommer 2003 in Europa, in dem die Ozonrichtwerte häufig überschritten wurden. Damit sich Ozon in der unteren Atmosphäre bildet, sind hohe Konzentrationen von Stickoxiden und intensive Sonnenstrahlung notwendig. Es ist zu befürchten, dass sich letztere Voraussetzung durch den Klimawandel verstärkt; damit nimmt auch die Gefahr hoher Ozonbelastungen der Menschen zu. Diese können die Gesundheit der Bevölkerung sowie die Agrar- und Forstwirtschaft negativ beeinflussen. Die vermehrten Waldschäden in Mitteleuropa im Sommer 2003 wurden neben dem Wasserstress auch den erhöhten Ozonwerten zugeschrieben.

Partikel

Zu befürchten ist, dass aufgrund der Klimaänderung das Waldbrandrisiko steigt, und damit die Emissionen von Verbrennungspartikeln. Wegen ihrer geringen Größe (< 1 µm) verbleiben diese Partikel über viele Tage in der Atmosphäre und können zu Erkrankungen (Atemwege, Herz und Kreislauf) beim Menschen führen. Ein Beispiel dafür waren die großflächigen Brände in Südostasien im Jahr 1997; damals wurde eine starke Erhöhung der Inzidenzen von Atemwegserkrankungen in den betroffenen Gebieten (in

Malaysia Verdreifachung) dokumentiert (WHO, 1999). Das Wetter beeinflusst aber auch ganz allgemein die Immissionskonzentrationen von Luftschadstoffen stark – es steuert über die Windgeschwindigkeit und -richtung sowie die atmosphärische Schichtung die Ausbreitung und Verdünnung von Emissionen. Es ist sehr schwierig, mit den heutigen Modellen den Einfluss des Klimawandels auf diese Charakteristika zu quantifizieren. Änderungen der Konzentrationen von gesundheitsschädlichen Luftbeimengungen sind jedoch vielerorts zu erwarten.

Resümee

Für die direkten negativen Auswirkungen der Klimaänderung auf den Menschen sind nicht so sehr kontinuierliche, langsame Temperaturanstiege von Bedeutung, sondern vor allem die zunehmende Häufigkeit von Extremereignissen. Der Anstieg der Mortalität durch Hitzewellen ist in Ländern mit einer guten Infrastruktur weitgehend vermeidbar. Eine Analyse der Effekte von Hitzewarnsystemen hat klar gezeigt, dass damit Menschenleben gerettet werden können (WHO, 2004).

Hitzewellen erhöhen nicht nur die Mortalität der älteren Bevölkerung deutlich, sondern hinterlassen ihre Spuren auch in der Volkswirtschaft: Das Unfallaufkommen steigt, Agrar- und Forstwirtschaft werden beeinträchtigt und die Produktivität der Arbeitnehmer sinkt.

Der Klimawandel wird jedoch noch weitere negative Wirkungen auf den Menschen haben, z. B. die Ausbreitung von Infektionskrankheiten, verminderte Sicherheit von Lebensmitteln und Medikamenten, aber auch eine erhöhte Gefährdung durch UV-Strahlung und Luftschadstoffe. Sehr wahrscheinlich bringt die globale Erwärmung ebenfalls einige Vorteile für den Menschen, etwa eine verminderte Wintermortalität. Insgesamt überwiegen jedoch die Risiken, zumal man davon ausgehen muss, dass einige noch gar nicht erkannt wurden. Dies sind sicher wichtige Argumente, alles Menschenmögliche zu tun, diesen Klimawandel zu dämpfen und langfristig zu stoppen.

Literatur

Anderson C. A., 1989: Temperature and aggression: ubiquitous effects of heat on occurrence of human violence. Psychol Bull, 106: S. 7–96.

Avila A., C. Neal, J. Terradas, 1996: Climate change implications for streamflow and streamwater chemistry in a Mediterranean catchment. J of Hydrology, 177: S. 99–116.

Beggs P. J., 2000: Impacts of climate and climate change on medications and human health. Aust N Z J Public Health, 24: S. 630–632.

Dinnes D., 1999: Blitzgefährdung in Deutschland. Diplomarbeit in Meteorologie, LMU München.

Epstein P. R., 2002: Detecting the infectious disease consequences of climate change and extreme weather events. In: Environmental change, climate and health, Eds. P. Martens and A. J. McMichael, Cambridge University Press, Cambridge UK.

Intergovernmental Panel on Climate Change (IPCC), 2001: Climate Change 2001, Impacts, Adaptation. and Vulnerability. Cambridge University Press, Cambridge, UK.

Jendritzky G., C. Koppe, G. Laschewski, 2004: Klimawandel – Auswirkungen auf die Gesundheit. Internist Prax 44, S. 219–232.

Lobitz B., L. Beck, A. Huq, B. Wood, G. Fuchs, A. S. Faruque, R. Colwell, 2000: Climate and infectious disease: use of remote sensing for detection of Vibrio cholerae by indirect measurement. Proc Natl Acad Sci USA, 15: S.1438–1443.

Martens P., 2000: Malaria and global warming in perspective? Emerg Infect Dis, 6: S. 1–11.

McMichael A. J., 1996: Human population health. In: Climate Change 1995 – Impacts, Adaptations, and Mitigation of Climate Change: Scientific-Technical Analyses, S. 561–584 (Eds. R.T. Watson, M.C. Zinyowera, R.H. Moss), Cambridge University Press, Cambridge, UK.

Meehl G. A., C. Tabladi, 2004: More intense, more frequent, and longer lasting heat waves in the 21st century. Science, 305: S. 994–997.

Nofal F. H., A. A. Saeed, 1997: Seasonal variation and weather effects on road traffic accidents in Riyadh city. Public Health,111: S. 51–55.

Patz J. A., W. J. Martens, D. A. Focks, T. H. Jetten, 1998: Dengue fever epidemic potential as projected by general circulation models of global climate change. Environ Health Perspect,106: S.147–153.

Umweltbundesamt, 2003: Climate Change – Mögliche Auswirkungen von Klimaveränderungen auf die Ausbreitung von primär humanmedizinisch relevanten Krankheitserregern über tierische Vektoren sowie auf die wichtigen Humanparasiten in Deutschland. Forschungsbericht 200 61 218/11 UBA-FB 000454.

Wanka E., P. Höppe, 2004: Analyse der Assoziationen niederfrequenter Luftdruckschwankungen zu Rettungsdiensteinsätzen und Verkehrsunfällen in München. Proceedings der deutsch-österreichisch-schweizerischen (DACH) Meteorologen-Tagung, September 2004, Karlsruhe.

WHO, 1999: Health guidelines for episodic vegetation fire events. WHO/EHG/99.7. World Health Organization, Geneva, Switzerland.

WHO, 2003: Climate Change and Human Health – Risks and Responses. Editors: A. J. McMichael, D. H. Campbell-Lendrum, C. F. Corvalan, A. Githeko, J. D. Scheraga, A. Woodward. Geneva, Switzerland.

WHO, 2004: Health and Global Environmental Change, 2 – Heatwaves: risks and responses. Copenhagen, Denmark.

Wyon D. P., I. Andersen, G. R. Lundqvist, 1979: The effects of moderate heat stress on mental performance. Scand J Work Environ Health, 5: S. 352–361.

Der Autor

Peter Höppe hat sich schon während seines Meteorologiestudiums für die Wirkungen der atmosphärischen Bedingungen auf den Menschen interessiert und als Nebenfach Human-Biometeorologie gewählt. Seine Promotion befasste sich mit dem Wärmehaushalt des menschlichen Körpers. Nach neunjähriger Tätigkeit an einem meteorologischen Lehrstuhl und einem Auslandsaufenthalt an der Universität Yale wechselte Höppe in die Umweltmedizin, wo er auch habilitierte. Die wesentlichen Forschungsrichtungen waren dort neben den thermischen Aspekten auch die Wirkungen von Luftschadstoffen wie Ozon und Feinstaub. Am 1.1.2005 übernimmt Herr Höppe von Herrn Berz die Leitung des Bereichs GeoRisiko-Forschung der Münchener Rückversicherungs-Gesellschaft.

Fünf Optionen einer globalen Energie- und Umweltpolitik

Zu den wichtigsten Herausforderungen der Globalisierung gehören die Energie- und Umweltpolitik. Die beiden Politikfelder haben allerdings unterschiedliche Ziele. Ob es im globalen Maßstab zu Zielkonflikten oder zu Synergien zwischen Energie- und Umweltpolitik kommt, hängt von den verfügbaren Optionen ab.

Carlo C. Jaeger

Nicht weit von jahrtausende-alten Mosaiken steht in Ravenna dieses Kohlekraftwerk. Wie werden zukünftige Generationen die Spuren unserer Energietechnik beurteilen?

Vorbemerkung

Die Aufgaben einer globalen Energiepolitik lassen sich durch zwei Probleme verdeutlichen: Wie kann Jahr für Jahr weltweit eine zuverlässige Energieversorgung zu vertretbaren Kosten sichergestellt werden? Und: Wie kann eine solche Energieversorgung in den kommenden Jahrzehnten auch angesichts einer möglichen Verknappung des global verfügbaren Erdöls garantiert werden? Die Aufgaben einer globalen Umweltpolitik lassen sich in ähnlicher Weise durch zwei Probleme charakterisieren: Wie kann die sozioökonomische Entwicklung in Bahnen gelenkt werden, in denen nicht in unakzeptablem Ausmaß Biodiversität verloren geht? Und: Wie lässt sich die Veränderung des Klimas durch den Menschen so weit begrenzen, dass unakzeptable Risiken vermieden werden?

Ein Beispiel für eine Option, bei der ein Zielkonflikt zwischen Energie- und Umweltpolitik entsteht, ist, wenn die absehbare Verknappung von Erdöl durch den Einsatz anderer fossiler Brennstoffe bewältigt wird und dabei immer mehr Treibstoffgase erzeugt werden. Wenn das die einzige Option wäre, müsste eben dieser Zielkonflikt in der einen oder anderen Form ausgetragen werden. Mindestens eines der beiden Politikfelder müsste dann damit leben, dass sich seine Probleme weiter verschärfen.

Zum Glück ist das jedoch keineswegs die einzige Option. Vielmehr gibt es eine durchaus verwirrende Vielfalt von Möglichkeiten, die Probleme globaler Energie- und Umweltpolitik anzugehen. Um einen Überblick über diese Möglichkeiten zu gewinnen, ist es nützlich, sich zwei idealtypische Optionen zum Klimaproblem zu vergegenwärtigen (zum Folgenden vgl. auch Hasselmann et al., 2003). Die erste ist die Option maximaler Klimabelastung. So ausdrücklich wird das natürlich niemand anstreben – das heißt aber keineswegs, dass sie nicht trotzdem eintreten kann.

Die Option maximaler Klimabelastung

Die Menschheit hat begonnen, durch die Verbrennung großer Mengen fossiler Brennstoffe das Klima der Erde zu verändern (Houghton et al., 2001). Deshalb befinden sich heutzutage rund 150 Gigatonnen Kohlenstoff mehr in der Atmosphäre, als das der Fall war, bevor die menschliche Verbrennung fossiler Brennstoffe einsetzte (1 Gigatonne, abgekürzt Gt, ist eine Milliarde Tonnen). Vor der Industrialisierung befanden sich rund 500 Gt Kohlenstoff in der Atmosphäre. Diese Menge hat also um gut ein Drittel zugenommen. Dieser zusätzliche Kohlenstoff in der Atmosphäre wächst gegenwärtig mit knapp 3 % pro Jahr. Bei dieser Wachstumsrate würde die zusätzliche Kohlenstoffmenge in der Atmosphäre im Jahr 2025 knapp 300 Gt betragen, um sich dann alle 25 Jahre weiter zu verdoppeln. Im Jahr 2100 wären wir bei 2 400 Gt.

Das dürfte etwa der obere Rand dessen sein, was im nächsten Jahrhundert an zusätzlichem Kohlenstoff emittiert werden kann. Die Weltbevölkerung wird vermutlich langfristig deutlich langsamer zunehmen als mit der gegenwärtigen Rate von rund 1,5 %. Das weltweite Pro-Kopf-Einkommen ist seit Beginn der Industrialisierung nie über längere Zeiträume mit einer Rate von mehr als 3 % gewachsen und wird das wohl auch in diesem Jahrhundert nicht tun. Der Energieverbrauch größerer Wirtschaftsregionen wächst nicht schneller als deren Wirtschaft, in reichen Weltregionen sogar deutlich langsamer. Selbst wenn weiterhin praktisch die ganze Energieerzeugung auf der Verbrennung fossiler Brennstoffe beruhen sollte, können deshalb die Emissionen kaum um mehr als 3 % steigen. Diese Rate ist auch plausibel als langfristige obere Schranke für den zusätzlichen Kohlenstoff, der durch Abbau von Biomasse – insbesondere die Rodung tropischer Regenwälder – entsteht. Wenn nun die Emissionen langfristig maximal mit einer Rate von 3 % wachsen würden, so könnte auch die zusätzliche Kohlenstoffmenge in der Atmosphäre nicht noch schneller zunehmen.

Ist ein solches Emissionswachstum angesichts begrenzter Vorräte an fossilen Brennstoffen überhaupt denkbar? Es ist bekanntlich äußerst schwierig, die Vorräte der verschiedenen fossilen Brennstoffe abzuschätzen (für einen guten Überblick vgl. Rogner, 1997). Aber es spricht einiges dafür, dass bei einer Wachstumsrate von 3 % pro Jahr die Erdölförderung sich ab etwa 2030 massiv verteuern würde, weil die kostengünstigen Vorkommen dann weitgehend erschöpft wären. Danach könnte allerdings diese Wachstumsrate der Energieproduktion mindestens weitere 20 Jahre aufrechterhalten werden, indem günstige Erdgasvorkommen abgebaut würden. Wenn diese erschöpft wären, könnte die Kohleförderung massiv ausgebaut und aus der Kohle bei Bedarf flüssiger Brennstoff erzeugt werden (Erdöl und Erdgas würden weiter gefördert, aber eben zu höheren Kosten). An der Tankstelle würde das zu einer Preissteigerung von vielleicht 50 % führen. Das könnte die Weltwirtschaft zweifellos verkraften, erst recht wenn man bedenkt, dass mehr als die Hälfte des heutigen Benzinpreises auf Steuern zurückgeht, die ja auch gesenkt werden könnten. Die weltweiten Kohlevorräte wiederum sind so groß, dass damit ein weiteres Wachstum von 3 % sehr wohl bis über das Jahr 2100 hinaus möglich wäre.

Zweifellos hätte diese Option massive Konsequenzen für die globale Umwelt. Das Problem ist dabei in erster Linie die Zunahme einiger klimabedingter Risiken, die mit der zu erwartenden Erwärmung von mehreren Grad Celsius verbunden sind. In gewisser Hinsicht gleicht das Klimasystem einem gewaltigen Pumpwerk, das auf einem Teil der Erdoberfläche Wasser in die Atmosphäre pumpt, um es auf anderen Teilen wieder herunterfallen zu lassen. Dieses Pumpwerk wird im Zuge der globalen Erwärmung mit größerer Energie betrieben werden, wodurch sich seine Wirkungsweise verändern wird. Dadurch können gleichzeitig – natürlich nicht zur gleichen Zeit am selben Ort – Überschwemmungen und Dürren zunehmen. Ebenso werden sich die Muster verändern, in denen Stürme auftreten; deshalb können dicht besiedelte Gebiete mehr und heftigere Stürme erleiden als bisher. Der Meeresspiegel wird um etwa einen Meter ansteigen, in Verbindung mit Stürmen wird das zu Sturmfluten führen, die für manche Küstengebiete eine ernste Bedrohung darstellen. Und es ist möglich, dass der steigende Meeresspiegel bei einer sich erwärmenden Wasseroberfläche die unfassbare Schönheit der großen Korallenriffe der Erde für immer zerstören wird. Ganz andere Lebewesen allerdings könnten von der globalen Erwärmung profitieren: die Malariamücke und weitere Krankheitserreger, die erst ab einer gewissen Temperatur gedeihen – sie werden für eine vermehrte Ausbreitung tropischer Krankheiten sorgen > Beitrag Höppe, S. 156.

Am Ende dieses Abschnitts komme ich auf die Gefahr eines massiven Anstiegs des Meeresspiegels zurück. Vorerst konzentriere ich mich auf die anderen Risiken. Es besteht kein Zweifel, dass diese die natürliche Umwelt, das Eigentum und auch das Leben von hunderten Millionen Menschen bedrohen. Direkt von Schadenereignissen betroffen werden sehr viel weniger sein, doch sollte weder deren Leid deshalb heruntergespielt, noch die Tatsache geleugnet werden, dass massive Risiken auch dann eine schwere Belastung darstellen, wenn der Schadenfall nicht gegeben ist.

Die Debatte um globale Umweltprobleme wird gegenwärtig so verbissen geführt, dass es schwierig ist, kritische Punkte unbefangen zu formulieren. Dennoch ist es notwendig, hier den Unterschied zwischen einem wirtschaftlichen Schaden und menschlichem Leid hervorzuheben. Der erste Weltkrieg war mit Sicherheit ein furchtbares Ereignis, das unsägliches Leid für Millionen Menschen mit

sich gebracht hat. Kein moralisch zurechnungsfähiger Mensch wird ein solches Ereignis mutwillig in Kauf nehmen. Wird jedoch in einem Diagramm aufgezeichnet, wie sich das weltweite Pro-Kopf-Einkommen über die letzten zweihundert Jahre entwickelt hat, so ist der erste Weltkrieg kaum zu erkennen. Wird die wirtschaftliche Entwicklung beeinträchtigt, so verursacht das in der heutigen Welt weit verbreitetes Leid, aber nicht jedes Leid – und sei es noch so furchtbar – muss sich in einer Beeinträchtigung der wirtschaftlichen Entwicklung niederschlagen. Dieser Punkt ist deshalb so wichtig, weil selbst das hier betrachtete Szenario maximaler Klimabelastung mit einem robusten Wirtschaftswachstum im Weltmaßstab verträglich scheint. Genau deshalb handelt es sich um eine reale Möglichkeit.

Diese Möglichkeit ist durchaus erschreckend, umso mehr, als leicht vorstellbar ist, dass sich dabei politisch-soziale Krisen auf dramatische Niveaus aufschaukeln können. Es ist zum Beispiel denkbar, dass die Klimaänderung zwar eine weltweit wachsende Nahrungsproduktion zulässt, weil es in manchen Gegenden wärmer wird und mehr regnet, aber zugleich in China vermehrte Dürren die Ernteerträge massiv beeinträchtigen. Eine solche Situation kann bewältigt werden, indem China mehr Nahrungsmittel importiert und dafür mehr andere Produkte exportiert. Sie kann aber auch zu Handelsstreitigkeiten führen, zu internen Konflikten in China, zu einer Abspaltung Südchinas, zu einem regionalen Krieg unter Einsatz von Atomwaffen. Das alles kann auch ohne Klimaänderung geschehen, aber es macht die Klimaänderung zweifellos noch riskanter als sie ohnehin schon ist.

Wenn hier die Risiken des Klimawandels erörtert werden, ist natürlich zu bedenken, dass der Klimawandel unter Umständen auch Vorteile haben kann. Beispielsweise ist nicht auszuschließen, dass Russland durch den Klimawandel nicht nur ernste Risiken, sondern auch gewichtige Chancen erfahren kann: In einer wärmeren Welt wird der Atlantik während eines großen Teils des Jahres über eine schiffbare arktische Seeroute mit dem Pazifik verbunden sein. Es ist wenig sinnvoll, solche möglichen Vorteile zu ignorieren, denn sie werden das Verhalten wichtiger Akteure in der Klimapolitik beeinflussen. Aber es besteht kaum Zweifel, dass für die meisten Akteure die Risiken des hier betrachteten Maximalszenarios erheblich größer sind als die Chancen, die sich Einzelnen bieten werden.

Wie oben angedeutet, nimmt ein klimabedingtes Risiko dieses Szenarios eine Sonderstellung ein: Bekannt ist, dass bei Erhöhung der globalen Durchschnittstemperatur der Meeresspiegel im Lauf der kommenden Jahrhunderte um fünf und mehr Meter ansteigen kann, weil größere Mengen von Landeis in Grönland und in der Antarktis schmelzen.

Die Mehrheit der Menschheit wohnt in Küstengebieten. Ein Anstieg des Meeresspiegels um rund einen Meter, wie er bis zum Jahr 2100 beim vorliegenden Szenario zu erwarten ist, wäre weltweit für Millionen Menschen ein schwerer Schlag, würde aber die Existenz von Städten wie Hamburg oder New York nicht bedrohen. Der größte Teil dieser Städte liegt einige Meter über dem Meeresspiegel; einzelne Gebiete werden die Menschen wohl dem Meer überlassen, andere werden sie zu vertretbaren Kosten durch Dämme schützen. Selbst Inseln wie die Malediven würden durch einen Meeresspiegelanstieg von einem Meter nicht unter Wasser verschwinden – auch wenn ein solcher Anstieg für diese Inseln natürlich besonders dramatisch wäre: Sie würden Badestrände verlieren, auf die nicht zuletzt ihre Tourismusindustrie angewiesen ist, und die Trinkwasserversorgung würde durch die Versalzung des Grundwassers enorm erschwert.

Bei einem Anstieg des Meeresspiegels von vielleicht sieben oder zwölf Metern haben wir es jedoch mit einer ganz anderen Dimension von Risiken zu tun. Die meisten Städte der Welt würden drastisch in Mitleidenschaft gezogen, große Wanderungsbewegungen wären unvermeidbar und Konflikte um knapper werdende günstige Siedlungsgelegenheiten würden wohl Kriege auslösen. Weil dieses Risiko so ernst ist, muss man unbedingt deutlich festhalten, dass ein

Sonnenenergie ist zum Symbol für einen achtsameren Umgang mit Energie geworden. In Gegenden wie Nordafrika kann sie eine neue Exportbranche begründen. Andernorts eröffnet sie in Kombination mit steigender Energieeffizienz und mit weiteren Techniken der emissionsfreien Energieproduktion neue Optionen.

solcher Anstieg des Meeresspiegels selbst bei der hier betrachteten Option maximaler Klimabelastung erst im Lauf mehrerer Jahrhunderte eintreten würde. Das Problem ist allerdings, dass der Klimawandel nicht so einfach zu stoppen wäre, wenn uns eines Tages seine Risiken zu groß werden sollten. Das ist ein zusätzlicher Grund, nun eine ganz andere Option zu betrachten.

Die Option minimaler Klimabelastung

Im Juni 2003 gab der Präsident der EU-Kommission eine Erklärung ab, die für die globale Energie- und Umweltpolitik durchaus historische Bedeutung gewinnen könnte: Ziel der Kommission sei es, bis zum Jahr 2050 in Europa eine Wasserstoffwirtschaft auf der Grundlage erneuerbarer Energien zu realisieren. Ob das geschehen wird, bleibe hier ebenso dahingestellt wie die Frage, ob das die beste Option ist. Hier interessiert die Frage: Ist es möglich, in einigen Jahrzehnten Europa mit Energie zu versorgen, ohne Treibhausgase zu erzeugen? Denn wenn das in Europa möglich ist, so ist nicht einzusehen, warum es in anderen Weltregionen nicht auch möglich sein sollte.

Fragen wir zunächst: Wann ist der frühstmögliche Zeitpunkt, zu dem die weltweiten Treibhausgasemissionen noch nicht auf null, aber überhaupt reduziert werden können? Dazu ist der Einsatz erneuerbarer Energien – insbesondere verschiedener Formen von Solartechnik – unverzichtbar. Daneben sind zwei weitere Möglichkeiten wichtig, eine technologische und eine kulturelle: die Speicherung von Kohlendioxid in geologischen Formationen und die Ablösung des Energieverbrauchs als Statussymbol. (Auf das Potenzial der Kernenergie, das in diesem Zusammenhang wichtig ist, gehe ich später ein.)

Zum Kohlendioxid: In den letzten Jahren haben ernsthafte Anstrengungen begonnen, fossile Brennstoffe so zu nutzen, dass keine Treibhausgase in die Atmosphäre entweichen. Es ist grundsätzlich möglich, aus fossilen Brennstoffen Elektrizität und/oder Wasserstoff so zu gewinnen, dass das dabei entstehende Kohlendioxid in dafür geeigneten geologischen Formationen gelagert werden kann. Zum Beispiel kann es in eine Kaverne gepumpt werden, aus der Erdgas entnommen wurde. Da Bohrlöcher einen geringen Durchmesser haben, kann die Kaverne im Prinzip so verschlossen werden, dass sie ebenso dicht ist wie in den Jahrmillionen, in denen sie Erdgas enthielt. Es gibt auf dem Planeten genügend geeignete geologische Formationen, um jahrzehntelang Energie aus fossilen Brennstoffen zu gewinnen, ohne das Klima zu belasten. Eine solche Technologie wird wieder ihre eigenen Risiken mit sich bringen. Hier geht es jedoch nur um die Frage, ob sie überhaupt realisierbar ist, und das zu vertretbaren Kosten. Der Mehraufwand zur Abtrennung und Speicherung von Kohlendioxid würde natürlich die Energie verteuern, doch mehr als eine Verdoppelung der Energiekosten muss daraus nicht entstehen. Da dieser Anstieg nicht über Nacht

geschehen würde, ist es durchaus realistisch, dass die Weltwirtschaft ihn ohne größere Verwerfungen verarbeiten könnte.

Dies gilt erst recht, wenn der Energieverbrauch nicht mehr als Statussymbol gilt. Es ist ja keineswegs so, dass der erlebte Sinn des heutigen Energieverbrauchs in erster Linie in der Produktion von Gütern und Dienstleistungen bestehen würde. Man muss nur irgendwo auf der Welt ein paar Stunden fernsehen, um zu erfahren, welch ein Glücksversprechen mit den Bildern eines energieintensiven Lebensstils transportiert wird. Das schnellere Auto, das größere Haus, die weitere Reise – und alle im Plural: Das ist der Stoff, mit dem die Träume von Milliarden Menschen täglich angereichert werden. Keine staatliche Verordnung, keine Moralpredigt wird dagegen ankommen. Doch bemerkenswerterweise sind kulturelle Veränderungen im Gang, durch die neue Statussymbole – und eine entspanntere Haltung zu Statuskonsum – an Bedeutung gewinnen. Die weltweite Umweltbewegung hat neue Zusammenhänge zwischen Natürlichkeit, Schönheit und Gesundheit hergestellt, von denen nicht nur Bioläden und alternative Therapieangebote leben. Zugleich ist mit der Entwicklung der Mikroelektronik eine Welt von Hightech-Geräten entstanden, bei denen Status gerade daran geknüpft wird, ein möglichst kleines, möglichst leichtes Gerät zu besitzen. Und schließlich fördert das Internet einen Lebensstil, in dem die Fähigkeit, Ressourcen zu nutzen, mehr zählt als das klassische Eigentum an ihnen.

Selbst wenn die drei erwähnten Möglichkeiten – Einsatz erneuerbarer Energien, Speicherung von Treibhausgasen in geologischen Formationen, Abschied vom Energieverbrauch als Statussymbol – im globalen Maßstab zusammenspielen sollten, ließen sich die Treibhausgasemissionen nicht über Nacht auf null reduzieren. Allerdings haben wir bei unserer ersten Option unterstellt, dass der globale Energieverbrauch in weniger als drei Jahrzehnten verdoppelt werden kann – und das heißt: In diesem Zeitraum kann ein Energiesystem mit der Kapazität des heutigen eingerichtet werden. Dann ist nichts Abenteuerliches an der Vorstellung, dass die Menschheit bis zum Jahr 2030 auch lernen kann, ihren Energieverbrauch mit sinkenden Treibhausgasemissionen zu befriedigen (diese Auffassung vertritt z. B. auch der Vorsitzende von BP, vgl. Browne, 2004).

Allerdings wird die Konzentration an Treibhausgasen in der Atmosphäre auch dann noch weiter steigen, wenn die Emissionen zu sinken beginnen. Die Konzentration stabilisiert sich erst, wenn die Menschheit nur noch so viel Treibhausgase emittiert, wie die Atmosphäre wieder abbauen oder abgeben kann. Der langfristig wichtigste Mechanismus in diesem Zusammenhang ist die Aufnahme von Kohlendioxid aus der Atmosphäre durch die Ozeane der Welt. Sie beträgt gegenwärtig etwa 2 Gt pro Jahr. Es ist möglich, aber nicht sicher, dass diese Menge noch etwas zunehmen wird: Die steigende Konzentration spricht dafür, die steigende Meerestemperatur dagegen. Hingegen ist davon auszugehen, dass die Entnahme nicht zurückgehen wird, bis die Konzentration wieder recht nahe am vorindustriellen Niveau sein wird.

Das heißt: Eine Stabilisierung der atmosphärischen Konzentration ist nur möglich, wenn die globalen Emissionen drastisch – voraussichtlich auf weniger als 2 Gt pro Jahr – reduziert werden. Vom heutigen Wert von gut 6 Gt pro Jahr aus gerechnet, bedeutet das eine Reduktion um über zwei Drittel – und das in einer Welt wachsender Bevölkerung mit hoffentlich wachsendem Wohlstand! Mit anderen Worten: Wenn die Konzentration überhaupt irgendwann stabilisiert werden soll, muss der überwiegende Teil des globalen Energiesystems völlig ohne Treibhausgasemissionen funktionieren. Dann können wir geradeso gut ein emissionsfreies System betrachten – ob dann noch Nischen von Energieproduktion mit Treibhauswirkung bestehen werden, ist durchaus nebensächlich.

Wenn 2030 die Emissionen zu sinken beginnen, so bedeutet das, dass ein beträchtlicher Teil des Energiesystems zu dem Zeitpunkt schon emissionsfrei funktioniert. In weiteren zwei Jahrzehnten sollte es dann möglich sein, das System als Ganzes emissionsfrei zu machen. Dann würden zwar nicht die 600 Gt des Maximalszenarios das Klimasystem zusätzlich belasten, aber mit einer Größenordnung von 400 Gt müssen wir schon rechnen.

Die nächste Frage ist: Wie schnell und wie lange kann die Konzentration von Treibhausgasen sinken, wenn die Menschheit keine zusätzlichen Emissionen mehr verursacht? Wie wir gesehen haben, werden die Ozeane der Atmosphäre mindestens 2 Gt pro Jahr entnehmen. Die Kapazität der Ozeane reicht grundsätzlich aus, um der Atmosphäre insgesamt langfristig die oben erwähnten 400 Gt zu entnehmen. Bei einer Entnahme von 2 Gt pro

Jahr wird das allerdings fast drei Jahrhunderte dauern. Immerhin kann das ein Weg sein, um die Risiken der vom Menschen verursachten Klimaänderungen in einem akzeptablen Tempo wieder zu reduzieren.

Seit neuerem werden darüber hinaus Möglichkeiten geprüft, wie wir Menschen den Kohlendioxidgehalt der Atmosphäre wieder aktiv senken könnten (Obersteiner et al., 2002). Eine Möglichkeit besteht darin, Energie aus Biomasse zu gewinnen und das dabei entstehende Kohlendioxid in geologischen Formationen zu speichern. Die Pflanzen als nachwachsende Rohstoffe entnehmen dann der Atmosphäre Kohlendioxid, das vom Menschen in die Erdkruste zurückgebracht wird. Eine solche Technik könnte vor allem in der zweiten Hälfte dieses Jahrhunderts wichtig sein, weil nach manchen Modellrechnungen dann die Biosphäre, die gegenwärtig Kohlenstoff aus der Atmosphäre aufnimmt, einen Teil davon wieder abgeben könnte. Energiegewinnung aus Biomasse mit Kohlendioxidspeicherung in geologischen Formationen muss nicht unbedingt teuer sein. Würde ein Viertel des heutigen Energieverbrauchs auf diese Art gedeckt, ließen sich der Atmosphäre pro Jahr etwa 2 Gt Kohlendioxid entnehmen. Zusammen mit der Entnahme durch die Ozeane könnte dann um 2150 die atmosphärische Konzentration wieder auf das vorindustrielle Niveau gesenkt sein.

Eine solche Beschleunigung der Entnahme von Kohlendioxid scheint vor allem für den Fall wichtig, dass sich das oben erwähnte Risiko eines dramatischen Anstiegs des Meeresspiegels konkretisieren sollte. Da dieses Risiko kaum vor der nächsten Jahrhundertwende aktuell werden dürfte, sollte es sich mithilfe unseres Minimalszenarios vermeiden lassen. Wie die Geschichte zeigt, genügt die Vermeidbarkeit von Leid jedoch keineswegs, um es tatsächlich zu vermeiden. Dazu ist vielmehr ein aktiver Wille und verantwortliches Handeln erforderlich. Die Frage, wie sich diese im globalen Rahmen bilden können, führt uns zu

Die Grafik zeigt die Menge an zusätzlichem Kohlenstoff, die als Ergebnis menschlicher Aktivitäten in der Atmosphäre verweilt. Diese kann in hundert Jahren von heute ca. 150 Gigatonnen (Gt) auf rund 2 400 Gt zunehmen. Durch entschlossenes Handeln kann der Anstieg aber auch zuerst verlangsamt und dann rückgängig gemacht werden.

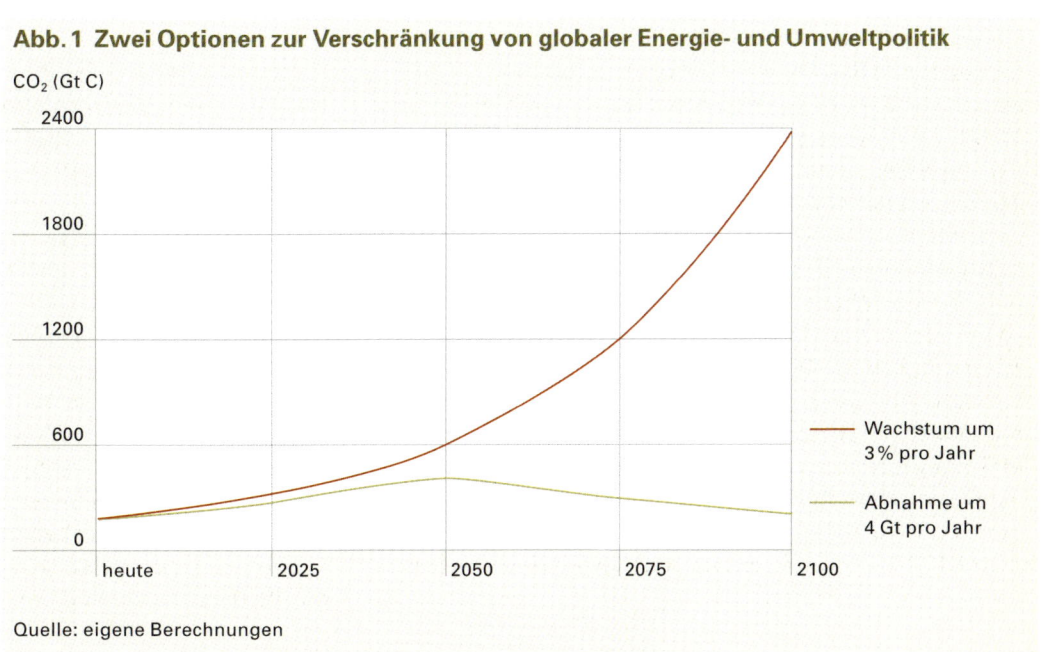

Abb. 1 Zwei Optionen zur Verschränkung von globaler Energie- und Umweltpolitik

CO_2 (Gt C)

— Wachstum um 3 % pro Jahr

— Abnahme um 4 Gt pro Jahr

Quelle: eigene Berechnungen

drei weiteren Optionen, die mit den beiden bisherigen – die in Abbildung 1 noch einmal zusammengefasst sind – auf unterschiedliche Art kombiniert werden können.

Drei Optionen globaler Willensbildung

Die Bandbreite der beiden skizzierten Optionen zur Klimabelastung macht zumindest eines deutlich: An der Schnittstelle zwischen globaler Energie- und Umweltpolitik besteht Entscheidungsbedarf. Demgegenüber werden Argumentationsmuster, die den wirklichen Handlungsspielraum verengt darstellen, kaum zu guten Entscheidungen führen. Wie aber soll, wie kann hier entschieden werden?

Kant und Kioto

Bis jetzt gibt es in der globalen Energie- und Umweltpolitik einen wichtigen Meilenstein: das Kioto-Protokoll. Es ist zugleich ein Stein des Anstoßes geworden. Dabei geht es letztlich nicht um die technischen Vorzüge und Mängel, die das Protokoll im Einzelnen hat. Vieles an der Grundidee des Kioto-Protokolls scheint durchaus konsensfähig. Das gilt insbesondere für die Idee, Treibhausgasemissionen dadurch zu senken, dass verbindliche Obergrenzen festgelegt werden, und das Recht, innerhalb dieser Grenzen Treibhausgase zu emittieren, das an einer Art Börse gehandelt werden kann. Die Idee handelbarer Nutzungsrechte für beschränkte Ressourcen, die gegenwärtig im Emissionshandel der EU in einem bescheidenen, aber eben realen Ansatz verwirklicht wird, stellt eine bemerkenswerte institutionelle Innovation dar, deren Potenzial noch lange nicht ausgeschöpft ist. Die grundlegende Schwierigkeit liegt nicht einmal darin, dass die Anforderungen des Kioto-Protokolls aus verschiedenen Gründen für die USA ungleich schwerer zu erfüllen sind als für andere Partner. Vielmehr ist gerade diese Tatsache ein wichtiger Hinweis auf das wirkliche Kernproblem: auf die Frage nach den Mechanismen einer globalen Willensbildung. Das Kioto-Protokoll ist ein wichtiges Beispiel für eine historische Entwicklung, in der nationale Souveränität durch multilaterale Abkommen abgebaut wird. Nicht zufällig wird diese Entwicklung in Europa, und besonders in Deutschland, schon beinahe selbstverständlich als Fortschritt betrachtet. Denn der Abbau nationaler Souveränität durch das Vertragswerk der Europäischen Union nährt die Hoffnung, dass die blutige Geschichte der innereuropäischen Kriege endgültig der Vergangenheit angehört – eine Hoffnung, wie sie nach dem Dreißigjährigen Krieg durch ein anderes Vertragswerk, den Westfälischen Frieden, schon einmal geweckt wurde. Das macht verständlich, dass in Europa die Vorstellung, globale Energie- und Umweltpolitik auf einem Abbau nationaler Souveränität zu begründen, im Vordergrund der öffentlichen Diskussion steht. Es zeigt noch nicht, das dies einen gangbaren oder gar den besten Weg darstellt.

Die Beweislast dafür, dass Europas schöne klimapolitische Worte auch zu ernsthaften Emissionsreduktionen führen werden, liegt jedenfalls auf dieser Seite des Atlantiks. Ein multilaterales Vertragswerk voller Erklärungen guter Absichten gibt leider noch keine Gewähr dafür, dass diese Absichten auch in verbindliche Ziele und wirksame Maßnahmen umgesetzt werden. Mit einer viel diskutierten These hat R. Kagan den größeren Zusammenhang beschrieben, in dem die Auseinandersetzung um das Kioto-Protokoll steht: „Europa […] betritt eine in sich geschlossene Welt von Gesetzen, Regelungen, transnationalen Verhandlungen und transnationaler Zusammenarbeit, ein posthistorisches Paradies des Friedens und des Wohlstands, das der Verwirklichung von Kants ‚ewigem Frieden‘ gleichkommt. Dagegen bleiben die USA der Geschichte verhaftet und üben Macht in der Hobbes'schen Welt aus, in der auf internationale Regelungen und Völkerrecht kein Verlass ist und in der wirkliche Sicherheit sowie die Förderung und Verteidigung einer liberalen Ordnung nach wie vor vom Besitz und Einsatz militärischer Macht abhängen" (Kagan, 2002, S. 1194).

Hobbes und Erdöl

Ohne die USA wird eine internationale Energie- und Umweltpolitik unmöglich sein. Die USA sind die erste globale Supermacht der Weltgeschichte, aber bis jetzt wissen weder sie selbst noch die anderen Nationen, wie eine solche Rolle sinnvoll ausgefüllt werden kann. Die schroffe Ablehnung des Kioto-Protokolls durch die Bush-Administration scheint jedenfalls keine sehr überzeugende Art, diese Rolle wahrzunehmen. Doch auch die zwar schnelle, aber nicht wirklich belastbare Unterstützung des Protokolls durch Clinton und Gore hat sich im Rückblick als wenig hilfreich erwiesen. Und die Art, wie der amerikanische Traum immer wieder mit einer Perspektive unbegrenzt wachsenden Energieverbrauchs verknüpft wird, verheißt weitere Schwierigkeiten für die Zukunft. Aber die USA haben in zwei Weltkriegen und im Kalten Krieg gezeigt, dass sie in der Lage sind, einen globalen Führungsanspruch erfolgreich wahrzunehmen. Vor diesem Hintergrund ist es durchaus denkbar, dass eine sinnvolle globale Energie- und Umweltpolitik erst zustande kommen wird, wenn die USA bei der Lösung dieser Aufgabe die Führung übernehmen. Der Hobbes'sche Leviathan wird von den anderen Parteien akzeptiert, weil er ihnen ein besseres Leben ermöglicht, als sie ohne ihn zu realisieren vermöchten. Ein mögliches Beispiel dafür könnte das Schicksal der Technologien zur geologischen Speicherung von Kohlendioxid sein, von denen weiter oben die Rede war. Den USA ist zuzutrauen, eine solche Technologie zum erfolgreichen Einsatz zu bringen, und zwar nicht nur in Nordamerika, sondern weltweit. Ebenso ist ihnen zuzutrauen, den „American Way of Life" vom Statussymbol Energieverbrauch abzulösen – ähnlich wie in den USA das Zigarettenrauchen von einem unentbehrlichen Requisit für manche Lebensstile zu einer weithin verpönten Gewohnheit geworden ist. Weniger offensichtlich ist, in welchem Ausmaß die

Zukunft der Kernenergie von den USA abhängt. Dazu ist es wichtig, sich die Größenordnung des weltweiten Energieverbrauchs zu vergegenwärtigen (Imboden und Jaeger, 1999). Im Durchschnitt verbraucht gegenwärtig eine Weltbevölkerung von rund 6 Milliarden Menschen kommerziell gehandelte Energie mit einer Rate von etwa 2 Kilowatt pro Person. Watt ist ein Maß für den „Verbrauch" – allgemeiner: den „Fluss" – von Energie pro Zeiteinheit. Ein Watt entspricht einem Fluss von einem Joule pro Sekunde. Joule ist das physikalische Maß für Energie, 1 Exajoule – ein übliches Maß für den globalen Energieverbrauch – ist 10^{18} Joule. Ein Jahr hat rund 32×10^6 Sekunden. Eine Verbrauchsrate von 2 Kilowatt pro Person ergibt einen globalen jährlichen Energieverbrauch von rund 2×10^3 Joule pro Sekunde mal 32×10^6 Sekunden mal 6×10^9 Menschen, das sind rund 38×10^{19} Joule, also 380 Exajoule. Der globale Energieverbrauch ist keine scharf definierbare und noch weniger eine exakt messbare Größe. Die Zahl von 2 Kilowatt gibt eine realistische Größenordnung für den Verbrauch kommerziell gehandelter Energie an. Diese Größenordnung entspricht dem Verbrauch von Energie pro Sekunde, den zwanzig 50-Watt-Glühbirnen bewirken. Insgesamt verbrauchen wir Menschen gegenwärtig weltweit kommerziell gehandelte Energie mit einer Rate von rund 12 Milliarden Kilowatt. Davon werden gegenwärtig keine 3 % nuklear erzeugt. In 50 Jahren wird sich das Pro-Kopf-Einkommen mehr als verdoppelt haben und die Weltbevölkerung vielleicht 9 Milliarden betragen – der Energieverbrauch wird leicht auf eine Rate von 20 Milliarden Kilowatt steigen. Wenn die Kernenergie da einen ernst zu nehmenden Beitrag zum Abbau von Treibhausgasemissionen leisten soll, müsste sie schon 5 bis 10 Milliarden Kilowatt beisteuern. Ein typisches Kernkraftwerk produziert aber nur etwa 1 Million Kilowatt. Das bedeutet: Man bräuchte nicht wie heute einige hundert, sondern fünf- bis zehntausend Kernkraftwerke. Dazu müsste der globale Energieverbrauch in gewaltigem Maß auf Elektrizität umgestellt werden. Auch sonst stellen sich eine Reihe sehr ernsthafter Probleme. Einmal abgesehen von Fragen der Betriebssicherheit und der Bereitstellung der nötigen nuklearen Brennstoffe, ist offensichtlich, dass eine Welt mit 5 000 und mehr Kernkraftwerken gewaltige Risiken der Proliferation militärischer Atomtechnik und -materialien und ebensolche Risiken neuer Arten von internationalem Terror bewältigen müsste. Wenn überhaupt, dann ist das am ehesten mit der Art von globaler militärischer Vorherrschaft möglich, welche die USA gegenwärtig innehaben. Augenblicklich verbinden die USA ihren globalen Führungsanspruch mit dem erklärten Ziel, ihre Versorgung mit Erdöl und anderen Energieträgern langfristig zu sichern. Hingegen spielt der Schutz der Umwelt dabei keine große Rolle. Das kann sich jedoch durchaus ändern.

Ebenso wie die Option der multilateralen Willensbildung nicht zwingend mit der Option minimaler Klimabelastung verknüpft ist, ist auch eine Option der Willensbildung unter Führung der USA nicht notwendig mit der Option maximaler Klimabelastung verbunden. Von Europa aus lohnt es sich, zumindest darüber nachzudenken, wie die globale Führungsmacht USA davon überzeugt werden könnte, ihre globale Vormachtstellung nicht aufzugeben, sondern im Sinne anderer umweltpolitischer Orientierungen einzusetzen.

Wittgenstein und die Suche nach neuen Lösungen

Die Optionen maximaler und minimaler Klimabelastung spannen eine Bandbreite auf, mit welcher der Entscheidungsspielraum in Bezug auf künftige Treibhausgasemissionen charakterisiert werden kann. Bei den beiden eben skizzierten Optionen zur globalen Willensbildung verhält es sich anders: So wichtig sie sind, zeigen sie doch noch keineswegs den relevanten Entscheidungsspielraum auf. Es kann nämlich durchaus sein, dass eine wirksame globale Willensbildung zu den Problemen von Energie und Umwelt ganz andere Wege erfordert als die, die heute schon absehbar sind. Und es ist selten eine gute Idee, sich einzureden, man überblicke ein Problem, wenn das noch gar nicht der Fall ist. Die globale Willensbildung ist ein philosophisches Problem im Sinne der Aussage Wittgensteins: „Ein philosophisches Problem hat die Form: Ich kenne mich nicht aus." Genauer gesagt hat das vorliegende Problem die Form: WIR kennen uns nicht aus. Sowohl Kant als auch Hobbes stehen in einer Denktradition, die Einsichten erarbeiten will, auf deren Grundlage praktisches Handeln vernünftiger gestaltet werden kann. Dem entspricht ein Stil politischer Führung, in dem der Anspruch auf Macht damit begründet wird, dass man die Lösung der anstehenden Probleme kenne. Ähnlich wie die amerikanischen Pragmatismen hat Wittgenstein demgegenüber ein Denken erprobt, das sich in verwirrendem Gelände vortastet und darauf vertraut, dass das dazu nötige Wechselspiel von Handlungen und Gesprächen keine vorgelagerte Begründung braucht. Wie Institutionen aussehen werden, die Entscheide in einem solchen Geiste entwickeln, ist gegenwärtig selbst in demokratischen Nationen erst in Umrissen absehbar. Im Weltmaßstab kennen wir uns mit dieser Frage noch viel weniger aus. Dieses Problem als sekundär, als philosophische Schrulle oder als leicht lösbar zu behandeln ist nicht unbedingt die beste Strategie. Das gilt erst recht angesichts von Vorschlägen, dem Klimawandel mit einer weltweiten Manipulation des Klimasystems zu begegnen, etwa indem die Atmosphäre mit geeigneten Partikeln angereichert wird, die den Effekt der Treibhausgase kompensieren könnten. Die Tradition, in der sowohl Hobbes als auch Kant stehen, bietet keinen Rahmen, um das Unbehagen, das viele Menschen bei solchen Vorschlägen verspüren, angemessen zur Sprache zu bringen. Deshalb gilt es, zum Problem der globalen Willensbildung eine dritte Option in Betracht zu ziehen: durch zugleich tatkräftiges und vorsichtiges Handeln das Problem so weit bearbeiten, dass neue Handlungsmöglichkeiten auftauchen, die gegenwärtig noch kaum erkennbar sind. Wem diese Sichtweise zu abstrakt ist, der mag Clausewitz neu lesen (vgl. dazu Oetinger et al., 2004), um Ansätze zu ähnlichen Gedanken im ebenso handfesten wie unerquicklichen Bereich der kriegerischen Strategien zu finden. Für die globale Energie- und Umweltpolitik jedenfalls könnte eine bewusste Suche nach neuen Handlungsmöglichkeiten eine bedenkenswerte Strategie darstellen.

Risikofreude und Verantwortungsbewusstsein

Zu einer solchen Suche gehört natürlich mehr als der fromme Vorsatz, sich mit der Zeit etwas einfallen zu lassen. In der gegenwärtigen Situation scheinen zwei Prinzipien hilfreich: regionaler Pluralismus und das Versichern von Experimenten. Regionaler Pluralismus heißt, dass an verschiedenen Orten parallel unterschiedliche Dinge erprobt werden. In diesem Sinne ist es nicht nur ein Unglück, wenn Europa einen Emissionshandel testet, der nicht gleich weltweit eingerichtet wird. Und es könnte auch sein Gutes haben, wenn die USA in einigen Jahren als Antwort darauf eine andere Variante ausprobieren. Wichtig ist natürlich, dass unterschiedliche Erfahrungen auch zu einem produktiven Austausch führen. Ein Vorteil der Globalisierung ist, dass das relativ wahrscheinlich ist. Natürlich kann ein Erfahrungsaustausch durch Kooperation intensiviert werden. Ein wichtiger Schritt in diese Richtung sind die gemeinsamen Forschungsanstrengungen, welche die EU und die USA im Bereich der Wasserstofftechnologie verabredet haben – und zwar anlässlich derselben Konferenz, auf der die oben zitierte europäische Zielvorstellung für eine Wasserstoffwirtschaft auf der Grundlage erneuerbarer Energien formuliert wurde. Von Europa aus gesehen sind ähnliche Initiativen mit weiteren Partnern möglich und sinnvoll. Zum Beispiel wäre denkbar, dass die EU eine Energiepartnerschaft mit China aufbaut. China wird in den kommenden Jahrzehnten kaum eine andere Wahl haben, als einen beträchtlichen Teil seiner Kohlevorkommen zu nutzen. Die Frage, wie das geschehen wird, hat sowohl lokal – nämlich für das enorme Problem der Luftverschmutzung in den chinesischen Städten, als auch global – im Hinblick auf das Klimaproblem – gravierende Implikationen. Die zwei Kernkraftwerke pro Jahr, die China bauen will, werden gemäß den weiter oben erörterten Größenordnungen für die globalen Treibhausgasemissionen keinen erkennbaren Unterschied machen. Was aber entscheidende Veränderungen bringen würde, wären praktikable Formen der Kohlenstoffsequestrierung. Eine Energiepartnerschaft mit Europa könnte bei der Entwicklung der dazu nötigen Innovationen eine wichtige Rolle spielen. In diesem Rahmen könnten sowohl innovative Formen der Energieerzeugung als auch der Energienutzung – etwa im Verkehrsbereich – erprobt werden. Beides dürfte mit erheblichen Vorteilen für beide Seiten verbunden sein. Eine ganz anders geartete Partnerschaft könnte die EU mit Nordafrika entwickeln. In den kommenden Jahrzehnten wird Europa zunehmend auf Erdgasimporte angewiesen sein. Da ist es sicher vernünftig, die Versorgungssicherheit auch auf nordafrikanische Reserven zu stützen. Zugleich

hat Nordafrika für wichtige erneuerbare Energien einen Standortvorteil gegenüber Europa. Da Europa ebenfalls ein starkes Interesse an einer gedeihlichen wirtschaftlichen Entwicklung in Nordafrika hat, ergibt das ein ganzes Bündel von Gründen für eine Energiepartnerschaft zwischen Europa und Nordafrika. Ebenso wie bei einer Partnerschaft mit China können auch hier nicht nur unmittelbare Erfolge erzielt werden, sondern auch kostbare Erfahrungen gesammelt werden, die zu neuen Handlungsmöglichkeiten im Hinblick auf globale Umweltprobleme führen. Natürlich sind auch Kooperationen zwischen kleineren Regionen sinnvoll, um einen fruchtbaren Erfahrungsaustausch zu fördern. Besonders wichtig dürften Kooperationen zwischen Städten sein, die neue Wege der Energieerzeugung und -nutzung erproben. Gegenwärtig verläuft die Entwicklung von Städten weltweit in Mustern, die für die Zukunft einen enormen Energieverbrauch und über weite Strecken eine stark eingeschränkte Lebensqualität bedeuten – insbesondere in den Megacitys der weniger entwickelten Länder. Es ist sicher möglich, durch eine Kombination neuer Bau-, Verkehrs- und Kommunikationstechnologien mit neuen städtebaulichen und architektonischen Ideen Erfahrungen mit viel versprechenden Alternativen der Stadtentwicklung zu sammeln. Durch geeignete Städtepartnerschaften können auch solche Erfahrungen wirksam ausgetauscht werden.

Die große Herausforderung bei einer solchen Suche nach neuen Möglichkeiten liegt darin, dass dabei Fehlschläge und Misserfolge ganz unvermeidbar sind. Ohne geeignete Formen der Versicherungen werden diese nicht vernünftig zu bewältigen sein. Der bedeutende Finanzökonom Robert Shiller hat denn auch darauf hingewiesen, dass viele wichtige industrielle Fortschritte ohne geeignete Versicherungsformen nie zustande gekommen wären, und dass in Zukunft entscheidende Fortschritte ohne neue Formen von Versicherung nicht entstehen werden (Shiller, 2003). Betrachten wir zum Beispiel die Möglichkeiten der Kohlenstoffsequestrierung. Es ist durchaus plausibel, dass in diesem Bereich Technologien entwickelt werden, die enorme Chancen eröffnen. Zugleich wird die Öffentlichkeit zu Recht die Frage stellen, welche Risiken mit diesen Technologien verbunden sind. Wenn nun wissenschaftliche Experten und Entscheidungsträger aus Politik und Wirtschaft versichern, bei einer bestimmten Technologie seien diese Risiken so begrenzt, dass kein Anlass zur Besorgnis bestehe, so wird viel davon abhängen, als wie glaubwürdig diese Aussagen betrachtet werden. Eine Möglichkeit, diese Glaubwürdigkeit zu gewährleisten, ist folgende: Die Firmen, welche die entsprechende Technologie einsetzen wollen, bilden einen Verband, der solidarisch für mögliche Schäden haftet. Der Verband wiederum versichert sich auf dem regulären Versicherungsmarkt gegen derartige Schäden. Wenn die Firmen einen solchen Schritt umsetzen und der Markt ihn honoriert, so ist das nicht nur kommerziell eine sinnvolle Absicherung der entsprechenden Investitionen, sondern auch ein entscheidender Schritt, um das Vertrauen der Öffentlichkeit zu gewinnen. Wenn umgekehrt die Firmen vor dem Schritt zurückschrecken beziehungsweise der Markt ihn nicht mit trägt, so hat die Öffentlichkeit ein starkes Indiz dafür, dass im konkreten Fall die Risiken eben doch nicht so harmlos sind. Eine ganz anders gelagerte, aber ebenfalls bedenkenswerte Möglichkeit, neue Formen der Versicherung im Bereich globaler Umweltrisiken zu entwickeln, bietet der europäische Solidaritätsfonds, der nach der Elbeflut 2002 eingerichtet wurde. Weltweite Fonds zur Unterstützung bei Naturkatastrophen – einschließlich solcher, die mit dem Klimawandel zusammenhängen – werden auf absehbare Zeit nur symbolischen Charakter haben. Denn die wichtigen Akteure sind nicht bereit, die erforderlichen Summen einer globalen Organisation anzuvertrauen. In dieser Situation stellt sich die Frage, ob nicht längerfristig ein System regionaler Fonds nützlicher ist als die Einrichtung globaler Fonds. Die EU kann durchaus einen wirksamen Fonds zur Unterstützung von „public-private partnerships" angesichts derartiger Risiken bilden. Zum Beispiel kann der erwähnte Solidaritätsfonds in diesem Sinne weiterentwickelt werden. Einen solchen Fonds könnte die EU dann als wichtige Komponente einbringen in bilaterale Energiepartnerschaften, wie sie oben skizziert wurden. Diese beiden Beispiele mögen genügen, um zu verdeutlichen, dass Innovationen im Bereich der Versicherungs- und Finanzmärkte ein wesentliches Element sein können, um in der globalen Energie- und Umweltpolitik erfolgreich nach neuen Lösungen zu suchen (Jaeger, 2004). Denn solche Lösungen werden nur zustande kommen, wenn Risikofreude mit Verantwortungsbewusstsein einhergeht. Das ist alles andere als selbstverständlich – aber keineswegs unmöglich.

Damit sind nun zweierlei Arten von Optionen zur globalen Energie- und Finanzpolitik charakterisiert. Die einen betreffen das Ausmaß an Umweltrisiken, die wir in den nächsten Jahrzehnten eingehen werden, die anderen die Wege, auf denen wir über eben dieses Ausmaß entscheiden. Unsere Enkelinnen und Enkel werden mit den Folgen unserer Entscheidungen leben. Vielleicht werden sie uns dafür dankbar sein.

Danksagung

Dieser Aufsatz beruht auf einer Vielzahl von Untersuchungen und deren Erörterung im Gespräch. Für wichtige Hinweise und Anregungen habe ich deshalb zu danken: N. Bauer, C. Bertram, B. Bolin, E. Claussen, M. Claussen, W. Cramer, O. Edenhofer, J. Edmonds, H. Grassl, A. Haas, W. Hare, K. Hasselmann, B. Metz, N. Nakicenovic, A. Rust, H.-J. Schellnhuber, S. Schneider, H. Watson und M. Welp. Die Verantwortung für allfällige Fehler bleibt beim Autor. Der Aufsatz ist im Zusammenhang mit dem „Kioto-Plus"-Prozess entstanden, den das European Climate Forum und die Heinrich-Böll-Stiftung initiiert haben, um eine offene Debatte über die Zukunft der Klimapolitik zu ermöglichen.

Literatur

Browne, J. (2004) Beyond Kyoto. Foreign Affairs, Nr. 4, S. 20 ff.

Hasselmann, K. et al. (2003): The Challenge of Long-Term Climate Change, Science, Nr. 302, S.1923 ff.

Houghton J.T. et al. (Hrsg.) (2001): IPCC Third Assessment Report: Climate Change. Cambridge, Cambridge U.P.

Imboden, D. M., C. C. Jaeger (1999): Towards a Sustainable Energy Future. In: OECD, Energy: The Next Fifty Years. OECD, Paris.

Jaeger, C. C. (2004): Climate Change: Combining Mitigation and Adaptation. In: D. Michels (Hrsg.) Climate Policy for the 21st Century. Johns Hopkins University, Washington D.C.

Kagan, R. (2002): Macht und Schwäche. Was die Vereinigten Staaten und Europa auseinander treibt; in: Blätter für deutsche und internationale Politik, 10/02, S. 1194 ff.

Obersteiner, M. et al. (2002): Biomass Energy, Carbon Removal and Permanent Sequestration – A 'Real Option' for Managing Climate Risk. IIASA interim report (IR-02-042). IIASA, Laxenburg.

Oetinger, B. v. et al. (2004): Clausewitz. Strategie neu denken. dtv, München.

Rogner, H.-H. (1997): An Assessment of World Hydrocarbon Resources. Annual Review of Energy and the Environment, Vol. 22, p.217ff.

Shiller, R. (2003): Die neue Finanzordnung. Campus, Frankfurt.

Der Autor

Prof. Dr. Carlo C. Jaeger leitet die Abteilung „Globaler Wandel und Soziale Systeme" am Potsdam-Institut für Klimafolgenforschung und ist Professor für Modellierung sozialer Systeme an der Universität Potsdam. Als Ökonom und Sozialwissenschafter untersucht er gemeinsam mit Physikern, Biologen, Mathematikern u. a. globale Umweltprobleme, insbesondere die Risiken von Klimaänderungen. Er ist Vorsitzender des European Climate Forum, in dem führende europäische Forschungsinstitute, Firmen und Umweltorganisationen klimapolitische Fragen untersuchen. Als Autor, Co-Autor und Herausgeber hat er ein Dutzend Bücher und Sonderhefte von Fachzeitschriften sowie über 80 wissenschaftliche Aufsätze verfasst. Seine aktuelle Forschung beschäftigt sich mit der Rolle von Versicherungen und Finanzmärkten für die globale Energie- und Umweltpolitik.

2003 war ein Jahr der Extreme: In Europa kam es zur größten Hitzewelle seit Jahrhunderten; in Indien trockneten Brunnen und Wasserreservoirs aus. Wasserknappheit wird in diesem Jahrhundert in vielen Regionen der Erde zu einem zentralen Problem werden. Politik und Gesellschaft müssen endlich handeln; sie müssen mit allen Mitteln versuchen, die Auswirkungen des Klimawandels so gering wie möglich zu halten.

Klimawandel – Handlungsoptionen für Politik und Gesellschaft

Wird über Klimawandel wirklich nur geredet, aber nicht gehandelt? Auf den ersten Blick sieht es so aus. Doch mit dem Start des Emissionshandels ab 2005 hat die Politik einen wichtigen Schritt in die richtige Richtung unternommen – vom Reden zum Handeln.

Kioto als Leiter über Kioto hinaus

Vor gut zehn Jahren trat die UN-Klimarahmenkonvention in Kraft. Sie wurde von fast allen
Staaten der Welt unterzeichnet, auch von den
USA. Nach jahrelangem Stillstand der Klima-
diplomatie liegt nun eine Reihe von Weggabe-
lungen des internationalen Klimaschutzregimes
vor uns. Nach diesen Richtungsentscheidungen
wird sich besser einschätzen lassen, ob das Ziel
der Konvention erreicht werden kann, einen
„gefährlichen Klimawandel" zu vermeiden.

Christoph Bals

Auf den jährlich stattfindenden
Vertragsstaatenkonferenzen
werden die Details des Kioto-
Protokolls ausgehandelt.

Spätestens ab zwei Grad Celsius wird die Erwärmung gefährlich

Das weltweite Climate Action Network (CAN) der im Klimaschutz aktiven Nichtregierungsorganisationen (NRO) – darunter etwa Greenpeace, WWF, Friends of the Earth und auch Germanwatch – drängt in einem gemeinsamen Papier (CAN 2002) auf politische Entscheidungen, die ausreichen, um einen „gefährlichen" Klimawandel zu vermeiden. CAN beruft sich hier auf die zentrale Zielsetzung der UN-Klimarahmenkonvention, die auch von den Kioto-Verweigerern bzw. -Zögerern USA und Australien unterzeichnet wurde. In Artikel zwei ist die Verpflichtung festgehalten, „die Stabilisierung der Treibhausgaskonzentrationen in der Atmosphäre auf einem Niveau zu erreichen, auf dem eine gefährliche anthropogene Störung des Klimasystems verhindert wird. Ein solches Niveau sollte innerhalb eines Zeitraums erreicht werden, der ausreicht, damit sich die Ökosysteme auf natürliche Weise den Klimaänderungen anpassen können, die Nahrungsmittelerzeugung nicht bedroht wird und die wirtschaftliche Entwicklung auf nachhaltige Weise fortgeführt werden kann." Seit zehn Jahren ist die Klimarahmenkonvention Völkerrecht. Doch wie so oft gilt auch hier: „Man hat sofort Einvernehmen darüber hergestellt, dass etwas geschehen müsse, und wartet nun offenbar darauf, dass die Probleme so dringlich werden, dass man ohne Aussicht auf Verlust von Wählerstimmen aktiv werden kann" (Luhmann 1990, S. 181 f). Zu einer operationalen Definition dessen, was als zu vermeidender „gefährlicher" Klimawandel gilt, hat sich die weltweite Staatengemeinschaft seitdem nicht aufraffen können.

Die Zeit drängt

Nach Einschätzung der Nichtregierungsorganisationen aus aller Welt drängt die Zeit. Das Fenster für eine an Artikel zwei der Klimarahmenkonvention orientierte „sichere Landung" (WBGU 2003a, S. 9) schließe sich schnell. Ohne entsprechendes Handeln könne schon in etwa zehn Jahren die Möglichkeit verspielt sein, eine Temperaturerhöhung von über zwei Grad Celsius seit Beginn der Industrialisierung abzuwehren (vgl. CAN 2002). Zwei Grad Celsius hält CAN nach Abwägung der wissenschaftlichen Literatur über noch erreichbare Entwicklungspfade und entsprechende Gefährdungspotenziale (vgl. etwa Parry u. a. 2001, IPCC 2001) für die Obergrenze einer „akzeptablen" Klimaerwärmung – wohl wissend, dass man sich hier angesichts der auch dann schon möglichen Gefährdungen am Rande des Zynismus bewegt. Dass die „global aggregierte Gefahrenschwelle bei einem Anstieg der globalen Mitteltemperatur von mehr als zwei Grad Celsius über dem vorindustriellen Niveau beginnt" (vgl. WBGU 2003a, S. 9, 22), entspricht auch der Einschätzung des Wissenschaftlichen Beirats der Bundesregierung Globale Umweltveränderungen. Interessant die Position von John Browne, dem Vorstandsvorsitzenden von BP – er hält einen Temperaturanstieg von

langfristig allenfalls 2 bis 3 Grad Celsius für akzeptabel, weiteres Warten hingegen für inakzeptabel: „Mit der tickenden Uhr im Hintergrund können wir nicht auf letztgültige Antworten warten, bis wir aktiv werden" (Browne 2004, S. 30 – Übersetzung Bals).

Handlungsdynamik ist geboten

Niemand kann erwarten, dass die Einsichten von Wissenschaft und NRO wie der Blitz in die Köpfe und Hände der Akteure der Politik, der Wirtschaft und der Technologie fahren werden. Diese Erwartung ist angesichts der Komplexität der multipolaren Gesellschaft „hoffnungslos inadäquat" (Luhmann 1997, S. 875), wenn nicht in den politischen, ökonomischen und technologischen Teilsystemen der Gesellschaft miteinander rückgekoppelte Handlungsdynamiken in Richtung mehr Klimaschutz entstehen, die von jeweils eigener Systemrationalität (Macht, Profit, Know-how) geleitet sind. Der Einfluss von beratender Wissenschaft und NRO setzt sich erst um in politische Macht, also in das Potenzial, bindende Entscheidungen zu treffen, „wenn er sich auf die Überzeugungen von autorisierten Mitgliedern des politischen Systems auswirkt und das Verhalten von Wählern, Parlamentariern, Beamten usw. bestimmt" (Habermas 1994, S. 439). Doch damit nicht genug. Nur auf den politischen Willen, ja sogar auf das politische Handeln allein, kommt es in einer polyzentrischen Weltgesellschaft nicht an, in der Wirtschaft und Technologie ihre je eigene, wenn auch rückgekoppelte Entwicklungsdynamik aufweisen. Da mag ein US-Vizepräsident Gore durchaus die Notwendigkeit des Klimaschutzes wortgewaltig beschwören (Gore 1994) oder der schwedische Umweltminister Kjell Larsson in seiner Rolle als Vorsitzender des EU-Umweltrates vor dem EU-Parlament leidenschaftlich ausrufen, die Menschheit habe kein Recht auf „das größte jemals von ihr durchgeführte Experiment, ... das – wie immer mehr von uns jetzt realisieren – schreckliche Ergebnisse haben kann" (Larsson 2001) – der politische Wille kann die gesellschaftliche Umsetzung nicht einfach steuern. Wie begrenzt die Handlungsoptionen der Politik gegen das Nein großer Teile der Wirtschaft sind, haben die klimapolitisch schmerzhaften Kompromisse bei der Einführung des EU-Emissionshandels gezeigt. Dies wird sich nur ändern, wenn viele Akteure aus den Bereichen Ökonomie und Technologie den Anreizrahmen, der von der Politik gesetzt wurde, so nutzen und erweitern, dass sie sich nach den je eigenen Rationalitätskriterien (Gewinn, Know-how) für einen ernsthaften Klimaschutz entscheiden. John Browne, der Vorstandsvorsitzende von BP, beurteilt diese Chancen immerhin mit vorsichtigem Optimismus. Die Erfahrung der letzten Jahre habe gezeigt, dass sich Emissionen verringern ließen, ohne die Wettbewerbsfähigkeit zu schmälern; und an vielen Fronten gebe es deutliche Fortschritte bei den Technologien. Sieben Jahre nach Kioto zeige sich auch, dass die Verringerung der Treibhausgasemissionen ein lösbares Problem sei, und dass die Mechanismen, die Lösungen bringen sollen, in Reichweite lägen (vgl. Browne 2004, S. 21).

Entscheidende Weggabelungen liegen vor uns

Nicht immer entspringt eine Dynamik zu mehr Klimaschutz der Motivation des Klimaschutzes; sie kann sich aber in diesem Sinne auswirken. Die klimapolitischen „wall fall profits" nach dem Ende des Kalten Krieges, die im gesamten Osteuropa einschließlich Ostdeutschland die Emissionen drastisch senkten, sind dafür ein eklatantes Beispiel. Auch die klimapolitisch sehr wirkungsvolle Antikohle-Politik, welche die britische Regierung unter Margret Thatcher einleitete, war nicht, schon gar nicht in erster Linie, klimapolitisch motiviert. Die weitere Entwicklung des Ölpreises, der sich seit Monaten auf ständig neue Höchststände zubewegt, hat in diesem Sinne das Potenzial, klimapolitisch höchst bedeutsam zu werden. Wenn sich die destabilisierenden Tendenzen in Saudi-Arabien fortsetzen, über die verschiedene Beobachter berichten (vgl. etwa Khalaf 2003), würde dies dramatische Auswirkungen u. a. auf die Klimapolitik haben. Es lohnt also, den Blick auf sich abzeichnende Tendenzen und vor uns liegende Entscheidungen in verschiedenen Regionen der Welt zu lenken, die Impulse für oder gegen den globalen Klimaschutz geben können.

Russland – Der Kuss des Lebens für das Kiotoprotokoll

Nachdem sich Russland und die EU über die Modalitäten für Russlands WTO-Beitritt geeinigt hatten, kündigte der russische Präsident Putin am 21. Mai 2004 an, er wolle den jahrelang verzögerten Ratifizierungsprozess des Kiotoprotokolls in seinem Land endlich beschleunigen. Neunzig Tage nachdem Russland die Ratifizierungsurkunde eingereicht hat, ist das Kioto-Protokoll am 16. Februar 2005 für mehr als 120 Staaten, die es ratifiziert haben, in Kraft getreten. Damit wird dieser Grundstein für eine internationale Klimaschutz-Architektur internationales Völkerrecht.

EU – Weiterhin ein Motor für den Klimaschutz?

Die EU hatte bisher bei den UN-Klimaverhandlungen unter den Industrieländern eine Vorreiterrolle inne. Die in Kioto eingegangenen Verpflichtungen sind inzwischen EU-Recht. Auch bei der Umsetzung gibt es in einigen EU-Staaten – wenn auch begrenzte – Fortschritte. Anfang 2005 hat der EU-Emissionshandel begonnen, ohne den das EU-Reduktionsziel kaum zu erreichen gewesen wäre. Dann und vor allem in der zweiten Phase zwischen 2008 und 2012 wird sich zeigen, wie dieses zentrale Klimaschutzinstrument für Industrie und Energiewirtschaft wirkt – trotz der Bemühungen zahlreicher EU-Regierungen, ihm möglichst viele Zähne zu ziehen. Hoffnungsvoll für die Zukunft stimmt, dass Dänemark und Großbritannien, die bereits Erfahrung mit dem Instrument sammelten, zu denen gehören, die ihrer Industrie relativ ehrgeizige Ziele steckten. Im Frühjahr 2005 will die EU auch ihre Treibhausgas-Reduktionsziele und Verhandlungspositionen für die Zeit nach 2012 festlegen. Die deutsche Regierung hat bis 2020 eine Reduzierung um 40 % auf der Basis von 1990 in Aussicht gestellt, allerdings unter der Voraussetzung, dass sich die EU insgesamt auf eine 30-prozentige Reduktion festlegt. Bis Oktober 2005 will die EU-Kommission außerdem eine Evaluation ihrer Politik bei den erneuerbaren Energien vorlegen. Auf dieser Grundlage will sie bis 2007 entscheiden, welches Wachstumsziel für erneuerbare Energien sie für die Periode 2010 bis 2020 anstrebt. Wird die EU ein wichtiges Zugpferd im internationalen Klimaschutz bleiben? Wird der Finanzmarkt durch die Festlegung der längerfristigen Ziele das notwendige Signal erhalten, das es ihm erlaubt, eine dynamisierende Rolle zu spielen?

USA – Neue Klimaschutzansätze?

Das Kioto-Protokoll wird von der US-Regierung sicherlich nicht ratifiziert werden, da die Ziele für 2008–2012 wegen der zwischenzeitlichen Emissionsentwicklung nicht mehr zu erreichen sind. Dennoch mehren sich die Anzeichen, dass in verschiedenen US-Staaten und möglicherweise in Zukunft auch auf Bundesebene Emissionshandelsprogramme sowie Portfolioziele zugunsten erneuerbarer Energieträger verabschiedet werden. Bemerkenswert ist auch, dass die hohen Öl- und Gaspreise in den USA dort für den Klimaschutz konstruktive Politikansätze ermöglichen könnten. In der zweiten Jahreshälfte 2005 hat Großbritannien die EU-Präsidentschaft inne und ist vorher Gastgeber des G8-Gipfels. Für diese Zeit bereitet die britische Regierung – derzeit der Klimaschutzvorreiter in der EU – einen groß angelegten Versuch vor, die USA zurück in die internationale Klimaagenda zu holen. Ob und wie dieser gelingt, wird die weitere internationale Klimadebatte mitbestimmen.

China – Eine neue Klimaschutzdynamik? Unterstützt durch Deutschland?

Die chinesische Regierung hat angesichts von Versorgungs-engpässen, steigenden Ölpreisen und schnell wachsenden emissionsbedingten Gesundheitsproblemen angekündigt, dass sie bis 2020 das Bruttoinlandsprodukt des Landes ver-vierfachen, aber den Energieverbrauch in dieser Zeit „nur" verdoppeln will. Die Umsetzung dieses Ziels würde einer Effizienzrevolution entsprechen. Denn in Schwellenländern steigert eine Erhöhung des BIP um 10 % normalerweise – wegen des Aufbaus einer energieintensiven Infrastruktur und wachsender Nachfrage nach Elektrogeräten – die kommerzielle Energienachfrage um 12 % (vgl. WBGU 2003b, S. 26 f; Leach 1986). Außerdem will China bis 2020 etwa 17 % seiner Energie über erneuerbare Energieträger decken, beim Strom sollen es 12 % sein. Insgesamt soll dann eine Stromleistung von 120 Gigawatt aus kleiner Wasserkraft, Wind, Biomasse und direkter Sonnenein-strahlung installiert sein – und zwar ohne die umstrittenen Wasser-Großkraftwerke. Dies entspricht in etwa der Leis-tung des gesamten Kraftwerksparks, der derzeit in Deutschland existiert. Insgesamt würde die Umsetzung der Ziele die Emissionen zwar deutlich steigern, doch statt mit einer Verfünffachung wäre bis 2020 „nur" mit einer Ver-doppelung der chinesischen Emissionen zu rechnen. Der Pro-Kopf-Ausstoß eines Chinesen läge dann bei rund der Hälfte eines Deutschen. Erste chinesische Gesetze – etwa ein am deutschen Beispiel orientiertes Energieeinspeise-gesetz – zeigen, dass es sich bei den (rechtlich unverbind-lichen) Ankündigungen zumindest um mehr als Sprechbla-sen handelt. Auch dass China die Bereitschaft signalisiert, zum Nachfolgegipfel der Bonner „Renewables 2004" ein-zuladen, ist ein deutliches Signal in diese Richtung. Wird als Konsequenz des Schwenks China nun in großem Maß-stab in die Produktion der Wind- und Solartechniken ein-steigen und deren Kosten drastisch senken? Wie werden die USA reagieren, nachdem ihnen eins ihrer zentralen Argumente gegen ihr eigenes Klimaschutzengagement – fehlende Aktivitäten in China – aus der Hand geschlagen worden ist? Wird der Finanzmarkt genug Vertrauen in die Entwicklung haben, sodass tatsächlich die als nötig erach-teten 50 Milliarden € investiert werden?

Es handelt sich hier allerdings in keiner Weise um eine rechtsverbindliche Verpflichtung Chinas, sondern eher um ein Angebot an die Welt. Wird Deutschland bzw. seine Wirtschaft die Chance für eine Energie- und Klimapartner-schaft mit China ergreifen? Ein bilateraler Vertrag mit der chinesischen Regierung, der Rechtssicherheit für Klima-schutzinvestitionen in Energieeffizienz, erneuerbare Ener-gieträger und auch für den projektbasierten Emissionshan-del (CDM) schafft, sowie die Absicherung der Aktivitäten durch Bürgschaften wäre vordringlich. Hier liegen erstens erhebliche Chancen, den derzeitigen konstruktiven Trend der chinesischen Energiepolitik zu stabilisieren; zweitens

kann gezeigt werden, wie sich eine Klimaschutzvorreiter-rolle in einen ökonomischen Vorteil ummünzt. Drittens kann ein solcher Pakt integraler Bestandteil einer konstruk-tiven politischen Klimaschutzkoalition zwischen der EU, zentralen Staaten der G 7 und China sowie der weltweiten Zivilgesellschaft sein (vgl. GTZ 2004, S. 1).

Kioto als Leiter, um über Kioto hinauszusteigen?

Die UNO ist – auch in der Klimapolitik – darauf angewie-sen, dass gerade die gewichtigsten Staaten und Staaten-gruppen die wesentlichen Verrechtlichungsschritte mit-tragen. Nach dem Ausstieg der US-Regierung aus dem Kioto-Protokoll verkündeten deshalb viele Beobachter sei-nen Tod , denn wohin sich die Macht bewege, dahin ent-wickle sich auch das Recht (zu dieser Argumentationsfigur vgl. Habermas 2004). Immer mehr spricht aber für eine ganz andere Interpretation: Obwohl die USA abgesprun-gen sind, wurden bei den Klimagipfeln in Bonn und Marrakesch all die kniffligen Details des Kioto-Protokolls erfolgreich zu Ende verhandelt. Mehr als 120 Staaten haben es inzwischen ratifiziert; in sehr vielen Staaten wurden klimapolitische Maßnahmen etabliert; die zen-tralen Architekturmerkmale des Kioto-Protokolls – etwa der Emissionshandel, Joint Implementation und der Clean-Development-Mechanismus, aber auch die Fonds zur Finanzierung von Anpassungsmaßnahmen an den Klimawandel – setzen sich weltweit durch. Selbst in einer ganzen Reihe von US-Staaten bahnt sich die Etablierung von Emissionshandelssystemen an, sogar auf Bundes-ebene fand ein überparteilicher Gesetzesentwurf weit mehr Unterstützung als erwartet. Weltweit gibt es eine lebendige Debatte über die notwendigen Schritte zu einem mittel- und langfristigen Klimaregime und die wachsende Erkenntnis, dass diese Entwicklung von höchster Wich-tigkeit ist (vgl. etwa GTZ 2004, S. 1). Die UN-Verhandlun-gen für die zweite Verpflichtungsperiode nach dem Jahr 2012 sollen im November 2005 beginnen. All diese Ent-wicklungen stärken die zweite mögliche Interpretation: Der normative Impuls des Kioto-Protokolls hat demnach durchaus eine Kraft entwickelt, welche die politische Herrschaft rationalisiert.

Derzeit sieht es so aus, dass das Kioto-Protokoll zwar nicht alle mit ihm verknüpften Hoffnungen erfüllt, aber als Leiter dient, um über Kioto hinauszusteigen. Viele Staaten orien-tieren sich bereits an seinen Zielen und bei deren Um-setzung an seiner zentralen Architektur (Berichtswesen, Emissionshandel, CDM, Joint Implementation), aber auch das Regelwerk zur Unterstützung von Anpassungsprozes-sen an den Klimawandel dürfte Grundlage für weitere Fort-schritte sein. Es wird Zeit, anzuerkennen, dass hier ein

Regelwerk heranwächst, dessen Bedeutung und Komplexität an das GATT-Abkommen erinnert, das 1948 beschlossen wurde und das – obwohl formal nicht in Kraft getreten – enorme Wirkung entfaltete und schließlich Mitte der 90er-Jahre in die Welthandelsorganisation (WTO) mündete (vgl. Browne, 2004, S. 21).

Finanzmarkt – Auf dem Rücken von Kioto hin zu Carbonomics?

Insbesondere Kioto und der Entschluss für das EU-Emissionshandelssystem, das im Januar 2005 offiziell begann, haben den Klimaschutz weltweit zu einem Thema des Finanzmarkts gemacht. Die weltweit größte Investmentbank Goldman Sachs ließ jüngst aufhorchen, als sie berichtete, dass die Fähigkeit zum Management von ökologischen und sozialen Fragen bereits heute entscheide, wer die künftigen Gewinner und Verlierer innerhalb verschiedener Branchen seien (Goldman Sachs 2004). Die WestLB schätzte das direkte und indirekte Klimarisiko (Market-Value-at- Risk) für börsennotierte Unternehmen auf global 210 bis 915 Milliarden US$ (vgl. WestLB Panmure, 2003). Auffallend ist, dass sich nicht nur das Risiken-Chancen-Profil der verschiedenen Branchen, sondern auch das der Unternehmen innerhalb der Branchen erheblich unterscheidet. Dies gilt sowohl für die Ölbranche (Austin/Sauer 2002) als auch für die Automobil- (SAM, WRI 2003) und Flugverkehrsindustrie (Dresdner Kleinwort Wasserstein 2003) sowie für die Energieversorger (Standard & Poor's 2003). Allerdings zeigt das Beispiel der Energieversorger auch, dass die Dynamik des Finanzmarktes nicht immer in Richtung „mehr Klimaschutz" gehen muss. So profitieren zumindest die deutschen Energieversorger vermutlich – wenn dem nicht regulativ gegengesteuert wird – mehr von den höheren Strompreisen, die sie aufgrund des Emissionshandels durchsetzen, als sie die Emissionsrechte kosten (vgl. UBS 2003). Somit ermittelte die WestLB zumindest kurz- bis mittelfristig für E.ON und RWE – das EU-Unternehmen mit dem höchsten CO_2-Ausstoß – positive finanzielle Auswirkungen des deutschen Zuteilungsplans und rät zum Kauf der Aktien (WestLB 2004a). Versicherer sind nach Darstellung der WestLB sowohl vom direkten (Schäden) als auch vom regulativen Klimarisiko besonders betroffen (WestLB 2004b). Eine wichtige Konsequenz all dieser Ergebnisse: Proaktive Klimastrategien bieten Unternehmen vieler Branchen Chancen als ein nicht einfach zu

imitierendes Differenzierungsmerkmal (vgl. etwa WestLB Panmure 2003). Verschiedene Investorenvereinigungen drängen angesichts dieser Ergebnisse darauf, dass die börsennotierten Unternehmen die Klimarisiken im Rahmen einer kombinierten Sustainable-Development- und Finanzberichterstattung darlegen. Am einflussreichsten ist in dieser Hinsicht das „Carbon Disclosure Project" (CDP). Am 31. Mai 2002 forderten erstmals 35 institutionelle Investoren mit einem Anlagevolumen von insgesamt 4,5 Billionen US$ (also 4 500 Milliarden US$) die Vorstandsvorsitzenden der 500 weltweit größten börsengelisteten Unternehmen (FT 500) auf, ihre Klima- und Treibhausgasrisiken offen zu legen. Den zweiten Brief unterschrieben am 1. November 2003 schon 95 institutionelle Investoren aus aller Welt, die ein Anlagevolumen von 10 Billionen US$ repräsentierten. Die neun klimabezogenen Fragen betrafen Governance und Strategie, Emissionsmengen inklusive Lebenszyklusanalysen der Produkte und Dienstleistungen sowie Risiko- und Chancenmanagement. Die Zahl der antwortenden Unternehmen stieg von der ersten zur zweiten Befragung von 47 auf 59 %.

Die zunehmende Klimadynamik des Finanzmarkts drückt sich auch im wachsenden Aktivismus der Shareholder, in Nachhaltigkeits-Berichtspflichten erster Börsen sowie dem Einzug der Nachhaltigkeits- und Klimathemen in die Corporate-Governance-Debatte aus. All diese Tendenzen tragen erheblich dazu bei, dass immer mehr große Unternehmen das Klima nicht mehr als weiches Umweltthema, sondern als hartes, finanzrelevantes Thema verstehen (vgl. Hesse 2004). Der Finanzmarkt spielt – bei geeignetem politischem Rahmen – eine unentbehrliche Rolle, das Klimathema in die ökonomische Logik zu übersetzen.

Thesen zur weiteren Entwicklung eines internationalen Klimaregimes

Die Zukunft ist offen. Das Klimathema, das mit gesellschaftlich zentralen Mobilitäts-, Energie- und Industrialisierungstrends verwoben ist, lässt sich nicht einfach durch UN-Klimaverhandlungen steuern. Dennoch kann die Politik auch durch diese Verhandlungen international und national zunehmend wichtige Rahmenbedingungen schaffen, welche die Entwicklung der für die Gesellschaft zentralen Teilsysteme Politik, Wirtschaft und Technologie (vgl. Bals 2002) beeinflussen. Nachdem wichtige Weichen in den nächsten Monaten und Jahren gestellt worden sind, wird man einige der folgenden Thesen weiter konkretisieren, einige vielleicht auch schon falsifizieren können:

– Die Konsequenzen des globalen Klimawandels werden von Jahr zu Jahr sichtbarer und von der Wissenschaft mit größerer Gewissheit beschrieben. Daher ist es sehr wahrscheinlich, dass Politik und Wirtschaft sich weiter auf eine zunehmend treibhausgasbeschränkte Zukunft zubewegen. Das heißt auch: Jedes treibhausgasintensive Unternehmen, das sich nicht auf diese Zukunft einstellt, wird wegen des regulativen Risikos zu einem Finanzrisiko für seine Shareholder und zu einem Hemmnis für die künftige Wettbewerbsfähigkeit einer Region.

– Angesichts des schon nicht mehr vermeidbaren globalen Klimawandels tritt neben die Aufgabe der weltweiten, aber differenzierten Treibhausgasreduktion bzw. -begrenzung zur Vermeidung eines gefährlichen Klimawandels als zweite Seite derselben Medaille auch die des Klima-Impact-Managements. Seit dem Klimagipfel in New Delhi (2002) scheint klar, dass eine konstruktive Nord-Süd-Klima-Kooperation nur denkbar ist, wenn der bisher fehlende politische Willen in Industrieländern, der eng verbunden mit ihren Budgetengpässen ist, überwunden werden kann. Voraussetzung dafür scheint einerseits zu sein, nichtstaatliche Finanzierungsquellen zu erschließen (z. B. durch Versteigerung von Emissionsrechten, Kerosinabgabe), um notwendige Anpassungsprozesse in Entwicklungsländern zu finanzieren; andererseits müssen aber die Entwicklungsländer auch bereit sein, ihre Forderung nach Unterstützung der Klimaopfer von der Forderung nach Unterstützung der (Öl)staaten (wegen des verringerten Absatzes fossiler Energien) abzukoppeln.

– Die zentralen Architekturbestandteile des Kioto-Protokolls (etwa die verschiedenen Spielarten des Emissionshandels, das Berichtswesen, erste Bausteine für die Unterstützung der Anpassung in den hauptsächlich betroffenen Regionen) werden – über Kioto hinaus – Bestand haben. So gibt es interessanterweise z. B. auch in den Kioto-Verweigererstaaten USA und Australien Tendenzen, Emissionshandelssysteme einzuführen.

– Die UN-Klimaverhandlungen werden weiter eine wichtige Rolle spielen. Aber anders als in Kioto geplant, wird das internationale Klimaregime nicht nur „top down" (durch globale UN-Vereinbarungen), sondern auch „bottom up" wachsen. So werden die USA sicherlich das Kioto-Protokoll nicht unterzeichnen: Zu sehr sind die US-Emissionen inzwischen gestiegen, zu sehr ist „Kioto" zum Schimpfwort in der US-Klimadebatte geworden, zu groß ist die Hürde einer Zwei-Drittel-Mehrheit für die Ratifizierung. Aber eine reale Möglichkeit ist der Aufbau eines US-Klima- und Erneuerbare-Energie-Regimes, das dann – unter Wahrung der ökologischen Integrität – mit dem internationalen System verknüpft werden kann, sowie eine ernsthafte Beteiligung an UN-Verhandlungen für die Zeit nach 2012. Die britische Initiative für die zweite Jahreshälfte 2005, die USA wieder verstärkt in den internationalen Klimaschutzprozess zu integrieren, verdient volle, aber auch kritische Unterstützung.

– Nicht nur solange einige Staaten den UN-Prozess blockieren, auch aus prinzipiellen Gründen, sollten die Win-win-Möglichkeiten, die ein Startpunkt für einen Wettlauf nach oben sein können – etwa bei der Entwicklung und Umsetzung von Technologien – unabhängig vom Konsens aller Staaten vorangetrieben werden. Die Bonner Weltkonferenz „Renewables 2004" war ein solcher gelungener Versuch. Ein Gipfel der wichtigsten Herstellerstaaten von Autos, der die wachsende Unabhängigkeit vom Öl und den Klimaschutz als Ausgangspunkte hat, könnte ein weiterer Schritt in diese Richtung sein. Aber auch bilaterale Abkommen wie der hier vorgeschlagene deutsch-chinesische Klima- und Energiepakt können eine wichtige Rolle spielen.

– Klare langfristige Signale – etwa im Rahmen eines Emissionshandelsregimes oder durch Steigerungsziele für erneuerbare Energieträger – erlauben es dem Finanzmarkt, eine dynamisierende Rolle zu spielen. In den nächsten Monaten wird man sehen, ob die EU den politischen Willen zu diesem notwendigen Schritt aufbringt. Schon mittelfristig erleichtern derartige Signale eine Klimadynamik des ökonomischen Sektors.

– Neben dem Einbezug der USA in das internationale Klimaregime und der Umsetzung der Kioto-Ziele in den anderen Industriestaaten ist die Berücksichtigung von Gerechtigkeitserwägungen (equity) eine Vorbedingung, damit realistische Chancen bestehen, dass die für den Klimaschutz relevanten Staaten des Südens ernsthaft Pflichten in einem Klimaschutzprotokoll übernehmen. Diese Gerechtigkeitsaspekte beziehen sich erstens auf die Verringerung der Treibhausgasemissionen und das damit verknüpfte „burden sharing": Wer muss wie viel reduzieren und wer zahlt dafür?; zweitens auf die Bereitstellung von finanziellen, technischen und politischen Ressourcen, um in besonders betroffenen Regionen das Klima-Impact-Management – von der Anpassung bis zur Aufbauhilfe nach Katastrophen – zu unterstützen; drittens muss man es auch den – von den Konsequenzen des Klimawandels am stärksten betroffenen – ärmsten Staaten finanziell und personell ermöglichen, mit einem kompetenten Team an den UN-Klimaverhandlungen teilnehmen

zu können; und viertens muss die wachsende innerstaatliche Ungleichheit berücksichtigt werden, die sowohl in Industrie- als auch in Entwicklungsländern deutlich sichtbar ist (vgl. GTZ 2004, S. 2).

– Vollkommen unrealistisch und verhandlungstaktisch verheerend wäre die Forderung, „die" Entwicklungsländer sollten Treibhausgasreduktionen übernehmen. Für den Klimaschutz relevante Entwicklungs- und vor allem die Schwellenländer können nach dem Prinzip der gemeinsamen, aber differenzierten Verantwortung allerdings durchaus an eindeutigen Kriterien orientierte Entkarbonisierungs- und später Minderungspflichten (vgl. CAN 2002) übernehmen (vgl. hierzu etwa die interessanten Vorschläge in GTZ 2004). Die Least Developed Countries sind – sozusagen definitionsgemäß – von diesen Pflichten auszunehmen. Dem Klima würde ein anderes Vorgehen kaum etwas helfen, den Verhandlungen aber schweren Schaden zufügen.

Christoph Bals, Strategiedirektor von Germanwatch, in der Klima-Ausbadewanne. Germanwatch macht auf die Klimaänderung aufmerksam und zeigt, wer die Schäden „ausbaden" muss.

Literatur

Austin, D., A. Sauer (2002): Changing Oil – Emerging Environmental Risks and Shareholder Value in the Oil and Gas Industry, Washington 2002.

Bals, C. (2002): Zukunftsfähige Gestaltung der Globalisierung, Strategien für eine nachhaltige Klimapolitik, in: „Zur Lage der Welt 2002", Worldwatch Institute Report in Kooperation mit Germanwatch, Frankfurt a. M., April 2002.

Climate Action Network (CAN) (2002): Preventing dangerous climate change, Milano, http://www.climatenetwork.org/docs/CAN-adequacy30102002.pdf.

Dresdner Kleinwort Wasserstein (2003): Aviation emissions. Another cost to bear, London, November 2003.

Financial Times, London, 14.03.04.

Goldman Sachs (2004): Global Energy – Introducing the Goldman Sachs Energy Environmental and Social Index, London, 24.2.2004.

Gore, A. (1994): Wege zum Gleichgewicht. Ein Marshallplan für die Erde, Frankfurt: Fischer; amerikanische Originalausgabe: Earth in Balance – Ecology and Human Spirit, Boston, New York, London, 1992: Houghton Mifflin Company.

Habermas, J. (2004): Der gespaltene Westen, Frankfurt.

Hesse, A. (2004): Das Klima wandelt sich – Finanzberichterstattung für Klimachancen und -risiken oder: Integration der Chancen und Risiken in die Finanzberichterstattung, Hrsg. Germanwatch, Bonn. www.germanwatch.org/rio/si-ber04.htm.

Illarinov, A., Advisor to President of Russia (2004): The Kyoto Protocol and Russia: What is to be done?, Präsentation im National Press Club, Washington, D.C., 30.1.04, S. 10.

Intergovernmental Panel on Climate Change (IPCC) (2001a): Climate Change 2001: The Scientific Basis, Contribution of Working Group 1 to the Third Assessment Report of the Intergovernmental Panel on Climate Change, Cambridge, United Kingdom and New York, NY, USA; http://www.grida.no/climate/ipcc_tar/wg1/.

Internationale Konferenz für Erneuerbare Energien (2004): International Action Programme, 19. Juli 2004.

IPCC (2001b): Tolerable Windows and Safe Landing Approaches, in IPCC, Climate Change 2001: Working Group 3: Mitigation, Contribution of Working Group 3 to the Third Assessment Report of the Intergovernmental Panel on Climate Change, Cambridge, United Kingdom and New York, NY, USA, 10.1.4.3.; http://www.grida.no/climate/ipcc_tar/wg3/392.htm.

Khalaf, R. (2003): Inside the Desert Kingdom: There is a dangerous period coming, Financial Times, 18.11.03, S. 13.

Larsson, K. (2001): Rede vor dem EU-Parlament, 24.01.2001.

Leach, G. (1986): Energy and Growth. London: Butterworth.

Müller, B. (2004): The Kyoto Protocol: Russian Opportunities; Hintergrundpapier, vorbereitet für das Treffen am Royal Institut of International Affairs: „Russia and the Kyoto Protocol: Issues and Challenges", 17.03.2004; veröffentlicht gemeinsam mit dem Oxford Institute for Energy Studies.

Münch, P. (2003): Der zerrissene Schleier, Süddeutsche Zeitung, 11.11.03, S.3.

Parry, M., N. Arnell, T. McMichael, R. Nicholls, P. Martens, S. Kovats, M. Livermore, C. Rosenzweig, A. Iglesias, G. Fischer (2001): Millions at risk: defining critical climate change threats and targets. Global Environmental Change, 11, S. 181–183; siehe auch: Jackson Environment Institute (2001): Millions at risk, Eigenveröffentlichung; eine gekürzte deutsche Übersetzung ist veröffentlicht bei: Germanwatch, KlimaKompakt 16, www.germanwatch.org/kliko/k16parry.htm.

SAM, WRI (2003): Changing Drivers – Der Einfluss von Klimaschutzstrategien auf Wettbewerb und Shareholder Value in der Automobilbranche, Zusammenfassung, Zürich, Washington, Oktober 2003.

Standard & Poor's: Ratings direct Research: Emissions Trading: Carbon Will Become a Taxing Issue for European Utilities, Stockholm, 21.8.2003.

UBS (2003): European Emissions Trading Scheme, London, 29.11.2003.

UNFCCC (1999): Convention on Climate Change (adopted May 1992; entered into force on March 21, 1994; published for the Climate Change Secretariat by UNEP's Information Unit for Conventions (IUC)); Bonn, Germany / Geneva, Switzerland, May 1999; http://www.unfccc.de.

WBGU (2003a): Sondergutachten „Über Kioto hinaus denken – Klimaschutzstrategien für das 21. Jahrhundert", Berlin, 2003; http://www.wbgu.de/wbgu_sn2003.pdf.

WBGU (2003b): Welt im Wandel: Energiewende zur Nachhaltigkeit, Berlin, 2003: http://www.wgbu.de.

WestLB Panmure (2003): Von Economics zu Carbonomics – Value at Risk durch Klimawandel, Düsseldorf, Juni 2003.

WestLB (2004a): NAP: Repercussions for E.ON and RWE, Düsseldorf, 14.4.2004.

WestLB (2004b): Versicherungen und Nachhaltigkeit – Spiel mit dem Feuer, Düsseldorf, März 2004.

Germanwatch veröffentlicht etwa zehnmal im Jahr den kostenlosen E-Mail-Newsletter „KlimaKompakt", zu beziehen unter http://www.germanwatch.org/kliko/kkhome.htm.

Autor

Christoph Bals ist Strategiedirektor der Nord-Süd-Initiative Germanwatch und leitet dort die Abteilungen „Klimaschutz" und „Nachhaltiges Investment". In dieser Rolle war er Mitinitiator des European Business Council for Sustainable Energy Future, der Pro-Kioto-Unternehmer-Initiative „e-mission 55" und der Initiative für klimabewusstes Fliegen „atmosfair". Seit 1998 ist er im Vorstand der „Stiftung Zukunftsfähigkeit"; seit 2001 einer der drei NGO-Vertreter im Arbeitskreis Emissionshandel der Bundesregierung; seit 2001 Ausschussmitglied des Natur-Aktien-Index (NAI); 2003 und 2004 war er im nationalen Begleitkreis für die Internationale Konferenz für Erneuerbare Energien. Bals (geb. 1960) studierte Theologie (Dipl.), Volkswirtschaft und Philosophie in München, Belfast, Erfurt und Bamberg.

Schlauchboot und Zweireiher

Greenpeace-Aktivisten und Versicherungs-
manager mit Schlips und Kragen gemeinsam
in einem Boot? Was absurd erscheint, ist
Realität: Eine strategische Allianz zwischen
Umweltschutzorganisationen und Rückversicherern hat bescheidene, aber ausbau-
fähige Ansätze für eine Klimaschutzpolitik
gefördert. Beide Gruppen wollen das Thema
an die Öffentlichkeit bringen und die Politik
zum Handeln bewegen.

Thilo Bode

Greenpeace-Aktion am 25. April
2003 gegen den Frachter Finhawk,
der Urwaldholz geladen hat.

Wie bei jeder strategischen Allianz sind auch in diesem Fall die gemeinsamen Interessen entscheidend. Beide Gruppen wollen das Thema an die Öffentlichkeit und die Politik zum Handeln bringen. Da fügt es sich gut, dass die Umweltaktivisten wissen, wie man ein Thema transportiert, und die Rückversicherungen glaubwürdige Informationen aus erster Hand beisteuern können. Die voraussichtlichen Schäden, die Naturkatastrophen aufgrund der globalen Erwärmung verursachen können, sind wichtige ökonomische Argumente für die Klimakampagnen der Umweltverbände. Und sie haben den Vorteil der absoluten Seriosität: Die Angaben der Rückversicherungen bezweifelt eben niemand.

So gesehen ist diese – informelle – Zusammenarbeit ideal. Und dennoch stehen sowohl die Versicherungen als auch die Umweltverbände vor demselben Dilemma: Es existiert keine umweltpolitische Herausforderung mehr, für die es heute keine Lösung gäbe, doch die Lösungen scheitern an der politischen Realität. Auch was gegen die globale Erwärmung getan werden muss, ist längst bekannt. Und trotzdem steigt der Meeresspiegel, nehmen die Unwetterschäden zu und verheddern sich die Klimaverhandlungen in einem undurchsichtigen Paragraphendschungel. Mit den anderen umweltpolitischen Herausforderungen verhält es sich ähnlich. Über den dramatischen Verlust der Artenvielfalt gibt es einen breiten Konsens, aber die letzten Urwälder fallen in rasantem Tempo kurzfristigen kommerziellen Interessen zum Opfer.

Die Umweltbewegung ist offenbar an die Systemgrenze gestoßen. Sie muss sich neu aufstellen und verstärkt zur Kenntnis nehmen, dass nicht die technischen und politischen Lösungen das Problem sind, sondern ihre Durchsetzung, und dass unser Gesellschaftssystem nicht zukunftstauglich ist. Es bewahrt die natürlichen Lebensgrundlagen nicht, sondern ruiniert sie. Die Umweltpolitik hat zwar erfolgreich Schönheitsfehler der Marktwirtschaft wie die Luftverschmutzung beseitigt. Doch Schönheitsreparaturen verhindern weder die Klimaerwärmung noch die Zerstörung der Artenvielfalt. Der Markt versagt bei dieser fundamentalen Aufgabe. Er ist in der Lage, vorhandene Ressourcen effizient einzusetzen, aber ebenso effizient zerstört er sie, denn Naturverbrauch kostet nichts oder viel zu wenig. Der eigentlich notwendig höhere Energiepreis, um die globale Erwärmung zu bekämpfen, bildet sich nicht, weil der Markt die Risiken und Kosten zukünftiger Klimakatastrophen nicht oder viel zu spät erfasst. Die Umweltbewegung muss sich deshalb mit der Funktionsweise der Marktwirtschaft und deren Macht- und Interessenverhältnissen auseinander setzen. Sie muss Tabuthemen wie das wirtschaftliche Wachstum ansprechen und sich mit der Rolle der Konzerne, des technischen Fortschritts sowie der Frage nach den Motiven des Handelns der Marktteilnehmer befassen.

Der Naturverbrauch zum Nulltarif suggeriert unendliches wirtschaftliches Wachstum – zugleich Götzenbild und Droge des globalen Wirtschaftssystems. Die Abhängigkeit von dieser Droge fußt aus ökologischer Sicht auf einem schweren Konstruktionsfehler. Wirtschaftliches Wachstum, das mit einem ständig steigenden Energie- und Ressourcenverbrauch einhergeht, schafft den Wohlstand nicht, sondern zerstört ihn. 1950 betrug das Weltbruttosozialprodukt 5 Trillionen US$, zur Jahrtausendwende waren es bereits 31 Trillionen US$. Seit 1990 stieg es um 7 Trillionen US$, also etwa um soviel wie zwischen dem Beginn der Zivilisation und 1950. Seit 1950 hat sich der Verbrauch an Holz verfünffacht, der Getreideverbrauch verdreifacht und es wird die vierfache Menge an fossilen Brennstoffen verfeuert. Die ruinösen Effekte des Wachstums fressen die Effizienzgewinne wieder auf, die auf die Ausweitung der Märkte und den Technologietransfer zurückgehen. Oder praktisch ausgedrückt: Auch wenn die Autos sparsamer werden, macht die rasch wachsende Anzahl der Autos diese Ersparnisse wieder zunichte.

Jeder Konzern, der etwas auf sich hält, leistet sich einen „Ethikbeauftragten"

Die Sonntagsreden von der Entmaterialisierung der Volkswirtschaft, von der Versöhnung von Ökonomie und Ökologie sind nur heiße Luft, welche die PR-Strategen von Industrie und Wirtschaft erfolgreich befeuern. Ob Ölkonzern, ob Atomkonzern – kaum ein Unternehmen, das sich nicht rühmt, „nachhaltig" zu wirtschaften und globale Verantwortung zu übernehmen – und auch noch damit kokettiert (Werbung von DuPont: „to-do list for the planet"). Die Konferenzen über „corporate responsibility" sind nicht zu zählen und jeder Konzern, der etwas auf sich hält, leistet sich einen „Ethikbeauftragten". Die Begriffsverwirrungen haben den unternehmerischen Nutzen zum Maßstab aller Dinge gemacht und den Begriff der Nachhaltigkeit zur Hure degradiert. Betriebswirtschaftliche Umsatz- und Beschäftigungsrückgänge der Ölkonzerne durch aktiven Klimaschutz mutieren so automatisch zu gesellschaftlichen Kosten, obwohl diesen nicht nur langfristige ökonomische Vorteile, sondern auch unmittelbar ein verringerter Ölimport und damit eine Entlastung der Zahlungsbilanz als volkswirtschaftlicher Nutzen gegenüberstehen.

Die Konzernrhetorik steht im krassen Gegensatz zur Realität. Was ist der Beitrag der Konzerne? Kein wesentlicher Fortschritt auf dem Gebiet der Umweltpolitik ist durch den Druck internationaler Konzerne zustande gekommen, sondern allein durch den Druck auf sie: vom Katalysator für Autos über das Montrealprotokoll, das den Schutz der Ozonschicht regelt, bis hin zur Klimakonvention. Die Forderung des Unternehmerlagers nach Effizienz, nach marktwirtschaftlichen Lösungen ist richtig, aber verlogen.

Denn kommt es zum Schwur, steht etwa eine Abfallab-gabe statt einer bürokratischen Verpackungsverordnung zur Debatte, wird genauso gnadenlos geblockt. Aber was ist mit den Ölkonzernen Shell und BP, sie investieren doch gewaltig in Sonnenenergien und reduzieren die Treib-hausgasemissionen ihrer Fabrikanlagen? Schön und gut, aber solange das ein Alibi ist, um jedes Jahr noch mehr Öl und Gas zu verkaufen und damit das Klima aufzuhei-zen, gleicht dieses Engagement im Endeffekt dem mittel-alterlichen Ablasshandel. So lässt es sich angenehm für saubere und erneuerbare Energie werben und die Tank-stellendächer mit Solarzellen versehen – mit dem Segen der Grünen und der Umweltverbände.

Energiepreis viel zu niedrig

Konzerne operieren auf Märkten, deren Phantasie sich darauf beschränkt, Produkte anzubieten, für die es genug kaufkräftige Nachfrage gibt. Deshalb gibt es bis heute noch kein Medikament gegen Malaria, sondern man forscht lieber an embryonalen Stammzellen. Weil der Energiepreis viel zu niedrig ist, fahren auf unseren Stra-ßen statt effizienter Automobile tonnenschwere Benzin-fresser, die alles andere, nur nicht „nachhaltig" sind. So bewegt sich der technische Fortschritt in eine Richtung, die zwar betriebswirtschaftlich rational ist, aber die großen Probleme nicht wirkungsvoll angeht. Verkehrs-probleme sollen durch Brennstoffzellenautos gelöst und Hunger und soziale Armut durch gentechnologisch mani-puliertes Saatgut überwunden werden. Das Brennstoff-zellenauto aber kann den anstehenden Klimakollaps nicht abwenden und die Ernährungsfrage in der Dritten Welt benötigt die Lösung struktureller und sozialer Probleme, nicht neues Saatgut.

Der Staat hat sich schon längst davon verabschiedet, den technischen Fortschritt und damit auch die ökologische Zukunft zu gestalten. Diesen bestimmen kommerzielle Interessen und nicht etwa Überlegungen, was die Menschheit zum Überleben braucht. Die Verbraucher andererseits besitzen nicht die Macht, eine andere Ent-wicklung einzuleiten. Im Kampf mit den organisierten Interessen sind sie hoffnungslos unterlegen. Sie kämpfen ständig mit dem „Ohnmachtssyndrom" auf der einen und dem „Free-Rider-Effekt" auf der anderen Seite: „Alleine kann ich sowieso nichts ändern und wenn ich mich an-ders verhalte, aber die anderen nicht, habe ich nur Nach-teile." Die Industrieverbände dagegen haben ein einziges gemeinsames Ziel, nämlich jegliche (für sie nachteilige) Interventionen des Staates abzuwehren. Ihre Interessen sind nicht wie die der Verbraucher aufgesplittert und viel-fältig. Da alle Verbandsmitglieder bei Laune gehalten wer-den müssen, setzt sich gewöhnlich die schlechteste Lö-sung, nämlich der kleinste gemeinsame Nenner durch. Da müssen dann auch geheiligte marktwirtschaftliche

Prinzipien daran glauben, um beispielsweise die ökolo-gisch und ökonomisch sinnlose Subventionierung der Steinkohle erbittert zu verteidigen.

Eigentlich ist allen das Dilemma klar, aber schuld sind im-mer die Anderen. Die Unternehmer zeigen auf die Ver-braucher, die Verbraucher auf die Konzerne und beide auf die Politik. Die Politik wiederum verweist auf den Willen der Verbraucher, meint aber die Wähler und fürchtet den Druck der Wirtschaft. Die beliebten Appelle an Werte und Moral oder der gut gemeinte Ruf nach dem nötigen „poli-tischen Willen" helfen hier nicht weiter. Von einem Unter-nehmen zu verlangen, freiwillig Verluste hinzunehmen, um die Umwelt zu retten, ist genauso naiv, wie zu erwar-ten, dass Politiker auf ihre Wiederwahl verzichten oder Verbraucher ohne Not ihr Einkommen schmälern. Alle maximieren ihren eigenen Nutzen, verhalten sich also durchaus rational. Das System der wirtschaftlichen und politischen Anreize muss sich daher so ändern, dass die Dominanz der betriebswirtschaftlichen Rationalität gebro-chen wird. Die Ökologie darf nicht mehr Unterabteilung der Ökonomie, sondern es muss genau andersherum sein. Steuersystem- und Haftungsrecht, Patentrecht und Forschungsförderung, Subventionen und Preise, das Sozialversicherungssystem, also die rechtlichen und wirt-schaftspolitischen Rahmenbedingungen müssen denjeni-gen, der die natürlichen Lebensgrundlagen schont, nicht bestrafen, wie es heute der Fall ist, sondern belohnen. Und das nicht nur auf nationaler, sondern auch auf inter-nationaler Ebene.

Umweltorganisationen müssen die Machtfrage stellen

Die notwendige Neuorientierung der Umweltverbände setzt deshalb eine zweifache Erkenntnis voraus: Erstens, Umweltpolitik muss sich heute weniger für die Lösung der eigentlichen Umweltprobleme als für die Änderung der Rahmenbedingungen einsetzen. Sie mutiert damit zur Gesellschafts- und Außenpolitik. Zweitens, das primäre politische Defizit der politischen Institutionen besteht darin, nicht die Durchsetzungskraft zu haben, die Rahmen-bedingungen derart zu verändern, dass sich Partikularin-teressen nicht mehr auf Kosten des Gemeinwohls durch-setzen. Die Umweltorganisationen dürfen nicht länger suggerieren, dass sich bessere Einsicht und schön kon-struierte „Win-win-Lösungen" von selbst einstellen. Mit anderen Worten: Sie müssen die Machtfrage stellen.

Nicht die Umweltverbände, sondern die globalisierungs-kritischen Organisationen haben das Versagen der Institu-tionen, gemeinwohlorientiert zu handeln, aufgegriffen. Mögen die Ziele der Globalisierungskritiker teilweise widersprüchlich und vage sein, es eint sie ein starkes Element, nämlich die Kritik am System des nationalen und internationalen Regierens und an der Dominanz glo-bal agierender Konzerne. Die Bewegung kritisiert sowohl die mangelnde Effizienz der internationalen Institutionen angesichts der riesigen globalen Aufgaben als auch deren mangelnde demokratische Legitimation.

Die lächerlichen Resultate der mit absurd hohem Aufwand organisierten G7/8-Treffen sind nur eines von vielen Beispielen. Ob Welthandelsorganisation, Weltwährungsfonds, die G7/8 oder auch die Vereinten Nationen, international besteht ein quasi herrschaftsfreier Raum. Nicht die Globalisierung, wie es so bequem heißt, hat die Nationalstaaten entmachtet, sondern diese haben in verantwortungsloser Weise Herrschaft an internationale Gremien delegiert, ohne für die notwendige demokratische Kontrolle zu sorgen. Demokratie heißt schließlich nicht nur Delegation von Herrschaft, sondern auch Kontrolle derselben.

Missstände aufgreifen, Lösungen aufzeigen, Öffentlichkeit mobilisieren

Die großen Sympathiewerte, die globalisierungskritische Organisationen und deren Demonstrationen (vorausgesetzt, sie sind friedlich) in der Bevölkerung genießen, beweisen, dass diese Bewegung einen zentralen Nerv getroffen hat. Die Globalisierungskritiker werden jedoch ins Leere laufen, wenn sie sich nicht kampagnenfähig zeigen, also konkrete Missstände kompetent, aber plakativ aufgreifen, Lösungen aufzeigen und die Öffentlichkeit dafür mobilisieren. Im Vergleich dazu sind die Umweltverbände zwar kampagnenfähig, aber sie spielen heute die Rolle von Umweltgewerkschaften mit einem ausgeprägten Hang zum Protestritual. Weil sie nicht die Machtfrage stellen und nicht die Grenzen des Markts und der von Lobbyisten gesteuerten demokratischen Entscheidungsprozesse benennen, machen sie „business as usual". Dabei kümmern sie sich um so viele Themen, dass Prioritäten nicht mehr zu erkennen sind. Wenn aber alles wichtig ist, ist am Schluss gar nichts mehr wichtig. Verschämt vermeiden sie offene Kritik an Fehlentwicklungen, beispielsweise am ökologischen Irrsinn des Grünen Punkts. Einen gesellschaftlichen Nerv treffen die Umweltverbände nicht mehr – denn wer wollte die Umwelt nicht retten? Mit der Globalisierung als Gesamtphänomen und ihrem Bezug zum Umweltthema haben sie sich folglich kaum auseinander gesetzt. Dies ist bemerkenswert, denn über die ökonomischen, sozialen und kulturellen Effekte der Globalisierung lässt sich trefflich streiten, nicht jedoch über die ökologischen. Die naturzerstörerische Kraft des Wirtschaftswachstums als erwünschte Folge der Globalisierung lässt sich nicht widerlegen. Um nicht bedeutungslos zu werden, muss die Umweltbewegung deshalb das Versagen des Markts und das zerstörerische Wirtschaftswachstum, die Macht der kommerziellen Interessen einschließlich der Profitbestimmung des technischen Fortschritts sowie die Unfähigkeit nationaler und internationaler Regierungssysteme, dieser Macht etwas entgegenzusetzen, zu Kernthemen machen.

Sozialreformen müssen ökologisch verträglich sein

Ganz konkret verschläft die Umweltbewegung (aber übrigens auch die Partei der Grünen) gegenwärtig eine entscheidende Debatte, nämlich die über die Reform der Sozialsysteme aus ökologischer Sicht. Die Sozialreformen müssen langfristig angelegt und deshalb auch ökologisch verträglich sein. Wann, wenn nicht jetzt, kann die Gelegenheit ergriffen werden, die Reformen der Sozialsysteme ökologisch kompatibel zu machen? Was nützt der Umbau der Sozialsysteme, wenn er die Zukunft ruiniert? Konkret heißt das: Wie muss das Steuersystem beschaffen sein, damit es klimaschädlichen Energieverbrauch reduziert? Ist für die Reform des Gesundheitssystems die Kopfpauschale oder die Bürgerversicherung ökologisch verträglicher? Lösungen wie die Bürgerversicherung, die ihr Aufkommen an die Beschäftigung und damit an permanentes wirtschaftliches Wachstum koppeln, sind sicherlich langfristig ökologisch weniger verträglich als eine Kopfpauschale. Und auch die Umverteilung, die mit den Sozialreformen einhergeht, und die zunehmende soziale Kluft zwischen Arm und Reich in der Bevölkerung kann den Umweltverbänden nicht egal sein. Eine Gesellschaft, die keine soziale Fairness mehr kennt, wird sich nicht für langfristige Zukunftsthemen wie den Erhalt der natürlichen Lebensgrundlagen erwärmen.

Sind die Umweltorganisationen mit einer derartigen strategischen Konzeption mehrheitsfähig? Kann man damit neue Mitglieder gewinnen? Schwerlich. Im Gegenteil, man muss sich mit der Mehrheit anlegen. Wer die Gesellschaft verändern will, kann schließlich nicht erwarten, dass die Mehrheit unmittelbar folgt. Gesellschaftliche Veränderungen brauchen zuvorderst starke und gut organisierte Minderheiten. Aus Rücksicht auf Stimmen oder Mitglieder dürfen unangenehme Wahrheiten nicht verschwiegen werden. Das tun die etablierten Parteien zur Genüge und darin müssen sich die Umweltverbände unterscheiden. Tun sie es nicht, werden sie weiter ihren Platz in der politischen Landschaft besetzen. Ihre Rolle und Legitimation als treibende Kraft gesellschaftlicher Veränderung geben sie jedoch damit auf.

Greenpeace-Aktivisten fliegen am 21. August 2002 mit einem Heißluftballon über eine Kohlefabrik in Lampang. Diese Aktion soll die thailändische Regierung dazu bewegen, auf erneuerbare Energie zu setzen.

Rückversicherer müssen aktiv werden

Die Umwelt-NGOs müssen ihre Rolle also neu definieren, wenn sie die Klimapolitik weiterhin beeinflussen wollen. Und die Rückversicherungen, müssen auch sie sich in der Klimapolitik neu orientieren? Konsequenterweise ja. Auch sie müssen zur Kenntnis nehmen, dass die Veröffentlichung von Schadenberichten und die Schätzung zukünftiger Schäden zunehmend zum Ritual werden und sich allmählich abnutzen. Es reicht nicht, darauf zu warten, dass die Umweltorganisationen wieder mehr Wirkung mit ihrem Handeln erzielen. Die Rückversicherer müssen selbst aktiv werden. Und das schon aus wirtschaftlichem Eigeninteresse. Denn ihre wirtschaftliche Existenz ist eng mit einer guten oder schlechten Klimapolitik verbunden. Zwei Dinge müssen geschehen: Die Rückversicherer müssen ihren politischen Einfluss, den sie aufgrund ihrer wirtschaftlichen Potenz haben, gezielt einsetzen und sie müssen ihre Analysen erweitern.

Zum ersten Punkt: Klimapolitik wird zwar mittlerweile allgemein für nötig gehalten. Aber wenn es konkret wird, steuert die Wirtschaft mit ihren mächtigen Lobbygruppen dagegen. Ökosteuer und Emissionshandel sind unter dem Druck der Wirtschaftslobby bis zur Unwirksamkeit zerredet worden. Hier muss die Rückversicherungswirtschaft dagegen halten – aus einer wohlverstandenen Unternehmensethik heraus. Sie muss Lobbyarbeit für ihre Interessen machen und danach trachten, die politischen Entscheidungsträger und die öffentliche Meinung zu beeinflussen. Macht sie das nicht, etwa aus vornehmer Zurückhaltung, verhält sie sich in einer von Lobbyisten gesteuerten Demokratie nicht nur weltfremd, sondern auch unethisch.

Aus analytischer Sicht ist es zweitens erforderlich, dass die wissenschaftlichen Stäbe der Versicherungen und Banken nicht nur die Kosten der Klimaschäden ermitteln, sondern diese auch den Kosten einer effektiven Klimaschutzpolitik gegenüberstellen. Letztere werden von der Energielobby seit jeher künstlich hoch gehalten. Und die politischen Repräsentanten glauben diesen Täuschungsmanövern. Dabei kosten Energieeffizienzmaßnahmen, rechtzeitig und kontinuierlich angesetzt, nicht nur wenig, sie bringen darüber hinaus volkswirtschaftlichen Nutzen. Klimaschutz wird nur erfolgreich sein, wenn sowohl die Umweltbewegung als auch die Finanzwirtschaft sich neu orientieren. Das erfordert von beiden Mut, couragierte Personen und die Bereitschaft, sich unbeliebt zu machen.

Der Autor

Thilo Bode, Dipl.-Volkswirt, studierte Soziologie und Volkswirtschaft an den Universitäten München und Regensburg. Eine Forschungsarbeit über die Auswirkungen von Direktinvestitionen in Malaysia schloss er mit der Promotion ab. Danach arbeitete Bode über ein Jahrzehnt in staatlichen (Kreditanstalt für Wiederaufbau) und privaten Organisationen der Entwicklungszusammenarbeit. Nach einer Führungsposition in einem mittelständischen Konzern leitete er 12 Jahre zuerst Greenpeace Deutschland und dann Greenpeace International. 2002 gründete Bode die Verbraucherorganisation foodwatch, deren Geschäftsführer er ist.

Europäischer Emissionsrechtehandel – Beobachtungen und Perspektiven

Der Start des Emissionsrechtehandels gilt als Paradigmenwechsel der Klimaschutzpolitik. Welche grundlegende Bedeutung hat die Einführung des Handelssystems für Europa? Welche Probleme entstehen bei der Umsetzung? Wie sind die Verbindungen zum globalen System und welche Perspektiven eröffnen sich?

Roland Geres

Ab dem 1. Januar 2005 beginnt in den 25 Mitgliedsstaaten der Europäischen Union formell der Handel mit CO_2-Emissionsrechten. Das neue System ist trotz einiger Vorläufer ein weltweit einzigartiges Vorhaben, das als zentrales Instrument der Klimaschutzpolitik für Industrie und Energiewirtschaft dient. Das System legt verbindliche, auf konkrete Mengen bezogene Obergrenzen (Caps) fest für die Emission von CO_2 bei Unternehmen – genauer: deren emissionsintensiven Anlagen. Ab 2005 dürfen Unternehmen also nur noch die Menge emittieren, die sie über Emissionsrechte abdecken können. Nicht abgedeckte Emissionen werden drastisch sanktioniert (u. a. durch Strafzahlungen von zunächst 40 €/t, was weit über den bis 2007 prognostizierten Marktpreisen von 5–15 €/t liegt).

Die jeweiligen Rechte, die dazu berechtigen, eine bestimmte Menge auszustoßen, werden den betroffenen Anlagenbetreibern von staatlicher Seite zugeteilt (= Emissionsrecht). Die Zuteilung beruht auf einer Richtlinie der EU, die grundlegende Verfahren, Fristen und Kriterien definiert. Die in der Mengeneinheit „Tonnen CO_2-Äquivalent" ausgegebenen Rechte sind an Dritte übertragbar (= handelbares Emissionsrecht). Damit wird aus ökologischer Sicht sichergestellt, dass die Emissionsmenge, die insgesamt festgelegt wurde, eingehalten und schrittweise abgesenkt, mithin der „lange Bremsweg" im Klimaschutz konkretisiert wird. Aus ökonomischer Sicht ermöglicht die Handelbarkeit der Rechte den Emittenten, Rücksicht auf die jeweiligen betrieblichen Umstände zu nehmen, indem sie selbst über das Ob, Wann und Wie einer Emissionsminderung entscheiden (z. B. durch einen Zukauf statt sofortiger Investition). Zudem können sie eigenen Maßnahmen einen zusätzlichen Erlös zuführen, wenn sie frei werdende Rechte

verkaufen. Damit entstehen wirtschaftliche Anreize, nach Minderungsmöglichkeiten zu suchen und sie zu realisieren. Rund 50 % der CO_2-Emissionen der EU-Staaten sind vom System erfasst, in Deutschland sind es sogar fast 60 %. Das Handelssystem ist aus Sicht der europäischen Institutionen, insbesondere der Kommission und des Parlaments, ein zentraler Bestandteil der europäischen Klimaschutzpolitik. Es soll einen wesentlichen Anteil daran haben, dass die von der EU im Kioto-Protokoll übernommene gemeinschaftliche Zielerreichung sowie die Lastenverteilung, die innerhalb der EU über das so genannte „Burden-Sharing" vorgenommen wurde, auch tatsächlich umgesetzt werden.

Reduktions- bzw. Begrenzungsverpflichtung 2008–2012 gegenüber 1990

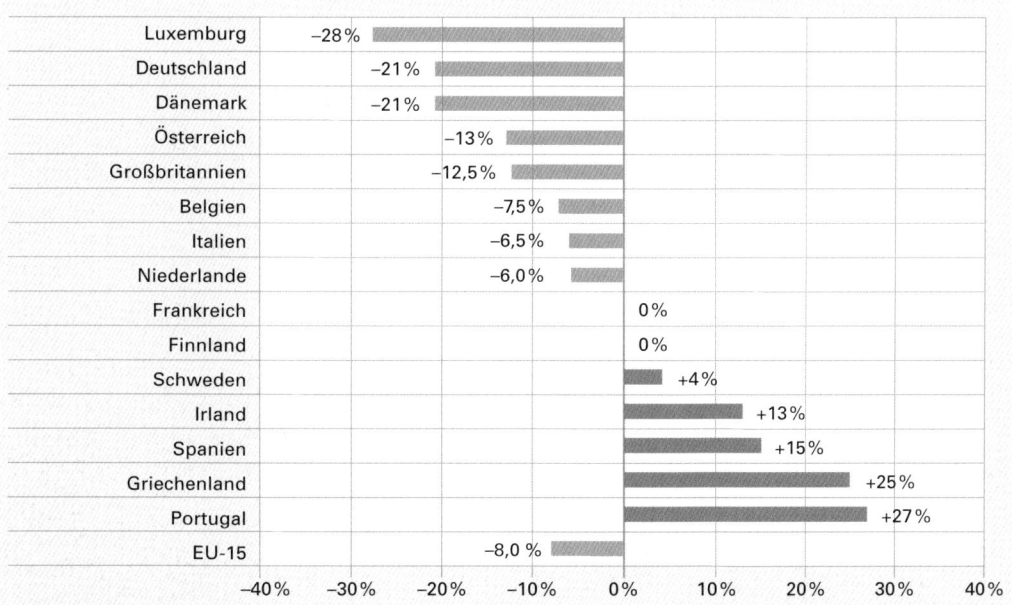

Luxemburg	−28 %
Deutschland	−21 %
Dänemark	−21 %
Österreich	−13 %
Großbritannien	−12,5 %
Belgien	−7,5 %
Italien	−6,5 %
Niederlande	−6,0 %
Frankreich	0 %
Finnland	0 %
Schweden	+4 %
Irland	+13 %
Spanien	+15 %
Griechenland	+25 %
Portugal	+27 %
EU-15	−8,0 %

Quelle: EU-Kommission, eigene Darstellung

Die Richtlinie wird von den Mitgliedsstaaten insbesondere durch den „Nationalen Allokationsplan" umgesetzt und in der jeweiligen nationalen Umsetzung rechtlich weiter präzisiert (in Deutschland durch das Treibhausgasemissionshandelsgesetz und das Zuteilungsgesetz, die noch durch Verordnungen ergänzt werden). Dies gilt zunächst für die erste europäische Handelsperiode von 2005 bis 2007 und regelt die Grundlagen, Kriterien und Verfahren für die Beteiligten.

Ein nicht nur in der volkswirtschaftlichen Theorie bereits lange diskutiertes Instrument wird damit erstmals umfassend und verbindlich auf Unternehmensebene umgesetzt. Der im Kioto-Protokoll ermöglichte Emissionsrechtehandel ab 2008 richtet sich an die Staaten. Einige Vorläufersysteme bezogen sich auf andere Stoffe (z. B. SO_2, NO_x in den USA) oder wendeten sich an nur wenige Teilnehmer (CO_2-Handelssystem in Dänemark nur für die Energiewirtschaft); andere sehen eine freiwillige Teilnahme vor (z. B. aktuell an der Chicagoer Börse in den USA), für die bisweilen Steuererleichterungen einen Anreiz bieten (z. B. nationales System in Großbritannien) oder gelten nicht für einen gesamten Wirtschaftsraum (wie die verbindlichen Systeme einiger US-Bundesstaaten, über die gerade diskutiert wird). Vergleichbare Systeme in anderen Staaten (z. B. Kanada, Japan) sind noch in der Entwicklung. Das allein dokumentiert schon, welche Dimension die Einführung des Handelssystems in Europa hat. Die grundlegende Bedeutung zeigt sich aber vor allem dadurch, dass CO_2-Emissionen für Unternehmen in der EU einen monetären Wert erhalten, mit dem sie – je nach Sichtweise – rechnen müssen oder dürfen.

Die Emission von Treibhausgasen tritt damit in ganz anderer Form als bisher in den Horizont von Entscheidungsträgern der Wirtschaft. Unabhängig davon, wie hoch bei einem angenommenen Preis pro Tonne CO_2-Äquivalent die betriebswirtschaftliche Relevanz bei einem individuellen Unternehmen ist: Das Wissen, dass eine bisher kostenlos genutzte „Leistung" der natürlichen Umwelt – die Aufnahme von Treibhausgasemissionen – kostenpflichtig wird oder umgekehrt ein bisher unter „sonstigem Nutzen" rangierender Gesichtspunkt – die Absenkung von CO_2-Emissionen – zu Erträgen führen kann, erzeugt sowohl Handlungsdruck als auch Kreativität. So kommt eine betriebswirtschaftlich messbare Größe ins Spiel, die zu anderen Ergebnissen bei Investitionsrechnungen führt, neue betriebswirtschaftlich relevante Risiken erzeugt, zu unangenehmen Fragen von Shareholdern führen kann und auch neue Chancen eröffnet, die sich in Euro ausdrücken lassen. Der Einfluss ist also gerade dort besonders stark, wo es um Entscheidungen mit mittel- und langfristigem Charakter geht: bei Investitionen in Produktionsanlagen (vor allem, aber nicht nur in der Energiewirtschaft) und Grundsatzentscheidungen in Bezug auf technologische Pfade sowie in der Produktentwicklung. Das gilt entgegen einem weit verbreiteten Missverständnis nicht nur für Betreiber direkt

Preisentwicklung von EU-Emissionsrechten

€/t CO_2-Äquivalent

Datenstand: 10.08.2004
Quelle: Syneco

ETS CAL05 Offer (Angebot)
ETS CAL05 Bid (Nachfrage)

Die Preisentwicklung von Emissionsrechten wird von einer Vielzahl wirtschaftlicher, politischer und technischer Faktoren beeinflusst.

 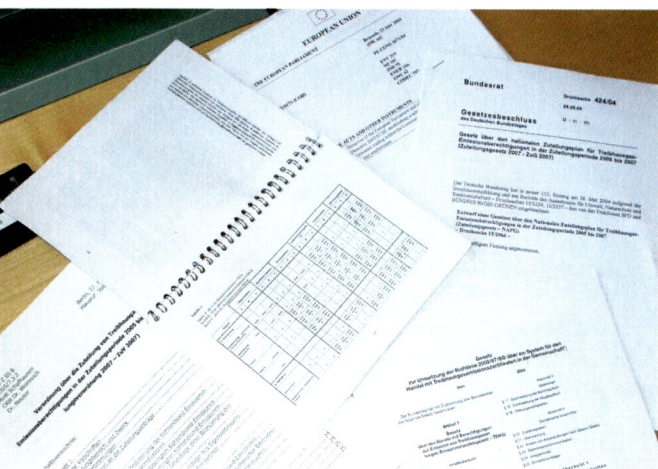

Vom Emissionshandel erfasste Unternehmen in Deutschland haben sehr viele technische Randbedingungen, Formatvorgaben und gesetzliche Vorschriften zu beachten.

erfasster Anlagen, sondern auch für andere Sektoren der Wirtschaft wie Technologieanbieter oder Unternehmen, die indirekt über Preisveränderungen auf der Input- oder Outputseite positiv oder negativ betroffen sein können. Diesem Befund steht auch nicht entgegen, dass für die erste europäische Handelsperiode 2005–2007 vergleichsweise moderate Reduktionsziele festgesetzt wurden, die bei vielen Unternehmen zunächst kaum Handlungsdruck bzw. Erlöspotenziale erzeugen. Das europäische Handelssystem ist grundsätzlich darauf ausgerichtet, schrittweise zu Emissionsminderungen zu kommen, indem Emissionen begrenzt werden, und zugleich den Volkswirtschaften und Unternehmen den ökonomisch wie sozial gebotenen Anpassungsspielraum zu lassen.

Die praktische Umsetzung dieses in der Theorie so einfachen und stringenten Instruments ist jedoch alles andere als trivial. Sie wird nicht nur beeinflusst von der notwendigen Abwägung ökologischer, sozialer und wirtschaftlicher Gesichtspunkte und deren Wechselbeziehungen. Die Umsetzung ist kein „Bau auf der grünen Wiese". Sie muss sich in bestehende rechtliche, gesellschaftliche und politische Strukturen einordnen, die sich auch innerhalb der EU erheblich unterscheiden können. Und dies ohne Gefahr zu laufen, das klimapolitische Ziel und wesentliche Elemente des Instruments wie Flexibilität und dynamische Anreizwirkung aus den Augen zu verlieren. Die ohnehin schon vorhandene Komplexität des Instrumentariums steigt damit nochmals und wird zudem durch die Unterschiede zwischen den EU-Mitgliedsstaaten erhöht.

Abholzung von Wäldern auf Borneo, Indonesien.

Energiegewinnung aus fossilen Brennstoffen: die wichtigste Ursache für den steigenden Kohlendioxidgehalt der Erdatmosphäre.

Allgemeine Beobachtungen zu Einführungsproblemen

Die Komplexität, die teilweise auch auf die Definition von zahlreichen Sonderregelungen und Differenzierungen zurückzuführen ist, erschwert die Realisierung gerade bei der Einführung des Systems. Das ist aber nicht der alleinige Grund. Sehr lange wurde das Thema „Emissionsrechtehandel" nur in Fachkreisen diskutiert. Es erwies sich als schwierig, es auch Entscheidungsträgern in Staat und Wirtschaft nahe zu bringen. Das galt in vielen Fällen auch noch, als die Verabschiedung der Richtlinie (Oktober 2003) unmittelbar bevorstand und klar war, dass nur noch sehr wenig Zeit zur Umsetzung bleiben würde. Offensichtlich taten sich Unternehmen und öffentliche Institutionen sehr schwer damit, das interdisziplinäre Querschnittsthema in seiner gesamten Dimension und seinen zahlreichen Einzelheiten einzuordnen sowie es in strategische Ausrichtungen und operativ-administrative Abläufe oder bestehende Rechtsrahmen zu integrieren. Deshalb und weil die Einführung des Systems offensichtlich zu zusätzlichen Anforderungen, Kosten und Restriktionen für Unternehmen (und Vollzugsbehörden) führen kann, verwundert es auch nicht, dass der Emissionshandel in der Regel kein beliebtes Thema war (und ist) und große Akzeptanzprobleme hatte. Dies wurde noch dadurch verstärkt, dass der Blick zunächst auf Risiken gerichtet wurde und es lange dauerte, bis auch Chancen wahrgenommen wurden. Hinzu kam, dass nicht überall erkannt wurde, dass die Alternative nicht lautete „Emissionshandel oder weiter wie bisher" sondern „Emissionshandel oder (neue) Steuern/Ordnungsrecht".

Zu erwähnen ist auch, dass die Thematik bei vielen betroffenen Unternehmen weitab des eigentlichen Geschäfts liegt und sich oft auch kurzfristig (bis auf den administrativen Aufwand) kaum finanziell auswirkt.

Eine zusammenfassende Beobachtung: Je näher die tatsächliche Umsetzung rückte, desto höher wurden die „Caps" für die vom System erfassten Sektoren, desto stärker wurden ordnungsrechtliche Elemente und die Gewichtung des Bestandsschutzes, desto komplizierter wurden die Regeln – und desto weniger Markt war willkommen. Frei zitiert nach dem römischen Philosophen Seneca: „Es ist nicht so, dass wir die Dinge nicht wagen, weil sie schwierig sind – sie sind schwierig, weil wir sie nicht wagen."

Werte und Interessen

Diese Beobachtungen allein machen schon deutlich, dass der Emissionshandel in einer realen technischen, wirtschaftlichen, politischen, rechtlichen und gesellschaftlichen Umgebung kein Allheilmittel ist. Ein System absoluter Mengenbegrenzungen (cap and trade) ist zwangsläufig gerade dann mit zum Teil scharfen Interessengegensätzen verbunden, wenn es eingeführt wird. Diese wurden auch ausgetragen – zwischen den Staaten der EU, zwischen den Branchen und auch zwischen den Unternehmen. Immerhin geht es ökonomisch betrachtet um die Allokation eines Produktionsmittels.

Wirtschaftliche (Verteilungs)konflikte auszutragen ist aus nachvollziehbaren Gründen keine beliebte Übung bei Regierungen. Hinzu kommt eine Dominanz kurzfristig orientierter wirtschaftspolitischer Sichtweisen, die angesichts anhaltender Wachstumsschwäche in der EU und hoher Arbeitslosigkeit nicht überrascht. Bundeswirtschaftsminister Clement brachte dies sehr gut zum Ausdruck: „Ich bin kein Klimakiller, allerdings möchte ich auch nicht der Killer der deutschen Industrie werden" (zitiert nach Financial Times Deutschland).

Und wenn unpopuläre Regelungen umzusetzen sind, dann soll es möglichst gerecht zugehen. Dagegen ist im Prinzip nichts zu sagen. Ob sich aber mit relativ hohen Caps in den Europäischen Staaten (weniger Deutschland) und zum Teil äußerst komplizierten Regelungen (diese auch in Deutschland) mehr Gerechtigkeit schaffen lässt, darf bezweifelt werden. Komplizierte Regeln erschweren insbesondere mittleren und kleinen Unternehmen die Umsetzung und tragen auch nicht zur Akzeptanz bei. Großzügige Caps in der Periode 2005–2007 werden zu stärkeren Einschnitten ab 2008 zwingen, wenn die auch europarechtlich verbindlichen Emissionsbegrenzungen für die Staaten aus dem Kioto-Protokoll wirksam werden. Sie erhöhen zugleich den Handlungsdruck in Bereichen, die nicht vom Emissionshandel erfasst werden, vor allem im Haushalts- und Verkehrssektor, was hier allerdings nicht kritisiert wird.

Auch für Unternehmen ist das Thema schwer zu verarbeiten. Es fängt damit an, dass Verbände andere Instrumente (z. B. Selbstverpflichtungen) präferierten, mit denen weniger starke Interessengegensätze innerhalb einer Branche einhergehen. Sehr schnell agierten große Unternehmen im Sinne ihrer Interessen auch unabhängig von ihren Verbänden. Gravierender aber ist die Situation von Entscheidungsträgern: Zwar kann der Emissionsrechtehandel eher als andere Instrumente ökologische und ökonomische Ziele in Einklang bringen, seine Einführung aber führt zu vorher nicht vorhandenen Restriktionen und Kosten. Und welcher Entscheidungsträger in einem Unternehmen wird dafür bezahlt, ökologische Ziele zu erreichen? Und soll sich dann auch noch sehr zeitaufwändig mit einer überaus komplexen Materie befassen, bei der es schwer ist, zu – möglicherweise folgenträchtigen – Entscheidungen zu kommen, während die Gesetzgebungsprozesse noch laufen? Zudem ist dabei zu beachten, dass die Umsetzung sich innerhalb der EU deutlich unterscheidet – und womöglich den innereuropäischen Wettbewerb verzerrt. Es ist daher nachvollziehbar, dass darüber selbst bei einem hohen Maß an Akzeptanz klimapolitischer Ziele keine Begeisterung ausbricht. Wenn man dann noch bedenkt, in welcher Situation sich die Menschen in den Unternehmen befinden, die eine konkrete Umsetzung neben ihren Haupttätigkeiten zu gestalten haben (zumeist notgedrungen kurzfristig und oft ohne zusätzliche Ressourcen zu erhalten), dann dürfen keine Akzeptanzwunder erwartet werden. Und: Zusatzkosten, die es unabhängig von ihrer tatsächlichen Höhe durch den Emissionsrechtehandel gibt, liegen einfach nicht im Interesse von Unternehmen.

Diese Umstände haben neben Wahrnehmungsproblemen dazu beigetragen, dass sehr lange mehr geistige Kraft und Arbeit investiert wurde, die Einführung des Emissionshandels zu verhindern, als ihn beherzt zu nutzen – auch zugunsten wirtschaftlicher Ziele. Erst Ende 2003 und vor allem 2004 änderte sich das Zug um Zug.

Unterschiede innerhalb der EU

Die Richtlinie schuf in der EU einen verbindlichen Rahmen, der zum Teil – z. B. zugunsten einer einheitlichen Emissionsbestimmung – durch verbindliche Leitlinien (Entscheidungen der Kommission auf der Grundlage der Richtlinie) weiter präzisiert wurde. Zentrales Element der Umsetzung in den Mitgliedsstaaten sind aber die Allokationspläne, die in nationaler Verantwortung zu entwickeln sind, sowie ggf. weitere Rechtsvorschriften. Hier sind zum Teil jetzt schon sehr erhebliche Unterschiede festzustellen, obwohl die Pläne von der Kommission genehmigt werden müssen. Einige Beispiele, die das verdeutlichen: Während Deutschland und Großbritannien in ihren Plänen absolute Minderungen vorsehen, definieren (fast alle) anderen Staaten die Minderungsziele bezogen auf ein hypothetisches Referenzszenario; sie gestatten also zunächst sogar noch Emissionssteigerungen im Vergleich zu einer historischen Basisperiode (z. B. 2000–2002). In Deutschland werden alle Rechte kostenlos ausgegeben, andere Staaten machen dagegen von der Möglichkeit der Versteigerung von bis zu 5 % der Rechte Gebrauch. Der Anlagenbegriff (und damit die Entscheidung, wer erfasst ist und wer nicht) unterscheidet sich ebenfalls. In den Niederlanden etwa ist bei Feuerungsanlagen beispielsweise nicht nur (wie in der Richtlinie vorgesehen) ausschlaggebend, mehr als 20 MW Feuerungswärmeleistung installiert zu haben, sondern die Anlage muss auch noch eine Mengenschwelle von 25 000 t CO_2-Emission p. a. überschreiten. In Deutschland dagegen liegen weit mehr als 1 000 der rund 2 400 erfassten Anlagen z. T. sehr deutlich unter dieser Schwelle – unterliegen aber dem Emissionshandel, obwohl sie insgesamt kaum zur Gesamtemission beitragen. Hier leitet sich die kostenlose Ausstattungsmenge für eine Neuanlage (etwa für ein Kraftwerk) auch aus ehrgeizigen Benchmarks nach „best available technology" ab, in Frankreich hingegen scheint man sich mehr an den Standards alter Anlagen zu orientieren. Diese Unterschiede erschweren es auch erheblich, die Umsetzung – auch im Hinblick auf mögliche Wettbewerbswirkungen – zu vergleichen.

Die Unterschiede sind sowohl auf die Wahrnehmung wirtschaftlicher Interessen und unterschiedliche politische Prioritäten als auch auf unterschiedliche Rechtstraditionen wie im Luftreinhalterecht zurückzuführen.

Am Anfang lassen sich solche Unterschiede vielleicht noch tolerieren, um das System nicht zu gefährden. Es ist aber offenkundig, dass dies für die zweite Handelsperiode von 2008 bis 2012 schon allein aus Wettbewerbsgründen nicht mehr möglich sein darf.

EU-Handelssystem ist ein wichtiger Fortschritt

Allen Einführungsproblemen zum Trotz ist der europäische Emissionsrechtehandel ein wichtiger Fortschritt in der Klimapolitik, sowohl ökologisch (Caps) als auch ökonomisch (Flexibilität und Kosteneffizienz). Sein entscheidender Vorteil liegt darin, den klassischen Interessengegensatz zwischen betriebswirtschaftlicher Optimierung einerseits und gesellschaftlichen Anforderungen – hier des Klimaschutzes – andererseits nach der Einführung wenigstens teilweise zu überbrücken. Dies gilt insbesondere für Entscheidungssituationen in Unternehmen: Unter dem Strich ist es für den Klimaschutz positiv, dass die Verringerung von Emissionen zu einer betriebswirtschaftlich messbaren Größe wird, sei es als Kostenminimierung, sei es als Zusatzerlös – unabhängig von Einstellungen und Werten der Akteure. Dadurch wird Aktivität und Kreativität freigesetzt, werden bisweilen Investitionen angestoßen und technologische Entwicklungen mit positiven Emissionseigenschaften gefördert. Im Sinne der Marktwirtschaft ist es zudem nicht ungerecht, wenn Unternehmen, die vorhandene Chancen schneller erkennen und realisieren als andere, davon auch wirtschaftlich profitieren. Wer das nicht akzeptiert, darf keine marktwirtschaftlichen Instrumente in der Klima- und Umweltpolitik fordern.

Dennoch macht dies andere Instrumente nicht überflüssig, weder Technologieförderung noch die mühselige „Arbeit an Werten und Überzeugungen". Diese wird spätestens dann gefordert sein, wenn voraussichtlich ab 2005 über eine mögliche Erweiterung und andere Veränderungen des Systems in der EU ab 2008 diskutiert wird.

Verbindungen zum internationalen System

Schon die Zweckbestimmung des europäischen Emissionsrechtehandels, zu einer kosteneffizienten Erfüllung der von der EU übernommenen internationalen Verpflichtungen beizutragen, stellt einen klaren Bezug zu Zielen und Instrumenten des Kioto-Protokolls dar.

Wichtiger sind tatsächliche Verbindungen, die durch eine verbindliche, im September 2004 verabschiedete Ergänzung der Handelsrichtlinie der EU (die „Linking Directive"), auch europarechtlich konkretisiert werden. Das europäische Handelssystem wird von Anfang an mit dem internationalen Emissionsrechtehandel verbunden sein. Zunächst durch Gutschriften aus „Clean Development Mechanism"-Projekten (CDM) nach Art. 12 des Kioto-Protokolls: Diese Projekte, die von Industriestaaten und/oder Unternehmen aus Industriestaaten in Entwicklungs- und Schwellenländern durchgeführt werden können, gestatten es, Emissionsminderungen zusätzlich zu honorieren, indem Emissionsgutschriften (Certified Emission Reductions – CER) vergeben werden. Die Minderungen werden im Vergleich zu einer Emissionssituation ohne Projekt ermittelt („Baseline", also z.B. Ersatz eines fossilen Brennstoffs durch erneuerbare Energie). Hierzu ist auf internationaler Ebene bereits ein aufwändiges Verfahren etabliert worden. Die Anerkennung solcher Projekte und die Ausstellung von Gutschriften setzen u.a. eine unabhängige Überprüfung durch einen Dritten, die Zustimmung der beteiligten Staaten und die Genehmigung durch das zuständige Executive Board des internationalen Klimasekretariats voraus. Der Projektträger muss dazu nicht nur die tatsächlichen Emissionsminderungen nachweisen, sondern auch, dass diese zusätzlich zu denen anfallen, die als Folge einer normalen Geschäftstätigkeit eintreten würden. Ein Nachweis, der in der Praxis oft schwer zu führen ist.

Der wesentliche Unterschied zum Emissionshandel selbst besteht also darin, dass es hier nicht um „cap and trade", sondern um ein System des „baseline and credit" geht. Das bedeutet u.a., dass Interessengegensätze nicht so stark sind, weil keine „Anfangsverteilung" vorgenommen werden muss. Da in beiden Systemen die „Währungseinheit" aber in „Tonnen CO_2-Äquivalent" definiert wird, ist eine direkte Verbindung möglich.

Die Verbindung zum europäischen System besteht darin, dass vom Emissionshandel erfasste Anlagenbetreiber in der EU bereits ab 2005 auch solche Gutschriften einsetzen können, um ihre Emissionen abzudecken (statt eines erhaltenen oder erworbenen Emissionsrechts). Damit kommt eine weitere Flexibilisierungskomponente ins System. Die „Linking Directive" enthält z.B. die weitere Bestimmung, dass auch Gutschriften aus Joint-Implementation-Projekten (JI) ab 2008 ebenfalls im europäischen Handelssystem eingesetzt werden können. Diese Projektart, die zwischen

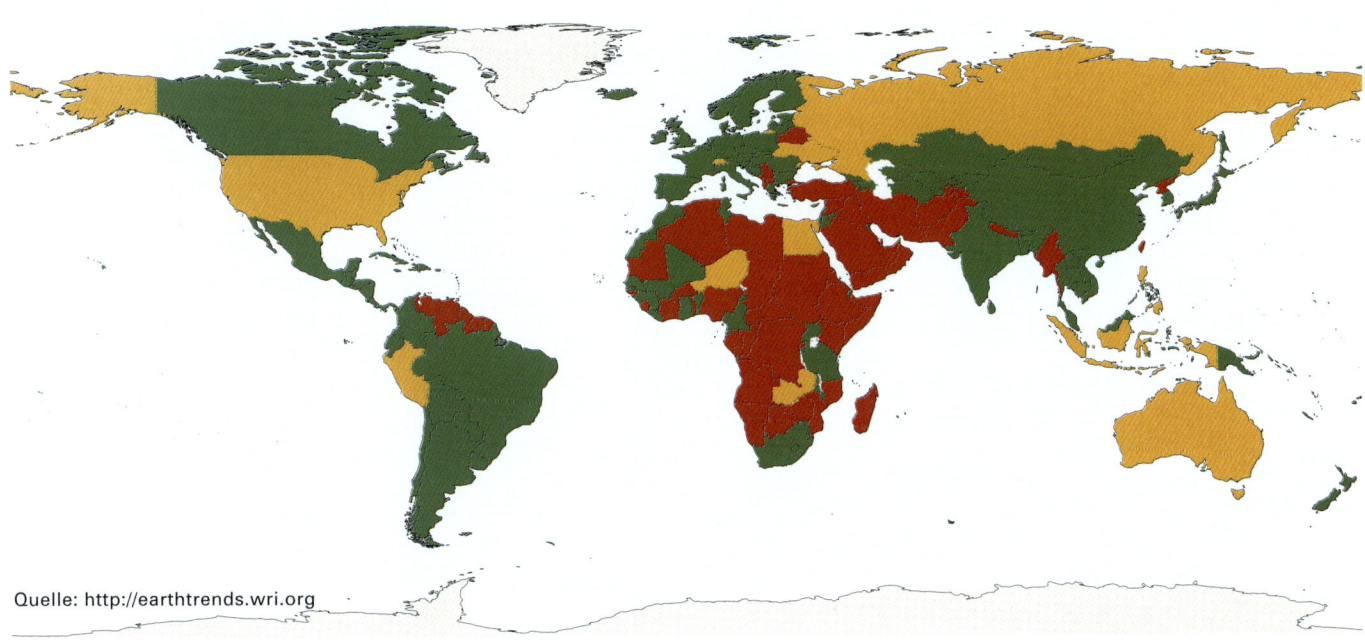

Quelle: http://earthtrends.wri.org

Die Karte zeigt den Status der Ratifizierung des Kioto-Protokolls im Juni 2003.

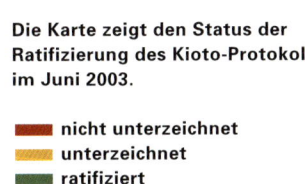

nicht unterzeichnet
unterzeichnet
ratifiziert
keine Daten

Industriestaaten möglich ist (Art. 6 Kioto-Protokoll), erhöht den Spielraum weiter.

Seit 2004 steigen bei beiden Projektarten, v. a. beim CDM, die Anmeldungen erheblich (zum Teil bei internationalen Aufkauffonds wie dem Prototype Carbon Fund der Welt-bank oder dem inzwischen 5. Tender der Niederlande); weitere Projekte (auch JI!) sind in der Entwicklungsphase. Dies liegt auch daran, dass bei JI- und CDM-Projekten nicht nur die Minderungen von CO_2 berücksichtigt werden, son-dern auch die der anderen „Kioto-Gase" (etwa CH_4). Über international festgelegte Faktoren rechnet man diese auf CO_2-Äquivalente um (die Vermeidung einer Tonne Methan entspricht somit der von 21 Tonnen CO_2). So kommt es, dass zum Beispiel die Fassung und Verwertung von Methanemissionen einer Mülldeponie in Südafrika eines der ersten Projekte war.

Und: Diese Gutschriften können die Unternehmen in der EU auch dann nutzen, wenn das Kioto-Protokoll nicht in Kraft treten sollte. Die EU zeigt damit einerseits den Ent-wicklungsländern, dass sie den CDM auch nutzen will, um sie bei ihrer Entwicklung zu unterstützen. Der CDM ist eines der Instrumente, mit denen sich Entwicklungspfade im Sinne klimapolitischer Zielsetzungen beeinflussen las-sen – genau das ist angesichts des weltweit steigenden Energiebedarfs wichtig. Andererseits zeigt sie den Unter-nehmen, die der Emissionshandel betrifft, dass sie ihren Flexibilisierungsinteressen Rechnung trägt und nicht nur die belastenden Seiten des Kioto-Protokolls implementiert, sondern auch solche, die sich sehr gut mit wirtschaftlichen Interessen vereinbaren lassen (wie Export, Marktzugang, Beitrag zu Projektfinanzierungen).

Damit wird deutlich, dass das europäische System nicht geschlossen, sondern offen ist und sich noch weiter öffnen wird. Das gilt trotz der ebenfalls vorgesehenen prozentualen Begrenzung der Projektgutschriften für Anlagenbetreiber in der EU, die man „zur Pflichterfüllung" nutzen kann; diese ist ab 2008 von den Mitgliedsstaaten festzulegen. Denn neben den Projekten gibt es weitere Verbindungen: Zum einen können auch die Mitgliedsstaaten der EU ab 2008 von dem im Kioto-Protokoll angelegten Handel zwischen Staaten Gebrauch machen – was ihre Spielräume bei der nächsten Allokation (die Allokationspläne für die Handelsperiode 2008–12 sind 2006 abzuschließen) im eigenen Land erhöhen kann. Zum anderen enthält die Ergänzungsrichtlinie zudem eine Klausel, die es der EU gestattet, auch die gegenseitige Anerkennung von Emissionsrechten anderer nationaler Systeme (z.B. Kanadas oder Japans) zu vereinbaren. Voraussetzung ist allerdings, dass auch diese Systeme verbindliche absolute Obergrenzen für Emittenten definieren und durchsetzen. Ist dies der Fall, können sogar substaatliche Systeme, zum Beispiel von US-Bundesstaaten, einbezogen werden.

Perspektiven und Schlussfolgerungen

Gerade die nunmehr klar angelegten Verbindungen zwischen dem europäischen Emissionsrechtehandel und dem internationalen System veranlassen den Verfasser, dem neuen Instrument auch innerhalb der EU eine positive Entwicklungsperspektive zuzuschreiben: Sie erhöhen den Handlungsspielraum in der EU, erlauben häufiger Zielharmonien auch mit wirtschaftlichen Zielen und stärken die Position Europas in den internationalen Verhandlungen. Das ist wichtig für die Bereitschaft, den jetzt eingeschlagenen Weg zur verbindlichen Emissionsreduktion auch ab 2008 und danach in Europa mit ehrgeizigeren Zielen fortzusetzen, gerade in Anbetracht der bisherigen Haltung der USA. Andernfalls könnte es dazu kommen, dass Verpflichtungen von einzelnen EU-Staaten doch noch infrage gestellt werden (wie in Spanien bereits geschehen); das gilt erst recht für die dauerhafte Akzeptanz aufseiten der Unternehmen. Die internationalen „Linkings" schaffen auch klare Anreize für noch wankelmütige Staaten, das Kioto-Protokoll und die damit verbundenen Pflichten zu akzeptieren. Das gilt z.B. für Russland, dessen jüngste Entscheidung zur Ratifikation des Kioto-Protokolls auch von der Aussicht beeinflusst wurde, damit von den Mechanismen des nunmehr in Kraft tretenden Protokolls profitieren zu können.

Damit es bei dieser positiven Prognose bleibt, müssen natürlich auch in der EU einige Hausaufgaben erledigt werden: Neben der Frage, ob weitere Sektoren mit großen Einzelemissionsquellen und andere Treibhausgase ab 2008 einbezogen werden, erscheint eine weitere europäische Harmonisierung geboten. Unterschiede, wie sie oben auszugsweise dargestellt wurden, sind aufgrund der zum Teil sehr erheblichen wirtschaftlichen Auswirkungen der Bepreisung von CO_2 auf die Unternehmen auf Dauer nicht hinnehmbar. Dazu sind die Auswirkungen auf ökonomische Planungen v.a. bei Investitionen zu stark. Hier sind alle politischen Akteure und Institutionen gefordert.

Damit aus diesem sehr beachtlichen Fortschritt der Klimapolitik in der EU ein dauerhafter Erfolg wird, bleibt also noch viel zu tun. Der politische Prozess wird und muss weitergehen und es ist aus Sicht des Verfassers notwendig, dass sich Unternehmen (auch wenn sie nicht begeistert sind) aktiv daran beteiligen. Auch und gerade Unternehmen der Finanzwirtschaft.

Literatur

Richtlinie 2003/87/EG des Europäischen Parlamentes und des Rates vom 13. Oktober 2003 über ein System für den Handel mit Treibhausgasemissionszertifikaten in der Gemeinschaft

Leitlinien für Überwachung und Berichterstattung betreffend Treibhausgasemissionen gemäß der Richtlinie 2003/87/EG des Europäischen Parlaments und des Rates (Monitoring and Reporting Guidelines)

Internetlinks:
Klimasekretariat der Vereinten Nationen UNFCCC
http://unfccc.int

Europäische Kommission:
Umweltpolitik
http://europa.eu.int/comm/
environment

Bundesministerium für Umwelt, Naturschutz und Reaktorsicherheit
http://www.bmu.de

Deutsche Emissionshandelsstelle DEHSt
http://www.dehst.de

Der Autor

Roland Geres promovierte 1999 über die nationale Umsetzung des Kioto-Protokolls in Deutschland und ist geschäftsführender Gesellschafter der FutureCamp GmbH in München. Das 2001 gegründete Unternehmen ist u. a. tätig in der Beratung von Unternehmen und staatlichen Institutionen im Zusammenhang mit dem Emissionsrechtehandel und Klimaschutzprojekten, in der Innovationsberatung sowie in der Entwicklung und Produktion von Carbon-Nanofasern und Wasserstoffspeichersystemen (www.future-camp.de).

Quelle: Focus, 15/2004

Klimaschutzoptionen

Die Erforschung des globalen Klimawandels lässt keinen Zweifel mehr: Der Mensch hat erkennbar in die natürlichen Abläufe ein-gegriffen. Die deutsche Regierung hat im internationalen Klimaschutz bewusst eine Vorreiterrolle übernommen und ein äußerst ambitioniertes Klimaschutzprogramm entwickelt.

Franzjosef Schafhausen

Das deutsche Klimaschutz-programm wurde bereits 1990 ins Leben gerufen und wird in vielen Bereichen aktiv umgesetzt.

Handlungsanlässe

In vielen Regionen der Erde sind extreme und ungewöhnliche Klima- und Wetterphänomene zu beobachten. Stürme, Überschwemmungen und Dürreperioden nehmen in einer Weise zu, dass den Erst- und Rückversicherern angst und bange wird.

Die Erforschung des globalen Klimawandels lässt keinen Zweifel mehr daran: Der Mensch hat erkennbar in die natürlichen Abläufe eingegriffen. Durch menschliche Aktivitäten gelangen Gase in die Atmosphäre, die den natürlichen Treibhauseffekt spürbar verstärken. Der Klimawandel ist bereits im Gange. Vorsorgendes Handeln kann das Ärgste jedoch noch verhindern.

Einige wenige Zahlen zur Dimension des Problems:

– Der bedeutendste Verursacher ist Kohlendioxid. CO_2 macht in Deutschland mittlerweile – mit weiter zunehmender Tendenz – mehr als 85 % aller Treibhausgasemissionen aus (ausgedrückt in CO_2-Äquivalenten nach IPCC).
– In nur einem Jahr verbrennt die Menschheit fossile Brennstoffe in einem Umfang, zu dessen Aufbau in der Erdgeschichte 500 000 Jahre erforderlich waren. Ressourcenschonung wird damit zum zweiten starken Motiv für eine energiebezogene Umweltpolitik.
– Weit über 90 % aller ubiquitären Emissionen sind energiebedingt. Vorsorgende Umweltpolitik mit dem Ziel einer nachhaltigen Entwicklung ist deshalb gut beraten, wenn sie den Energieverbrauch im Zaum hält.
– Etwa drei Viertel des weltweiten Ressourcenverbrauchs spielt sich heute in der so genannten entwickelten Welt ab. In den Industrieländern lebt aber lediglich ein Viertel der Menschheit. Der Umkehrschluss: Drei Viertel aller heute lebenden Menschen werden nur mit einem Viertel des Rohstoffverbrauchs abgefunden. Aus der geschilderten Ungleichverteilung resultieren mittlerweile ernsthafte politische Probleme, auf die zuletzt die US-Studie „An Abrupt Climate Change Scenario and its Implications for United States National Security" hinweist, welche die Verbindung zwischen unterlassenem Klimaschutz, Migrationen, Wohlstand und Terrorismus herstellt.

Klar ist, dass isoliertes Handeln nicht weiterführt, sondern nur weltweit solidarisches Handeln Erfolg verspricht. Die Einigung auf die Klimarahmenkonvention im Jahre 1992 in Rio de Janeiro war der Reflex auf derartige Überlegungen und Bestrebungen. Dieses mittlerweile von mehr als 180 Ländern ratifizierte Regelwerk enthält nicht nur erste Zielvorgaben, sondern gibt auch institutionelle Strukturen und Verfahren vor. Im Protokoll von Kioto haben sich die Industrieländer im Dezember 1997 zur Erfüllung rechtsverbindlicher Ziele verpflichtet, um den Ausstoß von Treibhausgasen (CO_2, CH_4, N_2O, HFKW, FKW und SF_6) im Zeitraum 2008 bis 2012 um mindestens 5,2 % gegenüber 1990 zu senken.

Zur Historie

Den Startschuss für die Entwicklung und Umsetzung des deutschen Klimaschutzprogramms gab das Bundeskanzleramt am 15. Januar 1990. Nach sehr intensiven Beratungen innerhalb der Bundesregierung konnte das federführende Bundesumweltministerium dem Kabinett am 13. Juni 1990 erste Empfehlungen vorlegen, mit denen die späteren Zielsetzungen und Strukturen vorgeprägt wurden. Eine Aktualisierung des derzeitigen Klimaschutzprogramms der Bundesregierung wird derzeit vorbereitet.

Das Bundeskabinett etablierte damals die Interministerielle Arbeitsgruppe „CO_2-Reduktion" (IMA „CO_2-Reduktion") mit fünf Arbeitskreisen. Diese Arbeitskreise wurden am 18. Oktober 2000 durch den sechsten Arbeitskreis „Emissionsinventare" unter Vorsitz des Bundesministeriums für Umwelt, Naturschutz und Reaktorsicherheit ergänzt.

Eine Aktualisierung des derzeitigen Klimaschutzprogramms der Bundesregierung wird derzeit vorbereitet.

Die bisherigen Stationen der deutschen Klimaschutzpolitik

Ausgangspunkt: Auftrag des Bundeskanzleramtes an das Bundesministerium für Umwelt, Naturschutz und Reaktorsicherheit am 15. Januar 1990

Beschlüsse der Bundesregierung

13. Juni 1990	Grundsatzbeschluss
7. November 1990	Erster Bericht der IMA „CO_2-Reduktion"
11. Dezember 1991	Zweiter Bericht der IMA „CO_2-Reduktion"
29. September 1994	Dritter Bericht der IMA „CO_2-Reduktion"
6. November 1997	Vierter Bericht der IMA „CO_2-Reduktion"
26. Juli 2000	Zwischenbericht zum Fünften Bericht der IMA „CO_2-Reduktion"
18. Oktober 2000	Fünfter Bericht der IMA „CO_2-Reduktion"

Dabei stützt sich das Klimaschutzprogramm nicht allein auf das Motiv der weltweiten Klimavorsorge. Vielmehr zielt es in gleicher Weise auf die Verminderung der traditionellen Umweltbelastungen wie Staub, SO_2, NO_x, VOC oder CO sowie auf die Schonung begrenzt verfügbarer Ressourcen.

Bei der systematischen Erarbeitung des Klimaschutzprogramms wurde sehr schnell klar, dass

– es kein instrumentelles Patentrezept zur Lösung des globalen Klimaschutzproblems gibt. Vielmehr zeichnete sich sehr schnell ab, dass das Klimaschutzprogramm sowohl ordnungsrechtliche Anforderungen als auch ökonomische Anreize und flankierende Maßnahmen wie Information und Beratung sowie Aus- und Fortbildung enthalten würde. Im letzten Jahrzehnt hat sich hieraus ein interdependentes, vielfältiges und sehr komplexes Bündel aus etwa 200 Maßnahmen entwickelt, die Schritt für Schritt umgesetzt werden.
– es nicht allein Aufgabe der Bundesregierung sein kann, nachhaltig zur Bekämpfung des vom Menschen verursachten Treibhauseffekts beizutragen. Vielmehr kann ein solches Ziel nur verwirklicht werden, wenn alle Ebenen von Wirtschaft und Gesellschaft ihre Beiträge leisten.

Angesichts der Tatsache, dass langfristig die Schadenhöhe durch Klimaänderung für die Weltwirtschaft eine erhebliche Größenordnung erreichen könnte und – umweltökonomisch völlig unsinnig – nach dem Gemeinlastprinzip angelastet würde, sind Minderungsmaßnahmen zum heutigen Zeitpunkt auch ökonomisch sinnvoll. Frühzeitiges Handeln (so genannte „early action") vermeidet die von Ökonomen gefürchtete abrupte Kapitalvernichtung.

Auch die technischen Ansatzpunkte sind seit langem bekannt:

– rationeller und sparsamer Energieeinsatz auf allen Ebenen der Energieversorgung (Angebots- wie Nachfrageseite)
– Substitution von kohlenstoffreichen durch kohlenstoffarme Energieträger
– Substitution von fossilen Energieträgern durch erneuerbare Energien
– Substitution von energieintensiv hergestellten Einsatzstoffen und Produkten durch Einsatzstoffe und Produkte, die mit einem geringeren Energieeinsatz produziert werden oder die aus nachwachsenden Rohstoffen stammen
– Nutzung von Kohlenstoffsenken (Sequestrierung, Einbindung von Kohlenstoff in Biomasse)
– spezifische Maßnahmen zur Verminderung bzw. Vermeidung von Nicht-CO_2-Gasen (CH_4, N_2O, HFKW, FKW, SF_6)

Mehr und mehr wird jedoch mittlerweile auch nach Anpassungsmaßnahmen gerufen, um auf die bereits nicht mehr aufzuhaltenden Auswirkungen des Treibhauseffekts defensiv zu reagieren.

Im Gegensatz zu traditionellen umwelttechnischen Lösungen – so genannten „end of the pipe technologies" –, die in der Regel im Anschluss an den eigentlichen Produktions- bzw. Konsumprozess zum Einsatz kommen, setzen CO_2-mindernde und andere klimaschutzpolitische technische Lösungen überwiegend integriert an. Ein weiterer Unterschied besteht darin, dass traditionelle Umwelttechnik im betriebswirtschaftlichen Sinne meist zusätzliche Kosten verursacht, während Maßnahmen zur CO_2-Minderung sehr häufig Roh-, Hilfs- und Betriebsstoffe einsparen und damit Deckungsbeiträge zur Amortisation des eingesetzten Kapitals erwirtschaften.

Vor diesem Hintergrund ist es nicht mehr gerechtfertigt, politische Entscheidungen zur Klimavorsorge unter dem Hinweis auf noch bestehende Wissenslücken zu unterlassen oder auf den „Sankt-Nimmerleins-Tag" hinauszuschieben.

Verbindungslinien

Angesichts der globalen Dimensionen des Klimaproblems liegt es auf der Hand, dass der anthropogene Treibhauseffekt mit nationalen Initiativen und Aktivitäten allein nicht gelöst werden kann. Erforderlich ist eine EU-weit und international abgestimmte Strategie. Die internationale Abstimmung und Auswirkungen auf gesamtwirtschaftliche Ziele wie Beschäftigung, Preisniveaustabilität, angemessenes wirtschaftliches Wachstum und außenwirtschaftliches Gleichgewicht sind in diesem Zusammenhang als Nebenbedingungen zu beachten.

Vor diesem Hintergrund ist es besorgniserregend, dass der Trend der Treibhausgasemissionen in den meisten westlichen Industrieländern deutlich nach oben zeigt. Lediglich Großbritannien und Schweden haben bereits ihre Klimaschutzziele erreicht (Tabellen 1 und 2 stellen die gegenwärtige Situation innerhalb der EU dar). Alle anderen EU-Mitgliedstaaten waren im Jahre 2002 mehr oder weniger weit von ihrem im Rahmen der EU-Lastenteilung akzeptierten Klimaschutzziel entfernt. Zwar haben die wirtschaftlichen und gesellschaftlichen Umbrüche in Mittel- und Osteuropa, der Zusammenbruch des Sowjetreiches und die Asienkrise der weltweiten Emissionsbilanz für etwa ein Jahrzehnt Entlastung verschafft. Die in Kioto „hot air" getauften, weil nicht durch aktives klimaschutzpolitisches Handeln gewonnenen Spielräume, die der weltweiten Treibhausgasbilanz mehr als zehn Jahre Entlastung verschafft haben, werden mittlerweile langsam aber kontinuierlich abgebaut.

Auf jeden Fall geben die Tabellen einen Eindruck über die voraussichtlichen Käufer und Verkäufer im Europäischen Emissionshandelssystem, das am 1. Januar 2005 startete. Die derzeit in zahlreichen Entwicklungs- und Schwellen-

Tab. 1 Emissionsziele in den Mitgliedsstaaten der Europäischen Gemeinschaften

EU-Mitgliedstaat	THG-Emissionen 1990 in Mio. t	THG-Emissionen 2002 in Mio. t	Zielgröße 2008–2012 in Mio. t	EU-Lasten-teilung	Zielabweichung in Mio. t
Belgien	141,2	150,0	132,4	–28,0%	–17,6
Dänemark	69,5	68,5	54,9	–21,0%	–13,6
Deutschland	1216,2	1016,0	960,8	–21,0%	–55,2
Finnland	77,2	82,9	77,2	–13,0%	–5,7
Frankreich	746,0	634,8	652,8	–12,5%	–16,0
Griechenland	107,0	135,4	133,8	–7,5%	–1,6
Irland	53,4	68,9	60,4	–6,5%	–8,5
Italien	508,0	553,8	476,2	–6,0%	–77,6
Luxemburg	12,7	10,8	9,1	+/– 0,0%	–1,7
Österreich	78,0	84,6	67,9	+/– 0,0%	–16,7
Niederlande	212,5	213,8	199,7	+27,0%	–14,1
Portugal	57,9	81,6	74,1	+4,0%	–7,5
Schweden	72,3	69,6	75,2	+13,0%	+5,6
Spanien	286,8	399,7	329,8	+15,0%	–69,9
Großbritannien	746,0	634,8	652,8	+25,0%	+16,0

Quelle: Rat der Europäischen Union

Tab. 2 Emissionsziele in den Beitrittsländern der Europäischen Gemeinschaften

Beitrittsstaat	THG-Emissionen in Mio. t im Basisjahr	Basisjahr	Kioto-Ziel in Mio. t	THG-Emissionen in Mio. t 2001	Zielabweichung: Kioto-Ziel zu THG-Emissionen 2001 in Mio. t
Bulgarien	157,7	1988	145,1	77,7	+67,4
Tschechische Republik	192,1	1990	176,7	148,0	+28,7
Estland	43,5	1990	40,0	29,4	+10,6
Ungarn	102,6	Mittelwert 1985–1987	96,4	84,3	+12,1
Lettland	29,0	1990	26,7	11,4	+15,3
Litauen	51,5	1990	26,7	11,4	+15,3
Polen	565,3	1988	531,4	382,8	+148,6
Rumänien	264,8	1989	243,6	148,3	+95,3
Slowakei	72,2	1990	66,4	50,1	+16,3
Slowenien	19,9	1986	18,3	20,2	–1,9

Quelle: Rat der Europäischen Union

ländern steil nach oben gerichteten Emissionstrends werden schließlich dazu führen, dass schon in wenigen Jahren aus der Dritten Welt mehr Treibhausgase in die Atmosphäre gelangen als aus den OECD-Staaten.

In dieser Situation sind nun alle Länder gefordert, die im Rahmen des Kioto-Protokolls Emissionsminderungen bzw. Emissionsbegrenzungen zugesagt haben, anspruchsvolle Klimaschutzprogramme zu entwickeln und umzusetzen. Nur wenn alle Länder vergleichbare Anstrengungen unternehmen, kann der globale Treibhausgaseffekt nachhaltig bekämpft werden.

Tab. 1 Ziele nach der EU-Lastenteilung, Entwicklung 1990 bis 2001 sowie Zielerreichungsgrad in den Mitgliedstaaten der Europäischen Gemeinschaften. Die roten Zahlen charakterisieren eine negative Zielabweichung; die grünen Zahlen weisen die Staaten aus, die ihr Lastenteilungsziel erfüllt haben.

Tab. 2 Kioto-Ziele, Entwicklung 1990 bis 2001 sowie Zielerreichungsgrad in den Beitrittsländern der Europäischen Gemeinschaften.

Klimaschutzoptionen

Entgegen den häufig zu hörenden Behauptungen sind auch heute die Klimaschutzoptionen bei weitem noch nicht ausgeschöpft. Vielmehr bestehen nach wie vor zahllose Möglichkeiten, die in vielen Fällen selbst beim Anlegen strikter betriebswirtschaftlicher Maßstäbe einen Sinn haben.

Die Stationen im Abschichtungsprozess sind seit langem bekannt. Zu unterscheiden ist zwischen
1. physikalisch-theoretischen Potenzialen und Optionen,
2. technischen Potenzialen und Optionen sowie
3. wirtschaftlichen Potenzialen und Optionen,

wobei das Volumen der vermeidbaren Treibhausgasemissionen von der Station 1 zur Station 3 naturgemäß deutlich abnimmt.

Einem auf dieser grundsätzlichen Abschichtung aufbauenden iterativen Prozess folgt jede rationale Klimaschutzpolitik. Die Stationen des Regelkreises sind deshalb auch immer wieder dieselben:

Bestandsaufnahme

Identifizierung von Minderungspotenzialen und Optionen

Identifizierung und Beschreibung von Hemmnissen

Analyse der verfügbaren Maßnahmen zur Beseitigung der identifizierten Hemmnisse

Gestaltung des Programms und Beschreibung der einzusetzenden Maßnahmen

Umsetzung des definierten Maßnahmenbündels

Erneuter Start des systematisch ablaufenden Prozesses

Vergleicht man die Klimaschutzoptionen mit traditionellen umweltpolitischen Maßnahmen, so fallen sofort einige auch für die Umsetzung bedeutsamen Unterschiede ins Auge:

– Während die tradierte Umweltschutztechnik am Ende der Produktions- und Konsumprozesse ansetzt, bedarf nachhaltiger Klimaschutz integrierter technischer Maßnahmen, die z. B. zur Minderung der CO_2-Emissionen möglichst früh in der Kette von der Energiegewinnung über die Energieumwandlung, den Energietransport bis hin zur Energieverwendung ansetzen.
– Ökonomisch bringen Maßnahmen wie die Verbesserung der Energieeffizienz oder zur Energieeinsparung immer auch eine Senkung von Energiekosten. Klimaschutz liefert somit in den meisten Fällen auch Deckungsbeiträge für die Kostenrechnung, während traditionelle Umweltschutztechnik nicht nur technisch, sondern auch betriebswirtschaftlich „add-on" bedeutet.
– Klimaschutz bietet darüber hinaus auch die Chance für eine ökonomische Optimierung ohne ökologische Reue. Da es sich beim Treibhauseffekt um ein globales Problem handelt, spielt es prinzipiell keine Rolle, wo Treibhausgase reduziert werden, entscheidend ist vielmehr, dass Treibhausgase gemindert werden. Das ökologisch determinierte Ziel kann somit Kostendifferenzen zwischen den unterschiedlichen Emissionsquellen nutzen. Diese Kostendifferenzen bilden die Basis für Instrumente wie „Joint Implementation", „Clean Development Mechanism" und den Emissionshandel.

Flexible Instrumente als Elemente von Klimaschutzprogrammen

Die Geschichte der flexiblen Mechanismen in den Verhandlungen über ein internationales Klimaschutzregime ist vergleichsweise lang. Sie hat ihre Wurzeln in der Klimarahmenkonvention und gewinnt ihre praktische Bedeutung mit der Entscheidung der Ersten Vertragsstaatenkonferenz im April 1995 in Berlin über den Start einer Pilotphase für gemeinsam durchgeführte Projekte zum weltweiten Klimaschutz – der Erprobungsphase für „activities implemented jointly".

Auf der Grundlage der Klimarahmenkonvention baut das Kioto-Protokoll mit seinen Artikeln 6, 12 und 17 auf. Hier liegen die Wurzeln für die weltweite Diskussion über den Einsatz flexibler Instrumente. Im Einzelnen lassen sich die Interdependenzen der folgenden Abbildung entnehmen.

Abb. 2 Umweltfreundliche Entwicklungszusammenarbeit

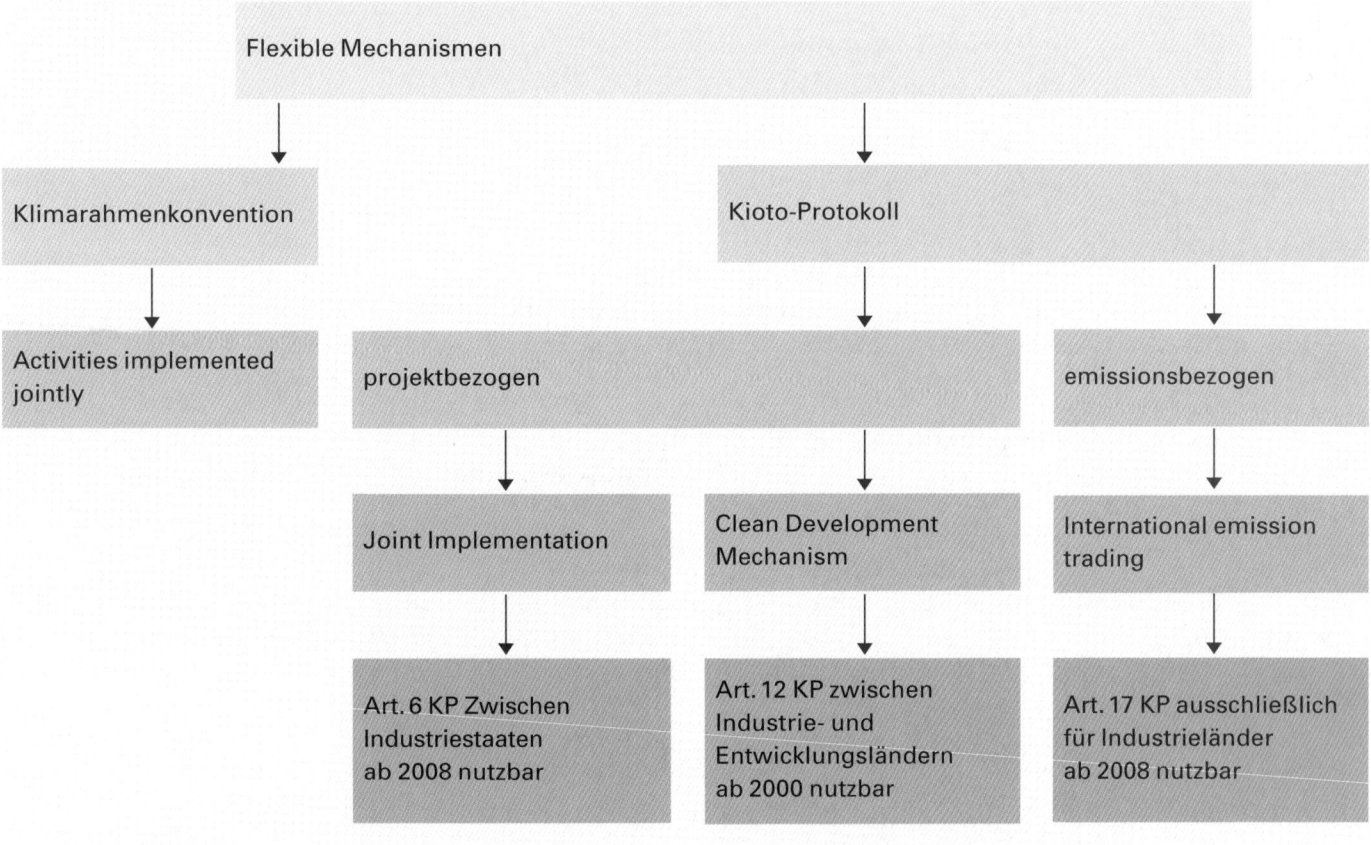

Die Abbildung zeigt die unterschiedlichen Kioto-Mechanismen, die sich zum Teil auf Projekte, zum Teil nur auf Emissionen beziehen.

Der Emissionshandel als Element im klimaschutz-politischen Maßnahmenbündel

Charakteristikum nicht nur des deutschen Klimaschutzprogramms ist ein komplexer und vielfältiger „policy mix". Die Ursache liegt zum einem im Querschnittscharakter der Klimaschutzpolitik und zum anderen darin, dass nicht allein wirtschaftliche Barrieren das Ausschöpfen der technisch-wirtschaftlichen Minderungspotenziale ver- oder behindern.

Im Rahmen der ständigen Rückkopplungsprozesse stellt sich naturgemäß immer wieder die Frage,

– ob die beschlossenen und umgesetzten Maßnahmen die ihnen zugedachten klimaschutzpolitischen Beiträge leisten und
– ob sie dies im Verbund mit dem sonstigen Maßnahmenbündel auch ökonomisch effizient erreichen.

Somit ist die Notwendigkeit für den Einsatz des Emissionshandels in der nationalen Klimaschutzpolitik nicht allein unter ökologischen Kriterien zu bewerten, sondern vor allem aus einzel- wie gesamtwirtschaftlichem Blickwinkel. Die immer wieder zu hörende Aussage: „In Deutschland brauchen wir den Einsatz des Emissionshandels nicht, um unsere klimaschutzpolitischen Ziele zu erreichen!", greift somit viel zu kurz. Zielführend ist nicht nur die Frage, ob die anspruchsvollen Klimaschutzziele erreicht werden, sondern vor allem auch, dass sie ökonomisch effizient erreicht werden!

Der Emissionshandel verspricht beides, nämlich

– punktgenaue Zielerfüllung
– auf einzel- wie gesamtwirtschaftlich effizientem Wege.

Dabei handelt es sich beim Emissionshandel eigentlich um ein recht simples Instrument, das nach dem Prinzip „cap and trade" arbeitet und grundsätzlich wie folgt strukturiert ist:

– Der erste Schritt besteht darin, eine insgesamt zulässige Emissionsmenge (cap) zu bestimmen. Im vorliegenden Fall wäre dies ein Subziel für die vom Emissionshandel erfassten Anlagen, das aus dem gesamtgesellschaftlichen Klimaschutzziel „Minderung der Treibhausgase um 21 % im Zeitraum 2008 bis 2012 gegenüber 1990" abgeleitet werden muss.
– Diese Emissionsmenge ist im zweiten Schritt auf die einzelnen Emittenten (Erstallokation der Emissionsrechte) aufzuteilen. Man kann hier auch einen Zwischenschritt einfügen, indem man branchenspezifische „caps" definiert.
– Damit ein transparenter und liquider Markt zustande kommt und um Wettbewerbsbarrieren zu verhindern, muss ein Aktionsrahmen geschaffen werden.
– Unabdingbar ist der Aufbau eines transparenten Monitoringsystems („ökologische Buchführung") nicht nur, um die Emissionsentwicklung der einzelnen Anlagen verfolgen zu können, sondern auch um die Transaktionen zwischen anbietenden und nachfragenden Emittenten zu dokumentieren („zu verbuchen").

Ob, wo, wann, wie und wie viel Emissionen vermieden werden, entscheidet dann nicht mehr der Staat, sondern das ergibt sich nun aus dem Vergleich der spezifischen Kosten vor Ort mit den am Markt herrschenden Preisen für Emissionszertifikate: Emissionsminderung orientiert sich in einem solchen System an den Grenzkosten der Emissionsvermeidung. Liegt der Preis über den spezifischen Kosten, sind Vermeidungsmaßnahmen ökonomisch sinnvoll. Im umgekehrten Fall erwirbt der Emittent Emissionszertifikate am Markt und erfüllt auf diesem Wege seine Verpflichtungen. Im Unterschied zu tradiertem Ordnungsrecht, das prinzipiell einheitliche Anforderungen stellt, ohne die jeweiligen spezifischen Kosten ins Kalkül zu ziehen, kappt der Emissionshandel die einzelwirtschaftlichen Kosten in Höhe des einheitlichen Marktpreises.

Das Schlagwort lautet wie schon Anfang der Achtzigerjahre in den USA: Nachhaltig wirksamer und anspruchsvoller Klimaschutz für weniger Geld – „get more for less!"

Die Umsetzung des Emissionshandels in Deutschland

Im Zentrum der seit Dezember 2002 auf vollen Touren laufenden Arbeiten zur Umsetzung der EU-Richtlinie steht die Entwicklung des Nationalen Allokationsplans (NAP) und die Transformation der europäischen Richtlinie in nationales Recht.

Die Aufstellung des Nationalen Allokationsplans

Der Emissionshandel richtet sich in Deutschland auf rund 2 400 Anlagen. Deutschland verfügt damit nicht nur über die größte Anzahl von Anlagen, in Deutschland ist auch – bedingt durch die vielfältige und vielgestaltige Produktionsstruktur – eine größere Anzahl von Produktionszweigen betroffen als in anderen Mitgliedstaaten, die eine weniger stark ausdifferenzierte industrielle Struktur haben.

Der NAP besteht generell aus den folgenden Elementen:

– nationales Gesamtbudget für Treibhausgasemissionen (CO_2, CH_4, N_2O, HFKW, FKW, SF_6) nach dem Kioto-Protokoll und der EU-Lastenteilung. Schon hier ist eine Abschichtung zwischen CO_2 und den anderen Treibhausgasen sinnvoll.
– Aufteilung des nationalen Gesamtbudgets auf die Makrosektoren Energiewirtschaft + Industrie (Emissionshandelssektoren) sowie Haushalte + Gewerbe/Handel/Dienstleistungen + Verkehr (Nicht-Emissionshandelssektoren)
– Emissionsbudgets (caps) für die nach Anlage I der EU-Richtlinie am Emissionshandel teilnehmenden Anlagen
– Allokationsregeln und -kriterien zur Ermittlung der anlagenbezogenen Zuteilung
– Liste der Anlagen mit den Ergebnissen der Allokation

Systematisch wurde der NAP aus zwei unterschiedlichen Richtungen erarbeitet: „top-down" (Makroplan) und „bottom-up" (Mikroplan).

Im Rahmen des NAP sind eine Reihe von Sonderfaktoren zu berücksichtigen. Neben der „early action", die in aller Munde ist, geht es auch

– um eine adäquate Abbildung der Kraft-Wärme-Kopplung,
– um die Berücksichtigung prozessbedingter Emissionen,
– um die Behandlung der aus dem Kernenergieausstieg resultierenden zusätzlichen CO_2-Emissionen sowie
– um die Orientierung an den technischen Potenzialen der Anlagen bzw. Prozesse.

Für alle diese Fragen und darüber hinausgehende Punkte wurden mittlerweile Allokationsregeln und -kriterien aufgestellt. Deren Ausgestaltung und die sich daraus ergebenden Auswirkungen standen im Zentrum der politischen Auseinandersetzung, die im März 2004 ihren Höhepunkt erreichte. Die Allokationsregeln und -kriterien sind vor allem unter Aspekten wie Effizienz, Gerechtigkeit, Gleichbehandlung,

Bestandsschutz, Wettbewerbseffekte, Anreiz- und Innovationsfunktion, Akzeptanz, Rechtssicherheit, Objektivität und Transparenz, Planungssicherheit und nicht zuletzt Praktikabilität zu bewerten.

Das Bundeskabinett hat am 31. März 2004 den NAP für die Bundesrepublik Deutschland 2005–2007 verabschiedet. Der Allokationsplan wurde noch am selben Tag der Europäischen Kommission in Brüssel vorgelegt. Diese hat am 7. Juli 2004 den NAP insgesamt genehmigt. Allerdings hat sie Änderungen bei den im NAP vorgesehenen nachträglichen Korrekturen verlangt, ohne allerdings einen genauen Zeitrahmen für eine Überarbeitung des NAP und gegebenenfalls auch des Zuteilungsgesetzes zu setzen > Beitrag Geres, S. 194.

Zur Nutzung der projektbezogenen Mechanismen „Joint Implementation" und „Clean Development Mechanism"

In seinem Beschluss vom 31. März 2004 hat das Bundeskabinett ausdrücklich darauf hingewiesen, dass bei der Umsetzung des Europäischen Emissionshandels auch die projektbezogenen Mechanismen genutzt werden sollen. Die Voraussetzungen hierfür sind nach der politischen Einigung zwischen Kommission, Rat und Parlament über den von der Kommission im vergangenen Jahr vorgelegten Richtlinienentwurf geschaffen worden, der „Joint Implementation" und „Clean Development Mechanism" mit dem Europäischen Emissionshandelssystem verknüpft.

Aus Kreisen der deutschen Wirtschaft wird bereits seit Jahren ein großes Interesse an der Durchführung von JI- und CDM-Projekten artikuliert. Das Bundesumweltministerium unterstützt den Umsetzungsprozess durch die Entwicklung und Bereitstellung von Hilfsmitteln wie Kurzchecks, Leitfäden zur Aufstellung des „Project Design Document" (PDD), das zur Anerkennung von CDM- und JI-Projekten durch das Sekretariat der Klimarahmenkonvention der Vereinten Nationen vorgelegt werden muss, sowie durch den Aufbau einer Datenbank. Ferner besteht im Bundesumweltministerium die „Joint Implementation Koordinierungsstelle" (JIKO), die als Informationsdrehscheibe und „focal point" dient.

Unterstützt wird die Nutzung projektbezogener Mechanismen durch einen neuen KfW-Fonds (Kreditanstalt für Wiederaufbau, Frankfurt am Main), der einen Umfang von 50 Mio. € haben soll, wovon die Bundesregierung rund 10 Mio. € aus Bundesmitteln bereitstellen wird, während die KfW ebenfalls 10 Mio. € eingezahlt hat. Am 22. Juni 2004 hat die KfW die erste Tranche ausgeschrieben, die dem Ankauf von so genannten CERs (Certified Emission Reduction) aus CDM-Projekten in Entwicklungsländern dienen soll.

Die Transformation in nationales Recht

In der am 28. Mai 2004 vom Deutschen Bundestag und am 11. Juni 2004 vom Bundesrat verabschiedeten Fassung enthält das TEHG (Gesetz für den Handel mit Treibhausgasemissionszertifikaten in der Gemeinschaft) die folgenden Regelungen:

– Genehmigungen und Überwachung von Treibhausgasemissionen
– Emissionszertifikate und Zuteilung
– Überwachungs- und Berichtspflichten
– Sanktionen und Kosten
– Register
– Zuteilung
– Handel mit Emissionszertifikaten
– Einbeziehung von Gutschriften aus Joint Implementation und Clean Development Mechanism
– Öffentlichkeitsbeteiligung
– Einrichtung der Deutschen Emissionshandelsstelle – DEHSt

Das TEHG enthält im Übrigen eine Reihe von Ermächtigungen zum Erlass von Rechtsverordnungen.

Das technische Management wird durch die Deutsche Emissionshandelsstelle (DEHSt) im Umweltbundesamt wahrgenommen.

Ein weiterer zentraler Baustein der rechtlichen Umsetzung der EU-Emissionshandelsrichtlinie ist das „Gesetz über den nationalen Zuteilungsplan für Treibhausgasemissionszertifikate in der Zuteilungsperiode 2005–2007 (Zuteilungsgesetz – ZuG)". Das ZuG regelt alle Fragen, die sich im Hinblick auf die Allokation von Emissionszertifikaten stellen. Die Geltung des ZuG ist jeweils auf die Laufzeit einer Handelsperiode begrenzt.

Das erste ZuG legt das Mengengerüst an zuzuteilenden Zertifikaten für die Handelsperiode 2005–2007 auf der Basis des Makroplans im Nationalen Allokationsplan fest. Ferner wird es die einzelnen Allokationsregeln und -kriterien für die Zuteilung von Emissionszertifikaten nach dem Mikroplan des Nationalen Allokationsplans definieren. Im Einzelnen heißt dies: Festlegung der allgemeinen Allokationsregeln und der Sonderzuteilungsregeln. Schließlich legt das ZuG den Erfüllungsfaktor für die Handelsperiode von 2005 bis 2007 fest.

Wie das TEHG enthält auch das ZuG zahlreiche Ermächtigungsgrundlagen für Rechtsverordnungen. Im Zentrum steht dabei die Ermächtigung zum Erlass der Zuteilungsverordnung, mit der die Allokationsregeln operationalisiert werden.

Die Komplettierung des nationalen Klimaschutz-programms („Emissionshandel +")

Der NAP hat den schlüssigen Nachweis darüber zu führen, dass die im Rahmen der europäischen Lastenteilung übernommenen Klimaschutzziele erreicht werden. Der NAP ist somit deutlich breiter angelegt als das Zuteilungsgesetz – er muss neben den Sektoren Energiewirtschaft und Industrie auch die Bereiche private Haushalte, Gewerbe/Handel/Dienstleistung und die Anlagen aus Energiewirtschaft und Industrie erfassen, die nicht emissionshandelspflichtig sind. Ziel dieses umfassenderen Ansatzes ist es, eine gewisse Äquivalenz in der Belastung zwischen den Akteuren herzustellen oder – ökonomisch ausgedrückt – alle Akteure möglichst gleichen Grenzkosten der Emissionsvermeidung zu unterwerfen.

Auf jeden Fall ist der Emissionshandel in das nationale Klimaschutzprogramm einzubinden. Zum einen sind die Minderungspotenziale in den nicht vom Emissionshandel erfassten Bereiche auszuschöpfen, zum anderen muss der Emissionshandel mit anderen Instrumenten wie der ökologischen Steuerreform, dem Erneuerbaren-Energien-Gesetz (EEG), der Klimaschutzvereinbarung zwischen der deutschen Wirtschaft und der Bundesregierung und dem Kraft-Wärme-Kopplungsgesetz verknüpft werden.

Indikationen für ein aktualisiertes Maßnahmenbündel lassen sich dem Koalitionsvertrag vom 16. Oktober 2002 entnehmen.

Im Detail finden sich im Koalitionsvertrag folgende Indikationen für Langfristziele, Politiken und Maßnahmen mit klimaschutzpolitischem Bezug:

Das langfristige Klimaschutzziel, weitere Zielsetzungen sowie klimaschutzpolitisch relevante Programmsätze

- Minderung der Treibhausgase in Deutschland um 40% bis 2020 gegenüber 1990 unter der Voraussetzung, dass sich die EU bei den internationalen Klimaschutzverhandlungen zur Weiterentwicklung des Kioto-Protokolls zu einer Minderung der Treibhausgase um 30% im selben Zeitrahmen bereit erklärt
- Weiterentwicklung des EEG und der Förderpolitik mit dem Ziel der Verdopplung des Anteils der erneuerbaren Energien am Primärenergieverbrauch und an der Stromversorgung bis 2010
- Förderung der Solarwärme mit dem Ziel der Verdopplung der Solarkollektoren in Deutschland
- Offensive Vorreiterrolle beim internationalen Klimaschutz
- Durchführung einer Effizienzrevolution beim Einsatz von Energie
- Fortentwicklung des energierechtlichen Ordnungsrahmens (EnWG)

Steuerliche Maßnahmen

- Verminderung der steuerlichen Begünstigung des produzierenden Gewerbes bei der Ökosteuer
- Beibehalten der Ökozulage für Energie sparendes Bauen
- Aufhebung der Mehrwertsteuerbefreiung für Flüge in andere EU-Länder
- Ökologische Fortentwicklung der Kfz-Steuer durch Umstellung der Bemessungsgrundlage auf Kohlendioxidemissionen
- Anpassung der Besteuerung von Energieträgern nach Maßgabe ihres Energiegehalts
- Einführung einer Kerosinbesteuerung im Flugverkehr innerhalb Europas
- Fortschreibung der Steuerermäßigung für Erdgasfahrzeuge bis zum Jahre 2020

Technologiebezogene Maßnahmen

- Ausbau der Kraft-Wärme-Kopplung, Unterstützung des Marktdurchbruchs der Brennstoffzelle sowie der dezentralen Blockheizkraftwerke
- Installation von Offshore-Windkraftanlagen bis 2006 mit einer Leistung von 500 Megawatt und bis 2010 mit einer Leistung von 3000 Megawatt
- Verstärkung der „Exportoffensive erneuerbare Energien"

Ökonomische Anreize

- Verstärkung des Marktanreizprogramms für erneuerbare Energien
- Umstrukturierung des Bergbaus und Rückführung der Subventionszahlungen des Bundes an den deutschen Steinkohlenbergbau von 3,05 auf 2,17 Mrd. € im Jahre 2005
- Konsequente Einführung eines Emissionshandelssystems in ganz Europa
- Gewährung von Investitionszuschüssen und Sonderabschreibungen anstelle von Zinsvergünstigungen im Rahmen eines Anschlussprogramms zur energetischen Modernisierung im Gebäudebestand
- Internalisierung der externen Kosten in die Preise der Mobilität
- Unterstützung der Markteinführung von Null-Emissions-Fahrzeugen wie beim Clean-Energy-Projekt für den Wasserstoffeinsatz
- Einführung einer europäischen flugstreckenbezogenen Emissionsabgabe sowie weitere Differenzierung der Start- und Landegebühren nach emissionsbezogenen Maßstäben

Sektorspezifische Maßnahmen

- Fortführung der Energieeinsparung im Gebäudebereich
- Schaffung eines Förderungsprogramms zur Errichtung von Passivhäusern mit 30000 Wohnungen
- Einführung der Lkw-Maut im Jahre 2003
- Konsequente Umsetzung des „Nationalen Radverkehrsplans 2002"

Zusammenfassung und Ausblick

Deutschland verfügt über ein äußerst ambitioniertes Klimaschutzprogramm. Die Bundesregierung hat bewusst eine Vorreiterrolle im internationalen Klimaschutz übernommen. Das nationale Klimaschutzprogramm ist eingebunden in die Umsetzung der Klimarahmenkonvention (UNFCCC) und des Kiotoprotokolls sowie in ein immer schärfere Konturen gewinnendes Europäisches Klimaschutzprogramm. Kern des Europäischen Klimaschutzprogramms ist die Einführung des Europäischen Emissionshandelssystems zum 1. Januar 2005.

Mittlerweile haben Bundesregierung und Deutscher Bundestag alle wesentlichen Bausteine für die Umsetzung des Europäischen Emissionshandelssystems verabschiedet. Ferner wurden bereits Anfang 2004 mit der Einrichtung der Deutschen Emissionshandelsstelle (DEHSt) im Umweltbundesamt die institutionellen Voraussetzungen für das technische Management des Emissionshandels geschaffen.

Mit der Integration des Emissionshandels hat eine neue Ära in der Klimaschutzpolitik Deutschlands begonnen. Bislang liegen nur wenige Erfahrungen mit der Umsetzung eines solchen neuartigen Ansatzes vor und die Form der Allokation entspricht nicht den umweltökonomischen Idealvorstellungen. Deshalb werden die in den kommenden Monaten und Jahren gewonnenen Erkenntnisse sorgfältig analysiert und bewertet werden müssen, um gegebenenfalls bereits vor Beginn der zweiten Handelsperiode von 2008 bis 2012 Modifikationen vorzunehmen. Ein solcher Review-Prozess ist bereits auf europäischer und nationaler Ebene vorgesehen.

Darüber hinaus wird schon in den nächsten Monaten die Aktualisierung des nationalen Klimaschutzprogramms erfolgen. Neben einer Zwischenbilanz über den mittlerweile erzielten Stand der Emissionsminderung und einer Erfolgsanalyse des bislang eingesetzten Maßnahmenbündels besteht die Hauptaufgabe des Sechsten Berichts der Interministeriellen Arbeitsgruppe „CO$_2$-Reduktion" darin, die Beiträge der Sektoren und Akteure zu benennen und konsequent zu erschließen, die nicht vom Emissionshandel erfasst werden.

Literatur

Bundesministerium für Umwelt, Naturschutz und Reaktorsicherheit (Hrsg.), Nationales Klimaschutzprogramm, Beschluss der Bundesregierung vom 18. Oktober 2000, Fünfter Bericht der Interministeriellen Arbeitsgruppe „CO$_2$-Reduktion", Berlin, November 2000.

Bundesministerium für Umwelt, Naturschutz und Reaktorsicherheit, Nationaler Allokationsplan für die Bundesrepublik Deutschland 2005–2007, Berlin, 31. März 2004.

Erneuerung – Gerechtigkeit – Nachhaltigkeit, Für ein wirtschaftlich starkes, soziales und ökologisches Deutschland. Für eine lebendige Demokratie, Koalitionsvertrag zwischen der Sozialdemokratischen Partei Deutschlands und Bündnis 90/DIE GRÜNEN vom 16. Oktober 2002.

TEHG: Gesetz zur Umsetzung der Richtlinie 2003/87/EG über ein System für den Handel mit Treibhausgasemissionszertifikaten in der Gemeinschaft, Bundesgesetzblatt, Teil I G 5702, Bonn, 14. Juli 2004, S. 1578–1586.

Commission Decision of 29/01/2004 establishing guidelines for the monitoring and reporting of greenhouse gas emissions pursuant to Directive 2003/87/EC of the European Parliament and the Council, Brussels, 29/01/2004.

Commission of the European Communities, Commission Decision of 7 July 2004 concerning the national allocation plan fort the allocation of greenhouse gas emission allowances notified by Germany in accordance with Directive 2003/87/EC of the European Parliament and of the Council, Brussels, 07.07.2004.

Kommission der Europäischen Gemeinschaften, Vorschlag für eine Richtlinie des Europäischen Parlaments und des Rates zur Änderung der Richtlinie über ein System für den Handel mit Treibhausgasemissionsberechtigungen in der Gemeinschaft im Sinne der projektbezogenen Mechanismen des Kioto-Protokolls, Brüssel, 23. Juli 2003.

Müller, Werner, Des Feuers Macht, VDEW-Verlag, Frankfurt am Main, 1987.

Münchener Rückversicherung (Hrsg.), topics, Jahresrückblick Naturkatastrophen 2000, München, 2001.

Rat der Europäischen Union (Hrsg.), Bericht der Kommission gemäß der Entscheidung Nr. 93/389/EWG des Rates über ein System zur Beobachtung der Emissionen von CO$_2$ und anderen Treibhausgasen in der Gemeinschaft, geändert durch die Entscheidung Nr. 99/296/EG, 15615/03, Brüssel, 3. Dezember 2003.

Schafhausen, Franzjosef, Der Handel kann beginnen, in: Energiewirtschaftliche Tagesfragen, 54. Jahrgang (2004), Heft 7, S. 450–452.

Schwartz, Peter and Randall, Douglas, An Abrupt Climate Change Scenario and its Implications for United States National Security, Washington October 2003.

Der Autor

Franzjosef Schafhausen, geboren im Jahre 1948 in Weißenthurm/Koblenz. 1964–1967 Ausbildung zum Bankkaufmann. 1968 bis 1972 Studium der Betriebswirtschaftslehre. 1972–1978 Studium der Volkswirtschaftslehre an der Universität zu Köln. 1978–1983 Wissenschaftlicher Assistent und Geschäftsführer des Finanzwissenschaftlichen Forschungsinstituts an der Universität zu Köln. 1982 Wissenschaftlicher Referent im Umweltbundesamt Berlin und zuständig für „Ökonomie und Ökologie". 1983–1986 Referent im Bundesministerium des Innern. 1986 Wechsel in das neu gegründete Bundesministerium für Umwelt, Naturschutz und Reaktorsicherheit – hier zuständig für „Umwelt und Energie". 1991–1995 Leiter des Referats „Umwelt und Energie, produktbezogener Umweltschutz". Seit 1995 Leiter der Arbeitsgruppe „Nationales Klimaschutzprogramm, Umwelt und Energie" und Vorsitz der vom Bundeskabinett eingesetzten Interministeriellen Arbeitsgruppe „CO$_2$-Reduktion". Seit 2000 Vorsitzender der Arbeitsgruppe „Emissionshandel zur Bekämpfung des Treibhauseffekts". Seit 2003 Obmann des AA 7 im DIN NAGUS „Treibhausgasemissionen".

**Der Klimawandel bringt neue
Extreme mit sich. In Dresden
führten im August 2002 Rekord-
niederschläge zu historischen
Überflutungen.**

Klimawandel – Chancen und Risiken für die Assekuranz

Bereits heute schlägt sich der Klimawandel in den Katastrophenstatistiken nieder. Dieser Trend wird in Zukunft noch deutlicher. Die Assekuranz muss und kann die Risiken erkennen und sie zugleich als Chancen für neue, innovative Geschäftsfelder nutzen.

Naturkatastrophen und Klimaänderung – Befürchtungen und Handlungsoptionen der Versicherungswirtschaft

Es steht außer Frage: Steigende Schadenbelastungen aus Naturkatastrophen stellen die Versicherungswirtschaft vor schwierige Aufgaben. Versicherungstechnische Instrumente allein reichen langfristig nicht aus, um ihr Katastrophenrisiko einzudämmen. Neue Größtschadenpotenziale erfordern eine umfassende Risikopartnerschaft.

Gerhard Berz

Die Altstadt von Köln stand innerhalb weniger Jahre – 1983, 1993, 1995 – gleich drei Mal unter Wasser.

Seit Anfang der 1980er-Jahre registriert die Versicherungswirtschaft rapide steigende Schadenbelastungen aus Naturkatastrophen. Tabelle 1 zeigt alle Naturkatastrophen der letzten Jahrzehnte, welche die Versicherungswirtschaft mehr als eine Milliarde US-Dollar gekostet haben. Vor 1987 hat ein einziges Ereignis, der Hurrikan Alicia 1983, diesen Wert erreicht – seit 1987 waren es aber insgesamt 46 Ereignisse, allein 28 davon in den 90er-Jahren und 16 seit 2000! Absoluter Spitzenreiter mit versicherten Schäden von rund 17 Milliarden US$ ist der Hurrikan Andrew. Die Schäden wären noch um ein Mehrfaches höher gewesen, wenn Andrew zwei Volltreffer gelandet hätte: Er zog nämlich zum Glück rund 50 km an Miami bzw. 150 km an New Orleans vorbei. Alle diese Katastrophen (bis auf die Erdbeben 1994 und 1995) sowie über 80% aller Naturkatastrophen im Zeitraum 1980–2003 wurden von atmosphärischen Extremereignissen wie Stürmen, Überschwemmungen und Unwettern verursacht; daher liegt der Verdacht nahe, dass die weltweit beobachteten Umwelt- und Klimaveränderungen maßgeblich zum Katastrophentrend beitragen. Die wissenschaftliche Absicherung dieses Zusammenhangs steht zwar noch aus, doch die Plausibilität und die Brisanz dieser Vermutung sind unbestritten. Wirtschaft und Politik müssen deshalb davon ausgehen, dass sich die Katastrophenentwicklung weiter verschärft, und sie müssen ihr die Kosten wirksamer Anpassungs- und Vermeidungsstrategien gegenüberstellen.

Entscheidend ist dabei nicht, ob und wann die anthropogene Klimaänderung endgültig beweisbar sein wird, sondern ob die bisherigen Klimadaten und Modellrechnungen ausreichend Anhaltspunkte liefern können, um künftige Veränderungen sinnvoll abzuschätzen und rechtzeitig geeignete Strategien zu entwickeln. Das Irrtumsrisiko bleibt auf absehbare Zeit groß; umso wichtiger ist es, dass die Strategien anpassungsfähig sind und an den zu vermeidenden Schäden gemessen werden. Von vornherein erfolgreich sind so genannte „no-regret"- bzw. „win-win"-Strategien wie die Verringerung des Energieverbrauchs. Selbst wenn die Klimarelevanz geringer als vermutet sein sollte, schonen sie die Ressourcen (auch in finanzieller Hinsicht) und demonstrieren das Verantwortungsbewusstsein der Industrieländer gegenüber der Dritten Welt. Mit Strategien nach dem Vorsorgeprinzip ist man „auf der sicheren Seite" und es gibt dabei hoffentlich nur Gewinner.

Tab.1 Naturkatastrophen mit versicherten Schäden von 1 Mrd. US$ und darüber (bis Oktober 2004)

Jahr	Ereignis	Region	Volkswirtschaftliche Schäden Mio. US$	Versicherte Schäden Mio. US$
1983	Hurrikan Alicia	USA	3000	1500
1987	Wintersturm	Westeuropa	3700	3100
1989	Hurrikan Hugo	Karibik. USA	9000	4500
1990	Wintersturm Daria	Europa	6800	5100
1990	Wintersturm Herta	Europa	1950	1300
1990	Wintersturm Vivian	Europa	3200	2100
1990	Wintersturm Wiebke	Europa	2250	1300
1991	Taifun Mireille	Japan	10000	5400
1991	Waldbrand Oakland Fire	USA	2500	1750
1992	Hurrikan Andrew	USA	30000	17000
1992	Hurrikan Iniki	Hawaii	3000	1600
1993	Schneesturm	USA	5000	1750
1993	Überschwemmung	USA	21000	1270
1994	Erdbeben	USA	44000	15300
1995	Erdbeben	Japan	100000	3000
1995	Hagel	USA	2000	1135
1995	Hurrikan Luis	Karibik	2500	1500
1995	Hurrikan Opal	USA	3000	2100
1996	Hurrikan Fran	USA	5200	1800
1998	Eissturm	Kanada. USA	2500	1200
1998	Überschwemmungen	China	30000	1000
1998	Taifune Vicki u. Waldo	Japan	3000	1600
1998	Hagel, Unwetter	USA	1800	1350
1998	Hurrikan Georges	Karibik. USA	10000	4000
1999	Hagelsturm	Australien	1500	1100
1999	Tornados	USA	2800	1485
1999	Hurrikan Floyd	USA	4500	2200
1999	Taifun Bart	Japan	5000	3500
1999	Wintersturm Anatol	Europa	2900	2350
1999	Wintersturm Lothar	Europa	11500	5900
1999	Wintersturm Martin	Europa	4100	2500
2000	Taifun Saomai	Japan	1500	1050
2000	Überschwemmungen	Großbritannien	1500	1100
2001	Hagel, Unwetter	USA	2500	1900
2001	Trop. Sturm Allison	USA	6000	3500
2002	Tornados, Wirbelstürme	USA	2200	1675
2002	Überschwemmungen	Europa	16000	3400
2002	Wintersturm Jeanett	Europa	2300	1500
2003	Hagel, Tornados	USA	2100	1600
2003	Tornados	USA	4000	3200
2003	Hurrikan Isabel	USA	5000	1685
2003	Flächenbrände	USA	3500	2200
2003	Überschwemmungen	Frankreich	1500	1000
2004	Hurrikan Charley	Karibik, USA	> 18000	> 8000
2004	Hurrikan Frances	Karibik, USA	> 12000	> 6000
2004	Hurrikan Ivan	Karibik, USA	> 23000	> 11500
2004	Hurrikan Jeanne	Karibik, USA	> 9000	> 5000

Originalschäden, nicht inflationsbereinigt.
Quelle: Münchener Rück, GeoRisikoForschung, 2005

Tab. 2 Schadenrelevanz der Klimaänderung für einzelne Versicherungszweige

Sparten	Überschwemmung u. Sturmflut		Unwetter u. Sturzflut		Hitze u. Dürre		Kälte u. Frost	
	kurzfristig	langfristig	kurzfristig	langfristig	kurzfristig	langfristig	kurzfristig	langfristig
Sach Privatgeschäft	-	- -	- -	- - -	-	- -	+	+ +
Sach Gewerbe	-	- -	- -	- - -	-	- -	+	+ +
Sach Industrie	-	- -	- -	- - -	-	- -	+	+ +
Technik Bauwesen	- -	- - -	- -	- - -	-	- -	+	+ +
Technik Montage	-	- -	- -	- - -	-	- -	+	+ +
Transport	-	- -	- -	- - -	-	- -	+	+ +
Agrar (Ernte, Tier etc.)*	-	- -	-	- -	- -	- - -	+	+ +
Autokasko	-	- -	- -	- - -	-	-	+	+ +
Luftfahrt, Raumfahrt	-	-	-	- -	-	- -	o	o
SoRi (Veranstaltungsausfall etc.)	- -	- - -	- -	- - -	-	- -	- -	- - -
Kranken	-	-	-	-	-	- -	+	+ +
Leben	-	-	-	-	-	- -	+	+ +

*Gilt nur bei derzeitigem Deckungskonzept in Europa, bei Mehrgefahrendeckung deutliche Auswirkungen (entsprechend Sach).

Quelle: Münchener Rück, GeoRisikoForschung, 2003

Negative Auswirkungen
- - - stark
- - mittel
- gering

Positive Auswirkungen
+ gering
+ + mittel
o ohne Bedeutung

In der Tabelle sind die Auswirkungen der Klimaänderung auf einzelne Versicherungszweige kurzfristig (Zeitrahmen: 5 bis 10 Jahre) und langfristig (Zeitrahmen: 10 bis 30 Jahre) dargestellt. So muss beispielsweise die Sparte Transport, insbesondere relevant bei Lagerrisiken, langfristig mit deutlich mehr Unwettern, Hagel und lokalen Sturzfluten aufgrund der Klimaänderung rechnen. Der Rückgang der Fröste dürfte sich langfristig schadenmindernd, d. h. positiv, auswirken.

Tab. 3 Volkswirtschaftliche und versicherte Größtschadenpotenziale aus Wetterkatastrophen (Auswahl)

Szenario	Wiederkehrperiode (1x in ... Jahren)	Volkswirtschaftliche Schadenpotenziale (in Mrd. Euro)	Versicherte Schadenpotenziale (in Mrd. Euro)
Sturm USA	100	80	45
Sturm Europa	100	30	20
Sturm Japan	100	35	25
Deutschland			
Sturm	100	10	7
Sturm	1000	30	20
Hagel	100	10	5
Überschwemmung	100	13	10*
Überschwemmung	1000	40	30*
Sturmflut	1000	35	25*

Quelle: Münchener Rück, GeoRisikoForschung, 2004

*Bei Pflichtversicherung.

Versicherungsaspekte

Versicherung als wichtiger Bestandteil der privaten, betrieblichen und öffentlichen Risikovorsorge hat vor allem ein Ziel: das Risiko eines finanziellen Ruins des Versicherungsnehmers zu minimieren. Das trifft auch auf die Naturgefahren zu, die bei einem Großteil der heute angebotenen Versicherungsprodukte gedeckt werden.

Eine Veränderung der natürlichen Risikofaktoren kann und muss sich unmittelbar auf das Versicherungsgeschäft mit diesen Risiken auswirken. Das gilt vor allem für zahlreiche Wetterrisiken, denen ein hoher Anteil der versicherten Katastrophenschäden sowie die starke Zunahme der Schadenbelastungen in den vergangenen Jahrzehnten zuzuschreiben sind. Tabelle 2 führt eine Reihe von meteorologischen Extremereignissen auf, die für die Risikosituation verschiedener Versicherungsbranchen relevant sind. Bei den meisten Risikofaktoren ist als Folge der Klimaänderung eine deutliche Verschlechterung zu erwarten. Frühere Richtwerte für den Prämienbedarf sowie für die ungünstigsten (worst case) Schadenpotenziale müssen deshalb nachkorrigiert werden. Richtigerweise müssten neue Richtwerte heute prospektiv kalkuliert werden, also bezogen auf die zu erwartende Risikosituation der nächsten 5 bis 10 Jahre. Tatsächlich findet man auf den meisten Versicherungsmärkten nach wie vor eine retrospektive Risikoschätzung, die auf der Schadenerfahrung der Vergangenheit beruht. Das führt zwangsläufig zu einer Fehleinschätzung und zur Erosion der Prämienbasis. Solange Naturgefahrendeckungen als unbedeutendes Anhängsel einer Hauptdeckung gelten konnten, war dieses Vorgehen noch akzeptabel. Mit zunehmender Nachfrage nach diesen Deckungen und ihrer Ausweitung auf zusätzliche Gefahren (z. B. Überschwemmung, Bodensetzung, Schneedruck) und mit explodierenden Schadenbelastungen wird die Lage jedoch immer prekärer. So haben sich auf vielen Versicherungsmärkten inzwischen Schadenpotenziale aus großen Naturkatastrophen entwickelt, die an die Grenzen der finanziellen Kapazitäten stoßen (s. Tab. 3). Die Gefahr eines katastrophalen „Volltreffers" erscheint deshalb groß und nimmt im Zuge der globalen Erwärmung weiter zu.

Umso wichtiger ist es, dass die Versicherer ihre Schadenpotenziale durch eine verbesserte Kumulerfassung und Portefeuilleanalyse sowie eine strikte Limitierung ihrer Haftungen unter Kontrolle halten. Darüber hinaus sollten sie versuchen, ihre Kunden mit „ins Boot" zu holen, d. h., sie mit finanziellen Anreizen stärker als bisher zu eigenen Risikominderungsmaßnahmen zu motivieren. In Regionen, in denen die Risiken aus Naturgefahren moderat sind, bieten entsprechende Versicherungsverträge eher einen Schutz vor häufigen Klein- oder Bagatellschäden. Der Versicherungsnehmer betrachtet diesen Versicherungsschutz deshalb oft als eine Art „Sparkasse", in die er regelmäßig Beiträge entrichtet, aus der er gleichzeitig aber mehr oder weniger regelmäßig Auszahlungen erhält. Der Gedanke der Risikovorsorge und damit das Interesse an einer echten Risikominderung werden so in den Hintergrund gedrängt. Sie lassen sich aber durch eine geeignete Gestaltung des Versicherungsschutzes wach halten, z. B. durch substanzielle Selbstbeteiligungen und ihre Abstufung nach Gefährdung und Schadenanfälligkeit.

So kommt es etwa bei der Deckung von Überschwemmungsschäden darauf an, die meist kleinräumigen und gleichzeitig großen Gefährdungsunterschiede richtig zu erfassen, zu bewerten und daraus Konsequenzen für die Gestaltung des Versicherungsschutzes zu ziehen. Dabei greifen Versicherer heute mehr denn je auf geowissenschaftliche Untersuchungsmethoden zurück (geographische Informationssysteme, Abflussmodelle und Ereignisszenarien) und schlagen bautechnische Schadenminderungsmaßnahmen vor.

Die Assekuranz hat einige Instrumente entwickelt, die es ermöglichen, das Katastrophenrisiko einzugrenzen und zu beherrschen, wenn sie richtig und selektiv angewendet werden (Beispiele s. Tab. 4). Dank eines globalen Risikomanagements, das immer ausgeklügelter wird, scheint die Versicherungswirtschaft gut für den Ernstfall vorbereitet zu sein, sodass sie die Katastrophenprobleme der Zukunft meistern kann. Dabei kann sie z. B. auch aktiv zu nachhaltigem Klimaschutz beitragen, indem sie ihren finanziellen und politischen Einfluss, ihre Motivationsinstrumente und ihre eigenen Umweltschutzpotenziale nutzt, um die Auswirkungen der sich abzeichnenden Klimaänderung möglichst gering zu halten – auch im eigenen Interesse.

Aus der Perspektive des Rückversicherers, der Gesamtwirtschaft und der Politik gefährden Größtschadenpotenziale, die bei extremen Naturereignissen zu erwarten sind, die nachhaltige Entwicklung vieler Regionen. Die möglichen Schadensummen erreichen Größenordnungen, die eine umfassende Risikopartnerschaft erforderlich machen, also eine ausgewogene Risikobeteiligung von Versicherungsnehmern, Erst- und Rückversicherungsmärkten und im Notfall auch des Staates. Weltweit gibt es eine Reihe unterschiedlicher Ansätze, die darauf abzielen, Bevölkerung und Wirtschaft finanziell gegen die größten zu erwartenden Schadenbelastungen angemessen abzusichern.

Resümee

Häufigkeit und Schadenausmaß großer Naturkatastrophen werden auch in Zukunft weltweit drastisch zunehmen. Die sich abzeichnende Erwärmung der Erdatmosphäre und die daraus resultierende Intensivierung der Sturm- und Niederschlagsprozesse sowie der Anstieg des Meeresspiegels werden diesen Trend erheblich verstärken, wenn nicht rasch einschneidende Vorsorgemaßnahmen ergriffen werden.

Die Assekuranz muss sich im eigenen Interesse maßgeblich an Vorsorgemaßnahmen beteiligen, um die Deckung von Elementarschäden auf Dauer gewährleisten zu können. Durch eine geeignete Produktgestaltung kann sie die Versicherungsnehmer, aber auch die Behörden zur Schadenvorsorge motivieren und gleichzeitig ihr eigenes Schadenpotenzial und damit einhergehende Kapazitätsprobleme verringern.

Tab. 4 Versicherungstechnische Instrumente zur Begrenzung des Katastrophenrisikos

- adäquater Preis
- substanzielle Franchisen, nach Gefährdungsgrad
- Haftungslimite
- Kumulkontrolle
- Rückversicherung/Retrozession
- Schadenverhütung bzw. -vorbeugung
- Organisation/Vereinheitlichung der Schadenregulierung
- Ausschluss bestimmter Gefahren
- Ausschluss besonders exponierter Gebiete

Hurrikan Andrew, der im August 1992 den Süden Floridas verwüstete, führte zum bisher größten versicherten Schaden aus einer Naturkatastrophe (17 Mrd. US$). Dabei hätte eine nur leicht nach Norden verschobene Zugbahn ein Mehrfaches an Schäden verursacht und die Versicherungswirtschaft vor eine extreme Belastungsprobe gestellt.

Der Autor

Gerhard Berz wuchs in Oberammergau auf und ging im Humanistischen Gymnasium Ettal zur Schule, wo er 1960 das Abitur ablegte. Nach dem Studium der Meteorologie an der Universität München, das er 1966 mit der Diplomprüfung abschloss, trat er die Stelle eines Wissenschaftlichen Assistenten am Institut für Geophysik und Meteorologie der Universität Köln an. Nach der Promotion 1969 und der Referendarausbildung sowie Assessorprüfung 1971 beim Deutschen Wetterdienst wechselte er 1972 als Wissenschaftlicher Assistent an die Universität München und erhielt dort einen Lehrauftrag, den er bis heute ausübt.

1974 berief ihn die Münchener Rück zum Leiter des Bereichs Elementargefahren (heute: CUGC3 „GeoRisikoForschung"), den er zu einem führenden Institut auf diesem Gebiet in der Versicherungswirtschaft und darüber hinaus ausbaute. Dies brachte ihm den Titel „Master of Disaster" (Focus 2001) ein.

Neben seiner Tätigkeit für die Münchener Rück wirkt Herr Berz in zahlreichen nationalen und internationalen Vereinigungen mit, z. B. dem Deutschen Komitee für Katastrophenvorsorge, der International Strategy for Disaster Reduction, dem Intergovernmental Panel on Climate Change und dem World Weather Research Program.

Klimawandel: Ein Erfahrungsbericht aus dem britischen Markt

Noch vor dreißig Jahren galten Wetterkatastrophen als seltene, zufällige Ereignisse, denen man durch einfache Sachrückversicherungsverträge begegnen konnte. Seitdem haben sich Wetterkatastrophen vervielfacht, auch ist die Risikoexponierung enorm gestiegen. Für die britische Versicherungswirtschaft ist die Klimaänderung daher zu einem zentralen Thema geworden.

Andrew Dlugolecki

Im Herbst 2000 kam es nach Rekordregenfällen vor allem in Südengland und Wales zu dramatischen Überflutungen. Das Bild zeigt eine überschwemmte Brauerei in Lewes in Südengland.

Der geschichtliche Hintergrund

Als ich 1973 meine Laufbahn im Versicherungswesen begann, befand sich die britische Versicherungswirtschaft gerade in einem Umbruch, der von festgelegten Tarifen mit einheitlichen Prämien zu einer stärkeren Wettbewerbsorientierung führte. Die einzelnen Gesellschaften hatten noch keine statistischen Datenbanken. Das war zum damaligen Zeitpunkt allerdings auch kein Problem, denn das Geschäft verlief durchwegs gewinnbringend.

Dies änderte sich im Jahr 1976, als die Rentabilität drastisch sank. Drei Hauptgründe waren hierfür verantwortlich:

– Wintersturm Capella, der im Januar 1976 über Gesamteuropa hinwegfegte
– eine Trockenheit, wie sie nur einmal in 250 Jahren auftritt (die Folge waren Setzungsschäden und Schäden an Gebäudefundamenten)
– eine generelle Zunahme von Diebstählen

Das Unternehmen, in dem ich damals tätig war, analysierte unter meiner Leitung im Sommer 1977 zehntausend Schadenfälle. Diese Untersuchung ergab, dass alle drei Faktoren von Bedeutung waren. Auf der Grundlage der damaligen wissenschaftlichen Erkenntnisse wurde es jedoch als unwahrscheinlich angesehen, dass sich das Muster der beiden meteorologischen Ereignisse von 1976 wiederholen würde. Denn die globale Erwärmung war damals noch kein anerkanntes Phänomen – die Menschen machten sich mehr Gedanken über die nächste Eiszeit. Folglich wurde auch nichts unternommen, um die wissenschaftliche Forschung zu intensivieren. Stattdessen konzentrierte sich die Aufmerksamkeit auf die Zunahme der Kriminalität.

Interessanterweise wiederholte sich eine ähnliche Situation 1990:
– Eine Orkanserie – 8 Tiefs mit Namen von Daria bis Wiebke – fegte über Europa hinweg.
– Großbritannien erlebte eine extreme Trockenheit mit einer Dauer von 18 Monaten.

Das hatte man nicht erwartet. Am Tag des ersten Orkans (Daria, 26. Januar 1990) verbrachte ich übrigens viele Stunden in einem schalldichten Raum im Gespräch mit wissenschaftlichen Fachleuten und Regierungsvertretern. Wir diskutierten, wie die Öffentlichkeit für den Klimawandel sensibilisiert werden könnte. Währenddessen tobte draußen der Sturm. Nach der Konferenz stellten wir fest, dass unsere Frage bereits beantwortet war!

Und diesmal waren die Konsequenzen andere als 1976. Einerseits spielten britische Wissenschaftler dank der Unterstützung der damaligen Premierministerin Margaret Thatcher eine wichtige Rolle beim weltweiten Programm zur Erforschung des Klimawandels, das 1988 eingeleitet wurde. Andererseits waren die britischen Versicherer mit ihrem internationalen Geschäft – ebenso wie die Rückversicherer – von Wetterextremen auf der ganzen Welt betroffen. Die Abfolge schwerer Stürme, die weltweit in den Jahren 1987 bis 1992 zu beobachten war, trug dazu bei, auf dieses Thema aufmerksam zu machen; umso mehr, als mehrere von ihnen in Großbritannien wüteten. Hinzu kommt, dass der Privatversicherungsschutz in Großbritannien erheblich mehr deckt als in anderen Ländern: neben Sturm, Frost und anderen herkömmlichen Gefahren wie Feuer und Explosion nämlich ebenfalls Gebäudesetzung und Überschwemmung. Deshalb verfolgen die britischen Versicherer praktisch jede Art von ungewöhnlichem Wetter mit großem Interesse, da es für sie spürbare Verluste mit sich bringen kann. Hitzewellen und Dürren wie 1975/76 und 1989/90 machten diese Verwundbarkeit besonders deutlich.

Abb. 1 Entwicklung extremer Monate in Großbritannien

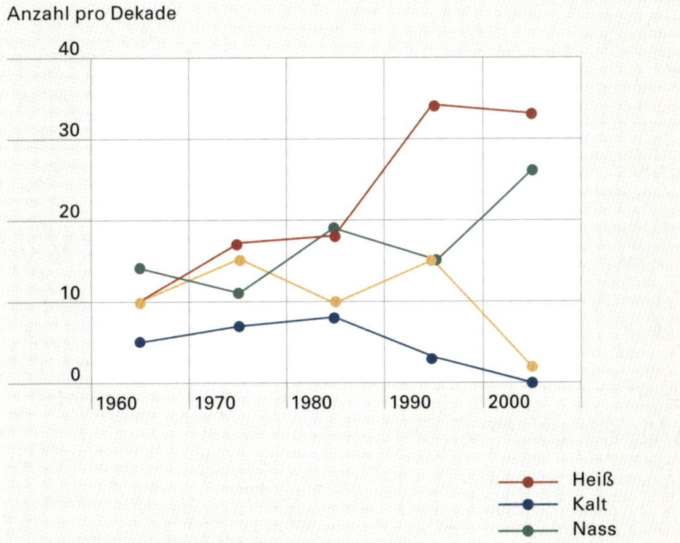

Anzahl pro Dekade

Anzahl der Monate mit Temperatur- und Niederschlagsextremen pro Jahrzehnt nach britischen Aufzeichnungen. Extreme sind definiert als Werte in den oberen oder unteren 10 % der historischen Verteilungen.

Legende:
- Heiß
- Kalt
- Nass
- Trocken

Quelle: Association of British Insurers, 2004

Jüngste Entwicklungen des britischen Wetters

Großbritannien verfügt weltweit über die längste Serie wissenschaftlicher Wetteraufzeichnungen (seit 1659 für die Monatstemperaturen und seit 1766 für Niederschläge). So kann man langfristige Wetterentwicklungen fundiert nachvollziehen und die Frage beantworten, ob sich das Klima wirklich ändert.

Für Versicherer sind extreme Wetterlagen von Bedeutung, denn sie führen zu Sachschäden. In jedem Monat, in dem die durchschnittlichen Temperaturen oder Niederschläge in den oberen oder unteren 10 % des historischen Wertebereichs liegen, gab es mit großer Wahrscheinlichkeit einige extreme Tage. Diese Dezilgrenze wird genutzt, um die Monate mit extremem Wetter zu identifizieren (nach den Kategorien heiß, kalt, nass oder trocken). Wenn wir die Dezilgrenze verwenden, um extreme Monate zu ermitteln, bedeutet das, dass es durchschnittlich 12 derartige Monate in jedem Jahrzehnt geben müsste (10 % von 120 Monaten). Tabelle 1 zeigt, wie sich die extremen Monate in den letzten Jahrzehnten in Großbritannien entwickelt haben.

– Bei den heißen Monaten lagen die 1960er-Jahre mit nur 10 heißen Monaten knapp unter dem Durchschnitt. Seitdem hat sich die Häufigkeit dramatisch erhöht und seit Ende 1988 ist sie fast dreimal so hoch wie statistisch erwartet. Dies ist der höchste Stand seit Beginn der Aufzeichnungen und entspricht einer Wahrscheinlichkeit von 1 zu einer Million.

– Die kalten Monate liegen jedoch seit 1960 deutlich unter der erwarteten Häufigkeit und sind seit dem Ende der 1980er-Jahre praktisch völlig verschwunden. Auch dafür gibt es keine historischen Vorläufer.

– Die Häufigkeit der nassen Monate nimmt stetig zu und ist inzwischen etwa doppelt so hoch wie normal. Dieses Phänomen tritt insbesondere im Winter auf.

– Die trockenen Monate scheinen derzeit eher rückläufig zu sein. Hierbei ist allerdings zu bedenken, dass für die Versicherer einzelne sehr trockene Monate weniger wichtig sind als eine Folge von Monaten mit unterdurchschnittlichen Niederschlägen. Eine länger anhaltende Trockenheit lässt den Lehmboden schrumpfen, was zu Schäden an Gebäudefundamenten und zu Setzungsschäden führen kann.

Diese Entwicklung hin zu wärmeren Wintern ist verbunden mit mehr Stürmen, mehr Niederschlägen, weniger Frost und schnellerer Schneeschmelze. Insbesondere die Verbindung zwischen milden Wintern und stärkeren und häufigeren Stürmen scheint sich über die vergangenen 300 Jahre zu bestätigen. In wärmeren, trockeneren Sommern setzt sich der Lehmboden verstärkt. Theoretisch könnte dies auch mit stärkeren Unwettern zusammenhängen, aber dafür gibt es keine aussagekräftigen Daten.

Die Anzahl der Schadenereignisse scheint diese Entwicklung zu bestätigen. Die britischen Versicherer verzeichneten
– Setzungsschäden von rund 300 Millionen £ pro Jahr, wobei in den Jahren 1975/76, 1990/91 und 1996/97 besonders hohe Schäden registriert wurden;
– Sturmschäden in den Jahren 1987 und 1990 und 4 Beinahekatastrophen in den Jahren 1993 und 1999;
– Hochwasserschäden in fast jedem Jahr seit 1993, besonders gravierend in den Jahren 2000 und 2002.

Tab. 1 Entwicklung extremer Monate in Großbritannien

Die Tabelle zeigt die Entwicklung der extremen Monate seit 1960 in Großbritannien. (Blau: hohe Werte, rot: niedrige Werte; Werte außerhalb des Bereichs von 7 bis 17 sind bei einem Konfidenzniveau von 5 % statistisch signifikant.)

Zahl der extremen Monate pro Jahrzehnt (erwartet 12)	1960er	1970er	1980er	1990er	2000er (anteilig bis März 2004)
Heiß	10	17	18	34	33
Kalt	5	7	8	3	0
Nass	14	11	19	15	26
Trocken	10	15	10	15	2

Quelle: Association of British Insurers, 2004

**Das Hochwasser von 1993 in Perth, Schottland –
Ein Augenzeugenbericht**

In Großbritannien ist es seit Anfang der 1990er-Jahre in fast jedem Jahr zu schweren lokalen Überschwemmungen gekommen. Das erste größere Hochwasser traf 1993 die mittelschottische Stadt Perth. Damals wohnte ich in Perth und arbeitete für den internationalen Versicherer General Accident, der hier seine weltweite Konzernzentrale hat.

Im Januar 1993 fielen hier an 18 Tagen rund 450 mm Niederschlag. Die Situation wurde dadurch verschlimmert, dass sich auch große Schneemassen anhäuften, die anschließend sehr schnell schmolzen (siehe Tab. 2). Insgesamt wurden 42 km² überflutet, die Kosten für die Assekuranz beliefen sich auf 125 Millionen £ – eine sehr beträchtliche Summe, wenn man bedenkt, dass die Stadt nur etwa 40 000 Einwohner hat.

Die Situation war außergewöhnlich, weil Perth am Anfang der verhängnisvollen Tage vollständig eingeschneit und vollkommen von der Außenwelt abgeschnitten war. Die Stadt konnte weder über die Straße noch über die Schiene noch über die Luft erreicht werden. Die Armee wurde zu Hilfe gerufen, um entweder mit Spezialfahrzeugen oder, sobald das Wetter aufklarte, mit Hubschraubern die Notversorgung zu übernehmen. Gerade als diese Aktion begann, setzte Tauwetter mit Dauerregen ein. Schon bald stieg der Pegel des Tay. Seine Wassermassen erreichten am 17. Januar einen neuen Rekordwert und er durchbrach an mehreren Stellen die Hochwasserschutzeinrichtungen. Hunderte von Menschen wurden evakuiert und einige mussten 9 Monate lang in Behelfsunterkünften bleiben. Obwohl zahlreiche Schäden von der Versicherungswirtschaft übernommen wurden, war die Unterversicherung in vielen Fällen ein Problem.

Die Hochwassergefahr in dieser Region war wohlbekannt, denn schon im Jahr 1210 musste König Wilhelm der Löwe mit dem Boot aus Perth Castle fliehen, das damals vollkommen zerstört und nie wieder aufgebaut wurde.

Die lokalen Hochwasserschutzeinrichtungen wurden 1974 nach einem Standard gebaut, der für jedes „normale" Hochwasser der vergangenen 200 Jahre ausgereicht hätte, d. h. bis zu einem Pegelstand von etwa 6,20 m. (1814 gab es ein Hochwasser, das 7 m erreichte; damals hatten sich allerdings Eisblöcke unter einer Brücke verkeilt und den Durchfluss verstopft.) Die Stadt genehmigte ausdrücklich ein größeres Wohnungsbauprojekt in diesem Überschwemmungsgebiet, denn sie war davon überzeugt, dass es durch die Schutzwand ausreichend geschützt war. Tatsächlich erreichte das Hochwasser im Jahr 1993 einen Pegelstand von 6,5 m, die Schutzwand brach ein und 1 500 Häuser wurden überschwemmt. Erschwerend kam hinzu, dass vor dieser Überschwemmung bereits mehrere Stürme über die Region zogen. Dadurch entstanden zusätzlich zahlreiche weitere versicherte Schäden an Häusern, die nichts mit dem Wasser zu tun hatten.

Nach diesem Schadenereignis übernahmen die Versicherer zwar weiterhin die Deckung für Überschwemmungsschäden bei ihren bisherigen Kunden, aber natürlich passten sie das Prämienniveau und die Selbstbeteiligungen an. Ein entscheidender Faktor hierbei waren die Ziele der Behörden. Perth hatte Glück, weil dies die erste große Überschwemmung in Schottland seit vielen Jahren war. Das Hochwasser löste deshalb viel Mitgefühl und erhebliche politische Unterstützung für neue Hochwasserschutzeinrichtungen aus. Somit konnten groß angelegte neue Schutzanlagen mit Auffangbecken in Auftrag gegeben werden, die 2001 fertig gestellt wurden. Allerdings waren damit nicht alle Probleme gelöst.

Tab. 2 Chronologie des Hochwassers in Perth 1993

Januar 1993	Wettersituation	Temperatur (°C)	Kommentar
11	Sturm, Schnee	1	Schneesturm, Straßen blockiert
12	Sturm, Schnee	2	Lebensmittel werden knapp
13	Schneeschauer	2	Rettungskonvois
14	Starke Regenfälle	5	örtliche Überschwemmungen
15	Tauwetter, Regen	5	im Oberlauf
16	Starke Regenfälle	7	Pegel der Flüsse steigt
17	Schauer	4	Rekordabflussmenge im Tay

Im September, Oktober und November 2000 fielen in England bis zu 470 mm Niederschlag. Es war die größte Regenmenge in diesen Monaten seit Beginn der Niederschlagsaufzeichnungen im Jahr 1766. Das Bild zeigt eine überflutete Straße in Yalding am 31. Oktober 2000.

Das regenreiche Frühjahr 2002 sorgte dafür, dass die Rückhaltebecken voll waren. Unglücklicherweise brach über die Stadt im Juli ein schweres Unwetter herein, die wolkenbruchartigen Regenfälle konnten nicht mehr aufgenommen werden. So kam es zu lokalen Überschwemmungen, die in diesem Fall durch die Schutzmauern verschlimmert wurden. Zum ersten Mal in ihrer 100-jährigen Geschichte musste die zweitägige Perth Agricultural Show abgesagt werden; auch der Park in der Stadtmitte blieb während des gesamten Sommers für die Besucher geschlossen, da man Gesundheitsgefahren aufgrund des hochgespülten Abwassers befürchtete. 2004 hatten die Veranstalter der Show mehr Glück. Erst unmittelbar nach dem Ende der Ausstellung sorgten die Ausläufer eines Hurrikans für drei Tage andauernde wolkenbruchartige Regenfälle; infolgedessen mussten die Perth Highland Games zum zweiten Mal in drei Jahren abgesagt werden.

Die Hochwasserkatastrophen von 1993 und 2002 waren Ereignisse, die typisch sind für den Klimawandel: ein längerer Winter mit schneller Schneeschmelze und ein starkes Sommergewitter. Das Hochwasser im Jahr 2004 war vielleicht auch einfach nur Pech, wir wissen es noch nicht.

Zukünftige Underwritingrisiken und ihre aktuelle Bedeutung

Die Veränderungen, die Wissenschaftler für das Wetter in Großbritannien bis 2050 erwarten – etwa die Halbierung der Wiederkehrperiode für Überschwemmungen – bedeuten, dass die wetterbedingten Schäden erheblich steigen. Nach einem jüngst veröffentlichten Bericht des Foresight-Forschungsprogramms der britischen Regierung könnte sich der durchschnittliche wirtschaftliche Schaden pro Jahr durch Überschwemmungen in Großbritannien von derzeit 1 Milliarde £ bis 2080 auf bis zu 21 Milliarden £ erhöhen, wenn die Treibhausgasemissionen nach dem so genannten Business-as-usual-Szenario weiter zunehmen und der Hochwasserschutz nicht verbessert wird.

Nach ersten Berechnungen könnten sich die Schäden in Großbritannien dadurch durchschnittlich verdoppeln, in Spitzenjahren sogar verdreifachen (siehe Tab. 3). Die Verdoppelung ergibt sich, weil die extremen Wetterlagen allgemein zunehmen; die Verdreifachung spiegelt die Wahrscheinlichkeit wider, dass mehrere Schadenereignisse gleichzeitig vorkommen oder andere verschärfende Umstände auftreten. Bei Setzungsschäden ist dies weniger wahrscheinlich, weil die Winter voraussichtlich feuchter werden.

Hochwasser an den Küsten ist eine der bedeutendsten Gefahren für Großbritannien. Die Themse-barriere, eine der größten Sturm-flut-Schutzanlagen der Welt, soll London vor extremen Flutwellen aus der Nordsee schützen.

Hochwasser an den Küsten stellt derzeit die größte Gefahr für Großbritannien dar, wobei London dank der Thames Barrier – zumindest im Moment – gut geschützt ist. Dennoch erhöht ein ansteigender Meeresspiegel in Verbindung mit der postglazialen Absenkung im Südosten des Landes das Risiko für London in Zukunft erheblich. Die genannten Kosten enthalten noch nicht den historischen Aufwärts-trend der Exponierungen aufgrund des zunehmenden Wohlstands, des Bevölkerungswachstums und anderer sozioökonomischer Faktoren; deshalb sind sie wahrschein-lich eher zu niedrig angesetzt.

Dies ist jedoch nicht nur ein Problem für die Underwriter der Zukunft. Denn: Die Verschiebung der Schadensituation ist bereits im Gang. Für die Rückversicherer kommt er-schwerend hinzu, dass ihre Verträge mit den Erstversiche-rern erheblich von Selbstbehalten abhängen, mit denen die übernommenen Risiken versicherbar gemacht werden. Wenn das reale Risiko steigt, untergräbt dies schnell die Wirkung solcher Selbstbehalte. Erste Berechnungen deu-ten darauf hin, dass das Risiko, das mit dem Klimawandel

einhergeht, in einigen Fällen um zwei bis vier Prozent pro Jahr zunimmt. Aber dies ist nicht unmittelbar erkennbar, da extreme Wetterereignisse sporadisch auftreten, sodass der Anstieg so lange verborgen bleibt, bis das nächste Schadenereignis eintritt. Da sich Underwriter bei der Prä-mienberechnung meist auf historische Daten stützen und sich die Kunden gegen „theoretische" Prämienkalkulatio-nen wehren, besteht üblicherweise eine Diskrepanz zwi-schen der auf dem Markt zu erzielenden Prämie und einer korrekt kalkulierten Risikoprämie. In diesem Fall könnte die Prämie um bis zu 30 % zu niedrig liegen.

Tab. 3 Schätzung der zukünftigen Kosten von wetterbedingten Versicherungsschäden (Millionen £).

	Heute		2050	
	Jahres-durchschnitt	Extremes Jahr	Jahres-durchschnitt	Extremes Jahr
Gebäudesetzungen	300	600	600	1 200
Sturm	400	2 500	800	7 500
Überschwemmun-gen im Binnenland	400	1 500	800	4 500
Überschwemmun-gen an der Küste	–	5 000	–	40 000 (London betroffen)

Quelle: Association of British Insurers, 2004

Versicherbarkeit

In vielen Ländern gelten wetter- bzw. klimabedingte Gefahren wie Überschwemmungen als nicht versicherbar (derzeit sind nur 20 % des weltweiten wirtschaftlichen Schadens durch Naturkatastrophen versichert). Kann Großbritannien angesichts der globalen Erwärmung sein Marktsystem beibehalten und vielleicht sogar Lösungen für andere Länder anbieten? Über die allgemeine Theorie der Versicherbarkeit sind zahlreiche Abhandlungen verfasst worden. Dieser Beitrag enthält daher nur einige Anmerkungen aus britischer Sicht, insbesondere im Hinblick auf die Deckung von Überschwemmungs- und Setzungsschäden. Auch hier geht die Entwicklung noch weiter, aber man kann bereits heute einige Lehren daraus ziehen.

Vor einigen Jahrzehnten war Versicherungsschutz gegen Überschwemmungen in Großbritannien ungewöhnlich, da dieses Risiko zu einem ganzen Risikopaket der Sachversicherung gehörte und es für Hochwasseropfer keine staatlichen Hilfen gab. Diese Praxis ist auf Druck der Regierung entstanden, nachdem man Hochwasseropfern in den 1950er-Jahren mehrmals durch Hilfswerke und staatliche Notfonds helfen musste, weil kein Versicherungsschutz existierte. 1961 vereinbarten die britischen Versicherer, zusätzlich zu jeder Feuerversicherung zu einheitlichen Sätzen eine Deckung für Überschwemmungsschäden anzubieten. Das war deshalb möglich, weil es auf dem Feuerversicherungsmarkt bereits einen gemeinsamen Tarif ohne Wettbewerb bei Prämien oder Deckungsumfang gab. Dies hatte zahlreiche Vorteile:

1. schnelle Schadenregulierung, da es weniger Streitfälle gab als bei einer geteilten Deckung
2. größere Rücklagen für die Entschädigung bei Katastrophen, weil die Deckung universell war
3. keine Antiselektion, ebenfalls wegen der obligatorischen/automatischen Deckung
4. hohe Effizienz, da kein separater Verwaltungsaufwand erforderlich war
5. weniger Betrug, da die Versicherer die Schadenkosten niedrig halten wollten
6. Fairness, weil die Eigentümer für den Schutz zahlten, nicht der Steuerzahler
7. Flexibilität, da damit sowohl größere als auch kleinere Schadenereignisse abgedeckt wurden, nicht nur große Katastrophen

Diese Regelung war jedoch auch mit verschiedenen Nachteilen verbunden:

1. fehlende Transparenz, da es für das Überschwemmungsrisiko (oder genauer gesagt für alle Einzelgefahren) keinen spezifischen Beitrag gab; also bestand kein unmittelbarer Anreiz zur Risikominimierung oder -steuerung
2. fehlende Elastizität, da es nicht erforderlich war, bei den Reparaturen, welche die Versicherung bezahlt, das Risiko zu verbessern
3. fehlendes soziales Gleichgewicht, da ärmere Bürger häufig keine Versicherung abschlossen und damit weiterhin ungeschützt waren
4. Ungewissheit, da Versicherungsverträge beendet oder jährlich revidiert werden konnten

Nach den schweren Flusshochwassern an Ostern 1998 und im Herbst 2000 wurde deutlich, dass dieses einfache britische System nicht zu halten war. In einigen Fällen waren die Hochwasserschutzanlagen nicht stark genug, oft sind die Risiken – durch zu nachlässige Kontrollen der Entwicklung der Überschwemmungsgebiete – gestiegen. Zahlreiche Schäden waren auf unzureichende Entwässerungssysteme zurückzuführen und weniger darauf, dass die Wasserläufe über die Ufer traten. Damals schon wurde angenommen, dass die Klimaänderung die Probleme verschärfen würde und dass neue Versicherer die höheren Risiken vermeiden würden, was ein Ungleichgewicht auf dem Markt zur Folge hätte.

Die Versicherer wandten sich an die Regierung, um bis Ende 2002 durch staatliche Maßnahmen eine Verschärfung des Überflutungsrisikos zu verhindern: stärkere Kontrollen bei der Landerschließung, bessere Maßnahmen zum Hochwasserschutz, mehr Geld für den Bau von Hochwasserschutzanlagen und eine effizientere Kontrolle dieser Maßnahmen. Die Regierung erzielte zwar gewisse Fortschritte, aber die Versicherer kamen dennoch zu dem Schluss, dass die Vereinbarung aus dem Jahr 1961 geändert werden musste.

Heute bestimmt die Qualität der lokalen Hochwasserschutzanlagen darüber, ob ein Versicherungsschutz gegen Überschwemmungsschäden gewährt wird; dieser wird als Standardpaket angeboten, wenn die Hochwasserschutzanlagen auf eine Wiederkehrperiode von mindestens 75 Jahren (ideal wären 200 Jahre) ausgelegt sind oder bis 2007 entsprechend aufgerüstet werden. Dies gilt für die überwiegende Mehrheit der Immobilien. In anderen Fällen werden sich die Versicherer bemühen, eine gewisse Deckung für Bestandskunden zu übernehmen, nicht aber für neue Immobilien. Die Versicherer werden zudem versuchen, bei einem Eigentumsübergang die Vereinbarungen für Bestandsimmobilien weiterzuführen.

Abb. 2 Fortschritte auf dem Weg zu einem integrierten Sachschadensystem

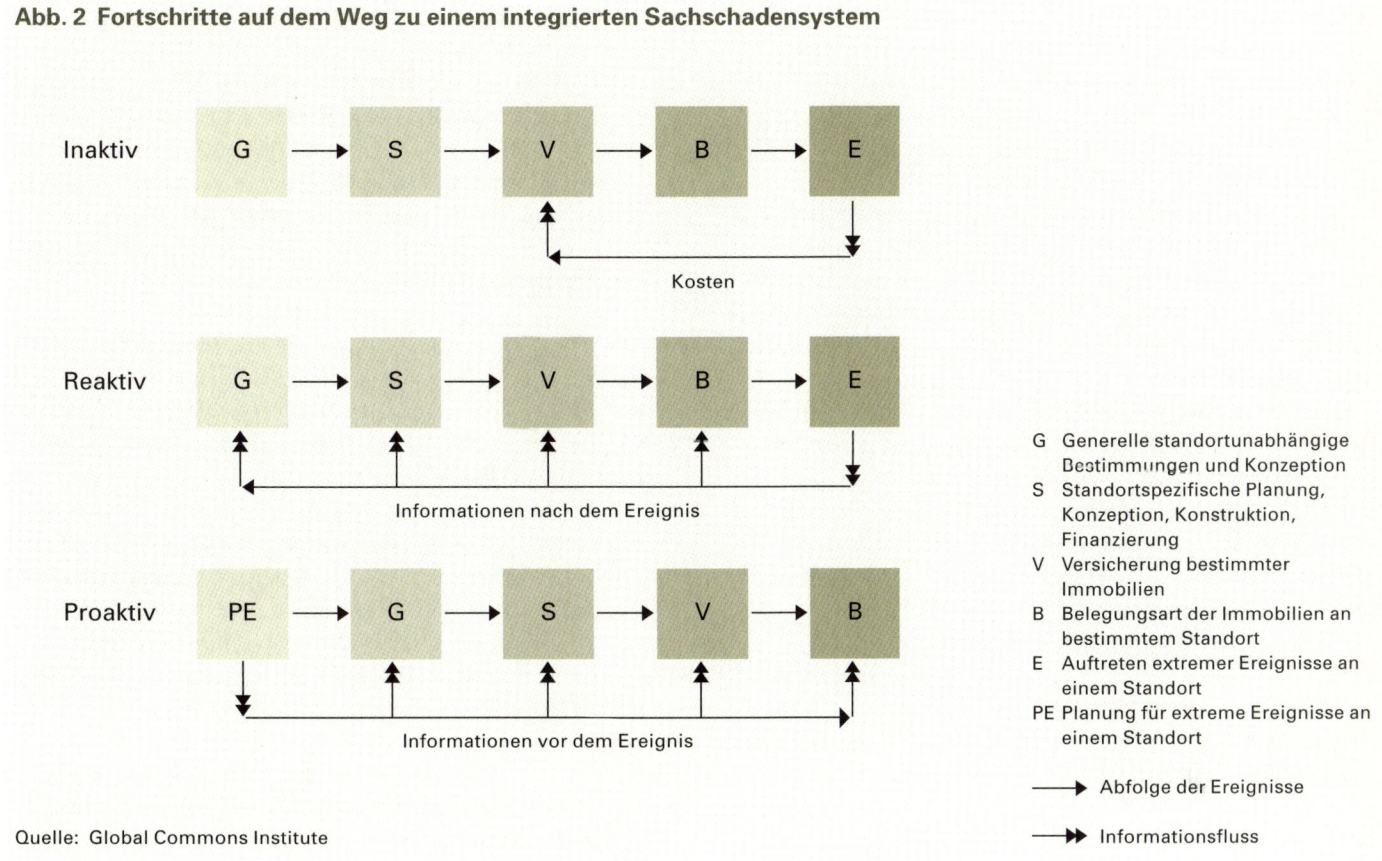

Quelle: Global Commons Institute

G Generelle standortunabhängige Bestimmungen und Konzeption
S Standortspezifische Planung, Konzeption, Konstruktion, Finanzierung
V Versicherung bestimmter Immobilien
B Belegungsart der Immobilien an bestimmtem Standort
E Auftreten extremer Ereignisse an einem Standort
PE Planung für extreme Ereignisse an einem Standort

⟶ Abfolge der Ereignisse
⟶⟶ Informationsfluss

Abbildung 2 verdeutlicht die geänderte Einstellung des Markts zum Überschwemmungsrisiko. Anfänglich verfolgten die Versicherer eine inaktive Strategie und beschränkten sich darauf, entstandene Schäden zu regulieren; sie zogen jedoch nur geringen Nutzen aus den Schadendaten. Als das Schadenvolumen zunahm und sie sich allmählich des Klimawandelproblems bewusst wurden, änderte sich ihr Vorgehen zu einer reaktiven Strategie: Sie begannen Schadendaten zu sammeln und ihre Befürchtungen anderen Beteiligten wie Regulierungsbehörden, Planern und Kreditgebern mitzuteilen. Die Association of British Insurers initiierte ein Forschungsprojekt, das die wichtigsten Arten von Wettergefahren untersuchte, und veröffentlichte die Ergebnisse. Interessanterweise wurde in der Untersuchung über Flusshochwasser, die knapp zwei Wochen vor den Überschwemmungen im Herbst 2000 fertig gestellt worden war, darauf hingewiesen, dass das Schadenpotenzial erheblich größer sei als bisher angenommen – eine Prognose, die sich praktisch unmittelbar nach ihrer Veröffentlichung bestätigte. Inzwischen verfolgen die britischen Versicherer eine proaktive Strategie und bestehen darauf, dass das Hochwasserrisiko bei Bauvorschriften und bei der Genehmigung bestimmter Bauvorhaben berücksichtigt wird.

Dies verdeutlicht, wie wichtig ein gemeinsames Vorgehen ist. Die Versicherer müssen Einfluss auf die Politiker ausüben und einen gemeinsamen Standpunkt vorbringen, der von der Mehrheit getragen wird; das ist in einem wettbewerbsorientierten Markt jedoch niemals einfach. Zudem müssen die Versicherer bereit sein, in einem interdisziplinären Prozess zusammenzuarbeiten, in dem neben finanziellen Überlegungen auch anderen Aspekten Rechnung getragen wird, z. B. der öffentlichen Sicherheit, den öffentlichen Einrichtungen und der wirtschaftlichen Entwicklung. Diese Aufgabe wird weitgehend von der Association of British Insurers wahrgenommen, welche die Mehrzahl der Versicherer vertritt und im Bereich des Überschwemmungsrisikos eine führende Rolle übernommen hat.

Gleichzeitig entwickeln einzelne Versicherer ihre eigenen Strategien: Sie gehen selektiver bei ihren Haftungsübernahmen vor und formulieren neue Vertragsbedingungen für ihre Policen. Ein entscheidender Faktor ist dabei, die Qualität der Risikoinformationen von bestimmten Immobilien zu verbessern. Die offiziellen Karten zum Überschwemmungsrisiko sind recht ungenau und berücksichtigen Hochwasserschutzanlagen oder Entwässerungssysteme nicht. Der Aufbau besserer Datenbanken ist eine kostspielige Angelegenheit. Die Norwich Union hat beispielsweise eine Geländeüberfliegung finanziert, um die Höhendaten zu verbessern. Aber die Entwicklung eines geographischen Informationssystems (GIS) mit genauen Höhen-, Grundstücks- und Gebäudedaten ist nur der erste Schritt. Diese Daten müssen mit Hochwassersimulationsmodellen kombiniert werden, um die Schadenpotenziale für einzelne Orte und in der Summe abschätzen zu können. Solche Simulationen sind höchst komplex und nur von Spezialfirmen durchzuführen; diese wollen natürlich nicht preisgeben, wie ihre Modelle im Einzelnen aufgebaut sind. Verfahren, die sich als undurchsichtige Blackbox präsentieren, sind allerdings nicht unbedingt geeignet, bei den Nutzern Vertrauen zu erwecken; denn noch bestehen erhebliche Unterschiede bei den modellierten Hochwasserschäden.

Setzungsschäden

Es ist sinnvoll, auch die Parallele zur Versicherung von Setzungsschäden in Großbritannien zu ziehen, denn auch hier liegt eine sehr stark ortsbezogene Gefahr vor. Das Schrumpfen des Lehmbodens während einer extremen Trockenheit verursacht Schäden an Gebäudekonstruktionen, die sogar zum Einsturz führen können. Das Problem existiert zwar in vielen Ländern, die Gefahr kann aber nur in Großbritannien und Frankreich versichert werden. Auf Druck der Kreditgeber für Immobilien wird die Deckung in Großbritannien seit 1971 angeboten. Während es zuvor viele Jahre lang keine Trockenphase mehr gegeben hatte, trat dieses Phänomen seit 1976 bereits mehrfach auf und hat jährlich Versicherungsschäden von bis zu 500 Millionen £ verursacht. Die Regierung schrieb folglich tiefere Fundamente für neue Gebäude vor, um diese weniger anfällig zu machen. Gleichzeitig haben die Versicherer gelernt, wie sie beschädigte Gebäude wirtschaftlicher instand setzen können. Man hat auch die besondere Bedeutung von Bäumen in der Nähe von Gebäuden erkannt. Vor 1976 war dies kein Thema, heute können die Besitzer der Bäume verklagt werden, wenn wuchernde Wurzeln benachbarte Gebäude

beschädigen. Einzelne Versicherer haben außerdem ihre einheitliche Tarifierungsstruktur dahingehend modifiziert, dass vor allem risikoreiche Gebiete gesondert behandelt werden; deshalb bestehen auch erhebliche Unterschiede bei den Prämiensätzen. Auf diese Weise hat sich ein Markt entwickelt, der flexibel ist und auf die jeweiligen Risiken reagiert, ohne öffentliche Gelder zu benötigen.

Änderungsrisiko Klimawandel

Für die Assekuranz bedeutet Klimaänderung das Risiko vermehrter Sachschadenansprüche aufgrund extremer Wetterereignisse. Diese Sichtweise ist allerdings nur teilweise korrekt. Da die meisten Versicherungsverträge kurzfristig sind, können vor allem die Sach-/Schadenversicherer auf veränderte Umstände reagieren. Lebensversicherer und Banken hingegen übernehmen meist erheblich längerfristigere Verpflichtungen. Sie sind somit stärker exponiert gegenüber der weiteren Entwicklung der Klimaauswirkungen sowie den staatlichen Maßnahmen zur Emissionsbegrenzung, Schadenminderung und Anpassung an die Klimaänderung (siehe Tab. 4).

Dies ist von Bedeutung, da die Lebensversicherer und Pensionskassen üblicherweise erheblich höhere Aktiva besitzen als Sach-/Schadenversicherer. Sie investieren diese über einen längeren Zeitraum und sind daher stärker betroffen, was Kapital und Immobilienvermögen angeht.

Um die Emissionen spürbar zu verringern, muss sich die weltweite Energienutzung erheblich ändern. Damit ist das Risiko verbunden, dass die Energieunternehmen auf bestimmten Aktiva „sitzen bleiben": 2001 betrugen die Investitionen der fünf großen Erdölgesellschaften mehr als 50 Milliarden US$. Auf der anderen Seite bieten sich erhebliche Chancen beim Umstieg auf eine effizientere und emissionsarme Energiewirtschaft. Derzeit werden nur 1,4 % der Elektrizität in kleineren Anlagen aus erneuerbaren Energiequellen erzeugt. Die Wettbewerbsfähigkeit der erneuerbaren Energien wächst stetig: ein Ergebnis der Lernkurve und des allmählichen Abbaus staatlicher Subventionen. Andere Vorteile wie die Verringerung des geopolitischen Risikos, der Armut in ländlichen Gegenden und des Smogs machen die erneuerbaren Energien noch attraktiver.

Anders als die Versicherer scheinen die Assetmanager und ihre Berater jedoch nur sehr wenig darüber zu wissen, wie sich die Klimaänderung auf ihr Geschäft auswirken könnte. Die Debatte hat sich bislang auf die so genannten flexiblen Mechanismen nach dem Kioto-Protokoll konzentriert – „Joint Implementation", „Clean Development Mechanism" und Emissionshandel –, aber ihre direkte Relevanz für die institutionellen Investoren ist eher gering. Universities Superannuation Schemes, eine große britische Rentenkasse, veröffentlichte im Juli 2001 einen bahnbrechenden Bericht zum Thema institutionelle Investoren und Klimawandel. Darin wird darauf hingewiesen, dass Rentenkassen „Universalinvestoren" sind, die langfristig über das gesamte Spektrum der Wirtschaft investieren. Da der Klimawandel die wirtschaftliche Entwicklung beeinträchtigen wird, liegt es im Interesse der Investoren, die damit verbundenen Risiken zu minimieren. Angesichts ihrer Neutralität sind solche Universalinvestoren außerdem in der einzigartigen Lage, den Politikern helfen zu können. In dem Bericht werden zehn Maßnahmen empfohlen, die von der Institutional Investors Group on Climate Change (IIGCC) in vier Arbeitsgruppen eingebracht worden sind (Immobilienmanagement, Investorenbeteiligung, staatliche Politik und Fondsmanagement).

Die Klimawandelpolitik von Morley Fund Management (MFM)

Die MFM ist eine Tochtergesellschaft von Aviva, einer der größten europäischen Versicherungsgruppen, deren Beteiligungen etwa 2,5% des britischen Aktienmarkts entsprechen. Die MFM betreibt eine dezidierte Abstimmungspolitik bei den Hauptversammlungen der Unternehmen, in die sie investiert. Im Hinblick auf Umweltangelegenheiten, zu denen in den relevanten Sektoren auch der Klimawandel gehört, erwartet die MFM von den Unternehmen, dass sie einen umfassenden Bericht veröffentlichen. Dabei wird im Zusammenhang mit dem Klimawandel verlangt, dass der Beitrag zur globalen Erwärmung und der Standpunkt zum Kioto-Protokoll erläutert werden. Wird ein solcher Bericht nicht vorgelegt, stimmt die MFM – um damit ihr Missfallen auszudrücken – unter Umständen gegen die Annahme des Jahresberichts und des Jahresabschlusses. Dabei geht es ihr nicht darum, sich aus solchen Unternehmen zurückzuziehen, sondern sie will durch den Dialog mit dem Unternehmen eine positive Veränderung erzielen.

Tab. 4 Zeithorizonte für Emissionsbegrenzung, Schadenminderung und Anpassung

Sektor	Zeithorizont		
	5 Jahre	25 Jahre	50 Jahre
Landwirtschaft	V	V	V
Industrie	V	V	V
Transport	N	V	V
Energie	N	T	V
Infrastruktur	N	T	T bis V
Sachversicherung/Nichtleben	V	V	V
Lebens-/Pensionsversicherung	N	T	Fast V
Kredit	T	V	V
Auswirkungen des Klimawandels	lokal	regional	global
Mögliche Minderungsmaßnahmen	Forschung u. Entwicklung	Massenproduktion	emissionsarme Wirtschaft

V = Sektor innerhalb des Zeitplans voll angepasst
T = Sektor innerhalb des Zeitplans teilweise angepasst
N = Sektor innerhalb des Zeitplans nicht angepasst

Die Tabelle zeigt Emissionsbegrenzung, Schadenminderung und Anpassung an den Klimawandel im Verhältnis zu unternehmerischen Planungshorizonten.

Fehlende Daten über die Emissionen von Unternehmen sind für Investoren ein kritischer Punkt. Bei einer von MFM unterstützten Studie wurden die 100 größten börsennotierten Unternehmen in Großbritannien untersucht: Nur 33 % lieferten befriedigende Daten. Ein großer Stromerzeuger hatte sogar sämtliche Emissionen aus seiner Elektrizitätserzeugung herausgenommen. Um hier für Abhilfe zu sorgen, wurde am 1. Mai 2002 das so genannte „Carbon Disclosure Project" gestartet, das mittlerweile von 95 weltweiten Finanzinstitutionen unterstützt wird, darunter auch britische Versicherer wie Aviva (durch Morley) und Legal & General. Das Projekt will die 500 größten börsennotierten Unternehmen der Welt davon überzeugen, mehr über ihre Strategien zum Klimawandel bekannt zu machen. Insbesondere sollen Daten über ihre Emissionen systematisch veröffentlicht werden, damit sie von Investoren genutzt werden können. Diese Gemeinschaftsaktion scheint zu funktionieren, wenngleich die Reaktion außerhalb der EU geringer ist.

Die aktivsten Investoren haben dieses Thema auch in die internationale Arena getragen und versuchen durch gezielte Lobbyarbeit, beispielsweise über die UNEP Finance Initiative, die Politiker dazu zu bewegen, ein langfristiges politisches Rahmenkonzept zu vereinbaren: beispielsweise das der „Contraction and Convergence" (C&C, Emissions-

verringerung und Konvergenz), das die Emissionsbegrenzung, Schadenminderung und Anpassung an den Klimawandel unterstützt und Vertrauen auf den Finanzmärkten schafft. Das Konzept der C&C wird von hochkarätigen Expertengremien empfohlen, etwa der Royal Commission on Environmental Pollution in Großbritannien und dem Wissenschaftlichen Beirat Globale Umweltveränderungen der deutschen Bundesregierung. Dieser Ansatz sieht vor, dass ein sicheres Niveau zukünftiger Emissionskonzentrationen vereinbart und das derzeitige Ungleichgewicht bei den nationalen Emissionen allmählich abgebaut wird. Somit würden die reichen Länder ihre Emissionen um mehr als 60 % verringern, während die Emissionen der armen Länder anfänglich etwas ansteigen und dann ebenfalls sinken würden. Abbildung 3 zeigt, wie der Wandel zu einer stärker nachhaltig ausgerichteten Wirtschaft unterstützt werden könnte, indem man eine höhere Effizienz der Energienutzung und den vermehrten Einsatz von erneuerbaren Energiequellen fördert. Wie man aus umfassenden Untersuchungen weiß, verlangt der Finanzsektor eine angemessene Sicherheit und attraktive Renditen, bevor er sich in größerem Umfang auf neuen Märkten engagiert. Ein langfristiger Rahmen für Emissionsbegrenzung, Schadenminderung und Anpassung an die Klimaänderung wird für die erforderliche Stabilität sorgen und auf diese Weise helfen, die schlimmsten Auswirkungen zu vermeiden.

Abb. 3 CO$_2$-Verringerung und Konvergenz: Chancen für neue Energietechnologien

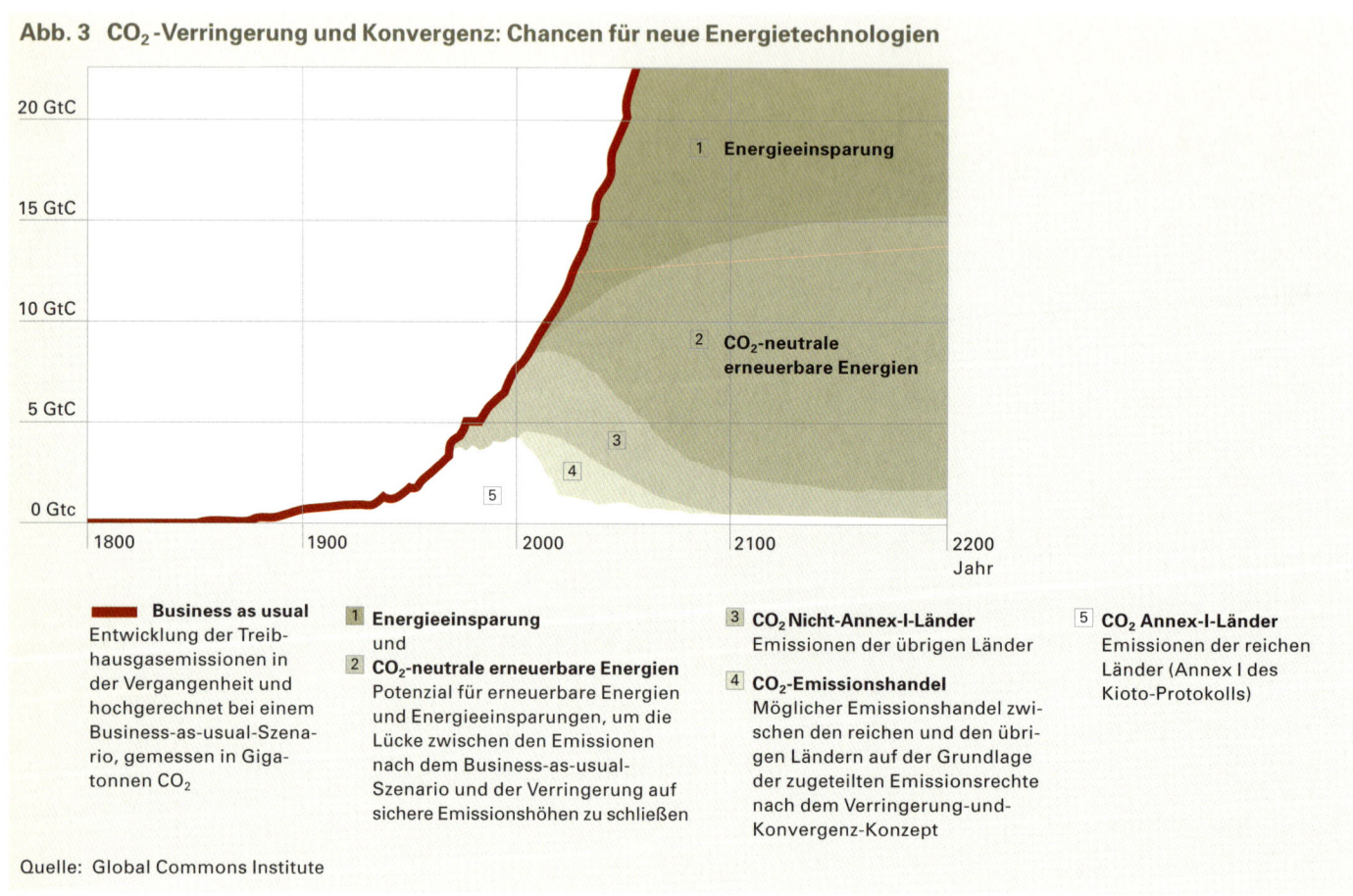

Quelle: Global Commons Institute

Literatur

Dlugolecki, A. (2004): A changing climate for insurance. London.

Dlugolecki, A., M. Keykhah (2002): Climate change and the insurance sector: its role in adaptation and mitigation. In: Greener Management International 39, Herbst 2002.

Dlugolecki, A., T. Loster (2003): Climate change and the financial services sector: An appreciation of the UNEPFI study. In: The Geneva Papers on Risk and Insurance, 28 (3), Juli 2003.

Foresight Programme. Future flooding. Office of Science and Technology, April 2004.

Mansley, M., A. Dlugolecki (2001): Climate change: A risk management challenge for institutional investors. In: Universities Superannuation Schemes.

Meyer, A. (2000): Contraction and Convergence: A global framework to cope with climate change. In: Schumacher Briefing No. 5.

UNEP Finance Initiative (2002): CEO Briefings on Climate Change.

UNEP Finance Initiative (2003): Emissions Trading.

UNEP Finance Initiative (2004): Renewable Energy.

Der Autor

Akademische Ausbildung: Bachelor (Honors) in Mathematik an der Universität Edinburgh (1970), Master in Operational Research an der Universität Lancaster (1971), PhD in Technological Economics an der Universität Stirling (1978), Mitglied des Chartered Insurance Institute (1990), Mitglied der Royal Meteorological Society (1996). Beruflicher Werdegang: 1973 Statistikanalytiker beim Versicherungsunternehmen General Accident. Zu seinen ersten Projekten gehörte die Untersuchung der Auswirkungen des Wetters auf Kfz- und Sachschäden. Zuletzt war er von 1998 bis 2000 als Director of General Insurance Development zuständig für die weltweite Underwritingstrategie. Mit dem Thema „Erderwärmung und Versicherung" beschäftigt er sich seit 1988. Seitdem betreute er zahlreiche größere Veröffentlichungen auf diesem Gebiet. Derzeit arbeitet er als freier Consultant zum Themenkreis Finanzsektor und Klimawandel und ist als Berater für das Tyndall Centre für Klimawandelforschung, die UNEP Finance Initiative sowie das „Carbon Disclosure Project" tätig.

Strategisches Management des Klimawandels – Handlungsoptionen der Versicherungswirtschaft

Für die Assekuranz geht es beim Klimawandel um weit mehr als nur um steigende Schäden durch die Zunahme von Wetterextremen. Versicherer müssen sich auf die wachsenden Herausforderungen einstellen und bereits heute richtig positionieren.

Thomas Loster

Für Manager ist es nicht leicht, die Auswirkungen der Klimaänderung auf ihr Geschäftsfeld abzuschätzen. Sie müssen Fakten, Kosten, Meinungen und Wahrscheinlichkeiten abwägen.

„Klimawandel? Welcher Klimawandel?", fragt plakativ der international renommierte Analyst Richard Hewitt, Leiter des Aktienresearch bei Kleinwort Wasserstein in London, in der Münchener-Rück-Publikation Topics (2/2003). Hewitt beschreibt das Hin und Her der Wirtschaft bei der Bewertung des Phänomens und weist mit Nachdruck auf die Sichtweise des Weltwirtschaftsforums 2001 hin. Dieses hatte verlauten lassen: „Die größte Herausforderung für die Welt zu Beginn des 21. Jahrhunderts – und die Problematik, bei der die Wirtschaft eine Führungsrolle übernehmen könnte – ist der Klimawandel."

Die UNEP Finance Initiatives zeichnen in ihrer CEO-Briefing-Ausgabe „Das Klimarisiko für die Weltwirtschaft" ein wesentlich dramatischeres Bild. Dort heißt es: „Der Klimawandel stellt für die Weltwirtschaft ein erhebliches Risiko dar. Die Häufung von Wetterkatastrophen sowie damit zusammenhängende gesellschaftliche Entwicklungen bergen die Gefahr, dass Versicherer, Rückversicherer und Banken bis an die Grenze ihrer Zahlungsfähigkeit belastet oder sogar in die Insolvenz getrieben werden."

In der Assekuranz entscheidet die Frage, wann welche geschäftspolitischen Maßnahmen ergriffen werden, oft über Erfolg oder Misserfolg. Wetterphänomene rund um den Globus und die steigende Aufmerksamkeit, die Umwelt- und Klimaänderungen in den vergangenen Jahren auf sich gezogen haben, stellen sie vor die Frage „Was tun?" Reichen die Beweise der Klimafolgenforscher aus? Haben sich die Indizien, dass sich die Risikosituation verschärft, genug verdichtet?

Zeit zu handeln

Wie deutlich müssen Trends sein, bis wir handeln? Steuern wir bereits gegen, wenn sich Risiken abzeichnen oder erst wenn sie sich verschärfen? Im Privatbereich handelt man meist rasch, spätestens wenn man Risiken vor Augen hat und anerkennt. Zum Beispiel Autofahren: Es gibt unterschiedliche Strategien zur Unfall- bzw. Schadenvermeidung und die technischen Vorrichtungen wie Gurte, Airbags, ABS, ESP sind ausgeklügelt. Wir setzen fast alle verfügbaren Techniken ein, sofern sie erschwinglich sind. Noch frappierender ist das Risikobewusstsein bei der Flugsicherheit. Bereits geringe Schadenwahrscheinlichkeiten (Unfall, Absturz) werden sehr ernst genommen und selbst bei einer mittleren Absturzwahrscheinlichkeit von nur 1‰ würde wohl kaum jemand eine Flugreise antreten.

Beim Klimawandel, oder konkret, bei seinen gravierenden Auswirkungen liegen die Schadenwahrscheinlichkeiten deutlich höher. Denken wir nur an die Zunahme von Wetterextremen, die Existenzbedrohung in Küstenzonen und die Auswirkungen auf die Wirtschaft. Die wissenschaftliche Absicherung dieser Phänomene liegt in der Regel auf dem Signifikanzniveau von 70 % und mehr. Trotzdem finden sie weder im Privat- noch im Geschäftsleben immer die Beachtung, die sie verdienen.

Das Intergovernmental Panel on Climate Change (IPCC) beschreibt in seinen Berichten die zu erwartenden Änderungen bei Wetter- und Klimaparametern. Die wissenschaftliche Absicherung liegt in vielen Fällen bei über 90 %.

Nummerische Bedeutung der Begriffe: wahrscheinlich: 66–90 %, sehr wahrscheinlich: 90–99 %.

Tab. 1 Folgen der Klimaänderung – Wahrscheinlichkeiten und wissenschaftliche Absicherung

Wahrscheinlichkeitsstufe beobachteter Veränderungen (2. Hälfte 20. Jahrhundert)	Phänomen	Wahrscheinlichkeitsstufe prognostizierter Veränderungen (im 21. Jahrhundert)
Wahrscheinlich	Höhere Maximaltemperaturen und mehr heiße Tage in nahezu allen Landgebieten	Sehr wahrscheinlich
Sehr wahrscheinlich	Höhere Maximaltemperaturen, weniger kalte Tage und Frosttage in nahezu allen Landgebieten	Sehr wahrscheinlich
Sehr wahrscheinlich	Reduzierter Unterschied zwischen Tagesmaxima und -minima in den meisten Landgebieten	Sehr wahrscheinlich
Wahrscheinlich, in vielen Geschäftsgebieten	Höherer Hitze-Index in Landgebieten	Sehr wahrscheinlich, in den meisten Gebieten
Wahrscheinlich, in vielen Landgebieten der mittleren und höheren Breiten der Nordhalbkugel	Häufigerer Starkregen	Sehr wahrscheinlich, in den meisten Gebieten
Wahrscheinlich, in wenigen Gebieten	Zunahme kontinentaler Trockenheit und Dürrerisiken im Sommer	Wahrscheinlich, in den meisten kontinentalen Gebieten der mittleren Breiten (es fehlen konsistente Prognosen über andere Gebiete)
In den wenigen vorliegenden Analysen nicht beobachtet	Zunahme der Windgeschwindigkeiten in Hurrikanen	Wahrscheinlich, in einigen Gebieten
Zu wenige Daten für eine Beurteilung	Zunahme der mittleren und extremen Niederschlagsstärken bei Hurrikanen	Wahrscheinlich, in einigen Gebieten

Quelle: IPCC, 2001, TAR, Technical Summary, S. 72; Bundesumweltamt, 2004

Das IPCC (Intergovernmental Panel on Climate Change), ein weltweit anerkanntes Forschergremium der Vereinten Nationen, beschreibt die Auswirkungen des Klimawandels mit den Attributen „wahrscheinlich", „sehr wahrscheinlich", hinter denen hohe Prozentwerte stehen. Im dritten großen IPCC-Bericht von 2001 werden unter anderem Effekte beschrieben, die sich auch auf die Versicherungswirtschaft auswirken > Beitrag Berz, S. 98.

In der Wirtschaft, allen voran in der Assekuranz, ist die Entscheidung, wann im Unternehmen welche Maßnahmen eingeleitet werden müssen, nicht immer einfach. Hängen sie mit dem Klimawandel zusammen, kommt ein besonderer Aspekt hinzu: Immer wieder melden sich Skeptiker zu Wort, welche die Klimaänderung als Laune der Natur bezeichnen und der Meinung sind, dass keine Maßnahmen dagegen ergriffen werden müssten > Beitrag Rahmstorf, S. 76. Das häufig genannte Argument, man solle angesichts der bestehenden Unsicherheiten abwarten, ist gefährlich. Denn: Weisen alle Anzeichen einer Veränderung in die gleiche Richtung, ist es Zeit zu handeln.

– Die Modellrechnungen der Klimaforscher lassen erwarten, dass die Mitteltemperaturen im Lauf der kommenden Jahrzehnte steigen. Wetterextreme und Starkniederschläge nehmen in zahlreichen Regionen rund um den Globus zu.
– Die realen Messergebnisse (Temperaturen, Niederschläge) stützen seit Jahrzehnten die prognostizierten Effekte. Auffällig ist die deutliche Veränderung der Niederschlagscharakteristik, die zunehmende Überschwemmungen – aber auch Dürren – in vielen Teilen der Erde mit sich bringt.
– Die Logik lässt nur diesen Schluss zu: Zunahme von klimawirksamen Gasen in der Atmosphäre → höhere Temperaturen → wärmere Ozeane → höhere Verdunstung → höhere Luftfeuchtigkeit → Zunahme der Niederschlagsintensitäten.

Hinzu kommt, dass die Schadenbelastungen durch Wetterkatastrophen signifikant ansteigen, selbst wenn die Trends heute noch von sozioökonomischen Ursachen und der Mobilität der Menschen geprägt sind. Werden Maßnahmen und Gegenmaßnahmen zu spät ergriffen, kann dies für die betroffenen Menschen sowie für die Wirtschaft gravierende Folgen haben. Risikomanager müssen darauf achten, dass – sprichwörtlich – der Zug nicht ohne sie abfährt. Sie müssen Vorkehrungen treffen, bevor neue Schadendimensionen erreicht werden, auch wenn die wissenschaftlichen Beweise noch nicht hundertprozentig sind.

Minimalanforderungen

Einen Großteil der steigenden Schadenbelastungen und der neuen Risiken kann die Versicherungswirtschaft durch bewährte Versicherungs- oder Finanztechniken abfedern. Die Rechnung geht auf, solange die Prämienzahlungen die Schadenbelastungen plus weitere Kosten voll abdecken. Möglichkeiten, um die Schäden zu steuern, sind etwa die Einführung von Haftungslimiten, Selbstbehalten und anderen Techniken. Daneben stellen sich Versicherern aber auch schwerer lösbare Probleme. Wenn zu einem Zeitpunkt (heute) bekannt ist, dass man statistisch in einem Trend verhaftet ist – bei Wetterschäden in einem steigenden Schadentrend – muss dies in die Planung einbezogen werden. Im Falle stetig steigender Schäden aus Wetterkatastrophen heißt das, dass Prämienforderungen heute bereits zukunftsgerecht, also prospektiv kalkuliert werden müssen > Beitrag Reinhart, S. 244. Nur wenn die Kunden von der Notwendigkeit zukunftsschadengerechter Prämien überzeugt werden, kann man vermeiden, dass Versicherer bei der Prämienanpassung regelmäßig hinterherhinken (retrospektive Prämienermittlung aus der Vergangenheit). In der Realität machen Wettbewerbsdruck und Quersubvention verschiedener Sparten diese Geschäftspolitik jedoch nicht einfach. Letztlich werden sich zukunftsfähige Prämienmodelle erst durchsetzen, wenn alle Marktteilnehmer die gleichen risikogerechten Zuschläge ansetzen.

Strategische Positionierung

In einer Zeit dynamischer Veränderungen reicht es nicht mehr aus, sich allein auf die Kernkompetenz im Underwriting zurückzuziehen. Die Anspruchsgruppen rücken immer näher an die Unternehmen heran und die einzelnen Stakeholder sind je nach wirtschaftlicher und gesellschaftlicher Entwicklung mehr oder weniger fordernd.

Wesentliche Stakeholder eines Versicherers

– Analysten	– Mitarbeiter
– institutionelle Anleger, Aktionäre	– Öffentlichkeit, Medien
	– Ratingagenturen
– Kunden	

Bei den wichtigsten Stakeholdern stehen finanzbezogene Aspekte im Vordergrund. Da sich die Anforderungen stetig verändern, muss aber eine Vielzahl weiterer Fragestellungen behandelt werden: KontraG, Corporate Governance, Equator-Prinzipien und, aus dem Klimabereich, die Meldung umweltrelevanter Verbrauchsgrößen (Carbon Disclosure) – um nur die wichtigsten zu nennen. Auch können heute einzelne medienwirksame Ereignisse das Verhalten großer Bevölkerungsschichten blitzartig ändern. Der Super-GAU von Tschernobyl, BSE und, ebenfalls aus dem Umweltbereich, die 1995 geplante Versenkung der Bohrinsel Brent Spar im Nordostatlantik sind Beispiele der jüngeren Vergangenheit. BSE hat – wenn auch nur für ein paar Monate – das Ernährungsverhalten von Millionen von Menschen geändert und erreicht, was zuvor unzählige Appelle nicht geschafft haben. Deshalb müssen Risikomanager ihre Modelle, die sich einst auf Solvenz, Änderungsrisiken, Märkte und Kunden konzentrierten, erweitern. Die Liste möglicher Szenarien führt vor Augen, wie rasch und nachhaltig sich Einschätzungen und Anforderungen ändern können, auch wenn die Kausalketten nicht zwingend richtig gesehen werden – nicht selten sind die Bezüge sogar irrational:

Szenario: Tankerhavarien mit gigantischen Umweltschäden

Mehrere Tankerhavarien verwüsten in kurzen Abständen die Küsten eines Kontinents. Umwelttragödien wie das Sinken der Prestige im November 2002 vor der Küste Spaniens bewegen die Menschen stark (ein anderer spektakulärer Fall: Tankerunglück der Exxon Valdez im Prince-William-Sund vor der Küste Alaskas im März 1989).

Sollten sich ähnliche Umweltkatastrophen in kurzer Folge einstellen, dürfte nicht nur der Druck auf die Politik spürbar steigen; das Anspruchs- und Konsumverhalten der Öffentlichkeit könnte sich „über Nacht" ändern.

Szenario: Hurrikanverwüstungen in einer Großstadt in den USA

Drei massive Hurrikane verwüsten kurz nacheinander Houston oder Miami. Wissenschaftlich betrachtet ist dies in einer Hurrikansaison durchaus möglich und korreliert, nach heutigem Kenntnisstand, nur wenig oder nicht zwingend mit der Klimaänderung. Dennoch könnten bzw. würden vermutlich die Medien und die Mehrzahl der Betroffenen in den USA das Phänomen Klimawandel prominent in den Blickpunkt rücken („Climate Change is real, Mr. President you have to do something against it!"). Die Hurrikansaison 2004 mit Charley, Frances, Ivan und Jeanne hat dieses Szenario nicht erfüllt. Der Grund: Die Wirbelstürme trafen im Kern unterschiedliche Regionen.

Szenario: Kursverfall nach Störfall

Ein Unternehmen verliert nach einem spektakulären Störfall oder nach einer Umweltkatastrophe enorm an Wert und Ansehen (auch umweltfeindliche Lobbyarbeit könnte abgestraft werden). Denkbar ist, dass die Aktien nur mit deutlichen Abschlägen verkauft werden können, was sich dann entsprechend auswirkt, besonders bei strategischen Beteiligungen.

Nicht nur Unglücksfälle können eine starke Wirkung entfalten. Daneben gibt es andere Entwicklungen, die Politik und Wirtschaft erheblich beeinflussen können.

Zwei Beispiele aus der Wirtschaft:
– Der Emissionshandel in Europa wird ein wirtschaftlicher Erfolg > Beitrag Geres, S. 194.
– Eine energieeffiziente Technologie, die ein Konzern oder ein Land entwickelt und überwiegend produziert, wird besonders attraktiv.

Die Szenarien zeigen, dass Umschwünge rasch erfolgen können, und es ist fraglich, ob es sich Unternehmen leisten können, sich nur reaktiv zu verhalten. Proaktives Handeln ist auf dem komplexen Feld der Umwelt- und Klimaänderungen nicht nur eine Frage der Glaubwürdigkeit und ein Element der wertorientierten Unternehmensführung – im Fachjargon Value-based Management. Verantwortungsbewusstes Handeln kann auf diversen Ebenen kommuniziert werden und sogar echte Wettbewerbsvorteile bringen (Zufriedenstellung relevanter Stakeholder, Early-Mover-Vorteile etc.).

Sinnvolle Klimastrategie

Eine gut ausbalancierte Klimavorsorgestrategie wird von der Unternehmensleitung getragen. Grundlage dafür sind ausreichend gesicherte Prognosen zum Klimawandel, die in die Geschäftsentscheidungen integriert werden. Neben den Pflichtaufgaben Underwriting und Assetmanagement sollten Entwicklungsbereiche für neue Geschäftsfelder (neue Produkte, Märkte, Kunden) eingebunden werden.

Hauptaufgaben

Underwriting
– umfassende Schadenpotenzialanalysen für die verschiedenen Branchen
– Schadentrendanalysen
– adäquates bzw. prospektives Underwriting

Assetmanagement
– Nachhaltigkeitsanalyse; Überprüfung der Notierung der Kapitalanlagen in Nachhaltigkeitsindizes wie FTSE4Good, Dow-Jones-Sustainability-Index etc.
– Risikoanalyse für den Kapitalanlagebestand; prüfen, wie abhängig Assets von Veränderungen des Klimas und der Umwelt sind

Neue Marktchancen, neue Produkte
Überprüfung der eigenen Produktpalette und der Marktmöglichkeiten (diese ändern sich laufend aufgrund der veränderten Nachfrage bei einer Zunahme von Schadenereignissen sowie aufgrund politischer Prozesse). Gerade der Kioto-Prozess, der sich seit 1997 entwickelt, eröffnet neue Geschäftsfelder, etwa den Emissionshandel oder umweltfreundliche Entwicklungshilfe bzw. -zusammenarbeit (Clean-Development-Mechanism-Projekte und die Entwicklung der Erneuerbaren Energien).

Umweltmanagement
Die skizzierten Aktivitätsfelder sollten sinnvollerweise durch ein hauseigenes Umweltmanagementsystem ergänzt werden. Die international anerkannte, weltweit gültige „ISO 14001" enthält alle relevanten Aspekte, die in einem umweltfreundlichen Betrieb berücksichtigt werden sollten; die etwas strengere Umweltzertifizierung nach EMAS gilt nur in Europa. Die Erweiterung des Umweltmanagements vom Hauptsitz des Unternehmens auf alle Standorte ist wünschenswert. Im Banken- und Versicherungssektor kommt dem Immobilienbestand eine besondere Rolle zu. Er sollte in die Überlegungen einbezogen werden.

Fazit

Die Prognose der UNEP Finance Initiatives, die sogar Insolvenzen nicht ausschließt, wird sich nicht bewahrheiten, wenn die Assekuranz den Klimawandel als Herausforderung und als Chance sieht und ihn adäquat in ihre Geschäftsstrategie integriert. Über kurz oder lang werden voraussichtlich auch Analysten und Ratingagenturen ihren Blickwinkel ändern. Dann wird auch der Tenor in Aufsätzen von Richard Hewitt anders lauten. Und vielleicht heißt es dann, dass Unternehmen ohne ausreichende Umwelt- oder Klimastrategie in den Nachhaltigkeitsindizes zu den Verlierern gehören.

Klimavorsorgestrategie – betroffene Geschäftsbereiche

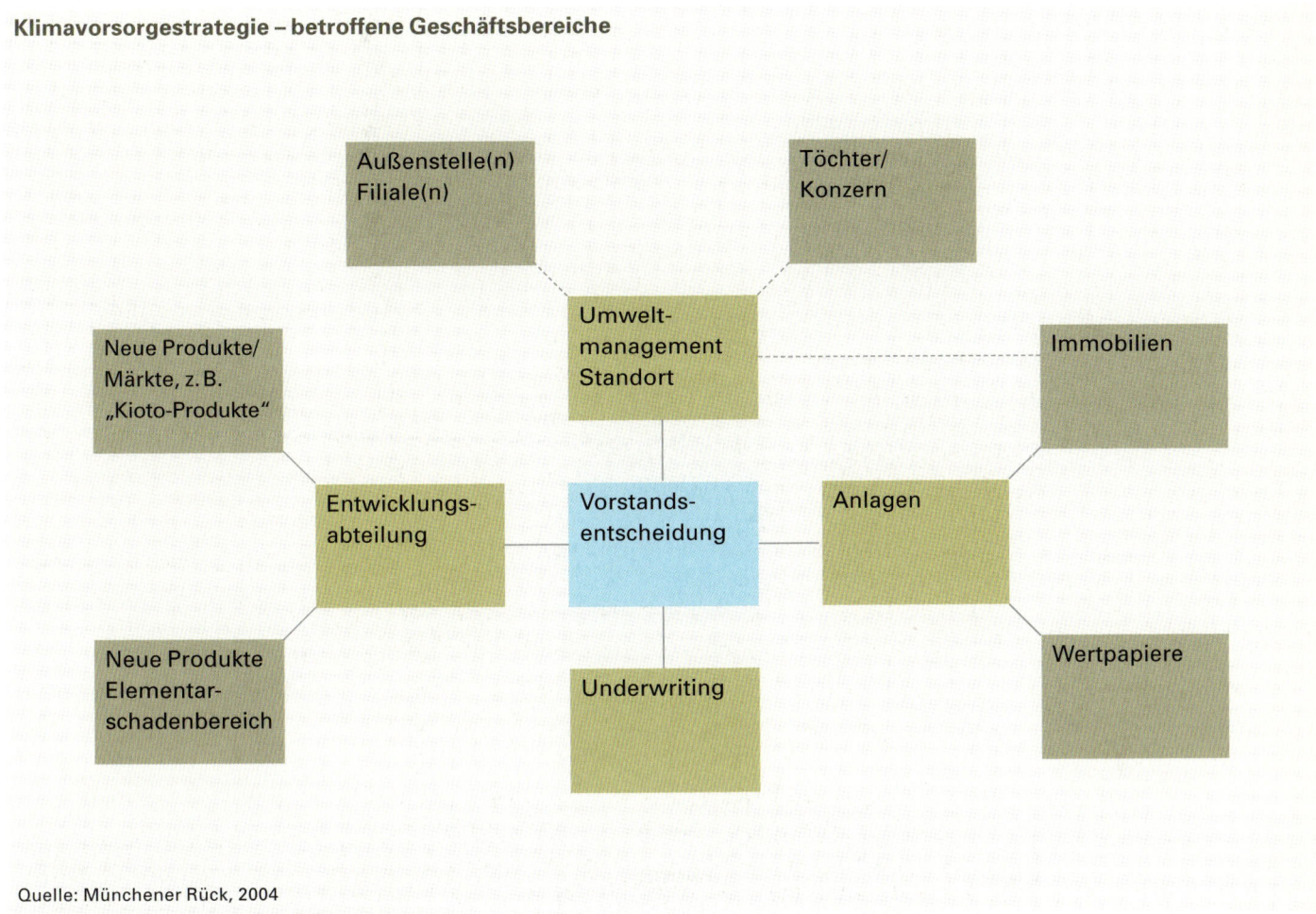

Quelle: Münchener Rück, 2004

Eine umfassende Klimastrategie ist vernetzt und betrifft zahlreiche Unternehmensbereiche. Auch Filialen, Außenstellen oder Immobilienbestände sollten einbezogen werden. Neben Risiken und Herausforderungen ergeben sich auch Chancen und Geschäftsmöglichkeiten.

Extreme – Auswirkungen auf die Sparten

Das Intergovernmental Panel on Climate Change prognostiziert, dass in einem wärmeren Klima in zahlreichen Regionen der Erde mit einer deutlichen Zunahme von Wetterextremen zu rechnen ist. Die Tabelle zeigt, welche Branchen unter der Verschärfung der Wetterparameter leiden werden. Die Sachsparten werden am stärksten betroffen sein.

Meteorologischer Parameter	Relevante Extremwerte	Auswirkungen	Betroffene Versicherungszweige
Temperatur	absolutes Tagesmaximum	Hitzewelle	Gesundheit/Kranken, Leben, Gewerbe
	monatl./saisonales Maximum	Hitzewelle, Dürre, Schädlinge, Krankheit	Gesundheit/Kranken, Leben, Agrar
	tägl./monatl. Minimum	Frost, Eisbildung	Gesundheit/Kranken, Agrar, Gebäude, Autokasko
Regen	stündl./tägl. Maximum	Sturzflut	Gebäude, Gewerbe, Autokasko, Technik, Veranstaltungsausfall
	wöchentl./monatl. Maximum	Überschwemmung	Gebäude, Gewerbe, Agrar, Transport
	monatl./saisonales Minimum	Dürre, Erdsenkung	Agrar, Gebäude
Wind	absolutes/stündl. Maximum Häufigkeit	Sturm (Unwetter, Tornado, tropischer Wirbelsturm, Wintersturm, Sturmflut)	Gebäude, Gewerbe, Autokasko, Luftfahrt, Transport, Technik, Veranstaltungsausfall
Hagel, Blitz	Häufigkeit	Einschlag	Gebäude, Gewerbe, Autokasko, Luftfahrt, Transport, Technik, Veranstaltungsausfall

Auswirkungen auf die Versicherungswirtschaft

Die Auswirkungen der sich immer deutlicher abzeichnenden Klimaänderung betreffen verschiedene Geschäftsbereiche im Unternehmen. Die Auflistung zeigt, dass der Klimawandel ein klassisches Änderungsrisiko darstellt. Die hellgrün eingefärbten Effekte können durch verfügbare Versicherungstechniken (z. B. adäquate Preise, Haftungslimite etc.) abgefedert werden. Eine Prämienkalkulation, die auf die Schadenvergangenheit abzielt (retrospektives Underwriting), muss zwangsläufig zu Verlusten führen (mittelgrün eingefärbt). Hier liegt auch die größte Herausforderung für das Management. Prospektives Underwriting muss in die Geschäftsprozesse integriert werden.

Trotz der überwiegend negativen Auswirkungen darf nicht übersehen werden, dass die Zunahme der Häufigkeit und Intensität von Wetterkatastrophen auch neue Marktpotenziale eröffnet (dunkelgrün). Die Innovationsbereiche können neue Produkte entwickeln. Für Unternehmen, die sich geschickt positionieren (Umfeldanalyse, Alleinstellungsmerkmale etc.), können die Auswirkungen der Klimaänderung auch neue Chancen eröffnen, denn: Die Nachfrage nach Naturgefahrendeckungen wird deutlich steigen.

Auswirkungen der Klimaänderungen auf das Geschäft

- Zunahme der Variabilität des Wetters
- neue atmosphärische Extremwerte
- neuartige Wetterrisiken
- häufigere und größere Naturkatastrophen
- größeres Schadenpotenzial
- schlechtere Schadenerfahrung

- nachhinkende Prämienanpassung

- stärkere Nachfrage nach Elementargefahrendeckungen

Versicherungstechniken

Die Übersicht zeigt die verfügbaren Techniken, die der Assekuranz helfen können, die Zunahme von wetterbedingten Schäden zu bewältigen. Eine Sonderrolle kommt der breiten Einführung risikogerechter Selbstbehalte zu, gestaffelt nach Gefährdungsgrad. Franchisen reduzieren nämlich nicht nur die Höhe der auszuzahlenden Schäden und die Anzahl der administrativ zu bewältigenden Schadenmeldungen, sie motivieren auch die Kunden zur Schadenvorsorge. Schadenvorsorge und -minimierung sind unabdingbare Anpassungsstrategien in einem veränderten Klima.

Versicherungstechniken zur Bewältigung steigender Schäden

- adäquater Preis
- substantielle Franchisen nach Gefährdungsgrad
- Kumulkontrolle

- Schadenverhütung bzw. -vorbeugung
- Organisation der Schadenregulierung

- Ausschluss besonders exponierter Gebiete
- Ausschluss bestimmter Gefahren
- Haftungslimite

- Rückversicherung/Retrozession
- Steuernachlässe auf Rücklagen

- Neue Produkte? Neue Märkte?

Literatur

IPCC, Third Assessment Report (2001): Climate Change 2001. Impacts, Adaptation and Vulnerability. Cambridge, UK.

Bundesumweltamt 2004, globaler Klimawandel – Klimaschutz 2004, S. 6–9, Berlin.

Müller-Stewens, G., Chr. Lechner (2003): Strategisches Management. Wie strategische Initiativen zum Wandel führen. 2., überarb. u. erw. Aufl., Stuttgart.

Münchener Rück (2000): Topics 2000. Naturkatastrophen – Stand der Dinge, München.

Münchener Rück (2003): Ökonomie des Klimas. In: Topics (2003/2). München, S. 18–27.

UNEP Finance Initiatives (2002): Climate Risk to global economy. CEO briefing No. 1, Genf.

Der Autor

Thomas Loster hat in München Diplomgeographie studiert und ist seit 1988 Mitarbeiter der Abteilung GeoRisikoForschung in der Münchener Rück.
Er ist dort Fachgebietsleiter für Wetterrisiken und Klima und außerdem mit globalen Naturkatastrophen- und Schadentrendanalysen befasst, die jedes Jahr in zahlreichen Publikationen veröffentlicht werden. Ein Schwerpunkt seiner Arbeiten umfasst den Themenblock „Auswirkungen des Klimawandels auf Volks- und Versicherungswirtschaft". In den vergangenen Jahren hat er sich darüber hinaus mit strategischer Positionierung auseinander gesetzt.

Gute Daten – das A und O für Underwriter

Mit Statistiken lassen sich Entwicklungen der Vergangenheit gut abbilden, Underwriter brauchen aber mehr. Denn nur, wenn zuverlässige Daten erhoben und regelmäßig analysiert werden, kann man die Herausforderung Klimawandel beim Underwriting adäquat berücksichtigen.

Jürgen Reinhart

Wintersturm Lothar richtete im Dezember 1999 in Frankreich, der Schweiz und in Deutschland versicherte Schäden von knapp 6 Milliarden US$ an und ist bis heute die teuerste Naturkatastrophe in Europa. Das Bild zeigt ein vom Sturm zerstörtes Veranstaltungszelt in München.

Das Grundprinzip von Versicherung ist der Ausgleich von Schäden über Raum und Zeit. Gerade bei Naturgefahren spielt dieses Prinzip eine herausragende Rolle. Ohne Versicherung oder Rückversicherung wären die enormen Belastungen aus großen Wetterkatastrophen nicht tragbar, weder für die Volkswirtschaften noch für die betroffenen Menschen. Grundvoraussetzung, dass das Solidarprinzip weltweit funktioniert, ist professionelles Underwriting; es stellt sicher, dass die ausbezahlten Schäden durch risikogerechte Prämien wieder zurückverdient werden können.

Entscheidend für das Underwriting ist es, Risiken möglichst genau einzuschätzen und künftige Trends zuverlässig zu prognostizieren. Die Grundlage dafür liefern meist Schadendaten aus der Vergangenheit und andere Statistiken. Man unterstellt, dass die Schadenentwicklung der Vergangenheit ein guter Indikator für die Zukunft ist. Allerdings reicht es nicht aus, nur die Schäden der Vergangenheit ins Kalkül zu ziehen. Die Prämienanpassung darf nicht der Schadenentwicklung hinterherhinken. Gerade Schäden aus Wetterkatastrophen sind in den vergangenen 20 Jahren deutlich gestiegen – die versicherten noch mehr als die volkswirtschaftlichen. Dieser Zuwachs hat verschiedene Ursachen: Allen voran ist der Bevölkerungsanstieg zu nennen. Vor allem die Konzentration von Menschen und Werten in exponierten Regionen birgt erhebliche Risiken. Mittlerweile gibt es zudem deutliche Indizien, dass der Klimawandel diesen Trend noch verstärkt > Beitrag Berz, S. 98. Doch die aktuell verfügbaren Daten lassen es derzeit noch nicht zu, den exakten Klimabeitrag isoliert zu betrachten.

Die Analysen der Münchener Rück zeigen, dass allein die Anzahl wetterbedingter Großkatastrophen in Europa im Durchschnitt jährlich um rund 5 % steigt. Aufgrund der immanenten Zeitverzögerung beim Klimawandel kann man nicht ausschließen, dass sich dieser Trend durch den Faktor Klima deutlich verstärkt.

Ein Blick auf die Wetterkatastrophen der vergangenen Jahrzehnte in Europa soll die Situation genauer beleuchten: Bei unseren Analysen haben wir zwischen so genannten Basis- und Großschäden unterschieden. Als Großschaden werden Schäden aus Naturkatastrophen definiert, deren Höhe eine gewisse Schwelle übersteigt; in Europa fallen darunter versicherte Marktschäden von mehr als 500 Mio. US$. Zudem wurden Frequenz und Schadengröße getrennt betrachtet, um ein möglichst genaues Bild zu erhalten.

Mit Windgeschwindigkeiten von 200 km/h fegte Wintersturm Lothar im Dezember 1999 über die Schweiz. Der versicherte Schaden betrug 800 Mio. US$.

Frankreich lag im Fadenkreuz der Dezemberstürme 1999. Innerhalb von 48 Stunden zerstörten die beiden Stürme Lothar und Martin versicherte Werte von knapp 7 Milliarden US$. Damit sind sie die teuersten Naturkatastrophen in der Versicherungsgeschichte Frankreichs.

Abb. 1 Anzahl wetterbedingter Großkatastrophen in Europa pro Jahr

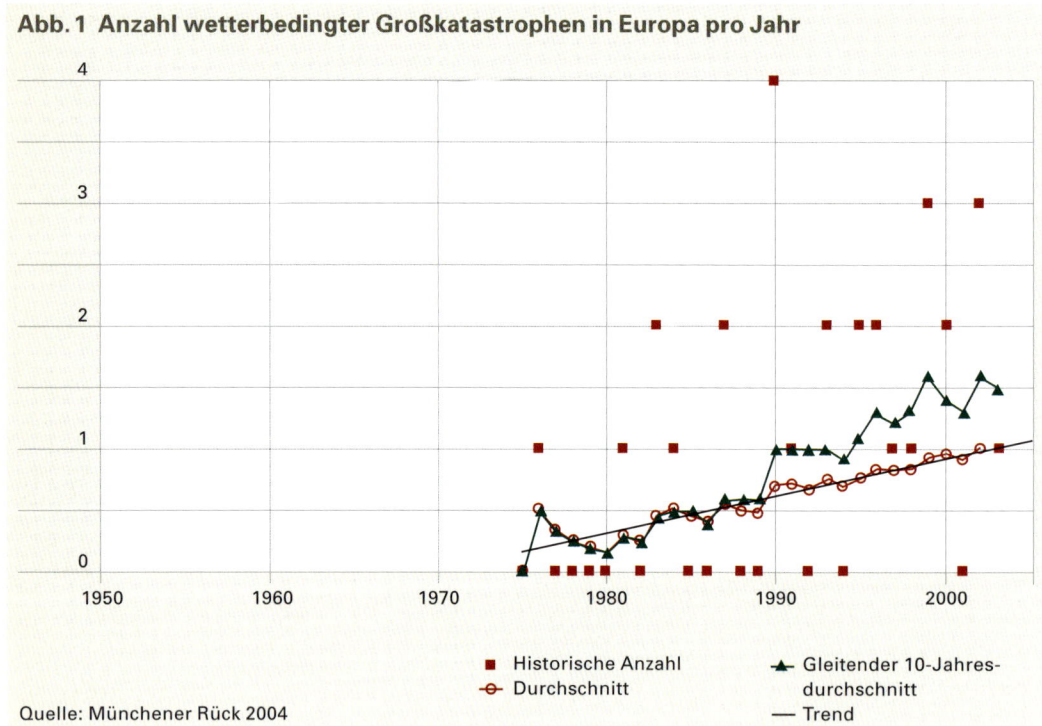

Quelle: Münchener Rück 2004

Legende:
- Historische Anzahl
- Durchschnitt
- Gleitender 10-Jahres-durchschnitt
- Trend

Die Abbildung zeigt die jährliche Anzahl der wetterbedingten Groß-schäden in Europa (Marktschäden ≥ 500 Mio. US$ in Werten von 2004). Während die Jahre 1950 bis 1975 kein einziges derartiges Ereignis aufweisen, nimmt seit-dem die Zahl der von Großschäden belasteten Jahre stetig zu. Momen-tan dürfte ein guter Schätzwert für die mittlere jährliche Anzahl solcher Schäden knapp unter dem Wert 1 liegen. Anhand des Gesamt-durchschnitts wurde eine Trend-linie angepasst, deren Steigung ca. 3 % beträgt. Wählt man den gleitenden 10-Jahresdurchschnitt als Schätzgröße, liegt die Steige-rungsrate deutlich höher. Würde man den Betrachtungszeitraum bereits ab 1950 ansetzen, müsste sogar von einem exponentiellen Trend ausgegangen werden.

Abb. 2 Schadenhöhe wetterbedingter Großkatastrophen in Europa

As-if Mio. US$

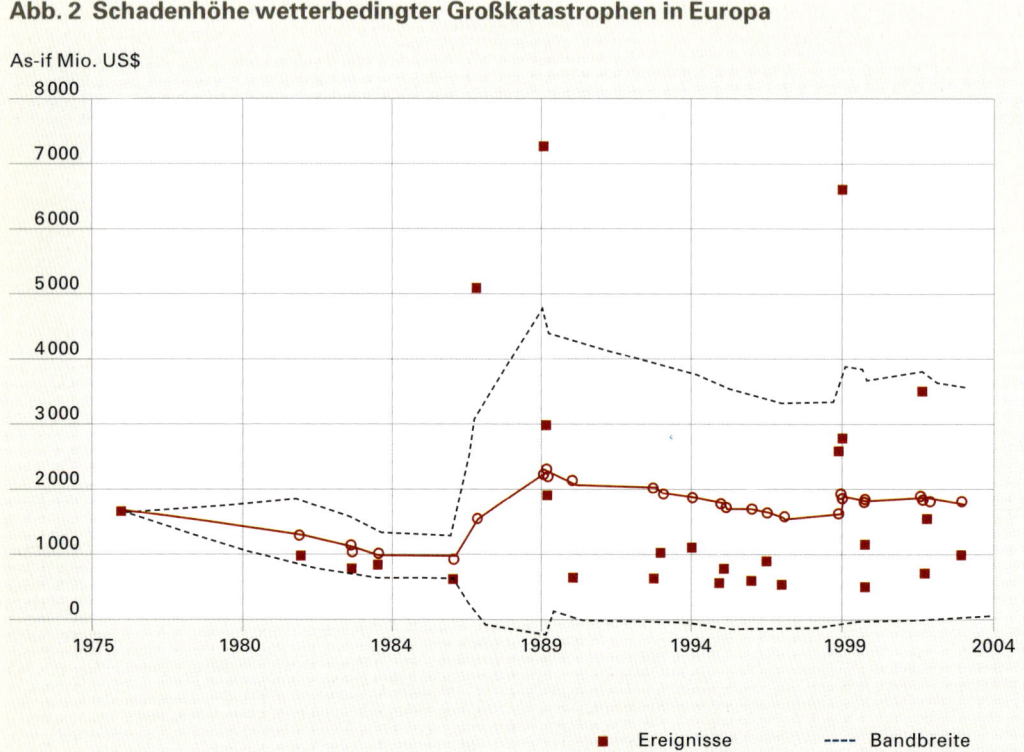

Quelle: Münchener Rück 2004

Legende:
- Ereignisse
- Durchschnitt
- Bandbreite

Losgelöst von der Frequenz wurde untersucht, ob eine Neigung zu extremeren Schäden feststellbar ist. Die Kernfrage: Nimmt die Wahrscheinlichkeit für höhere Schadensummen bei Großschäden zu?

In den vergangenen 30 Jahren ist das Niveau der Schadenhöhen nicht signifikant gestiegen. Auch die Bandbreite der mittleren Schadenhöhen ist seit Mitte der 1980er-Jahre konstant. Allerdings wurden Ende der 90er-Jahre oft größere Schäden beobachtet. Mit gleicher Wahrscheinlichkeit gibt es aber auch Ereignisse, deren versicherter Schaden die Groß-schadengrenze nur wenig über-steigt.

Abb. 3 Alpha-Schätzer für Pareto-Verteilung

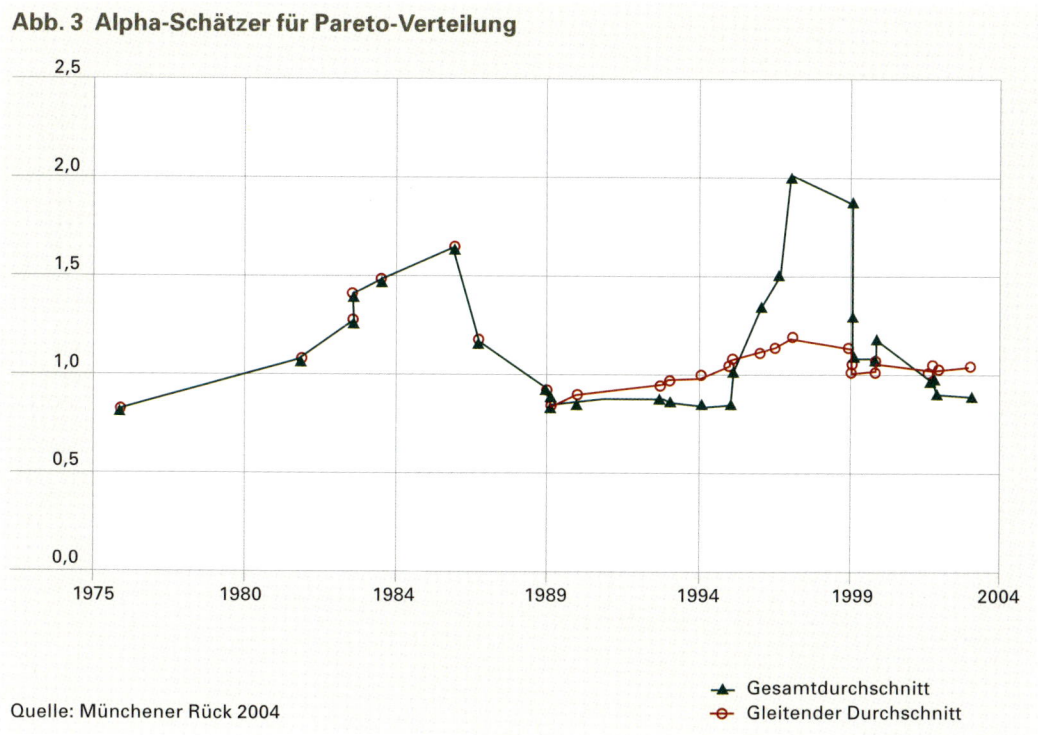

Quelle: Münchener Rück 2004

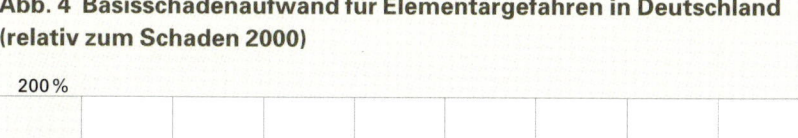

Das gleiche Bild ergibt sich, wenn diese Verteilung parametrisch untersucht wird. Dazu wird eine Paretoverteilung an die Daten angepasst und anschließend deren α-Parameter geschätzt. Eine Neigung zu extremeren Katastrophen würde sich in einem sinkenden α-Wert zeigen. Das ist bei der derzeitigen Datenlage nicht der Fall.

Interessant ist die folgende Frage: Lassen sich die Erkenntnisse der Großschadenanalyse auch auf die Basisschäden übertragen? Da für eine überregionale oder weltweite Analyse keine ausreichenden Daten verfügbar sind, werden die Untersuchungen hier auf den deutschen Markt begrenzt. Die Grundlage bilden Statistiken des Gesamtverbands der Deutschen Versicherungswirtschaft (GDV) sowie Detailaufzeichnungen des Münchener-Rück-NatCat*SERVICE*, der weltgrößten Sachschadendatenbank für Elementarschadenereignisse.

Abb. 4 Basisschadenaufwand für Elementargefahren in Deutschland (relativ zum Schaden 2000)

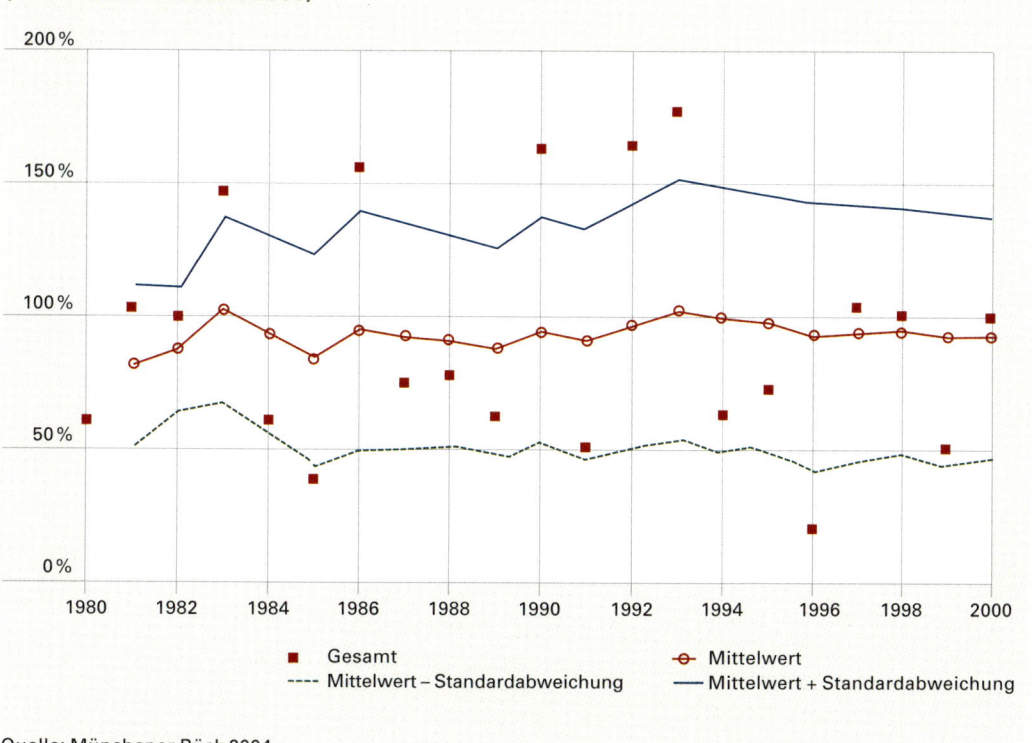

Quelle: Münchener Rück 2004

Die Abbildung zeigt den jährlichen Aufwand für Basisschäden aus dem Elementarbereich relativ zum Schadenaufwand im Jahr 2000. Das Bild sieht erstaunlich gleichmäßig aus. Das heißt: Sowohl der mittlere Schadenaufwand als auch die empirische Standardabweichung sind über die Jahre weitgehend konstant. Ein Klimasignal ist bei den Basisschäden noch nicht erkennbar. Allerdings muss auch berücksichtigt werden, dass die Rahmenbedingungen der Märkte eine wesentliche Rolle spielen. So ist beispielsweise die Versicherungsdichte im Bereich Überschwemmung in Deutschland noch relativ gering.

Die 10 teuersten Wetterkatastrophen in Europa für die Versicherungswirtschaft

Datum	Hauptbetroffenes Gebiet	Schadenereignis	Zahl der Todesfälle	Volkswirt-schaftliche Schäden in Mio. US$	Versicherte Schäden in Mio. US$
26.12.1999	Frankreich, Deutschland, Schweiz, Italien	Wintersturm Lothar	110	11 500	5 900
25.–26.1.1990	Belgien, Deutschland, Dänemark, Frankreich, Großbritannien, Niederlande	Wintersturm Daria	94	6 800	5 100
12.–20.8.2002	Deutschland, Österreich, Tschechien	Überschwemmungen, Unwetter	37	16 000	3 400
15.–16.10.1987	Großbritannien, Frankreich, Norwegen	Wintersturm 87J	17	3 700	3 100
27.–28.12.1999	Frankreich, Spanien, Schweiz	Wintersturm Martin	30	4 100	2 500
3.–4.12.1999	Dänemark, Schweden, Deutschland, Polen	Wintersturm Anatol	>20	2 900	2 330
25.–27.2.1990	Großbritannien, Deutschland, Frankreich, Dänemark, Nieder-lande, Luxemburg, Belgien, Norwegen, Österreich, Schweiz	Wintersturm Vivian	52	3 200	2 100
26.–30.10.2002	Deutschland, Frankreich, Niederlande, Großbritannien	Winterstürme Jeanett, Irina	37	>2 300	>1 500
28.2.–1.3.1990	Deutschland, Großbritannien, Frankreich, Niederlande, Belgien, Luxemburg, Österreich, Schweiz	Wintersturm Wiebke	64	2 260	1 330
3.–4.2.1990	Frankreich, Luxemburg, Deutschland	Wintersturm Herta	30	1 950	1 300

Originalschäden, nicht inflationsbereinigt

Quelle: GeoRisikoForschung, Münchener Rück, 2004

Prospektives Underwriting

Welche Schlüsse lassen sich aus der Datenanalyse für das Underwriting ziehen? Eine Preisanpassung ist in den betroffenen Verträgen der Sachsparten auf jeden Fall angezeigt, da ein klarer Trend zu zunehmenden Belastungen vorliegt. Allerdings:

– Preise von Deckungen werden heute meist mit modernen Katastrophensimulationsmodellen berechnet. Klimatrends werden nach unserem Erkenntnisstand bislang in keinem der häufig verwendeten bekannten Modelle externer Anbieter berücksichtigt. Die modernen Simulationsmodelle verwenden heute bereits sehr detaillierte Exposure-Informationen. Wie bereits erwähnt, sind Exposureänderungen aber eine wichtige Ursache für den in den Daten beobachtbaren Trend. Damit ist es unerlässlich diesen Teil des Trends zu extrahieren, was aufgrund fehlender historischer Daten äußerst schwierig ist.

– Hinzu kommt, dass alle Modellierer die gleichen Grundlagen in den Modellen verwenden müssten, was derzeit nicht möglich ist, da das Phänomen Klimawandel mit allen seinen Facetten unterschiedlich bewertet wird.

– Ein weiterer wichtiger Aspekt ist der starke Wettbewerb in der Assekuranz. Da eine Berücksichtigung des Klimatrends beim Pricing zwangsläufig höhere Prämien mit sich bringen würde, könnten jene Anbieter Marktanteile verlieren, die Schwankungszuschläge für „Klima" verlangen > Beitrag Loster, S. 236.

Für die Versicherungswirtschaft ist es von zentraler Bedeutung, sich ein genaues Bild von der sich stetig ändernden Exponierung zu machen. Jahr für Jahr müssen systematisch die versicherten Werte eines Marktes analysiert werden. Nur so kann in naher Zukunft der Einfluss der Klimaänderung genau beziffert und können die notwendigen Konsequenzen gezogen werden.

Der Autor

Nach einem Mathematikstudium an der TU München und einer Promotion in Luft- und Raumfahrttechnik an der UniBw Neubiberg begann Dr. Jürgen Reinhart 1996 als Stabsmitarbeiter Mathematik bei der Münchener Rück. Bevor er seine jetzige Position als Leiter Innovative Solutions im Ressort Special and Financial Risks einnahm, konnte er in verschiedenen Funktionen Underwriting-Erfahrung sammeln. Zuletzt war er als Senior-Underwriter Property u. a. verantwortlich für die Ermittlung von Schadenverteilungen im Naturgefahrenbereich.

Erneuerbare Energien – zukunftsorientiert, ertragreich, unerschöpflich

Der Zusammenhang zwischen der Nutzung fossiler Energieträger und den Veränderungen in der Atmosphäre wird nicht mehr wegdiskutiert. Der Klimaschutz konzentriert sich zunehmend auf den Einsatz regenerativer Energieformen. Die Versicherungswirtschaft wird diese Entwicklung begleiten und fördern.

Claudia Wippich

Im globalen Energiemix der Zukunft spielen erneuerbare Energien eine Schlüsselrolle.

Kein Zweifel: Der globale Energiemix wird sich in Zukunft stark verändern

Für 2030 prognostiziert die Internationale Energieagentur (IEA) einen Anstieg des Weltenergiebedarfs um mehr als 50 %, eine Shell-Studie hält bis zum Jahr 2050 sogar eine Verdreifachung für möglich. Der Energiehunger einer weiter wachsenden Weltbevölkerung, der wirtschaftliche Nachholbedarf in den Entwicklungsländern und knapper werdende fossile Ressourcen geben Anlass, nach Alternativen zu suchen. Aber auch Fragen der Gerechtigkeit – 25 % der Weltbevölkerung verbrauchen heute 75 % der weltweit verfügbaren Energie – und die Prognosen z. B. für die asiatischen Wachstumsregionen China und Indien lassen einen verstärkten Druck auf die Haupterdölförderstätten der Welt erwarten, allen voran in Saudi-Arabien und Russland. Darüber hinaus haben steigende Ölpreise und die Terroranschläge Anfang Juni 2004 in Saudi-Arabien die Risiken, die mit der Nutzung fossiler Energieträger verbunden sind, und die Verletzlichkeit der heutigen Energiesysteme auf dramatische Weise verdeutlicht.

Experten rechnen jedoch damit, dass die Aufnahmefähigkeit unserer Atmosphäre eine kritische Grenze erreichen wird, lange bevor die fossilen Ressourcen verbraucht sind. Der Wissenschaftliche Beirat der Bundesregierung Globale Umweltveränderungen (WBGU) betont in diesem Zusammenhang: Bis zum Ende dieses Jahrhunderts sei nur noch eine globale Erwärmung um weitere 1,4 °C tolerierbar. Eine Erwärmung um mehr als 2 °C, verglichen mit der vorindustriellen Zeit, führe zu kaum lösbaren Problemen: ökologisch und ökonomisch.

Die Münchener Rück analysiert die Auswirkungen der erheblichen Zunahme wetterbedingter Schadenereignisse, also von Stürmen, Hagelschlägen oder Überflutungen, rund um den Globus seit vielen Jahrzehnten. Extreme Wetterereignisse konfrontieren die betroffenen Volkswirtschaften und die Versicherungswirtschaft mit immer höheren Schadenzahlungen. Bereits jetzt sind rund fünf Sechstel der globalen Schäden atmosphärischen Extremereignissen zuzuschreiben. Für die Versicherer sind aktiver Klimaschutz und die Förderung erneuerbarer Energien vor allem Maßnahmen zur aktiven Risikovorsorge – auch für das eigene Portefeuille. Sie müssen ein vitales Interesse daran haben, an Strategien mitzuwirken, die eine zusätzliche Erwärmung im Treibhaus Erde vermeiden.

Im globalen Energiemix der Zukunft werden erneuerbare Energien eine Schlüsselrolle spielen: Theoretisch ließe sich allein auf einem 500 x 500 km² großen Teil der Sahara – dies entspricht ungefähr der Fläche Großbritanniens – mit Solarenergie eine Strommenge erzeugen, die den heutigen Weltverbrauch decken würde. Technisch wäre es gegenwärtig möglich, sechsmal so viel Energie, wie derzeit auf der Welt benötigt wird, aus Erneuerbaren-Energie-Kraftwerken zu generieren. Tatsächlich liegt der Anteil, den Sonne, Wind, Wasser, Geothermie und Biomasse zur weltweiten Primärenergieerzeugung beisteuern, jedoch bei nur ca. 14 % (s. Abbildung unten). Rund 80 % der insgesamt erzeugten Energie gehen auf fossile Brennstoffe zurück.

Verteilung der weltweiten Primärenergieversorgung 2001

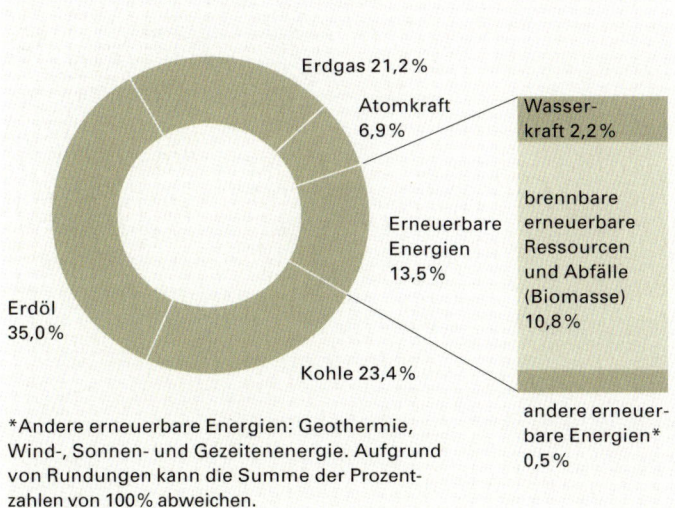

*Andere erneuerbare Energien: Geothermie, Wind-, Sonnen- und Gezeitenenergie. Aufgrund von Rundungen kann die Summe der Prozentzahlen von 100 % abweichen.
Quelle: IEA

Die Abbildung zeigt den Weltenergiemix im Jahr 2001. Erneuerbare Energien spielten mit rund 14 % noch eine untergeordnete Rolle.

Weltweite Verteilung der Energieerzeugung aus erneuerbaren Ressourcen

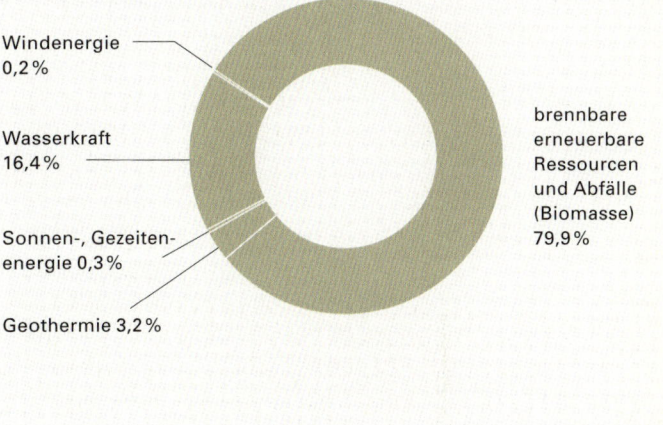

Quelle: IEA

In Zukunft wird sich ihr Anteil aber deutlich erhöhen, auch weil die fossilen Ressourcen endlich sind.

Vor diesem Hintergrund haben erneuerbare Energien ein enormes Potenzial: Zunächst sind sie besonders geeignet, der weiteren Erwärmung der Erdatmosphäre und ihren Folgen entgegenzuwirken. Zudem können die Entwicklungsländer mit günstiger Energie versorgt werden. 1,6 Milliarden Menschen oder 27 % der Weltbevölkerung haben noch keinen Zugang zu Elektrizität; 99 % dieser Menschen leben in Entwicklungsländern. Außerdem können hier teure Importe durch heimische Ressourcen ersetzt werden: Zugang zu moderner Energie ist für die Menschen in den ärmeren Ländern der Welt eine Grundvoraussetzung für wirtschaftliche Entwicklung und Wohlstand.

Wirtschaftliche Chance und Herausforderung

Wenn es darum geht, die Märkte für den Ausbau erneuerbarer Energien in Industrie- wie Entwicklungsländern zu entwickeln, kommt der Versicherungswirtschaft eine wesentliche Rolle zu; denn eine notwendige Voraussetzung für die Investitionsbereitschaft ist verlässlicher Versicherungsschutz. Er hilft, Investitionen vor Verlusten zu bewahren und die Finanzierung erneuerbarer Energien zu erleichtern. Im Zuge der notwendigen weltweiten Kraftwerkserneuerung und vor dem Hintergrund z. B. der europäischen Ausbauziele wird auch der Versicherungsbedarf proportional steigen. Die Europäische Union hat alle Mitgliedstaaten verpflichtet, die Stromproduktion aus erneuerbaren Energien zu fördern, und will den Anteil erneuerbarer Energien an der Stromerzeugung bis 2010 im Vergleich zu 1997 verdoppeln; in Deutschland soll der Anteil in diesem Zeitraum von 4,5 auf 12,5 % wachsen, bis 2020 soll er sogar auf 20 % steigen. Im Rahmen des internationalen Aktionsprogramms, eines der Kernergebnisse der ersten Internationalen Konferenz für erneuerbare Energien – renewables2004 – im Juni 2004 in Bonn, haben sich zahlreiche weitere Staaten auf konkrete Ausbauziele für die nächsten ein bis zwei Dekaden festgelegt. Das eröffnet immense wirtschaftliche Chancen in einer dynamischen Wachstumsbranche. Damit das Potenzial der erneuerbaren Energien technisch genutzt werden kann, ist zudem eine rasante technologische Entwicklung zu erwarten. Für Hersteller, Betreiber und Versicherungswirtschaft ist das eine große Herausforderung, denn Anlagen werden vielfach als Prototyp betrieben – mit den dafür typischen „Kinderkrankheiten" und Schadenanfälligkeiten. Die Entscheidung, ob und zu welchen Bedingungen ein Risiko zu versichern ist, wird im Wesentlichen auf der Grundlage bisheriger Schadenerfahrungen und der Exponierung getroffen. Bei neuen Technikfeldern und Risiken ist das oft schwierig, da keine oder nur unzureichende statische Schadenerfahrungen vorhanden sind. Umso wichtiger ist es, das Einzelrisiko eingehend zu prüfen. Denn auch in diesem Bereich ist es

von essenzieller Bedeutung, einen risikoadäquaten Preis zu erzielen, damit die benötigte Deckungskapazität bereitgestellt werden kann. Langjährige Erfahrung beim Einschätzen von Risiken ermöglicht es jedoch, maßgeschneiderte Versicherungslösungen zu gestalten. Häufig müssen alle Akteure – Hersteller, Betreiber und Versicherungsgesellschaften – die Risiken aber auch partnerschaftlich tragen, um die Risiken auf alle Schultern zu verteilen.

Für erneuerbare Energien wie für jeden anderen Wirtschafts- und Lebensbereich gilt es, die Grenzen des Machbaren festzusetzen, also die „Grenzen der Versicherbarkeit". Sie sind nur gewahrt, wenn Versicherer Risiken übernehmen, die sie versicherungstechnisch kalkulieren können und die profitabel sind. Die Grenzen der Versicherbarkeit bei erneuerbaren Energien sind z. B. erreicht,
– wenn Schäden vorhersehbar sind;
– wenn die Wahrscheinlichkeit eines Schadeneintritts nicht abschätzbar ist, weil für die neue Technologie keine ausreichenden Erfahrungswerte vorliegen;
– wenn die Schadenpotenziale die Leistungsfähigkeit eines Versicherers oder der gesamten Versicherungswirtschaft übersteigen.

Will man innerhalb der aufgezeigten Grenzen die Spielräume optimal nutzen, dann ist umfangreiches Ingenieurwissen erforderlich, um die individuelle Risikosituation fundiert einschätzen zu können. Das gelingt, wenn man sich mit der technologischen Entwicklung kontinuierlich auseinander setzt und mit Erstversicherern und Herstellern im steten Dialog bleibt. So können für alle Beteiligten tragbare Versicherungslösungen gefunden werden. Dazu zwei Beispiele:

Offshore-Windkraftanlagen

Anders als ihre Pendants an Land müssen Offshore-Windkraftanlagen die raue Witterung auf See verkraften – Wind, Seegang, Salzwasser, Sprühnebel und Eis greifen das Material an. Schon der Aufbau der Anlagen ist riskant. Fundamente werden an Land gegossen und mit Spezialschiffen zum Aufstellungsort transportiert und dort bis zu 30 m tief in den Meeresgrund gerammt, während die Blattspitzen der Rotoren 150 m über der Wasseroberfläche in den Himmel ragen. Damit sich die hohen Ausgaben bei der Errichtung amortisieren, wird auf jedem Fundament eine Windturbine mit größtmöglicher Leistung installiert. Das bedeutet: Die Anlagen auf See müssen immer an der Spitze der Entwicklung stehen. Weitere Risikopotenziale bergen u. a. die Seekabel, die auf dem Meeresgrund verlegt sind. Sie können durch schwere Schiffsanker beschädigt werden und eine Betriebsunterbrechung für die Dauer der Instandsetzungsarbeiten verursachen. Auch die Korrosion, die durch die salzhaltige und feuchte Luft an Maschinen und elektrischen Anlagen entsteht, sowie Schiffskollisionen und schwere Stürme sind mit Risiken verbunden. Als besonderes Problem hat sich die Erreichbarkeit der Windräder bei notwendigen Wartungsarbeiten oder Reparaturen herausgestellt. Je nach Wetterbedingungen kann es Wochen dauern, bis der Zugang möglich ist. Die Reparatur eines Windrads im Meer kostet ein Vielfaches eines vergleichbaren Schadens an Land.

Trotz aller Schwierigkeiten wurden inzwischen spezielle Bedingungen und Deckungskonzepte für die Übernahme von Risiken bei Bau und Betrieb dieser Stromerzeugungsanlagen im Meer entwickelt.

Wärme aus den Tiefen der Erde – Geothermie

Aus Island kennt sie jeder: die heißen Quellen aus den Tiefen der Erde. Im Zentrum des weltweiten Interesses steht derzeit aber auch die 20 000-Einwohner-Gemeinde Unterhaching bei München, die das momentan wichtigste geothermische Vorzeigeprojekt in Deutschland verwirklicht. Das geplante Geothermie-Kraftwerk soll aus über 3 000 m Tiefe Thermalwasser zur Strom- und Fernwärmeerzeugung gewinnen und damit kommunale und private Haushalte versorgen. Das rund 35 Millionen € teure Projekt hat in vielerlei Hinsicht Modellcharakter: Es nimmt unter energiepolitischen, technologischen und versicherungstechnischen Aspekten eine Vorreiterrolle ein. Der große Vorteil der Geothermie ist ihre Grundlastfähigkeit, die garantiert, dass Strom zu jeder Tages- und Nachtzeit erzeugt werden kann. Die wichtigste Voraussetzung und das größte unternehmerische Risiko für den erfolgreichen Betrieb des

Kraftwerkes besteht darin, die prognostizierten Parameter zu erreichen, allen voran Temperatur und Menge des geförderten Thermalwassers. In Unterhaching wird mit einer Temperatur von mindestens 100 °C gerechnet; entscheidend ist jedoch auch die Förderrate, damit sich das Kraftwerk wie geplant betreiben lässt. Dieses Fündigkeitsrisiko ist die maßgebliche Investitionshürde, da eine Tiefbohrung mit bis zu 5 Millionen € sehr teuer ist.

In einem Pilotprojekt wurde die europaweit erste Fündigkeitsrisiko-Versicherung entwickelt. Auf der Grundlage der Gutachten und Erfahrungen von Versicherungsexperten, Geologen und Bohrtechnikern wurde dieses neue Risiko versicherbar gemacht. Somit müssen die Investoren das Risiko nicht allein tragen. Vom Verlauf dieses Pilotprojekts wird es letztlich abhängen, wie schnell sich geothermische Energiegewinnung durchsetzen kann.

In windreichen Gebieten entstehen rund um den Globus Windparks. Heutzutage werden in Offshoreanlagen die großen Potenziale gesehen, auch weil die Landschaft weniger gestört wird. Allerdings sind Installation, Wartung und Reparaturen auf See wesentlich aufwändiger.

Solare Großkraftwerke können in den Sonnengürteln der Erde große Strommengen produzieren, sie machen aber auch enorme Investitionen im Vorfeld notwendig. Das Bild zeigt das Kraftwerk Solar Two in Kalifornien, das mit 10 Megawatt noch zu den kleineren Anlagen gehört.

Gegen die Unwägbarkeiten des Wetters

Für die Betreiber von Erneuerbaren-Energie-Kraftwerken ist das Wetter eines der größten unternehmerischen Risiken. Im Gegensatz zu konventionellen Kraftwerken sind die Energielieferanten Wind und Sonne nur sehr begrenzt berechen- und planbar. Um technisch dennoch Versorgungssicherheit zu gewährleisten, schalten die Netzbetreiber bei Bedarf so genannte Schattenkraftwerke zu, die innerhalb von Sekunden Leistung abgeben. Da es sich dabei oft um konventionelle Kraftwerke handelt, die in diesem Fall nur mit einem Teil ihrer Nennleistung und nicht in ihrem idealen Wirkungsgradbereich laufen, wird der ökologische Vorteil alternativer Energieerzeugung etwas relativiert.

Schwankungen der Wetterverhältnisse wirken sich bei den Betreibern von Erneuerbaren-Energie-Kraftwerken jedoch unmittelbar auf den Ertrag aus, denn sie erzielen ihre Einnahmen hauptsächlich aus der Stromproduktion. Ohne die Erlöse aus der Stromeinspeisung sind die Kredite, mit denen die Anlagen finanziert wurden, eventuell nicht zu bedienen. Gerade in den ersten Betriebsjahren müssen etwa Windparkbetreiber einkalkulieren, dass der Wind möglicherweise unterdurchschnittlich weht und Mindereinnahmen zu verzeichnen sind. Dafür werden meist Rücklagen gebildet.

Alternativ können hier Wetterderivate eingesetzt werden. Wetterderivate sind Finanzinstrumente, die finanzielle Risiken aus Wetterschwankungen absichern. Sie haben mit einer Versicherung im klassischen Sinne wenig gemein, obwohl sie denselben Zielen dienen. Wesentlicher Unterschied zu einer Versicherung: Es müssen keine tatsächlichen Umsatzeinbußen eintreten, damit ein Anspruch entsteht. Ausschlaggebend sind vertraglich fixierte Bedingungen, zu denen als Parameter z.B. Temperaturwerte gehören. Wetterderivate puffern Verluste ab, verringern die Volatilität des Ergebnisses und garantieren einen stabilen Cashflow.

Fazit

Eine sichere, gerechte, wirtschaftliche und umweltfreundliche Energieversorgung erlangt zunehmende Dringlichkeit. Aufgrund der riesigen Energienachfrage durch immer mehr Menschen und wegen des Nachholbedarfs der Entwicklungsländer wird die Welt künftig viel mehr Energie benötigen als heute. Erneuerbare Energien können dazu einen gewichtigen Beitrag leisten. Neben den nationalen Ausbauzielen lässt auch der Start des Emissionshandelssystems der Europäischen Union Anfang 2005 erwarten, dass sich der Markt im Bereich der erneuerbaren Energien belebt. Der Emissionshandel übersetzt die Emission von Treibhausgasen in betriebswirtschaftliche Kosten. Er belohnt energieeffizientes, umweltfreundliches Wirtschaften und verschafft erneuerbaren Energien langfristig einen echten Wettbewerbsvorteil. Im Zusammenhang mit den projektbasierten Mechanismen des Kioto-Protokolls soll darüber hinaus ein Technologietransfer in die Länder der Dritten Welt zustande kommen.

Erneuerbare Energien sind ein Wachstumssegment mit steigender wirtschaftlicher Bedeutung. Versicherer können für diese Technologien „Entwicklungshilfe" leisten, indem sie einen großen Teil der Risiken übernehmen. Hohe Schadenpotenziale erfordern jedoch kreative Lösungsansätze für Versicherbarkeit und Risikotragung.

Die Versicherungswirtschaft tut angesichts wachsender Schäden aus wetterbedingten Naturkatastrophen gut daran, den Ausbau erneuerbarer Energien weltweit zu unterstützen. Abgesehen davon, dass geeignete politische Rahmenbedingungen zu schaffen sind, liegt die Herausforderung für Banken und die Assekuranz vor allem darin, Finanzierungsinstrumente bereitzustellen. So können Markt- und Geschäftspotenziale erschlossen und genutzt werden.

Die Autorin

Claudia Wippich hat in Dortmund Chemietechnik studiert und ist seit 1999 bei der Münchener Rück. Sie leitet dort das Fachgebiet Umwelt des Fachbereiches GeoRisikoForschung. In dieser Funktion betreut sie das Münchener-Rück-Umweltmanagementsystem, das nach EMAS-Verordnung und ISO 14.001 zertifiziert ist. Dies umfasst insbesondere die Verankerung von Umweltaspekten im Rückversicherungsgeschäft sowie im Assetmanagement des führenden Rückversicherers. Weitere Schwerpunkte ihrer Arbeiten sind die Themenblöcke „nachhaltige Entwicklung" und „erneuerbare Energien".

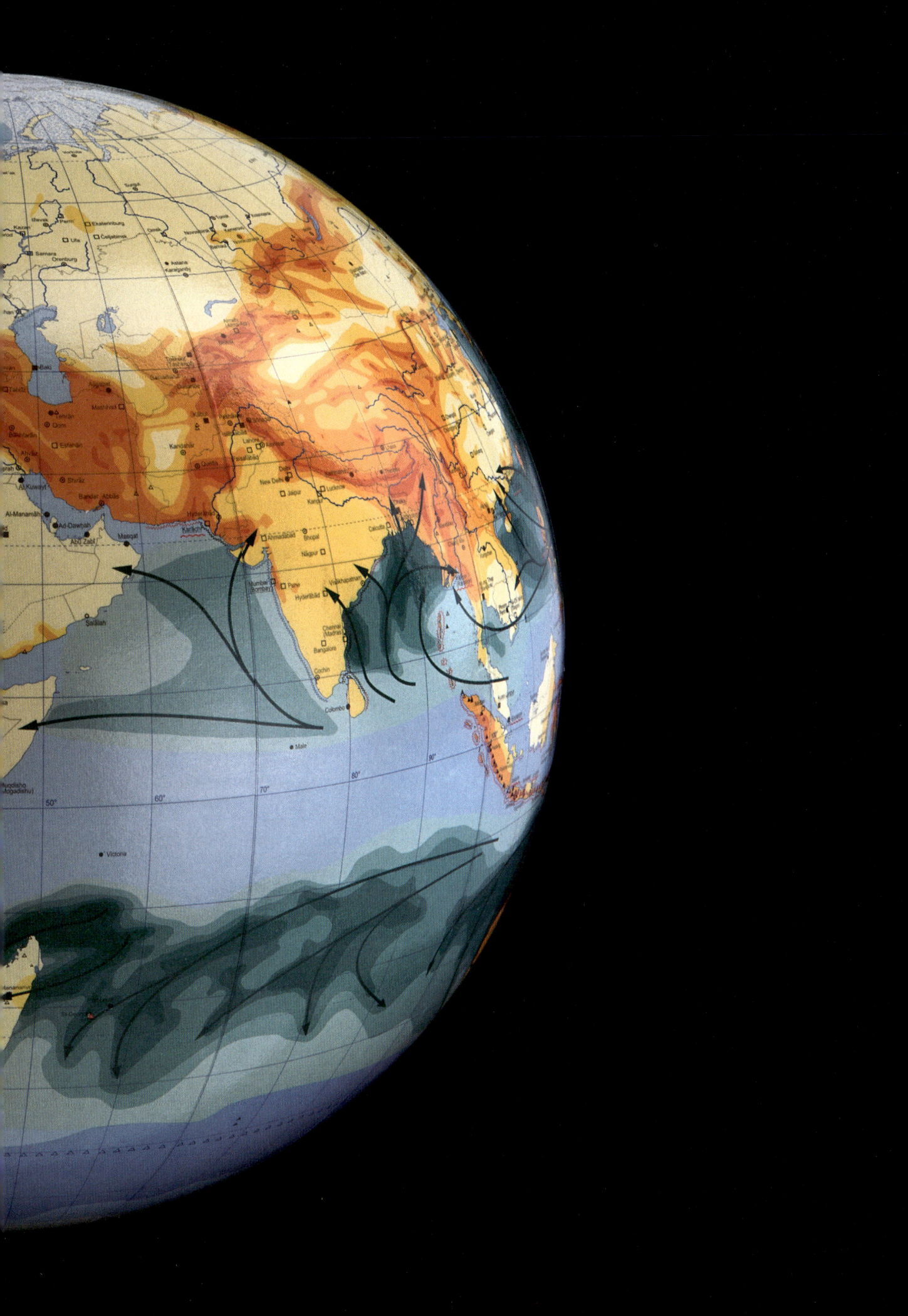

Zukunftsaspekte der GeoRisikoForschung in der Münchener Rück

Der Fachbereich GeoRisikoForschung (GEO) der Münchener Rück mit seinen heute 25 Mitarbeiterinnen und Mitarbeitern hat sich in den 30 Jahren seines Bestehens hohes Ansehen sowohl im eigenen Haus als auch außerhalb erworben. Die Expertinnen und Experten des Fachbereichs werden in der Münchener Rück zu allen wichtigen Fragestellungen in Bezug auf Naturgefahren im Rückversicherungsgeschäft hinzugezogen und geben ihren Rat auch an die Kunden weiter. In zahlreichen internationalen Organisationen ist die Fachkompetenz von GEO gefragt, zum Beispiel bei der Erarbeitung der Berichte des Intergovernmental Panel on Climate Change (IPCC) oder bei den Financial Initiatives des United Nations Environmental Program (UNEP-FI). Die GEO-Expertinnen und -Experten werden häufig zu Vorträgen auf internationalen wissenschaftlichen Tagungen eingeladen und sind in zahlreichen wissenschaftlichen Gremien tätig.

Das breite Spektrum der Mitarbeiterinnen und Mitarbeiter erlaubt heute fundierte Bewertungen zu allen Naturgefahren. Den Fachbereich GEO nach der Pensionierung seines Gründers Dr. Gerhard Berz im bewährten Stil zu leiten wäre bereits eine Garantie für den Erfolg. Dennoch werden sich in den nächsten Jahren gewiss erhebliche Veränderungen bei den Einschätzungen und den Versicherungen von Naturgefahren ergeben, auf die wir mit neuen Ansätzen reagieren und für die wir innovative Lösungen finden müssen. Dafür sind die besten fachlichen und personellen Voraussetzungen gegeben.

Die größte und bis heute noch unzureichend beherrschte Variable bei den Naturgefahren ist das Änderungsrisiko Klimawandel. Gerade die vergangenen Jahre haben gezeigt, wie schnell sich hier die Bedingungen ändern können. Die Jahrhundertflut 2002 in Dresden und der Hitzesommer 2003 in Europa (in Deutschland ein 450-Jahre-Ereignis) sind als Zeichen dafür anzusehen. 2004 trat mit einem tropischen Wirbelsturm im Südatlantik ein Ereignis ein, das bisher aufgrund der relativ niedrigen Wassertemperaturen für unmöglich gehalten wurde und in Brasilien große Schäden verursachte. Weitere außergewöhnliche Ereignisse im Jahr 2004 waren zwei schadenträchtige Tornados in Deutschland, der Taifun Chaba, der mit rekordverdächtigen Windgeschwindigkeiten von über 350 km/h über den Westpazifik fegte, und gleich vier Hurrikane (Charley, Frances, Ivan und Jeanne), die ihren Landfall in Florida hatten. Die Frage, welche Regionen in den kommenden Jahrzehnten wie häufig und wie schwer von welchen Ereignissen betroffen sein werden, kann heute nur unzureichend beantwortet werden. Dafür benötigen die Versicherungswirtschaft, aber auch die Planungsbehörden noch viel präzisere und weitreichendere Informationen.

Auch unter der neuen Leitung von GEO ab 1. Januar 2005 werden wir alles daran setzen, unsere Meinungsführerschaft bei der Einschätzung der Naturgefahrenrisiken und der Auswirkungen des Klimawandels auszubauen – ergänzt nun noch um das Fachwissen des neuen Leiters in Bezug auf die speziellen Wirkungen auf Gesundheit und Befinden des Menschen. Unser Wissen soll nicht nur der Münchener Rück dienen, die Risiken im Bereich der Naturgefahren beherrschbar zu halten, sondern auch ihre globale ethische Verantwortung für nachhaltige Geschäftspraktiken und Techniken prägen. Eine hervorragende Grundlage dafür liefert die Unterstützung durch die Mitarbeiter der Abteilung Umweltmanagement, die seit 2003 zu GEO gehören. Wir wollen damit auch dazu beitragen, dass die im Titel dieses Buches gestellte Frage „Sind wir noch zu retten?" mit „Ja" beantwortet werden kann. Neben diesen Themen zum Klimawandel wird GEO auch zukünftig in bewährter Weise Risiken durch Erdbeben, Vulkanausbrüche oder Meteoriteneinschläge einschätzen und die sozioökonomischen Risikofaktoren mit ihren weltweiten Veränderungen analysieren.

Eine Klammer um die Naturgefahrenbewertung, die immer mehr an Bedeutung gewinnt, ist die Abteilung GEO-Informatik, die es mit modernen geographischen Informationssystemen ermöglicht, Risiken von Naturgefahren präzise zu verorten und so die Kompetenz von GEO in weitere Bereiche des Erst- und Rückversicherungsgeschäfts trägt.

Da auch die Außenstellen der Münchener Rück in Asien und Nordamerika seit 2004 GEO-Expertinnen und -Experten beschäftigen, verbesserten sich die Möglichkeiten eines zeit- und ortsnahen Service für alle Naturgefahrenaspekte und einer weltweiten Kommunikation von GEO-Themen erheblich. So kann GEO seinen globalen Aufgaben noch besser gerecht werden.

GEO wird auch in Zukunft ein zuverlässiger und kompetenter Partner für alle Geschäftsbereiche der Münchener Rück sein und versuchen, wichtige Entwicklungen im Naturgefahrenbereich bereits im Ansatz zu erkennen. Die Fachabteilung GeoRisikoForschung der Münchener Rück will ihrer Rolle als globaler Mahner auch künftig gerecht werden, wenn wir Gefahren für die Umwelt sehen.

Ich bedanke mich bei meinem Vorgänger Herrn Dr. Gerhard Berz für das wertvolle Vermächtnis, das er mir hinterlässt, und freue mich auf die Aufgabe, dieses gemeinsam mit meinen GEO-Kolleginnen und -Kollegen zu bewahren und in der von ihm geprägten Tradition weiterzugestalten.

Prof. Dr. Dr. Peter Höppe
Leiter GeoRisikoForschung
der Münchener Rück

30 Jahre GeoRisikoForschung

Kaum war der Fachbereich GeoRisikoForschung der Münchener Rück im Jahr 1974 gegründet, wurde er sogleich mit zwei Großkatastrophen konfrontiert – Hurrikan Fifi in Honduras und Zyklon Tracy in Australien. Seitdem analysiert und dokumentiert GEO jedes Jahr zwischen 500 und 800 Elementarschadenereignisse weltweit. Die Abbildungen geben einen Überblick über einige der bedeutendsten Wetterkatastrophen der vergangenen 30 Jahre.

1974
Hurrikan Fifi, Honduras

1974
Zyklon Tracy, Australien

1976
Wintersturm Capella, Europa

1984
Hagel, München, Deutschland

1987
Wintersturm 87 J, Westeuropa

1988
Hurrikan Gilbert, Karibik, Mittelamerika, USA

1989
Hurrikan Hugo, Karibik

1990
Wintersturmserie, Europa

1991
Oakland Fire, Kalifornien, USA

1991
Sturmflut, Bangladesch

1992
Hurrikan Andrew, Florida, USA

1993
Überschwemmung, Mississippi, USA

1995
Überschwemmung, Köln,
Deutschland

1998
Hurrikan Mitch, Mittelamerika

1998
Eissturm, Kanada und USA

1999
Hagel, Sydney, Australien

1999
Wintersturm Lothar, Europa

2000
Überschwemmung, Mosambik

2001
Erdrutsche, Italien und Schweiz

2001
Tropischer Sturm Allison,
Houston, USA

2002
Überschwemmungen, Europa

2002
Tornados, USA

2003
Hitzewelle, Europa

2004
Hurrikan Ivan, Karibik

Impressum

ISBN 3-937624-80-5

Wetterkatastrophen und Klimawandel
Sind wir noch zu retten?

Herausgegeben von der
Münchener Rückversicherungs-Gesellschaft

Bibliografische Informationen bei
Die Deutsche Bibliothek verfügbar

Betreuender Verlag: pg verlag München
www.pg-verlag.de

© 2005
Münchener Rückversicherungs-Gesellschaft
Königinstraße 107
80802 München
Telefon: +49 (0) 89/38 91-0
Telefax: +49 (0) 89/39 90 56
http://www.munichre.com

Verantwortlich für den Inhalt
CUGC 3 – GeoRisikoForschung

Ihr Ansprechpartner
Angelika Wirtz
Telefon: +49 (0) 89/38 91-34 53
Telefax: +49 (0) 89/38 91-7 34 53
E-Mail: awirtz@munichre.com

Bildnachweis
Umschlag: Reinhardt Wurzel, Nürnberg
S. 14, 18, 42, 43, 54, 59, 76, 98, 107, 122, 128 oben,
    164, 180, 188, 192, 204, 239 oben, 239 Mitte, 253 links:
    Picture-Alliance
S. 24: John Lewis, Deep Sea Images
S. 26: Deutsches Museum, München
S. 27 links: Meteorologische Aufzeichnungen von
    Pater Josef Dietrich (1645–1705)
S. 27 rechts: Rüdiger Glaser
S. 32: Roger Ressmeyer/Corbis
S. 40: NASA/Visible Earth
S. 47: Martin Mejia/AP
S. 50: Schulz&Schulz, Hamburg
S. 52: Reinhardt Wurzel, Nürnberg
S. 56, 58, S. 60, Abb. 3–5: NASA
S. 60 oben: USGS, Washington
S. 62: Japan Marine Science and
    Technology Center – JAMESTEC
S. 70: Marc Steinmetz/Visum
S. 82: NASA/Earth Observatory
S. 84: Paul Hardy/Corbis
S. 95: Getty Images/AFP

S. 106: Bernd Solcher, Hamburg
S. 110 oben: nach Jakubowski-Thiessen, 2004
S. 110 unten: nach Petersen and Rohde, 1977
S. 114: Tom Bean/Corbis
S. 115: nach Walcher 1773
S. 120: Kommission für Glaziologie, München
S. 124: Dr. Wolfgang Kron, München
S. 125: Gemeinde Hasle, Schweiz
S. 126: Dr. K.-H. Pörtge, Göttingen
S. 128 Mitte: Elke Braun
S. 129 unten: Ministerie van Verkeer an Waterstaat,
    Keringhuis, Hoek van Holland
S. 132: Peter Miesen, München
S. 141: Deutsche Rück, Düsseldorf
S. 143: Peter Miesen, München
S. 144: Dr. Anette Menzel, München
S. 156: China Photos/Reuters/Corbis
S. 166: Alinari Archives/Corbis
S. 168: Volker Quaschning
S. 176: Reuters/Corbis
S. 186: Christoph Bals, Germanwatch, Bonn
S. 194: Collart Herve/Corbis Sygma
S. 197: Dr. Roland Geres, München
S. 198 links: Florian Siegert, München
S. 198 rechts: Jan Byra/f1online
S. 203: Greser und Lenz, FAZ
S. 214: Till Leeser/Bilderberg
S. 218, 244: Thomas Loster, München
S. 223: Dr. Gerhard Berz, München
S. 224: Reuters, Berlin
S. 228: Russel Boyce/Corbis
S. 229: Thames Barrier Visitor's Centre, London
S. 236: Getty Images, München
S. 239 unten: Thomas Pflaum/Visum
S. 245 links: Gemeinde Arth, Schweiz
S. 246 rechts: Reuters
S. 250: ML Sinibaldi/Corbis
S. 253 rechts: Gunnar Britse
S. 254: Sandia National Laboratories
S. 256: Wolfgang Filser, Arzbach
S. 262–263: MR-Archiv

Druck
Druckerei Fritz Kriechbaumer
Wettersteinstraße 12
82024 Taufkirchen/München